AF356414

CATALOGUE

DES

ÉTOILES DOUBLES ET MULTIPLES

OUVRAGES DU MÊME AUTEUR.

Études sur l'Astronomie, ouvrage périodique, exposant le mouvement de l'Astronomie contemporaine. Huit volumes in-12, 1867-1877. Le volume.................. 2 fr. 50 c.

Atlas céleste, comprenant toutes les Cartes de l'ancien Atlas de Dien, rectifiées et augmentées. (29 cartes, contenant plus de cent mille étoiles.) Grand in-folio................. 45 fr.

Les Terres du Ciel. — Astronomie planétaire descriptive. Photographies lunaires, Carte de Mars, dessins de Jupiter, etc. 1 vol. grand in-8 illustré; 3e édition........... 10 fr.

Histoire du Ciel. — Histoire de l'Astronomie et des différents systèmes imaginés pour expliquer l'Univers. 1 vol. grand in-8 illustré; 3e édition......................... 9 fr.

L'Atmosphère. — Description des grands phénomènes de la nature. 1 vol. grand in-8, illustré de 15 chromolithographies et de 228 gravures; 2e édition..................... 20 fr.

La Pluralité des Mondes habités. — Étude où l'on expose les conditions d'habitabilité des terres célestes, au point de vue de l'Astronomie, de la Physiologie et de la Philosophie naturelle. 26e édit.; 1 vol. in-12.. 3 fr. 50 c.

Les Mondes imaginaires et les Mondes réels. — Voyage astronomique pittoresque dans le Ciel, et revue critique des théories humaines, anciennes et modernes, sur les habitants des astres. 16e édit.; 1 vol. in-12... 3 fr. 50 c.

Vie de Copernic et Histoire de la découverte du véritable système du Monde. 1 volume in-12... 1 fr. 50 c.

Les Merveilles célestes. — Lectures du soir. Traité élémentaire d'Astronomie à l'usage de la jeunesse, illustré de gravures et de planches. 33e mille; 1 vol. in-12............ 2 fr.

Petite Astronomie descriptive, pour les Enfants, adaptée aux besoins de l'enseignement par C. DELON, et ornée de 100 figures. 1 vol. in-12.................... 1 fr. 25 c.

Petit Atlas astronomique, résumant l'Astronomie en 18 cartes, tableaux et explications. In-18.. 1 fr. 50 c.

Récits de l'Infini. — *Lumen;* histoire d'une Ame. — Histoire d'une Comète. — La vie universelle et éternelle. 6e édit.; 1 vol. in-12................................. 3 fr. 50 c.

Contemplations scientifiques. — Nouvelles Études de la Nature et Exposition des œuvres éminentes de la Science contemporaine. 3e édit.; 1 vol. in-12................. 3 fr. 50 c.

Dieu dans la Nature, ou le Spiritualisme et le Matérialisme devant la Science moderne. 16e édition; 1 fort vol. in-12, avec le portrait de l'auteur......................... 4 fr.

SIR HUMPHRY DAVY. — **Les derniers Jours d'un Philosophe.** — Entretiens sur la Nature, sur l'Humanité et sur les Sciences. Trad. de l'anglais. 1 vol. in-12............ 3 fr. 50 c.

Paris. Imprimerie de GAUTHIER-VILLARS, quai des Grands-Augustins, 55.

ASTRONOMIE SIDÉRALE.

CATALOGUE

DES

ÉTOILES DOUBLES ET MULTIPLES

EN MOUVEMENT RELATIF CERTAIN,

COMPRENANT TOUTES LES OBSERVATIONS FAITES SUR CHAQUE COUPLE DEPUIS SA DÉCOUVERTE,

ET LES RÉSULTATS CONCLUS DE L'ÉTUDE DES MOUVEMENTS;

PAR

CAMILLE FLAMMARION

Astronome, ancien membre de l'Observatoire de Paris, Membre de la Société royale astronomique de Londres, etc

PARIS,

GAUTHIER-VILLARS, IMPRIMEUR-LIBRAIRE

DE L'OBSERVATOIRE DE PARIS, DU BUREAU DES LONGITUDES,

SUCCESSEUR DE MALLET-BACHELIER,

Quai des Augustins, 55.

1878

AVERTISSEMENT.

Les Étoiles doubles constituent une branche très-importante de l'Astronomie sidérale, la plus importante peut-être. Cependant aucun travail d'ensemble n'a encore été fait sur elles. Dans le cours de l'année 1873, ayant désiré me rendre compte de la nature de ces systèmes, j'ai été, à ma grande surprise, immédiatement arrêté par l'absence complète de documents satisfaisants. Combien connaît-on aujourd'hui d'étoiles doubles ou multiples? Quelle est leur proportion relativement aux étoiles simples? Dans le nombre total des groupes découverts, lesquels sont simplement optiques, dus au hasard de la perspective, et lesquels sont réels, formés par plusieurs étoiles associées ensemble? Parmi les groupes réels ou physiques, combien en est-il qui manifestent, par le déplacement relatif des astres qui les composent, le témoignage de l'action de la gravitation dans ces lointains systèmes? Quels sont les couples en mouvement orbital certain? Quels sont ceux en mouvement orbital probable? En est-il aussi dont le mouvement ne soit pas orbital? Par quels mouvements propres ces systèmes sont-ils emportés dans l'espace? Découvre-t-on quelque loi dans leur distribution comme dans leurs marches, ainsi que dans l'éclat relatif des composantes et dans leurs brillantes associations de couleurs? — Il n'y avait qu'un seul moyen de répondre à ces questions et à tant d'autres, c'était d'entreprendre résolûment l'examen détaillé de chacune des onze mille étoiles doubles découvertes, de comparer toutes les observations faites (observations au nombre de plus de deux cent mille : angles de position et distances), de déduire la conclusion fournie par cet examen pour chaque groupe; ensuite de former une liste des couples dont les composantes sont restées fixes l'une par rapport à l'autre, et dans cette liste de distinguer ceux qui sont emportés dans l'espace par un mouvement propre commun; enfin de réunir les couples en mouvement, discuter les cas douteux, mesurer les couples négligés, former un catalogue des étoiles en mouvement relatif certain, identifier ces étoiles, examiner leurs mouvements propres, analyser les variations observées, trouver définitivement quels sont les *systèmes physiques en mouvement orbital* et quels sont les *groupes optiques* dus à la rencontre sur le même rayon visuel de deux étoiles animées de mouvements propres différents....

C'est ce que j'ai fait.

Le présent Catalogue renferme *toutes les étoiles doubles et multiples* qui paraissent *en mouvement relatif* certain, d'après l'ensemble des observations. Ces groupes sont au nombre de 819, dont 731 doubles, 73 triples, 12 quadruples, 2 quintuples et une sextuple, en tout 1745 étoiles diversement associées. Il renferme aussi toutes les observations faites sur chaque couple en mouvement; elles sont au nombre de 28000, tant d'angles de position que de distances, c'est-à-dire qu'il y a pour cet ensemble environ 14000 mesures complètes. Dans certains cas, l'angle seul a varié; dans d'autres cas, la distance seule. Chaque étoile est suivie de l'analyse résumée de son mouvement, de son histoire, de l'examen de ses variations d'éclat, s'il y a lieu, de sa couleur, et des principales circonstances qui intéressent l'étude de sa nature et de sa situation dans l'espace.

Plusieurs couples ont été l'objet d'observations très-nombreuses. Ainsi, par exemple, on remarquera, entre autres, le beau système γ de la Vierge observé depuis l'année 1718, et offrant pendant ces 160 années d'observation plus de 200 mesures totales. L'étoile triple ζ du Cancer en présente près de 300. Castor en offre près de 200, dont la première date de 1719; ξ de la Grande Ourse en offre un pareil nombre; α du Centaure a été vu comme étoile double dès l'année 1689. D'autres étoiles, au contraire, n'ont que faiblement sollicité l'attention des astronomes, et il a fallu compulser les publications des observatoires des deux hémisphères pour glaner à grand'peine quelques mesures rares et souvent discordantes. Mais, par une heureuse coïncidence, les principaux couples ont été mesurés par W. Herschel (quelques-uns par C. Mayer) dans une première série d'observations qui commence en 1777, de sorte que pour un grand nombre nous avons précisément un siècle d'observations.

Dès le commencement de ce travail, j'ai été arrêté par l'insuffisance des observations sur un grand nombre de couples. Ayant communiqué ma liste aux principaux astronomes qui, sur le globe entier, s'occupent actuellement de la mesure des étoiles doubles, la plupart m'envoyèrent avec la plus grande obligeance leurs mesures nouvelles aidant à décider la question du mouvement de ces couples douteux. Plusieurs même, tels que MM. Gledhill, Wilson et Seabroke d'Angleterre, Burnham des États-Unis, Dembowski d'Italie, m'offrirent avec l'empressement le plus bienveillant de mesurer les couples que je leur signalerais. A la fin de l'année 1876, l'illustre Le Verrier ayant appris que j'étais obligé de recourir à des astronomes étrangers pour ces mesures, car mes propres instruments ne me permettent que des observations physiques, mit à ma disposition le grand équatorial de la tour de l'Est de l'Observatoire de Paris [1], et je pus ainsi, pendant toute l'année 1877, mesurer surtout les couples écartés qui étaient restés négligés, et compléter autant

[1] Cet instrument a un objectif de 38 centimètres et sa longueur est de 9 mètres. (C'est par lui que M. Cornu a mesuré en 1874 la vitesse de la lumière, et a pris en 1876 ses photographies de la Lune et des groupes d'étoiles; et c'est des mains obligeantes de cet éminent savant que je l'ai reçu). J'ai dû ordinairement diaphragmer cet objectif à 25 centimètres et même à 20, car il est loin d'être parfait. Pour mesurer les angles de position, j'ai toujours tourné le micromètre dans les deux sens afin d'être sûr du parallélisme, car il y a une différence sensible sui-

que possible le travail que j'avais entrepris. C'est la première fois qu'une série de mesures d'étoiles doubles a été faite dans un observatoire français. Ces mesures sont publiées ici, immédiatement à la suite de cet Avertissement. On trouvera aussi, dans le cours de l'Ouvrage, celles qui appartiennent aux couples en mouvement.

Sur ces entrefaites, je reçus de M. Dunèr, de Suède, son importante série d'observations faites à Lund, de M. Engelmann ses observations de Leipzig, ainsi que celles de MM. Wilson et Seabroke, Gledhill, Knott, Doberck, Lindsay, Barclay, Main, d'Angleterre; Dembowski, Secchi, Ferrari, Schiaparelli, Nobile, d'Italie; Burnham, Stone, Newcomb, Hall, Holden, d'Amérique. Dans mon ardent désir de ne négliger aucun moyen pour rendre ce Catalogue le moins incomplet et le moins indigne possible de l'attention des astronomes, je me suis fait un devoir de l'adresser en épreuves aux principaux observateurs, en les priant de combler les lacunes qu'ils y remarqueraient. Considérant que l'utilité principale de ce travail (international et assurément tout à fait désintéressé) est d'être aussi complet que possible, ils répondirent à mon désir avec la plus extrême obligeance. Je ne puis m'empêcher de remercier encore particulièrement ici M. Burnham et M. le baron Dembowski, pour les corrections et additions précieuses dont je leur suis redevable.

Il s'en faut de beaucoup que toutes les mesures inscrites pour chaque couple aient la même valeur, et j'avais dès l'origine de ce travail essayé de donner un poids relatif à chaque nombre; mais une telle indication eût été la plupart du temps plus ou moins arbitraire. Plus tard j'ai songé à inscrire le nombre de mesures représenté par chaque chiffre; mais déjà la moitié du Catalogue était rédigée, et d'autre part les observateurs n'ont pas toujours eu soin d'indiquer cet élément. D'ailleurs l'habileté de l'astronome et la valeur de son instrument jouent également un rôle dont il faudrait pouvoir tenir compte. Dans un travail récent sur les étoiles doubles (*Astr. Nach.*, 2198), M. Doberck avoue même que « it is highly unsatisfactory to assume the relative weight of the observations proportional to the number of nights »; et l'on remarque, par exemple, des séries entières de Otto Struve corrigées de son équation personnelle qui diffèrent de 10° des autres mesures, et qui concordent moins que des séries non corrigées. Dans l'analyse que j'ai faite de toutes les observations, j'en ai remarqué qui sont ordinairement au-dessous de la

---

vant le côté d'où l'on voit le fil arriver; puis j'ai placé le micromètre à 90° pour la mesure de la distance. Comme l'œil ne juge pas de la même façon les lignes obliques et les lignes verticales ou horizontales, j'ai pris soin d'incliner la tête de telle sorte que la ligne de réunion des deux composantes fût perpendiculaire ou parallèle à la section horizontale de l'œil. J'ai déterminé la valeur du tour de vis par la polaire, et adopté 12″.17 pour cette valeur. Il y a quatre mesures d'angle, et autant de distance, pour chaque soirée, et ordinairement trois soirées pour chaque étoile; deux lorsque les mesures étaient très-concordantes, quatre lorsqu'elles étaient discordantes. — J'ajouterai aussi que quelques-unes de ces mesures ont été prises à l'équatorial de 24 centimètres du jardin, en compagnie de MM. Paul et Prosper Henry. Qu'ils veulent bien agréer mes remerciments pour le gracieux concours qu'ils m'ont offert, ainsi que M. Fraissinet pour la communication dont je lui suis redevable des ouvrages de la bibliothèque de l'Observatoire concernant les anciennes mesures d'étoiles doubles.

moyenne comme exactitude (telles sont entre autres celles de sir John Herschel et de Mädler), tandis que d'autres sont fort au-dessus par leur sûreté et leur précision (exemple celles de William Struve et de Dembowski); dans les cas douteux, c'est toujours à ces dernières qu'il faut assigner le plus grand poids. Dawes et Dunèr se placent également dans les rangs de la confiance supérieure. Certains observateurs paraissent entachés de fortes équations personnelles ([1]). Ainsi, quoi qu'on fasse et quelle que soit l'ambition de précision mathématique dont nous soyons animés tous, ce premier travail n'est (et ne pouvait être) qu'une première *tentative* pour nous former une idée de ces systèmes, et non un travail absolu.

Chacun des couples de ce Catalogue a été l'objet d'un dessin géométrique, d'un diagramme des positions, pour décider d'abord par une première approximation si le mouvement est curviligne ou rectiligne, et dans un cas comme dans l'autre pour en déterminer la direction et la vitesse : le sommaire annexé à chaque couple est le résultat de l'inspection de ce diagramme, et, dans les cas où le mouvement est remarquable, celui de l'analyse mathématique du mouvement, ainsi que de la comparaison de ce mouvement avec le mouvement propre de l'étoile principale, lorsque ce mouvement propre a pu être déterminé. Pour mener à bonne fin ce travail-ci, il m'a fallu d'abord construire un Catalogue des mouvements propres de toutes les étoiles du ciel dont la variation en ascension droite ou en distance polaire est sensible et sûre, et ensuite comparer les mouvements entre eux. Ce Catalogue est sous presse ([2]).

J'avais commencé le calcul des orbites principales, et déjà publié celui d'une dizaine d'orbites, par une méthode graphique que j'avais trouvée comme développement de celle de sir John Herschel et qui, dans la plupart des cas, suffit à l'approximation possible, lorsque M. Doberck s'est, en 1876, spécialement livré à ce travail mathématique, en y apportant une précision beaucoup plus grande que celle que j'avais ambitionnée pour cette synthèse générale. Je n'ai donc pas continué le calcul des orbites absolues, m'en rapportant entièrement aux résultats obtenus par cet astronome, et j'ai pris soin de les annexer tous à ce Catalogue, attendu qu'ils représentent actuellement les éléments les plus sûrs de ces lointains systèmes.

En donnant ici le Catalogue et les observations de toutes les étoiles doubles en mouvement, je donne tout ce qui est *visible*, sans imaginer un seul instant que le reste soit en repos. Nous pouvons, en effet, affirmer *a priori* que tout est mou-

---

([1]) Dans une lettre récente, le baron Dembowski s'exprimait ainsi à cet égard : « En admirant ce grand travail, que personne n'avait songé à faire avant vous, je pensais qu'il serait bien utile, dans la préface à votre important Recueil, d'appeler l'attention des observateurs sur la nécessité indispensable de déterminer leurs erreurs systématiques. Sans doute il est désagréable de dépenser ainsi un temps qu'on serait si heureux de consacrer aux mesures proprement dites; mais il n'y a pas moyen d'y échapper, et, comme notre tâche est de réunir les données pour les générations futures, il faut que nous les leur transmettions le plus exactes possible. »

([2]) J'ai publié, en 1876, la carte générale des mouvements propres, ainsi que celle des étoiles doubles et des systèmes binaires, dans la nouvelle édition de l'*Atlas Céleste* de Dien. *Voy.* aussi les *Comptes rendus de l'Académie des Sciences*, 1877, 2e semestre, p. 935 et 1006.

vement dans l'immense univers; mais nos années, nos siècles même, passent trop vite pour apprécier de tels mouvements, et il n'y a, dans tout l'ensemble des étoiles doubles, que celles-ci dont le mouvement soit rendu visible par les observations.

On peut voir, par les classifications déjà faites dans les mesures du P. Secchi, de l'amiral Smyth, lord Wrottesley, Barclay, etc., que l'on s'est accordé à considérer en général les couples en mouvement comme physiques et les couples restés stationnaires comme optiques. Mädler, Humboldt et Arago expriment la même idée. Le présent travail montre qu'elle n'a aucun fondement. Il ne suffit pas qu'une étoile double offre un mouvement certain pour affirmer qu'elle est orbitale. Les couples en mouvement sont loin d'être tous orbitaux : un très-grand nombre prouvent au contraire par leur mouvement même qu'ils ne sont dus qu'à la perspective; les couples en repos ne sont pas optiques pour cela. Mais il fallait évidemment analyser les mouvements, tant relatifs qu'absolus, pour commencer une classification naturelle. Les conclusions publiées jusqu'à ce jour sur le rapport du nombre entre les couples optiques et les couples physiques sont toutes erronées. Le mouvement ne prouve rien tant qu'il n'a pas été analysé.

Si, dans un grand nombre de cas, nous pouvons *affirmer* la nature orbitale du couple et même calculer les éléments de cette orbite, ou au contraire affirmer son état optique et prouver que les deux composantes ne se trouvent actuellement réunies sur le même rayon visuel que par l'incertitude des mesures ou le hasard des perspectives célestes, cependant, dans un grand nombre de cas aussi, l'exiguïté du mouvement parcouru laisse le champ libre à plusieurs interprétations. Il n'est pas toujours facile de se décider. En tenant compte de la distance angulaire des composantes, de leur similitude ou de leur différence d'éclat, de la sûreté ou de la difficulté des mesures, de la grandeur et de la direction du mouvement, on arrive cependant à l'opinion la plus conforme à l'ensemble de l'examen et à la conclusion la plus probable. Mais ce serait s'abuser que de prétendre apporter une rigueur mathématique dans les conclusions relatives à ces cas douteux. La comparaison des résultats généraux m'a toutefois conduit à considérer en général comme orbitaux les couples douteux dont la distance est de 1″ ou au-dessous, et comme optiques ceux dont la distance surpasse 25″. Pour les autres cas douteux, la recherche du mouvement propre, la forme du mouvement relatif, la différence de grandeur des étoiles, la durée de la période d'observation, sont entrées en ligne de compte pour la conclusion définitive [1].

---

[1] On éprouve quelquefois les plus grands embarras à dégager la vérité de l'ensemble des mesures de certains couples. Ainsi, pour n'en citer qu'un exemple, on a les mesures principales suivantes de 72 Vierge, Σ 1750 :

1785	60°±	Cl. IV.	H.
1831	16,1	30″,06	Σ.
1832	18,5	25, 0	Sm.
1852	16,8	29,09	Σ_2.
1867	16,5	29,40	De.

Struve a vu là une variation, qui, selon lui. correspond au mouvement propre de A. On a

Les résultats conclus ont été reportés en récapitulation, et dans une classification naturelle, à la fin du Catalogue. Lorsqu'on remarquera une différence entre la conclusion du texte et celle du tableau, c'est celle-ci qu'on devra préférer, parce qu'elle a été faite ultérieurement, sur l'ensemble des documents et sur une comparaison plus générale.

Cette classification naturelle des étoiles doubles en mouvement montre : 1° les systèmes orbitaux certains, partagés par ordre de vitesse observée, selon qu'ils ont parcouru, depuis leur découverte, une révolution entière, ou les trois quarts d'une révolution, ou la moitié, le quart, 45 degrés, 20 degrés, ou moins encore ; 2° les systèmes orbitaux probables, dans l'ordre décroissant de la probabilité ; 3° les systèmes physiques dans lesquels le mouvement relatif observé est rectiligne ; 4° les systèmes ternaires ; 5° les étoiles triples non ternaires ; 6° les systèmes quaternaires ; 7° les étoiles quadruples ; 8° les groupes de perspective ; 9° les groupes indéterminés ; 10° les distances angulaires maxima observées dans les systèmes orbitaux certains ; 11° le même élément dans les systèmes physiques non sûrement orbitaux ; 12° les systèmes stellaires ; 13° les distances minima observées sur les groupes de perspective ; 14° les plus grandes vitesses annuelles observées dans les groupes optiques, et 15° les directions du mouvement dans les systèmes orbitaux. On remarquera, sur ce dernier point, qu'il y a plus de systèmes dont le mouvement est rétrograde, c'est-à-dire qui tournent en sens contraire de la numération des degrés et vont du nord au sud par l'ouest, que de systèmes en mouvement direct, qui tournent par est-sud-ouest-nord. Il y en a aussi un grand nombre dont le plan passe par le Soleil ou sont très-inclinés. J'ai ajouté à cette classification les couples physiques dont les composantes sont animées d'un mouvement propre commun, mais restent fixes l'une relativement à l'autre.

Il y a 558 systèmes orbitaux certains ou probables, 317 groupes de perspective, 17 systèmes physiques dont les composantes se déplacent en ligne droite, 23 systèmes ternaires, 32 triples non ternaires formées d'un système binaire et d'un compagnon optique, etc., etc.

Je me hâte d'ajouter que je suis loin de considérer ce premier Catalogue comme complet, et que très-certainement quelques années ne se passeront pas sans qu'il puisse être largement enrichi, tant pour les mouvements relatifs que pour les

---

pour ce mouvement propre :

Æ.	D.P.	
— 0″,12	+ 0″,01	Piazzi.
+ 0 ,11	— 0 ,02	Baily.
+ 0 ,06	— 0 ,06	Struve.
+ 0ˢ,003	— 0 ,003	Stone.

valeurs qui sont loin de s'accorder. Eh bien ! pour ce couple :

1° L'angle de Herschel est erroné ;

2° La distance de Smyth est erronée ;

3° La conclusion de Struve sur le mouvement est erronée ;

4° Il n'y a très-probablement pas de variation du tout.

Il y a malheureusement un assez grand nombre de cas analogues.

mouvements propres. Aussi réclamerai-je toute l'indulgence des astronomes pour l'état dans lequel je le fais paraître : de longs tâtonnements sur le mode de rédaction à employer, sur le nombre des étoiles à inscrire, sur les observations à compulser, et sur la limite à laquelle la certitude du mouvement s'arrête pour faire place à une probabilité plus ou moins élevée, ont été le lot inséparable de ce labeur original. Les ressources individuelles de l'homme le plus passionné pour la science ne restent-elles pas d'ailleurs, malgré tout, toujours incomplètes? Mon plus vif désir est de pouvoir perfectionner d'année en année ce premier essai, en comblant les lacunes que je serai heureux et reconnaissant de me voir signalées par les observateurs.

Mon but étant d'obtenir, comme base d'une interprétation sérieuse de la grandeur et de la direction de ces mouvements, un ensemble de systèmes sûrs, j'ai plutôt péché par défaut que par excès; mais j'ai l'espoir de n'avoir omis aucun système important. Je n'ai inséré les couples dont le mouvement n'est que probable que quand le degré de probabilité approche de la certitude. Ont été exclus tous les couples qui, supposés en mouvement par Herschel, Struve, Mädler, Smyth, Secchi et autres, ne le sont pas en réalité et ne le paraissaient que sur la foi d'observations insuffisantes, ainsi que ceux dont le changement de position est incertain. Il y a des couples si faciles à observer qu'une variation de 4 degrés dans l'angle de position ou d'une demi-seconde dans la distance est suffisante pour nous convaincre que le mouvement existe. Il en est d'autres, au contraire, si difficiles à observer, soit quand les composantes sont de grandeurs très-inégales, soit quand leur position est très-oblique par rapport à la section verticale de l'œil, que des divergences de 5, 6 et 7 degrés dans la mesure de l'angle, ou d'une seconde entière dans celle de la distance ne suffisent pas pour affirmer la réalité du mouvement. Quand les divergences sont toutes dans le même sens, l'appréciation peut cependant décider en faveur du mouvement. La sûreté des mesures micrométriques dépend d'ailleurs de la perfection de l'instrument employé, de l'habitude de l'astronome, de l'état du ciel, du poids que l'astronome assigne lui-même à son observation. C'est en tenant compte de toutes ces causes que j'ai choisi, parmi toutes les étoiles doubles observées, celles qui ont donné le témoignage d'un mouvement relatif certain l'une par rapport à l'autre.

Ces mesures étaient disséminées dans une multitude de catalogues divers d'observations faites sur les deux hémisphères, et il était extrêmement long (pour tout calculateur désireux de déterminer les éléments d'une orbite) de chercher et de fouiller tous ces Mémoires pour y relever les chiffres d'une étoile spéciale. Ce travail sera tout fait ici; mes efforts ont tendu à n'omettre aucune mesure micrométrique, et à enrichir chaque étoile de toutes les observations dont elle a été l'objet depuis sa découverte. On possédera ainsi pour chaque couple l'ensemble de toutes les observations faites. On voit, au premier coup d'œil, si l'arc décrit est considérable, et si le système offre une série de mesures suffisante pour permettre d'essayer le calcul de son orbite.

Quelques mots d'explication maintenant sur la disposition du Catalogue.

On me pardonnera d'avoir choisi le texte le plus petit possible, d'avoir serré les matières sur trois colonnes, et d'être toujours resté d'une concision absolue. Sans ces précautions, ce travail eût occupé un énorme volume, facilement trois ou quatre fois plus gros que celui-ci. Il m'a paru préférable à tous égards de résumer le plus de documents sous la forme la plus concise.

Les mesures micrométriques sont, en général, telles que les ont données les observateurs, et elles représentent ordinairement, non une seule soirée d'observation, mais plusieurs. J'ai quelquefois réuni en une seule plusieurs séries d'un même observateur, par exemple quand ces séries appartenaient à une même année, ce qui est arrivé assez souvent pour Mädler. Quelquefois aussi, dans les couples à mouvement lent, j'ai réuni plusieurs années en une seule. J'ai dû aussi parfois modifier les moyennes publiées, parce qu'elles n'étaient pas exactes. Enfin, j'ai traduit toutes les dates en centièmes de l'année, pour plus de précision et plus de simplicité.

La première ligne de chaque étoile indique d'abord la constellation à laquelle l'étoile appartient, et le nom de l'étoile s'il y a lieu, sa lettre ou son numéro. Lorsqu'il y a un chiffre à gauche de la constellation, c'est le numéro de Flamsteed; lorsqu'il y a un chiffre à droite, c'est celui de Bode. J'ai ensuite inscrit le numéro du principal catalogue d'étoiles doubles où l'astre a été enregistré. Les chiffres **noirs** se rapportent au grand catalogue de W. Struve (Dorpat, 1837); s'ils sont entre crochets, au premier catalogue de cet éminent observateur, 1827, et s'ils sont entre parenthèses au catalogue de O. Struve (Pulkowa, 1843). Si l'étoile n'est dans aucun de ces recueils, elle porte le nom et le numéro du premier auteur qui l'a enregistrée. Les couples observés par William Herschel ont reçu, par surcroît, la classification de cet astronome.

La seconde ligne donne les positions sur la sphère céleste, en ascension droite et en distance polaire. La distance polaire a été inscrite de préférence à la déclinaison pour éviter la possibilité des erreurs de signe. J'ai calculé toutes ces positions pour la précession 1880,00.

Vient ensuite la grandeur des composantes du groupe, d'après l'ensemble des estimations, auxquelles se sont jointes les miennes, pour l'éclat comme pour la couleur, dans les cas douteux et importants. J'ai consacré une partie des belles soirées de 1873 à 1876 à examiner les couples écartés à plusieurs secondes, tant les couples fixes, non insérés ici, que les couples en mouvement. Les couleurs les plus intenses sont en *italiques*.

Les angles ont tous été comptés à partir du nord, par l'est, suivant la règle adoptée depuis 1830. Ils sont inscrits au dixième de degré.

Les distances sont inscrites au centième de seconde, à moins qu'il n'y ait eu qu'estimation simple, ou que l'écartement angulaire soit très-fort.

Les observateurs n'ont pu être nommés qu'en abréviations. (Voir plus loin).

Enfin le sommaire qui suit chaque série résume la nature du couple, les circonstances de son mouvement et de son histoire.

Pour le calcul des orbites, ces positions, même corrigées des équations personnelles, ne seraient pas d'une précision uniforme si on ne les ramenait à une même époque moyenne, à cause du mouvement séculaire de précession, qui modifie un peu les angles. On peut ramener au méridien t_0 d'une époque choisie les observations faites aux époques t_1, t_2, t_3, en ajoutant aux angles p_1, p_2, p_3 la correction

$$dp_1 = \frac{n \sin Æ}{\cos Ⓓ}(t_0 - t_1),$$

$$dp_2 = \frac{n \sin Æ}{\cos Ⓓ}(t_0 - t_2).$$

Mais, à moins de distances très-grandes, cette correction n'ajoute presque rien au degré de précision correspondant à cet ordre de mesures.

On trouvera à la fin du Catalogue des additions faites pendant l'impression, et quelques *nébuleuses doubles* qui m'ont paru en mouvement, après l'examen que j'ai fait aussi des cinq mille nébuleuses étudiées jusqu'à ce jour.

La classification générale montre que plusieurs étoiles doubles ont été découvertes depuis assez longtemps, et forment des systèmes assez rapides pour avoir accompli une ou même plusieurs révolutions sous nos yeux; que d'autres n'ont tracé dans le ciel qu'une partie de leurs orbites, mais avec un mouvement angulaire suffisant pour permettre également de calculer tous les éléments de ces orbites; que d'autres, en très-grand nombre, n'ont décrit qu'un arc de leur courbe insuffisant pour calculer l'orbite entière, mais suffisant pour affirmer la nature orbitale du mouvement; que dans certains couples, les composantes se meuvent en ligne droite, en vertu d'un déplacement parallactique prouvant qu'elles ne sont pas physiquement associées, qu'elles sont situées fort loin l'une derrière l'autre, n'ont été réunies momentanément que par le hasard de la perspective, et se séparent simplement en vertu de la différence de leurs mouvements propres. Il y a encore d'autres systèmes plus singuliers, dont les composantes décrivent des lignes droites dans l'espace, tout en étant animées d'un mouvement propre commun, ce qui m'a conduit à corriger des orbites prématurément supputées (comme celle de la 61ᵉ du Cygne, qui ne suit point l'orbite de Bessel), et même à conclure que ces soleils peuvent ne pas graviter l'un autour de l'autre, mais suivre des lignes droites, en obéissant à une force qui les domine et les conduit ensemble à travers l'espace. Plusieurs causes fort distinctes agissent ainsi sur les étoiles doubles pour leur donner un mouvement réel ou apparent : la gravitation des composantes d'un système binaire, ternaire, ou multiple autour de leur centre de gravité; la gravitation de deux ou plusieurs étoiles emportées ensemble dans l'espace sous l'influence d'attractions sidérales inconnues; les mouvements propres différents de deux étoiles lointaines fortuitement placées sur notre rayon visuel; causes auxquelles il faut encore ajouter la translation séculaire de notre système solaire dans l'espace, laquelle se réfléchit en donnant aux étoiles les moins lointaines un déplacement apparent en sens contraire.

Comme il arrive dans le progrès et le développement de toutes les branches des connaissances humaines, nous sommes forcés, à un moment donné, de nous arrêter dans l'étude d'ensemble et de faire des classifications, non-seulement pour la clarté de notre esprit, mais aussi parce que la nature elle-même présente ces classifications, non entrevues primitivement. Il est évident qu'il y a un demi-siècle seulement ces distinctions n'auraient pu être faites. Aujourd'hui cette analyse est absolument indispensable, et s'impose d'elle-même pour l'étude pratique et utile du sujet qui nous occupe.

Ce Catalogue est la seconde partie d'un Ouvrage général sur *Les Étoiles doubles*, qui paraîtra incessamment.

P. S. — C'est dans un but uniquement scientifique que j'ai entrepris ce travail, qui m'a coûté de longues années de recherches; mais je me fais un devoir d'ajouter qu'il n'aurait peut-être jamais vu le jour, si M. Gauthier-Villars, qui a rendu déjà tant de services à la propagation de la Science française, ne m'avait offert son concours désintéressé en mettant à ma disposition son Imprimerie mathématique. Qu'il en reçoive ici tous mes remercîments.

Paris, Avenue de l'Observatoire, août 1878.

MESURES MICROMÉTRIQUES D'ÉTOILES DOUBLES

Étoiles.	N° Σ.	Æ. 1880.	D. P. 1880.	Grandeurs.	Angle.	Distance.	Date.
		h m s	° ′		°	″	
α Andromède.	[797]	0. 2.11	61.24	2,3—11	271,0	71,10	1877,08
Céphée 316...	2	0. 2.42	11. 0	6,3— 6,5	all.	m. i.	6,85
Andromède...	[6]	0.13. 7	52.32	7,4— 9,5	15,1	62,50	7,13
42 Poissons...	27	0.16.12	77.11	6,8—11	337,9	28,5	7,08
P. o. 251.....	80	0.53.14	89.52	7 — 8	313,3	20,9	7,06
α Petite Ourse.	93	1.13.45	1.20	2,5— 9,5	213,3	18,62	7,31
ψ Cassiopée...	117	1.17.27	22.39	AB 4,7— 9,5	105,7	28,95	7,34
				BC 9,5—10	256,1	2,96	7,34
Poissons......	125	1.20.50	90.46	7,9—10	353,3	28,82	7,08
Poissons......	132	1.25.35	73.40	7 —10	353,6	33,88	7,08
Poissons......	142	1.33.28	75.22	8,2— 8,5	326,8	18,51	7,08
χ¹ Baleine....	147	1.35.49	101.55	5,5— 7	89,7	3,50	7,70
γ Bélier......	180	1.46.56	71.38	4,2— 4,5	359,1	9,0	7,75
γ Andromède.	205	1.56.32	48.15	AB 2,5— 5,5	62,9	10,08	7,75
66 Baleine....	231	2. 6.39	92.57	6,5— 7,8	231,0	15,55	7,80
o Baleine.....	—	2.13.17	93.31	var— 9,5	82,2	118,2	7,12
θ Persée......	296	2.35.59	41.17	AB 4,0—10	298,0	15,3	7,63
				AC 4,0—10	218,5	68,0	7,63
Persée.......	328	2.49.48	45.58	8,5— 9	300,0	23,70	7,65
Eridan.......	436	3.35.11	103. 0	7,2— 8,5	234,3	34,15	7,08
Persée.......	434	3.36. 6	52. 0	7,5— 8	86,9	30,19	7,25
40 o² Eridan..	518	4. 9.49	97.49	AB 4,5— 9,5	104,7	81,5	7,12
				BC 9,5—10,5	130,0	4 ±	7,12
				AD 4,5—12	148,0	37,2	7,12
				AE 4,5—11,4	339,2	109,9	7,12
Aldébaran...	II,2	4.29. 2	73.44	1,6—11	35,5	114,5	7,06
					35,0	114,9	7,90
19 Hév. Girafe.	634	5. 2.47	10.54	4,7— 7,9	1,4	20,29	7,37
Rigel........	668	5. 8.46	98.28	1,3— 7	200,0	9,57	7,90
λ Cocher.....	II,3	5.10.40	50. 0	5,2— 8,7	14,3	121,0	7,13
111 Taureau..	[174]	5.17.25	72.44	6 — 9	271,5	75,2	7,13
Orion........	735	5.27. 1	96.35	8,2— 9	352,3	38,05	7,13
ζ Orion.......	774	5.34.42	92. 0	AC 2,4—10	9,3	60,3	7,17
Orion. So 503.	—	5.49. 7	76. 4	AB 7 — 9	115,3	5,72	7,80
				AC 7 — 8	335,7	231,6	7,80
θ Cocher.....	[213]	5.51.32	52.48	AB 3,4—11	293,3	45,50	7,79
				AC 3,4—10	349,5	127,95	1877,79

Étoiles.	N° Σ.	Æ. 1880.	D. P. 1880.	Grandeurs.	Angle.	Distance.	Date.
		h m s	° ′		°	″	
Gémeaux.....	830	5.55.53	62.21	AB 8,5— 9	255,0	12,10	1877,79
				AC 8,5—10	188,4	25,0	7,79
Lynx........	878	6.10.12	27.33	7,5—11	324,9	20,36	7,32
20 Gémeaux..	924	6.25.17	72. 8	6 — 7	210,0	20,12	7,32
12 Lynx......	948	6.35.37	30.26	AC 5,4— 7,5	304,4	8,50	7,40
Gémeaux.....	(155)	6.38. 1	65.12	6,8—10,5	261,0	16,10	7,79
59 Cocher....	974	6.44.46	50.59	6 —10	224,1	22,19	7,80
20 Lynx......	1065	7.13. 5	39.38	7,5= 7,5	254,5	15,09	7,81
Girafe........	1091	7.20.50	39.47	8,3— 8,9	332,0	28,96	7,81
Castor.......	1110	7.26.57	57.58	AB 2,5— 2,8	235,1	5,52	7,33
	11,4			AC 2,5— 9,5	163,3	73,2	7,33
Procyon......	—	7.33. 2	84.34	AE 1,4—11	313,8	41,0	7,17
				AF 1,4— 8	80,5	346,5	7,17
				AG 1,4— 8,5	286,4	371,3	7,17
				AH 1,4— 7	96,8	652,0	7,17
Pollux.......	11,5	7.37.59	61.41	AB 2,0—11	72,1	175,0	7,08
				AC 2,0—12,5	90,4	205,5	7,08
				AD 2,0—10	75,2	228,9	7,08
Cancer.......	1230	8.21.37	72.45	8,3—10	192,8	30,82	7,32
Grande Ourse.	1234	8.23.51	34.14	7 — 9	69,0	21,75	7,83
Lynx	1263	8.37. 7	47.51	7 — 7,5	18,9	38,89	7,34
Hydre	1281	8.41.26	89.32	7,3— 8,3	321,9	31,10	7,31
Cancer.......	1285	8.44.31	68.40	9 — 9,7	337,9	25,45	7,32
Grande Ourse.	1321	9. 6.32	36.46	7 = 7	58,9	19,65	7,38
Hydre	1329	9. 9.37	90.44	8 — 8,1	68,0	22,55	7,33
Grande Ourse.	1358	9.23. 9	44.47	7,5— 8,8	158,4	23,57	7,85
Nouvelle	—	9.23.	44.27	9,0— 9,5	240 ±	35 ±	7,85
Grande Ourse.	1402	9.56.50	33.56	6,8— 8	98,7	23,12	7,86
Régulus......	11,6	10. 1.59	77.27	2,0— 8,5	306,7	176,9	7,50
ζ et 35 Lion...	1,18	10. 9.50	65.55	3,8— 6	341,4	318,81	7,49
ζ et nouv.comp.	—			3,8—11	306 ±	240 ±	7,49
γ Lion	1424	10.13.21	69.33	2,5— 4	112,1	3,32	7,41
				AC 2,5— 7	292,8	229,3	7,41
Lion.........	1472	10.40.39	76.24	7,8— 8,5	38,3	36,12	7,50
Grande Ourse.	1486	10.47.52	37.15	7,5— 8,8	102,3	29,41	7,75
54 Lion......	1487	10.49. 7	64.37	4,8— 7	104,7	6,30	7,40
G.Ourse.So.631	—	11. 3.57	23.20	7,5= 7,5	38,8	57,84	7,50
Dragon.......	1516	11. 7.25	15.52	7 — 7,5	91,0	9,51	7,37
τ Lion........	1,19	11.21.46	86.29	5 — 7	172,2	92,2	7,42
57 Gr. Ourse..	1543	11.22.37	50. 1	6 — 8	3,2	5,58	7,41
Lion.........	1549	11.26.18	65. 0	8,5— 9,5	115,2	12,98	7,40
90 Lion	1552	11.28.28	72.32	AB 5,8— 7	212,5	3,29	7,45
				AC 5,8— 9	234,9	64,48	7,45
Dragon.......	1588	11.56. 6	16.58	8,5— 8,7	56,3	14,53	7,44
59 Vierge.....	1604	12. 3.15	101.11	AB 6,5— 9	91,5	11,60	7,40
				AC 6,5— 8	93,1	41,92	7,40
γ Vierge......	1670	12.35.36	90.47	3,0= 3,0	338,4	4,96	7,43
Chevelure	1678	12.39.25	74.58	6,5— 7,3	200,3	32,14	7,35
35 Chevelure..	1687	12.47.23	68. 6	AC 5,5— 8	125,6	28,28	7,42
α Lévriers	1692	12.50.26	51. 2	3,2— 5,7	228,9	20,11	1877,41

Étoiles.	N° Σ.	Æ. 1880.	D. P. 1880.	Grandeurs.	Angle.	Distance.	Date.
		h m s	° '		°	"	
Chevelure	1707	12.55.17	73.29	8,5—10	34,8	9,00	1877,50
ζ Gr. Ourse...	1744	13.19. 5	34.27	2,5— 4	148,7	. 14,55	7,50
ι Bouvier.....	1772	13.34.56	69.26	6,2— 9,1	137,9	4,68	7,42
84 ο Vierge...	1777	13.37. 2	85.51	5,8— 8,2	229,4	3,58	7,45
κ Bouvier	1821	14. 9.11	37.39	4,5— 7	236,1	12,88	7,86
Vierge	1847	14.22.14	99.40	8,3— 9,4	257,8	22,56	7,40
π Bouvier	1864	14.35. 5	73. 4	4,2— 6	103,3	6,11	7,47
ξ Bouvier.....	1888	14.45.51	70.24	4,5— 6,5	282,7	4,28	7,44
P. XIV, 212...	—	14.50.27	110.52	5,5— 6,5	290,3	15,01	7,51
44 *i* Bouvier ..	1909	14.59.51	41.52	5,3— 6	241,8	4,71	7,46
P. XIV, 279...	1910	15. 1.66	80.19	7 = 7	212,9	4,27	7,43
μ^1 et μ^2 Bouvier	1938	15.19.58	52.13	4,0— 7	171,6	108,65	7,69
Hercule	1961	15.30.21	46. 3	8,9— 9,2	44,5	22,43	7,77
γ Couronne...	1967	15.37.42	63.20	4 — 7	simple	—	6,32
Nouvelle, triple	—	15.38. 0	63.20	AB 10 —11	33,5	16,39	6,32
				AC 10 —12,5	146,7	45,48	6,32
ξ Scorpion....	1998	15.57.46	101. 2	$\frac{AB}{2}$ et C 5,0— 7,5	67,6	7,22	7,63
$\varkappa^1$ Hercule....	2010	16. 2.39	72.38	5,0— 6	9,5	29,86	7,48
ν Scorpion....	—	16. 5. 1	109. 9	AC 4,2— 7	336,0	40,68	7,51
γ Hercule	[516]	16.16.38	70.34	3,5— 9,5	237,8	40,51	7,80
Hercule	2120	17. 0. 0	61.44	7 — 9	256,5	4,32	7,64
36 A Ophiuchus	—	17. 7.59	116.25	4,5— 6,5	203,1	4,28	7,52
α Hercule	2140	17. 9.11	75.28	3,5— 5,5	115,3	4,67	7,76
δ Hercule	3127	17.10. 6	65. 1	3,5— 8,2	181,6	18,23	7,90
Hercule	2145	17.11.46	63.18	8 — 9,5	179,1	12,64	7,45
Hercule 281...	2165	17.21.35	60.27	7,5— 8,5	53,8	7,71	7,77
μ Hercule.....	2220	17.41.46	62.12	AB 3,6— 9,4	245,1	31,15	7,75
95 Hercule....	2264	17.56.24	68.24	5,0— 5,5	261,3	6,20	7,82
70 Ophiuchus.	2272	17.59.23	87.28	4,5— 6	78,1	3,22	7,51
η Serpent.....	II,8	18.15. 7	92.55	3,3—12	67,1	142,8	7,55
Taureau Poniat	2346	18.31.27	82.34	7,2— 9,1	289,5	19,26	7,70
Véga	II,9	18.32.52	51.19	1,2— 8,8	155,1	48,14	7,80
ε^1 et ε^2 Lyre ..	1,37	18.40.22	50.27	5 — 6	172,8	207,1	7,52
Dragon.......	2398	18.41.34	30.35	8,2— 9,2	144,7	16,52	7,88
Taureau Poniat	2396	18.42.48	79.22	7,5—11	314,6	21,02	7,75
47 ο Dragon ..	2420	18.49.25	30.45	4,7— 8,4	339,4	31,87	7,76
11 Aigle......	2424	18.53.34	76.32	6 — 9	258,2	17,41	7,76
Taureau Poniat	2436	18.56.24	81.25	7,4— 8,1	310,2	33,34	7,66
Aigle	2434	18.56.34	90 53	AB 7,5— 8	132,8	23,89	7,76
Lyre.........	2456	19. 1.39	51.40	8,2 = 8,2	7,5	25,59	7,86
β Cygne......	1,43	19.25.53	62.17	3,6— 6v.	55,8	34,30	7,75
Cygne	2576	19.41. 0	56.40	7,8 = 7,8	304,5	3,26	7,64
17 χ Cygne...	2580	19.41.52	56.33	5 — 8	73,2	26,0	7,64
Altaïr........	II,10	19.44.54	81.27	1,7—10	311,9	156,1	7,82
θ Flèche......	2637	20. 4.39	69.26	AB 6 — 8	327,3	11,4	7,78
				AC 6 — 7	224,9	76,18	7,78
Dauphin	2703	20.31.13	75.41	AB 8 — 8	290,8	25.57	7,80
				AC 8 — 8	237,9	68,92	7,80
				BC 8 — 8	217,2	57,29	1877,80

Étoiles.	N° Σ.	Æ. 1880.	D. P. 1880.	Grandeurs.	Angle.	Distance.	Date.
		h m s	° ′		°	″	
Cygne........	2708	20.34. 7	51.46	7 — 9	333,9	21,67	1877,78
Dauphin......	2725	20.40.37	74.32	7 — 8	0,9	4,81	7,82
γ Dauphin....	2727	20.41.46	74.18	4,3— 6	270,8	11,25	7,82
ε Petit Cheval.	2737	20.53. 5	86.10	$\frac{AB}{2}$ et C 5,5— 7,5	73,4	10,82	7,76
61 du Cygne..	2758	21. 1.21	51.52	5,5— 6	116,2	19,76	7,79
Cygne.......	2760	21. 1.52	56.21	7 — 8	225,4	8,22	7,83
δ Petit Cheval.	2777	21. 8.38	80.28	AC 4,5—10	24,0	37,57	7,82
Cygne	2779	21. 9.16	61.25	8,2— 8,6	182,8	17,86	7,82
μ Cygne......	2822	21.38.46	61.48	4,5— 6	118,4	3,76	7,57
				AC 4,5— 7,5	57,1	209,9	7,57
Pégase.......	2828	21.43.27	87. 9	AB 8 — 9	142,7	26,52	7,86
				BC 9 — 9,2	41,0	3,89	7,86
Céphée 147...	2840	21.47.57	24.46	6 — 6,7	195,1	19,34	7,88
P. XXII, 33....	2877	22. 8.33	73.25	6,4— 9,5	351,0	9,78	7,90
33 Pégase....	2900	22.17.52	69.45	AC 6 — 8	330,2	63,5	7,84
Poissons......	2976	23. 1.37	84. 3	AB 8,5—10	261,8	7,65	7,90
				AC 8,5— 9,7	187,9	16,71	7,90
Verseau......	2993	23. 7.46	99.35	7 — 7,8	178,0	25,4	7,84
ψ¹ Verseau....	11,12	23. 9.35	99.44	4,5— 8,5	312,2	49,5	7,84
94 Verseau ...	2998	23.12.47	104. 7	5,2— 7,2	348,8	13,74	7,92
P. XXIII, 69...	3008	23.17.32	99. 7	7 — 8	256,1	4,73	7,92
85 Pégase	—	23.55.51	63.33	6 — 9	39,8:	14,0	1877,94

ABRÉVIATIONS.

Am	=	Amici.
Ar	=	Argelander.
Au	=	Auwers.
Bk	=	Backlund.
Bl	=	Ball.
(1) Ba	=	Barclay.
Bs	=	Bessel.
Bi	=	Bishop.
Bo	=	Bond.
Bd	=	Bradley.
Bb	=	Brisbane.
Bh	=	Bruhns.
Br	=	Brunnow.
Bu	=	Burnham.
Bt	=	Burton.
Cs	=	Cassini.
Ch	=	Challis.
A.C	=	Alvan Clark.
Co	=	Copeland.
Dt	=	D'Arrest.
Da	=	Dawes.
De	=	Dembowski.
Dk	=	Doberck.
Du	=	Dunér.
Dl	=	Dunlop.
Ea	=	Eastman.
El	=	Ellery.
Ek	=	Encke.
En	=	Engelmann.
Er	=	Erck.
Fa	=	Fallows.
Fg	=	Ferguson.
Fr	=	Ferrari.
Fl	=	Flammarion.
Fd	=	Flamsteed.
Ft	=	Fletcher.
Fo	=	Forster.
Ga	=	Galle.
Gi	=	Gill.
Gl	=	Gledhill.
H	=	W. Herschel.
H_2	=	J. Herschel.
Ha	=	Hall.
Hr	=	Harkness.
Hv	=	Harvard coll. Observatory.
Hi	=	Hind.
Ho	=	Holden.
Ja	=	Jacob.
Js	=	Johnson.
Kr	=	Kaiser.
Kn	=	Knott.
Lc	=	Lacaille.
Ll	=	Lalande.
Ls	=	Lassell
Li	=	Lindenau.
Ld	=	Lindsay.
Lt	=	Lindstedt.

Lu	=	Luther.
Mc	=	Maclear.
Md	=	Mädler.
Ma	=	Main.
Mh	=	Marth.
MH.	=	Maxwell Hall.
C.M	=	Chr. Mayer.
T.M	=	Tob. Mayer.
Mi	=	Miller.
Mt	=	Mitchell.
Mu	=	Obs. de Munich.
Nw	=	Newcomb.
No	=	Nobile.
Nb	=	Noble.
Pc	=	Pechule.
Pe	=	Peters.
Ph	=	Philpott.
Pi	=	Piazzi.
Po	=	Powell.
Ro	=	Romberg.
Rs	=	Russell.
Ru	=	Rutherford.
Sp	=	Schiaparelli.
Sl	=	Schlüter.
Sr	=	Searle.
Se	=	Secchi.
(2) So	=	South.
Sm	=	Smyth (amiral).
PS	=	Piazzi Smyth.
St	=	Ormond Stone.
Σ	=	William Struve.
Σ_2	=	Otto Struve.
Ta	=	Talmage.
Ty	=	Taylor.
Ti	=	Tietjen.
Tu	=	Tuttle.
Vo	=	Vogel.
W	=	Weiss.
Wh	=	Wichman.
Wk	=	Wijkander.
Ws	=	Wilson et Seabroke.
Wl	=	Winlock.
Wi	=	Winnecke.
(3) Wr	=	Wrottesley.
m.i.	=	Mesure impossible.
n.m.	=	Non mesuré (angle ou distance).
n.r.	=	Mesure non réduite.
n.s.	=	Non séparés (disques des étoiles)
cont.	=	En contact (disques des étoiles).
all.	=	Allongée.
:	=	Mesure douteuse.
::	=	Très-douteuse.
?	=	Position divergente.
±	=	Mesure approximative.
$>$	=	Mesure trop grande.
$<$	=	— trop petite.

(1) Les observations signées Ba ont été faites à son observatoire de Leyton, ordinairement par Romberg (1862-63) et par Talmage (1864-72).
(2) South a fait ses obs. de 1820-23 à Londres en compagnie de sir John Herschel, et celles de 1824-25 à Passy (Paris).
(3) La plupart des observations faites à l'Observatoire de lord Wrottesley ont été faites par Morton.

ERRATA.

(Prière de corriger.)

Page	Colonne	
2,	2,	ligne 1, *au lieu de* Σ_2 *mettre* Σ.
6,	3,	5e avant-dernière ligne, *au lieu de* F_2, *mettre* Fr.
10,	2,	χ^1 Baleine, dernière ligne, *au lieu de* 77,10, *mettre* 77,70.
12,	1,	α Poissons, ligne 7, *au lieu de* id., *mettre* Σ.
14,	2,	66 Baleine, *ajouter :* 51,88, 228°,7, 15",15 Σ.
14,	3,	234, ligne 1, *mettre* Σ à la signature.
18,	3,	326, *ajouter :* système physique en mouvement propre commun.
19,	1,	ε Bélier, *ajouter :* 54,97, 196",5, 0°,92 Md.
id.	id.	ε Bélier *au lieu des moyennes de* 1856 *pour* Md, *mettre* 56,95, 198",5, 1°,03.
21,	3,	425, *au lieu des* trois observations de Da en 1848 et 1849, *mettre* 48,28, 102".2, 2°.85.
22,	3,	*au lieu de* 49 Hév. Céphée, *mettre* 48. Le premier chiffre est une erreur de Piazzi, Argelander et Struve.
25,	3,	566, à 1863, *au lieu de* id., *mettre* De.
26,	1,	577, à 1863, *au lieu de* id., *mettre* De.
29,		la dernière ligne de la col. 1 et la dernière de la col. 3 doivent être transposées.
30,	1,	à 64,85, *au lieu de* id., *mettre* Σ_2.
id.	id.	*au lieu de* 78,06, *mettre* 74,06.
31,	2,	742, à 68,96, *au lieu de* id., *mettre* Ta.
id.	id.	id. à 72,14 — id., — Ta.
44,	3,	Procyon. La mesure de Se est certainement 331",6 et doit se rapporter à F.
48,	1,	66,27, *au lieu de* id., *mettre* De.
id.	2,	59,30, — id., — Σ_2.
id.	2,	61,27, — id., — Σ_2.
id.	2,	66,27, *transposer* Σ_2 et id.
54,	1,	75,20, *supprimer* la seconde ligne.
54,	1,	77,18, *au lieu de* id., *mettre* De.
57,	3,	ligne 2, *au lieu de* 1875, *mettre* 1755.
61,	2,	1472, à 77,50, *mettre* Fl.
67,	3,	(237), *supprimer* la seconde ligne de 45,42.
68,	1,	*au lieu de* 59 Vierge, *mettre* Vierge 59.
69,	2,	1647, à 56,36, *au lieu de* id., *mettre* Md.
70,	1,	1661. *Mettre :* système orbital. Mouvement propre rapide en Æ.
72,	3,	1682, *au lieu de* 70, *mettre :* 65,83, 306°,7, 32",27.
73,	3,	1728, à 33,37, *au lieu de* id., *mettre* Σ.
78,	1,	1804, à 43,32 2°, *au lieu de* id., *mettre* Md.
80,		α du Centaure. *Ajouter :* dédoublée dès 1689 par Richaud à Pondichéry.
82,	1,	à 61,42, *au lieu de* id., *mettre* Md.
id.	id.	71,37, — id., — Du.
84,	2,	*supprimer* la ligne 64,47.
88,	3,	*supprimer* la ligne 36,68.
id.	id.	*supprimer* la ligne 41,57.
id.	id.	la dernière ligne doit être transposée au bas de la colonne 1.
92,	3,	1985, *au lieu de* 43,44 et 43,35, *mettre* 43,90, 327°.2, 5",93.
98,	2,	*au lieu de* 99 Dragon, *mettre* Dragon 99.
105,	2,	*au lieu de* 14', *mettre* 12'.
107—108,		2171 et 2173, *supprimer* 221.
118,	col. 2,	*au lieu de* 75 Taureau Poniat., *mettre* Taureau Poniat. 75.
124,		*ajouter* à 17 Lyre : mouv. propre commun.
130,		*ajouter* à δ Cygne : mouv. propre commun.
135,		2703, à 68,53, *au lieu de* De, *mettre* Du.
154,		2976. AB 2e ligne, chiffre tombé : 7",0

CATALOGUE

DES

ÉTOILES DOUBLES ET MULTIPLES

EN MOUVEMENT RELATIF CERTAIN.

OBSERVATIONS ET RÉSULTATS CONCLUS.

Baleine. 3063.

Æ = $0^h 1^m 27^s$. D. P. = 95° 12′.

Gr. = 8°,8 — 10° : blanches.

Date.	Angle.	Distance.	Obs.
	°	″	
1831,50	232,9	1,78	Σ.
64,84	223,7	1,85	Do.
65,55	224,4	1,84	*id.*
77...	.....	....	...

Mouvement rétrograde très-lent. Probablement orbital : faible distance angulaire des composantes.

Il est singulier que cette étoile n'ait été observée ni par Md, ni par Da, ni par Se, ni par Du, ni par Σ_2, qui ont revu presque toutes les autres du même ordre.

α Andromède. H. v, 32 [797].

$0^h 2^m 11^s$. 61° 24′.

2°,3 — 11° : blanches.

Date.	Angle.	Distance.	Obs.
1781,56	259,4	59,50	H.
1830,68	264,2	66,57	Da.
34,64	267,1	65,9	Sm.
36,38	266,8	64,94	Σ.
37,74	266,9	64,8	Sm.
51,93	269,4	66,92	Σ_2.
66,68	270,7	69,20	Da.
76,07	269,8	n. m.	Gl.
77,08	271,0	71,10	Fl.

Mouvement rectiligne, dirigé vers 321°. Sa valeur annuelle = 0″188 et se décompose ainsi : Æ — 0″,124; D. P. — 0″,151; ce qui est précisément égal et de signe contraire au lent mouvement propre reconnu à α. (*Voy.* mon Catalogue spécial des mouvements propres.) Donc 11° fixe au fond du ciel. Conclusion de Σ confirmée. — Groupe de perspective.

Céphée 316. 2.

$0^h 2^m 42^s$. 11° 0′.

6°,3 jaune — 6°,5 verte.

Date.	Angle.	Distance.	Obs.
	°	″	
1828,25	342,9	0,78	Σ.
31,00	339,7	1,70	H_2
32,59	340,5	0,83	Σ.
38,63	338,1	0,69	Md.
39,67	336,1	n. m.	Da.
41,56	336,3	0,66	Md.
42,63	334,8	0,64	*id.*
43,30	341,2	0,60	*id.*
47,77	346,1	0,48	*id.*
52,21	338,6	0,47	*id.*
57,52	325,0	0,38	Se.
62,83	320,4	0,3	Md.
63,60	simple		De.
65,70	295,5	0,38	*id.*
65,76	295,6	0,30	Ta.
66,95	136,8?	0,25	Se.
67,00	simple		De.
69,75	all.	m. i.	Du.
72,92	all.	m. i.	Ws.
75,71	34 ::	m. i.	Du.
76,85	all.	m. i.	Fl.

Couple brillant et délicat. Système orbital très-serré. Mouvement rétrograde rapide. Si De n'a pu distinguer B en 1863 (elle devait être alors à 0″,38), ce n'est pas là une raison suffisante pour que nous la jugions variable, car la disparition peut tenir au rapprochement et aux conditions atmosphériques. En 1867, elle était encore plus rapprochée.

Andromède. H_2 1007. (2).

$0^h 7^m 26^s$. 63° 40′.

Triple.

A = 7° ; B = 8° ; C = 10° : blanches

AB.

Date.	Angle.	Distance.	Obs.
	°	″	
1843,93	61,6	0,6	Md.
58,43	51,4	0,68	Se.
66,64	47,4	0,5	De.
69,78	44,8	0,72	Du
72,67	44,6	0,5	De.
74,71	43,8	0,88	Σ_2.

AC.

C fixe à 225° ± 1° et 17″,6 ± 0″,2.

AB forment certainement un système orbital très-serré, en mouvement rétrograde. Quant à l'étoile C, elle reste fixe depuis la première mesure en 1828, sans laisser présumer aucun sens de mouvement.

Céphée 318. 13.

0h 9m 25s. 13°46'.

6,2 — 6,5 : blanches.

Date.	Angle.	Distance.	Obs.
	°	"	
1828,22	126,7	0,54	Σ.
31,60	131,8	0,50	H₂.
32,22	127,6	0,54	Σ.
33,34	114,2	0,55	*id*
36,69	119,8	0,43	*id.*
40,58	125,5	0,65	Σ₂.
41,56	115,9	0,58	Md
42,69	113,2	0,53	*id.*
43,30	120,3	0,58	*id.*
44,33	121,0	0,57	*id.*
45,13	119,7	0,53	*id.*
47,82	112,3	0,45	*id.*
48,11	106,6	0,45	*id.*
48,22	116,6	0,57	Σ₂.
52,44	107,3	0,53	Md.
56,84	104,5	n. m.	De.
57,52	102,3	0,70	Se.
58,50	105,9	0,70	Σ₂.
63,00	103,5	0,50	De.
65,31	103,5	0,45	*id.*
66,95	103,6	0,38	Se.
69,51	100,0	0,60	De.
71,22	102,0	0,73	Σ₂.
72,52	103,6	0,52	Ws.
73,91	101,0	0,4	Gl.
74,82	96,2	0,47	De.
74,83	93,2	0,47	Fr.
75,71	97,2	0,58	De

Beau couple, très-serré. Système orbital en lent mouvement rétrograde.

Andromède (4).

0h 10m 21s. 54° 1'.

7,5 — 7,8 : blanches.

Date.	Angle.	Distance.	Obs.
1842	n. m.	0,8	Σ₂.
45,26	206,7	0,59	*id.*
51,76	209,5	0,25	Md.
54,01	187,6	0,55	Σ₂.
59,01	190,0	0,3	Se.
61,66	172,7	0,56	Σ₂.
66,88	184,7	all.	De.
73,27	173,0	0,35	*id.*

Système orbital très-serré. Lent mouvement rétrograde.

Andromède. 23.

0h 11m 20s. 90° 21'.

7,5 jaunâtre — 10 bleuâtre.

Date.	Angle.	Distance.	Obs.
	°	"	
1825,76	361,4	14,03	Σ.
1832,13	360,5	13,30	Σ₂.
36,74	359,7	12,70	*id.*
37,82	360,2	12,68	*id.*
40,84	359,2	12,60	Da.
42,48	359,1	12,00	Kr
42,77	360,1	12,17	Md.
43,93	357,8	11,90	Da.
43,98	361,2	11,86	Kr.
54,00	356,9	10,98	Da.
54,94	355,5	10,68	Wr.
56,96	356,7	10,87	*id.*
58,00	355,4	10,72	Md.
63,33	355,0	9,85	De.
65,76	355,0	n. m.	Ta.
67,88	355,3	9,44	Σ₂.
69,72	353,9	8,84	Ta.
71,78	351,6	8,72	*id.*
73,86	353,4	n. m.	Ws
73,91	353,4	6,6	Gl.
74,91	353,2	8,9	Ws.
75,97	351,7	8,70	Ha.
76,89	348,8	n. r.	Dk.
76,95	352,8	6,96	Ws.

Mouvement rectiligne. La distance diminue. Valeur annuelle = 0",116 vers 196°, ce qui donne

Æ — 0",032 ; D. P. + 0",111.

Ce mouvement appartient sans doute à la plus brillante; et la seconde, fixe au fond du ciel, sert de point de repère. — Groupe de perspective.

Andromède. H. V, 85. [6].

0h 13m 7s. 52° 32'.

7,4 — 9,5 : blanches.

Date.	Angle.	Distance.	Obs.
1782,66	n. m.	30,0	H.
1783,04	10,6	30,45	*id.*
1824,91	13,2	45,31	So.
51,99	15,4	53,35	Σ₂.
77,13	15,1	62,50	Fl.

Mouvement rectiligne. La distance augmente rapidement. Direction = 29°; valeur = 0",35, dont + 0",18 en Æ et — 0",30 en D. P. S'accorde avec le mouvement propre reconnu à l'étoile principale. (*Voy.* mon Catalogue.) — Groupe de perspective.

---

42 Poissons. 27.

0h 16m 12s. 77° 11'.

6,8 jaune — 11 verte.

Date.	Angle.	Distance.	Obs.
	°	"	
1829,50	344,0	31,67	Σ.
33,95	341,5	30,5	Sm.
43,98	342,1	31,84	Md.
44,08	342,4	n. m.	*id.*
51,84	340,4	30,10	Σ₂.
63,85	338,0	29,73	De.
65,87	338,0	30,14	Σ₂.
69,93	338,9	30,02	*id.*
73,89	338,1	29,±	Gl.
77,08	337,9	28,5	Fl.

Mouvement rectiligne, dirigé vers 216°. Sa valeur est de 0",11 et se décompose en

Æ — 0",064 ; D. P. + 0",091,

ce qui ne concorde pas avec le mouvement propre adopté pour A (*voy.* mon Catalogue). — Néanmoins c'est certainement là un groupe de perspective.

A paraît d'un beau jaune topaze, et B d'un vert émeraude formant contraste, malgré la petitesse de l'étoile.

Cassiopée 49. 30.

0h 20m 43s. 40° 40'.

6,8 blanche — 8,7 cendrée.

Date.	Angle.	Distance.	Obs.
1831,21	295,9	21,23	Σ.
64,85	298,4	19,70	De.
76,93	299,3	18,72	Ws.

La distance diminue et l'angle augmente. Mouvement rectiligne. Probablement groupe de perspective.

---

49 Poissons. 32.

0h 24m 35s. 74° 37'.

6,8 — 10,6 : blanches.

Date.	Angle.	Distance.	Obs.
1829,23	108,4	13,43	Σ
32,90	107,6	13,84	*id.*
35,87	109,5	15,0	Sm.
43,98	103,7	n. m.	Md.
44,01	107,2	14,87	*id.*
47,94	106,5	15,76	*id.*
51,85	106,9	15,48	Σ₂.
52,87	106,7	14,77	Md.
53,07	105,2	15,58	*id.*

Date.	Angle.	Distance.	Obs.
1864,78	106,6	16,28	De.
69,91	105,8	16,73	Σ₂.
73,93	106,6	16,65	Ws.
73,94	106,8	16,4	Gl.

Mouvement rectiligne, dirigé vers 101°, Vitesse = 0″,081, dont

(Æ + 0″,078; D.P. + 0″,015).

Parallèle au mouvement propre reconnu à A, mais moins rapide (*voy.* mon Catalogue). — Groupe de perspective.

14 λ Cassiopée (12).

0h25m8s. 36°8′.

5,3 — 5,5 : jaunes.

Date.	Angle.	Distance.	Obs.
1844,81	121,4	0,53	Σ₂.
45,73	122,3	0,33	Md.
47,54	128,9	0,50	Σ₂.
51,99	122,9	0,29	Md.
53,24	140,3>	n. m.	*id.*
54,36	115,9<	0,55	Da.
59,01	124,8	0,25	Se.
66,37	133,1	all.	De.
69,39	134,3	0,38	*id.*
70,18	135,0	0,65	Σ₂.
72,87	137,4	0,55	De.
75,80	142,1	0,49	Du.
75,92	140,7	0,5	Ws.

Malgré la divergence des observations, on constate un mouvement direct certain. Système orbital très-serré. Mouvement propre de λ

Æ + 0°,003; D.P. + 0″,02.

Poissons. 35.

0h25m27s. 92°43′.

4 — 9,6 blanches.

Date.	Angle.	Distance.	Obs.
1830,16	268,3	8,69	Σ.
42,91	268,2	n. m.	Md.
68,25	267,5	7,88	De.

La distance diminue. Observations insuffisantes pour décider de la nature du mouvement.

Andromède. 44.

0h31m56s. 49°40′.

8,3 — 9 : jaunâtres.

Date.	Angle.	Distance.	Obs.
1829,82	258,8	7,86	Σ.
45,69	259,0	7,34	Md.
57,93	262,2	8,74	Se.
65,09	263,2	8,66	De.
66,92	262,3	8,76	Σ₂.
70,09	265,0	8,80	Du.
72,64	264,2	9,1	Ws.
73,91	264,6	8,9	Gl.
74,86	263,0	9,6	Ws.
76,95	263,7	8,84	*id.*

Mouvement angulaire direct très-lent et accroissement de distance. La nature du mouvement ne peut encore être conclue.

Cassiopée 63. 45.

0h32m7s. 43°42′.

7 jaune — 10,7.

Date.	Angle.	Distance.	Obs.
1829,45	82,9	8,79	Σ.
52,66	86,2	9,79	Md.
55,86	86,1	9,23	*id.*
65,11	85,9	10,39	De.
73,89	85,5	11,0	Gl.
74,57	86,6	10,7	Ws.

La distance augmente. Mouvement rectiligne. Groupe de perspective.

Poissons. 49.

0h34m42s. 97°54′.

6,5 jaune — 10°.

Date.	Angle.	Distance.	Obs.
1830,92	321,7	4,49	Σ.
41,05	320,4	4,94	Md.
65,56	319,7	5,14	De.

La distance augmente. Mouvement rectiligne. Groupe de perspective.

Poissons. (18).

0h36m9s. 86°29′.

7,4 — 9,5.

Date.	Angle.	Distance.	Obs.
1843,95	90,6	1,03	Md.
45,70	93,6	1,40	Σ₂.
55,18	94,8	1,34	*id.*
58,51	99,8	1,13	Se.
1866,60	106,2	1,55	De.
73,17	110,8	1,39	*id.*

Système orbital serré, en mouvement direct assez rapide. Cette étoile = Lal. 1118.

Poissons. 51.

0h37m16s. 73°18′.

8 jaunâtre — 9 cendrée

Date.	Angle.	Distance.	Obs.
1830,88	131,5	4,16	Σ.
42,77	128,5	3,94	Md.
48,00	130,8	4,07	*id.*
56,10	127,4	4,20	Wf.
57,99	127,6	4,05	Se.

Mouvement rétrograde très-lent. Probabilité de système orbital.

Andromède. 52.

0h37m31s. 44°26′.

8 jaune — 9.

Date.	Angle.	Distance.	Obs.
1831,44	25,8	1,42	Σ.
57,93	18,5	1,37	Se.
67,20	17,8	1,23	De.

Mouvement rétrograde. Système orbital.

Cassiopée. H. I. 40. 59.

0h41m11s. 39°13′.

7e jaune — 8e bleue.

Date.	Angle.	Distance.	Obs.
1783,34	140,5	2±	H.
1825,14	147,6?	2,57	So.
30,78	148,2?	2,32	Da.
32,33	144,9	2,19	Σ.
32,87	147,2	2,3	Sm.
36,94	146,8	2,4	*id.*
45,34	146,0	2,20	Md.
47,63	146,4	2,25	Mt.
51,52	146,5	2,24	Md.
52,21	147,1	2,32	*id.*
56,70	146,9	2,05	*id.*
56,76	147,8	n. m.	De.
58,58	146,4	2,01	Md.
58,58	146,2	2,12	Se.
58,66	147,7	2,17	Wr.
61,80	146,5	2,49	Md.
62,83	140,6<	2,44	*id.*
67,98	147,4	2,03	De.
71,94	148,1	2,30	Du.
73,85	149,0	2,14	Wr.
73,89	148,5	n. m.	Gl.

Système ertainement physique, à cause de la proximité des composantes, de leur grandeur et de l'invariabilité de la distance depuis près d'un siècle. Sans doute mouvement propre commun, et mouvement orbital direct très-lent. A = P. O. 181.

η Cassiopée. H. III, 3. 60.

$0^h 41^m 46^s$. 32° 49'.

4e jaune d'or — 7e pourpre.

Date.	Angle.	Distance.	Obs.
1779,82	70°,±	11",09	H.
1780,52	n.m.	11,46	*id.*
1782,45	62,1	n. m.	*id.*
1803,11	70,8	n. m.	*id.*
14,13	70,7	9,70	Bs.
20,16	81,1	10,68	Σ.
21,90	82,4	8,79	So.
25,78	83,5	9,90	*id.*
27,21	85,6	10,25	Σ.
29,43	86,3	10,38	H_2.
30,30	86,5	9,93	Σ.
30,75	86,2	10,07	Bs.
30,91	87,8	9,8	Sm.
31,75	88,7	9,69	H_2.
31,92	88,2	9,9	Sm.
32,05	87,6	9,78	Σ.
32,58	88,6	9,75	*id.*
32,87	88,7	9,74	Da.
33,74	88,9	9,9	Sm.
34,74	90,3	9,8	*id.*
34,76	89,6	9,80	Bs.
35,20	90,9	9,7	Sm.
35,26	91,2	9,52	Σ.
36,74	92,1	9,39	*id.*
36,81	92,0	9,4	Sm.
37,62	92,6	9,62	Ek.
38,68	92,7	9,48	Ga.
40,43	96,0	9,0	Kr.
41,24	96,5	8,88	Σ.
41,34	98,1	9,21	Σ_2.
41,57	96,4	9,25	Md.
41,80	95,7	9,33	Da.
42,39	98,4	8,79	Md.
42,83	97,4	9,03	Sl.
43,19	95,8	9,4	Sm.
44,53	99,1	8,58	Md.
45,45	101,0	8,44	*id.*
46,10	98,6	8,87	Ja.
46,67	101,1	8,58	Md.
46,73	101,5	8,5	Sm.
46,85	99,7	8,37	Σ_4
47,40	101,8	8,49	Σ_2.
47,42	102,7	8,26	Md.
47,60	101,4	8,59	Mt.
1848,69	101°,8	8",18	Σ_2.
50,49	105,4	8,11	*id.*
50,80	106,5	8,02	Md.
51,19	106,9	7,97	*id.*
51,45	106,6	8,17	Ft.
51,76	106,9	7,72	Md.
51,84	108,0	8,04	Σ_2.
51,89	108,5	8,12	Mt.
52,61	108,6	7,64	Md.
53,29	110,1	7,57	*id.*
53,90	112,7	7,52	*id.*
53,93	109,6	8,17	Po.
54,00	108,3	7,91	Da.
54,17	110,6	7,7	Sm.
54,56	112,0	7,97	Σ_2.
54,80	111,8	7,60	Md.
54,91	110,2	7,84	De.
54,95	111,0	8,12	Wr.
55,25	111,1	7,94	Wl.
55,51	112,0	7,60	Md.
55,79	112,2	7,90	Se
55,87	111,0	7,77	Md.
55,96	112,4	7,80	Wr.
56,07	112,4	7,57	Ja.
56,40	113,8	7,52	De.
56,50	112,9	7,22	Md.
56,57	117,5	8,35	Lu.
57,06	112,9	7,49	Ja.
57,15	112,8	7,86	Se.
57,21	114,6	7,04	Md.
57,22	114,2	7,57	Σ_2.
58,06	115,1	7,42	Ja.
58,21	114,3	7,07	Md.
59,26	115,7	6,96	*id.*
59,72	116,6	7,02	Po.
59,94	117,3	7,08	Wr.
60,68	119,8	7,17	Σ_2.
60,97	118,3	6,99	Po.
61,58	119,8	7,37	Au.
61,82	118,2	6,44	Ma.
61,95	120,6	6,7	Po.
62,88	120,4	7,15	Ba.
63,18	123,6	7,12	Lu.
63,26	122,3	6,95	Do.
65,18	125,7	6,72	*id.*
65,59	125,6	6,52	En.
65,70	125,6	6,8	Kn.
66,22	132,6	6,44	Σ_2.
66,83	124,8	6,35	Ta.
66,86	127,7	6,79	Se.
67,16	129,3	6,56	De.
67,65	130,0	6,31	Ma.
68,37	131,8	6,38	Du.
68,53	132,9	6,43	Σ_2.
68,84	131,5	6,35	Br.
69,16	133,3	6,25	De.
69,67	132,4	6,12	Ma.
69,72	124,8	6,58	Ta.

Date.	Distance.	Angle.	Obs.
1869,94	135°,2	6",16	Du
70,18	136,2	6,28	Σ_2.
70,72	135,8	6,10	Gl.
71,05	136,4	6,13	De.
71,70	138,0	6,04	Gl.
72,18	140,8	5,94	Σ_2
72,20	137,9	6,10	Kn.
72,50	140,5	6,02	Dn.
72,77	143,9	5,94	Ma.
73,18	140,0	5,86	De.
73,53	144,6	5,68	Σ_2.
73,69	143,7	5,9	Gl.
73,83	144,7	6,22	Ws.
73,98	143,6	n.m.	No.
74,90	146,0	5,8	Ws.
75,01	144,5	5,76	De.
75,14	145,9	5,77	Du.
75,15	148,6	5,58	Σ_2.
75,46	146,5	5,55	Gl.
75,78	146,1	5,78	Ma.
75,94	147,8	n.r.	Do.
76,05	147,2	5,8	Gl.
76,09	147,4	n.r.	Dk.
76,61	149,3	5,59	De.

Système orbital remarquable. 85° parcourus en 93 ans, soit 0°,91 par an (mouvement direct); 360° conduiraient à 395 ans. Période moindre, car le mouvement s'accélère. Voici les derniers éléments calculés :

Doberck, 1876.

T = 1909,24
☊ = 39°.57'
π — ☊ = 223.20
i = 53.50
e = 0,5763
a = 9",83
P = 222^{ans},435

Grüber, 1876.

T = 1901,25
☊ = 33°.20'
π = 229.27
i = 48.18
e = 0,6244
a = 8",639
P = 195^{ans},235

Ces deux résultats ne sont pas très-discordants. L'arc parcouru est trop petit pour permettre l'application de ma méthode. Des mouvements propres calculés pour la translation de ce système dans l'espace, le plus sûr est celui-ci (*voy.* mon Catalogue) :

Æ = + 0s,132 ; D.P. = + 0",49.

Si l'on admet la parallaxe de Σ_2(= 0",154), la dernière période ci-dessus indiquerait pour la masse de ce système binaire, comparée à celle du Soleil, le chiffre 4,63. Sa distance serait de 1450000 fois le demi-diamètre de l'orbite terrestre, et l'écartement moyen des deux composantes serait de 56 fois ce même demi-diamètre (♅ = 30).

L'étoile A est d'une belle couleur jaune d'or.

Poissons. 63.

$0^h 43^m 56^s$. 7°50'.

8,5 jaune — 11.

Date.	Angle.	Distance.	Obs.
	°	"	
1832,41	195,2	11,43	Σ.
44,01	197,5	12,15	Md.
52,87	208,8	12,61	*id.*
64,43	214,8	13,93	De.
72,69	218,6	14,65	*id.*
74,93	221,5	13,0	Ws.

Le mouvement est rectiligne. Vitesse annuelle = 0",156. Direction, presque juste vers l'ouest, = 267°. Elle se décompose en

Æ — 0",155 et D.P. + 0",008.

Ce mouvement appartient certainement à A; 11e fixe au fond du ciel. Groupe de perspective.

Pégase. 67.

$0^h 45^m 51^s$. 80° 3'.

3 — 9 : blanches.

1830,91	13,0	1,58	Σ.
42,93	13,5	1,52	Md.
67,22	7,0	1,86	De.
73,94	1,6	1,80	Fr.

Système orbital serré en mouvement rétrograde.

λ Toucan. H_3 318.

$0^h 47^m 47^s$. 160° 10'.

7 — 8.

1826,80	71,6	n. m.	Dl.
34,84	76,8	20±	H_3.
35,92	78,5	20,46	*id.*
36,73	80,8	22,25	*id.*
37,74	80,6	20,94	*id.*

Un mouvement rapide paraissait manifeste dans cette étoile pendant les 11 années d'observation de Dl. et H_3. Malheureusement les observateurs de l'hémisphère austral paraissent l'avoir oubliée.

Céphée. 69.

$0^h 47^m 51^s$. 6°58'.

8,7 — 10.

Date.	Angle.	Distance.	Obs.
	°	"	
1832,23	359,8	21,44	Σ.
47,30	2,3	22,06	Md.
64,88	6,6	22,42	De.
74,90	8,0	22,4	Gl.
74,93	10,0	22,4	Ws.

Le mouvement est curviligne; mais, quoique la courbe soit assez prononcée, l'arc est trop petit pour décider, surtout si l'on considère la distance et la différence de grandeur des deux composantes. Peut être parallactique.

---

36 Andromède. 73.

$0^h 48^m 0^s$. 67°7'.

6 *orange* - 7 jaune.

Date.	Angle.	Distance.	Obs.
1830,73	305,0	0,85	H_2.
31,79	308,6	0,77	*id.*
32,14	307,8	0,85	Σ.
35,92	315,7	1,1	Sm.
36,98	319,0	0,90	Σ.
39,77	318,5	1,1	Sm.
39,79	317,8	1,09	Da.
40,35	322,4	1,07	Md.
40,98	319,3	1,08	Da.
41,59	324,7	1,19	Md.
41,64	324,2	1,30	Σ_2.
41,87	321,2	1,10	Da.
42,34	323,4	0,99	Kr.
42,77	325,8	1,05	Md.
42,94	322,9	1,00	Da.
43,12	322,9	1,0	Sm.
43,94	322,9	1,12	Da.
46,78	328,6	1,21	Σ_2
46,93	329,0	1,12	Da.
47,00	329,0	1,26	Md.
47,70	330,2	1,05	Ml.
47,89	329,6	1,22	Md.
47,92	329,6	1,23	Da.
48,05	329,1	1,28	Md.
50,91	332,0	1,17	Da.
51,29	334,0	1,40	Md.
	°	"	
1851,93	336,4	1,12	Ft.
52,60	335,3	1,35	Md.
52,83	335,8	1,3	Sm.
53,87	336,6	1,28	Md.
53,91	335,0	1,22	Da.
54,58	336,6	1,32	Md.
54,70	335,9	1,33	Σ_2.
54,75	335,9	1,23	Md.
54,91	340,1	1,25	Wr.
55,29	336,6	1,37	Md.
56,08	344,2>	1,30	Wi.
56,08	335,9	1,2	De.
56,98	340,0	1,35	Md.
57,28	339,2	1,20	Se.
57,75	340,3	1,39	Md.
58,04	340,1	1,34	*id.*
59,88	339,8	1,18	Da.
61,18	344,8	1,34	Md.
61,74	344,4	1,36	Σ_2.
61,80	329,0?	1,10	Ma.
63,24	344,1	1,13	De.
65,11	348,4	1,62	En.
65,25	345,4	1,22	De.
65,51	348,4	1,62	En.
65,69	344,8	1,35	Kn.
65,73	347,0	1,08	Ta.
66,05	349,5	1,3	Se.
66,83	344,2	1,38	Ta.
67,03	350,9	1,25	Kr.
67,26	347,3	1,22	De.
68,76	350,7	1,57	Br.
69,72	349,5	n. m.	Ta.
70,37	350,1	1,3	Gl.
70,38	350,8	1,31	De.
71,60	352,7	1,2	Gl.
72,86	347,4<	1,24	Ta.
73,81	353,1	1,34	Ws.
73,91	354,0	1,42	Gl.
74,26	353,9	1,30	De.
74,94	356,0	1,38	Ws.
75,62	355,7	1,25	De.
75,70	356,2	1,36	Du.
75,99	358,5	1,29	Ha.
76,87	356,0	1,34	Do.
77,02	355,9	1,28	Sp.

Ce beau couple, d'un jaune ardent, offre un mouvement direct prononcé. Système orbital presque certain, quoiqu'on puisse faire passer une ligne droite par les principales positions. Du. a trouvé une ligne qui n'est ni droite ni circulaire, ni elliptique, mais *parabolique*. 51° parcourus en 47 ans, soit 1°,08 par an; 360° conduiraient à 333 ans. Dk. a calculé les éléments suivants en 1875 (mais l'arc est si petit qu'ils restent douteux) :

T = 1798,80
☊ = 57°,54′
λ = 142,19
γ = 41,39
e = 0,6537
a = 1″,54
P = 349^ans,1

---

66 Poissons. (20).

0^h 48^m 15^s. 71° 28′.

6 jaunâtre — 7 bleuâtre.

Date.	Angle.	Distance.	Obs.
1843,93	60°,0 <	0″,6	Md
47,83	72,8	0,62	Σ_2.
58,29	64,5	all.	Se.
60,34	59,9	0,67	Σ_2.
66,85	48,7	all.	De.
71,68	37,8	*id.*	*id.*
75,16	38,1	*id.*	*id.*

Système orbital très-serré, en mouvement rétrograde assez rapide.

Poissons. P. 0, 251. 80.

0^h 53^m 14^s, 89° 52′.

7 jaune — 8 bleue.

1800,00 *præcedit* 1^s *parumper ad boream.* Pi.

Date.	Angle.	Distance.	Obs.
22,29	296,7	n. m.	Σ.
25,17	296,5	18,87	So.
31,53	299,5	n. m.	Σ.
32,98	299,8	18,4	Sm.
33,68	300,1	18,26	Σ.
38,03	301,8	18,5	Sm.
42,78	303,8	17,87	Md.
43,10	303,8	17,85	Kr.
44,94	304,1	18,61	Md.
52,81	305,1	18,8	Sm.
53,09	305,5	18,52	Md.
56,22	307,0	18,78	De.
57,95	307,4	19,07	Ja.
58,01	306,3	19,05	Md.
62,97	308,8	19,78	En.
63,32	309,1	19,40	De.
65,03	310,5	19,54	En.
65,80	309,9	19,34	De.
67,00	310,0	19,02	Kr.
69,60	311,3	19,58	Du.
69,78	310,1	19,51	Ma.
70,77	311,4	20,10	Ma.
72,44	311,8	19,9	Ws.
73,81	311,9	19,5	*id.*
73,91	311,0	20,3	Gl.
1874,73	312°,9	20″,3	Ws.
76,95	313,7	n. m.	*id*
77,06	313,3	20,9	Fl.

Le mouvement s'explique jusqu'à présent par une ligne droite dirigée vers 15°. Sa valeur est de 0″,115, et se décompose en

Æ + 0″,029 ; D.P. — 0,111.

Nous avons, d'autre part, comme mesure directe du mouvement propre de A

Æ + 0″, 03 ; D.P. + 0″, 28 Baily
Æ + 0″, 01 ; D.P. + 0″, 32 Taylor

Sans être tout à fait parallèle, la direction de ce mouvement s'accorderait avec le mouvement relatif de B ; mais la vitesse est presque trois fois supérieure.

La discussion de cette étoile conduit à penser : ou bien que le mouvement propre de A est trois fois moindre qu'on ne l'admet, et égal à

Æ — 0″,029 ; D.P. = + 0″, 111,

B étant supposée fixe ; ou bien que B a elle-même un mouvement propre sensible de même direction que A, mais moins rapide. Le rapport d'éclat des composantes rend probable qu'elles ont un mouvement propre commun et un déplacement relatif rectiligne, fait que nous trouverons complétement caractérisé par la 61e du Cygne.

En rétrogradant de ma position de 1877, on trouve pour 1800 : 288° et 17°,7, ce qui s'accorde avec l'observation méridienne de Piazzi.

Baleine. H. III, 73. 86.

0^h 58^m 43^s. 96° 7′.

7 — 8,5 ; blanches.

Date.	Angle.	Distance.	Obs.
1782,75	n. m.	11 ±	H.
1783,36	180,6	14 ±	*id.*
1822,03	173,8	12,01	H_2.
24,99	173,7	12,22	Σ.
25,50	172,7	12,89	So.
30,41	171,5	12,06	Σ.
36,58	169,4	12,11	*id.*
41,61	167,6	12,51	Da.
42,78	167,2	12,34	Md.
43,59	169,9	12,22	Kr.
53,09	164,0	2,77??	Md.
58,01	162,2	n. m.	*id.*
1863,47	163°,0	12″,64	De.
65,70	163,5	n. m.	Ta.
66,84	161,7	11,82	*id.*
66,92	163,0	12,65	Σ_2.
69,72	161,6	n. m.	Ta.
72,77	160,9	11,56	*id.*
73,93	163,4	12,6	Ws.
73,93	161,9	12,6	Gl.
75,87	161,4	12,74	St.
76,06	160,0	13,02	Ha.
76,53	161,6	12,5	Ws.
76,95	158,9	n. r.	Dk.

Mouvement rétrograde, qui peut être rectiligne. Sa vraie nature ne peut encore être décidée.

Poissons. 87.

0^h 59^m 9^s. 75° 15′.

8 — 8,5 : jaunâtres.

Date.	Angle.	Distance.	Obs.
1829,85	193,0	6,56	Σ.
30,33	195,1	9,14?	H_2.
43,77	196,1	7,14	Md.
44,01	194,3	6,21	*id.*
47,95	196,1	6,88	*id.*
51,01	196,9	7,10	*id.*
52,87	198,1	n.m.	*id.*
53,08	199,0	6,71	*id.*
66,01	196,4	6,43	De.
66,05	198,7	6,65	Se.
74,03	195,8 :	7,2	Gl.

Mouvement direct très-lent, dont la nature ne peut être conclue.

Baleine 160. 91.

1^h 1^m 2^s. 92° 23′.

6,8 — 7,5 : blanches.

Date.	Angle.	Distance.	Obs.
1830,67	328,5	3,63	H_2.
31,89	328,8	3,53	Σ.
37,49	325,5	3,77	Md.
42,76	324,1	3,52	*id.*
44,05	322,4	4,25	*id.*
53,08	322,9	3,66	*id.*
56,72	323,6	5,57	Se.
58,00	322,9	n.m.	Md.
65,80	323,2	3,66	Ma.
66,51	321,3	3,94	Se.
73,01	322,8	3,99	F_2.
73,93	320,7	3,9	Gl.
73,96	320,5	4,62	Ma.
74,93	322,2	3,81	Ws.
75,97	324,0	n.m.	St.

Couple probablement orbital. Mouvement rétrograde très-lent.

φ Andromède. (515).

$1^h 2^m 30^s$. 43°24'.

5 — 6.

Date.	Angle.	Distance.	Obs.
	°	"	
1851,50	309,9	0,53	Σ₂.
56,90	303,9	0,51	*id.*
64,68	302,6	0,56	*id.*
67,52	simple.		De.
75,10	267,2	all.	Σ₂.

Système orbital très-serré, en mouvement rétrograde.

Baleine. H. IV, 77. 101.

$1^h 7^m 54^s$. 98°15'.

7,5 jaune — 9,8 blanche.

1782,87	n. m.	19,50	H.
83,65	333,6	19,60	*id.*
25,30	337,9	19,89	So.
29,67	345,0:	n. m.	H₂.
32,22	339,3	21,33	Σ
53,09	340,4	21,24	Md.
68,20	340,2	20,52	De.
74,93	340,8	22,52	Ws.
74,95	341,0	22,3	Gl.

Mouvement direct très-lent, dont la nature ne peut être affirmée: probablement optique. Ce couple n'est pas 37 Baleine, comme on l'écrit quelquefois. Les deux couples sont voisins.

Andromède. 102.

$1^h 10^m 40^s$ 41°37'.

Quadruple.

A = 7; B = 8. blanches; C = 8,5; D = 10.

AB.

1833,43	307,9	0,59	Σ.
36,71	312,7	0,50	*id.*
44,91	145,2?	1,58?	Md.
53,14	310,9	0,65	Σ₂.
64,89	305,7	all.	De.

$\frac{AB}{2}$ et C.

Date.	Angle.	Distance.	Obs.
	°	"	
1832,74	224,0	10,19	Σ
1853,14	224,7	10,32	Σ₂.
64,89	224,2	10,09	De.

$\frac{AB}{2}$ et D.

1832,45	66,9	29,89	Σ.
64,89	65,1	28,60	De.
69,17	64,4	28,26	Σ₂.

Il y a quelque mouvement dans ce système; mais les observations sont insuffisantes pour l'analyse. D se rapproche, en diminuant d'angle.

---

42 Baleine. 113.

$1^h 13^m 40^s$. 91°8'.

6,5 blanche — 7 bleuâtre.

1831,61	333,6	1,24	Σ.
31,81	325,6<	n. m.	H₂.
34,84	332,8	1,2	Sm.
36,91	334,3	1,18	Σ.
37,52	335,8	1,23	Md.
42,64	331,4	1,01	Da.
42,76	340,1>	1,37	Md
42,98	331,9	1,02	Da.
43,86	335,6	1,18	*id.*
44,72	338,1	1,36	Σ₂.
54,51	338,5	1,16	Da.
56,14	343,4	1,1	De.
56,48	339,7	1,17	Se.
56,78	340,5	1,45	Ja.
57,97	344,6	1,3	Sm.
58,01	345,7	1,57	Md.
61,90	357,7>	0,90	Ma.
63,03	343,0	1,27	De.
65,74	338,3<	1,13	Ta.
66,07	346,9	1,48	Se.
66,84	339,0<	1,15	Ta.
72,96	346,6	1,41	Fr.
73,40	350,1	1,44	Ws.
74,93	348,0	1,45	*id.*
74,94	350,7	1,5	Gl.
76,07	351,4	1,25	Ha.
76,79	349,7	1,19	St.
76,86	346,3	n. r.	Dk.
77,02	348,8	1,38	Sp.

Couple difficile à mesurer. Orbital en mouvement direct très-lent. 15° seulement parcourus en 46 ans. Le cycle immense de ce brillant système peut dépasser 1000 ans. Le mouvement propre de A est insignifiant :

Æ + 0",06 D.P. + 0",02 Baily
0",00 + 0",01 Main

α Petite Ourse. H. IV, 1. 93.

$1^h 13^m 45^s$. 1°20'.

2,5 jaunâtre — 9,5 bleuâtre.

Date.	Angle.	Distance.	Obs.
	°	"	
1779,88	n. m.	19	H.
81,67	n. m.	17	*id.*
81,96	203,3	n. m.	*id.*
82,46	202,6	n. m.	*id.*
1802,17	208,3	n. m.	*id.*
23,06	208,8	18,70	So.
29,21	210,0	n. m.	H₂
30,78	209,9	18,4	Sm
34,14	210,0	18,27	Σ.
38,16	210,1	18,6	Sm.
41,46	209,3	n. m.	Md.
42,34	210,4	18,66	*id.*
43,72	209,6	18,49	*id.*
59,95	212,4	18,44	Se.
62,90	211,6	18,26	De.
70,90	213,8	18,59	Du.
73,94	212,9	18,7	Gl.
75,18	213,7	18,36	Σ₂.
77,31	213,3	18,62	Fl.

On ne peut encore décider si le mouvement est orbital ou parallactique. Direct et très-lent; plus lent même qu'il ne le paraît sur les observations, car la position de la Polaire donne une valeur notable à la correction de précession. L'angle mesuré par H, en 1782, s'augmente de 5°,2, en le ramenant à la précession de 1880, et devient 207°,8, de sorte que le mouvement réel n'est que de 5°. On ne connaît pas le mouvement propre de la Polaire; il serait, du reste, fort difficile de le dégager de la complication des mouvements apparents en ce point du ciel.

En 1869, M. de Boë, astronome à Anvers, m'a annoncé avoir découvert deux nouveaux compagnons de la Polaire, plus proches que le compagnon précédent. Je n'ai pu parvenir à les distinguer, ni avec un télescope de 20 centimètres, ni à l'équatorial de 9 pouces de l'Observatoire. Le 26 avril 1877, une petite étoile s'est montrée, pendant mon observation au grand équatorial de 14 pouces, environ à 4", et presqu'à l'opposé du compagnon; mais c'était certainement une fausse image. Cependant leur existence paraît authentique, car M. de Boë et plusieurs autres astronomes les ont vus distinctement, en 1876, aux positions suivantes :

AB (B = 13)

1876 85° 3″,5

AC (C = 12,5)

1876 330° 4″

Il serait fort intéressant de les suivre.

Le pôle du monde approchera à son minimum de distance (26′) de la Polaire l'an 2105; puis il quittera la Petite Ourse pour se diriger lentement vers Céphée, le Cygne et la Lyre, dont la brillante Véga, qui fut déjà polaire il y a 14000 ans, le redeviendra dans 12000.

Baleine. H_2 2036.

$1^h 14^m 4^s$. 106° 25′.

7 = 7 : blanches, variables.

Date.	Angle.	Distance.	Obs.
	°	″	
1830,79	53,0	2±	H_2.
35,72	45,0	1,25	*id.*
36,96	38,1	1,82	*id.*
51,90	40,7	1,89	Ja.
57,97	36,1	1,57	*id.*
74,67	26,5	1,45	De.
75,62	26,6	1,63	*id.*
76,78	26,4	1,64	St.
76,94	22,0	1,43	Be.
77,01	26,6	1,51	Sp.

Système orbital en mouvement rétrograde, peu rapide. Les deux composantes paraissent variables, car on les a estimées depuis 6,7 (Ja. 1857) jusqu'à 9,0 (St. 1875). La distance polaire donnée par H_2 dans sa 5e série de mesures est de 1° trop petite. Cette étoile est le numéro 478 du Catalogue synoptique de H_2.

ψ Cassiopée. H. v, 83. 117.

$1^h 17^m 27^s$. 22° 39′.

Triple.

A 4e jaune; B 9e,5 bleuâtre; C 10e rougeâtre.

AB.

Date.	Angle.	Distance.	Obs.
	°	″	
1782,63	100,2	33,4	H.
1823,20	101,3	33,3	So.
1830,87	103,3	30,7 <	Md.
31,04	101,8	32,2	Σ.
32,28	102,5	32,2	*id.*
36,28	102,1	31,9	Sm.
39,74	102,7	n. m.	Da.
44,33	103,1	8,08?	Md.
47,60	102,6	30,39	Mt.
50,72	106,9	29,90	Md.
52,65	105,7	30,29	*id.*
54,07	104,9	30,55	Da.
58,82	104,9	29,6	Se.
61,51	104,5	34,05 >	Md.
62,71	103,2	27,73 <	Ma.
65,50	105,1	29,74	De.
73,83	105,5	29,8	Ws.
74,83	106,0	28,50	Fr.
77,34	105,7	28,95	Fl.

BC.

Date.	Angle.	Distance.	Obs.
1831,04	253,3	3,01	Σ
32,28	252,0	2,93	*id.*
36,28	252,6	2,0	Sm.
39,74	253,1	n. m.	Da.
44,33	249,6	3,16	Md.
47,60	253,1	3,28	Mt.
54,07	255,4	3,25	Da.
58,82	256,4	2,25	Se.
62,84	106,9?	3,19	Md.
65,50	255,3	2,82	De.
73,83	255,8	3,06	Ws.
74,83	267,2	3,11	Fr.
77,34	256,1	2,96	Fl.

Les étoiles B et C paraissent former un couple physique en mouvement propre commun et orbital direct en mouvement lent. Les étoiles A et B paraissent, au contraire, ne former qu'un couple de perspective : le mouvement est rectiligne et la distance diminue. Ce mouvement est dirigé vers 246°, avec une valeur d'environ 0″,07, ce qui correspond à

Æ — 0″,063 et D. P. + 0″,024.

Le mouvement propre annuel de ψ paraît être de

Æ + 0s,005 et D. P. — 0″,02

lequel, réduit en arc pour l'Æ et corrigé du cos (D), correspond assez exactement au résultat obtenu ci-dessus pour que nous puissions conclure que le couple orbital n'est rattaché à ψ que par le hasard de la perspective.

La distance de Md en 1861 pour AB est certainement trop grande de plus de 4″; son angle de 1862 pour BC est aussi une erreur ou une inadvertance provenant d'une mesure approximative de AB.

A paraît varier légèrement :

Se	1857	4,0
Σ	1827	4,4
Σ	1832	4,5
Fl	1877	4,7
Heis	1850	5,0
Gore	1875	5,5

Elle est d'un jaune orangé frappant.

Renne. 118.

$1^h 20^m 38^s$. 7° 16′.

8,5 — 9,5 : blanches.

Date.	Angle.	Distance.	Obs.
	°	″	
1830,00	61,5	12	H_2.
32,49	62,0	10,75	Σ.
44,33	66,8	10,40	Md.
63,71	69,9	11,18	De.

Mouvement direct. Les observations ne sont pas suffisantes pour décider s'il est orbital ou rectiligne.

Poissons. 122.

$1^h 20^m 41^s$. 87° 5′.

7 — 8,8 : blanches.

Date.	Angle.	Distance.	Obs.
1831,81	334,2	n. m.	H_2.
33,56	332,8	5,79	Σ.
41,92	336,7	5,94	Md.
44,05	332,8	6,02	*id.*
57,97	326,6	5,95	Se.
58,04	331,5	5,45	Md.
66,05	328,5	5,60	Se.
73,87	329,2	6,2	Ws.
73,94	329,2	6,6	Gl.

Mouvement rétrograde. Même remarque que pour le couple précédent. La probabilité en faveur d'un système physique est un peu plus grande.

Poissons. 125.

$1^h 20^m 50^s$. 90° 46′.

7,9 — 10 : blanches.

Date.	Angle.	Distance.	Obs.
1829,90	37,4	15,82	Σ.
31,20	36,5	16,77	*id.*
35,25	30,1	17,05	*id.*
36,62	27,4	17,21	*id.*
39,95	24,7	17,82	*id.*

Date	Angle.	Distance.	Obs.
	°	"	
1842,78	21,2	18,28	Md.
44,05	18,8	18,92	id.
47,84	13,6	20,02	Σ_2
51,89	9,5	21,05	id.
52,91	8,6	21,36	Σ_2
53,09	9,8	21,31	Md.
63,44	1,1	24,67	De.
73,87	356,3	n.m.	Ws.
73,89	356,9	26,7	Gl.
74,95	354,8	30,8	Ws.
76,95	352,7	30,34	Ws.
77,08	353,3	28,82	Fl.

Mouvement rectiligne rapide, dirigé vers 319°. Sa valeur est de 0",445 et se décompose en Æ —0",286 et D. P — 0",344. Ce mouvement relatif est précisément égal et de signe contraire au mouvement propre reconnu à l'étoile principale (*voy.* mon Catalogue). — Beau type des groupes de perspective.

Poissons. H. IV, 130. 132.

1h25m35s. 73°40'.

7 — 10.

1783,63	27,7	16	H.
1829,87	5,4	24,25	Σ.
47,10	0,2	28,26	Md.
51,01	359,7	28,52	id.
51,81	359,2	28,87	Σ_2.
52,10	360,1	30,43	Md.
58,11	358,3	30,90	id.
63,84	356,2	30,99	De.
68,91	355,8	32,43	Σ_2
73,89	357,0	31,1	Gl.
73,89	356,0	n.m.	Ws
77,08	353,6	33,88	Fl.

C'est encore ici un groupe de perspective. L'analyse du mouvement montre que la petite étoile se meut en ligne droite vers 328° avec une vitesse uniforme de 0",241, dont —0,126 en Æ et — 0",203 en D. P., mouvement presque parallèle et contraire à celui de l'étoile principale (*voy.* mon Catalogue).

Andromède 219. 133.

1h25m55s. 54°47'.

Quadruple.

A 7,2 — B 10,6 — C 11,2 — D 11,8.

AB.

Date.	Angle.	Distance.	Obs.
	°	"	
1833,04	179,1	2,99	Σ.
43,90	185,6	2,6	Md.
51,18	189,4	n.m.	id.
52,85	190,1	2,86	id
53,78	189,8	n.m.	id.
63,59	185,3	2,87	De.
73,89	185,1	3,02	Gl.
73,89	185,0	3,04	Ws.

CD.

1833,04	346,2	4,76	Σ.
....	.....	....	.

AC.

1833,04	199,5	29,08	Σ.
62,85	198,1	27,00	De.
63,10	197,8	27,54	id.
65,98	198,1	27,16	id.

AD.

1833,04	193,3	33,8	Σ.
62,85	194,4	33,00	De.
63,10	193,5	32,18	id.
65,98	193,9	31,92	id.

Le premier couple paraît former un système physique en mouvement orbital direct, et le second...? Les deux couples paraissent se rapprocher l'un de l'autre. (Il y a une observation de Md en 1859,16, à 238°,6 et 21",75, que je ne parviens pas à identifier).

Poissons. H. N, 92. 138.

1h29m46s. 82°59'.

7 = 7 : blanches.

1801,94	10,±	n.m.	H.
25,81	18,2	1,54	Σ.
30,23	20,0	1,47	id.
32,86	19,8	1,5	Sm.
39,25	23,2	1,49	Md
41,54	24,2	1,40	Da.
42,73	24,4	1,53	Md.
43,10	26,9	1,4	Sm.
43,50	23,5	1,51	Md.
50,99	25,6	1,53	id.
53,81	29,4	n.m.	Da.
53,91	26,3	1,5	Sm.
54,09	n.m.	1,26	Da.
56,14	28,9	1,1	De.

Date.	Angle.	Distance.	Obs.
	°	"	
1856,73	28,5	1,66	Σ_2.
57,89	29,1	1,46	Se.
59,76	26,5	1,56	Wr.
62,02	30,5	1,28	Ma.
63,17	28,7	1,57	De.
65,74	28,5	1,53	Ta.
66,07	32,2	1,85	Se.
66,84	26,4	1,74	Ta.
67,04	26,9	n.m.	id.
72,07	31,0	1,42	Ws.
72,77	32,6	1,30	Ta.
73,94	31,5	1,3	Gl.
74,38	31,3	1,47	Ws.
76,03	33,5	1,39	Ha.
76,39	29,2	n.r.	Dk.
77,05	32,1	1,46	Sp.

Malgré la lenteur du mouvement, et l'exiguïté de l'arc parcouru, qui pourrait se confondre avec une tangente, l'égalité d'éclat des composantes et le rapprochement angulaire nous invitent à croire que ce couple est physique, en mouvement orbital direct, et en mouvement propre commun. A = P. I, 123.

Le 27 décembre 1875, les observateurs de Washington ont remarqué une troisième étoile, de 14e gr., à 62°8 et 22",25.

Mach. électr. P. I, 127. H_2 3447.

1h30m35s. 120°32'.

6 — 7.

1836,64	75,8	3,65	H_2.
37,80	75,1	3,04	id.
46,70	83,0	3,0	Ja.

Les observations ne sont pas assez nombreuses pour décider de la nature du mouvement. Il y a néanmoins une très-haute probabilité en faveur de la binarité de ce couple. Il est regrettable que les étoiles doubles de l'hémisphère austral soient si délaissées.

Renne. (34).

1h34m44s. 9°42'.

7 3 — 7,5 : blanches.

1843,33	110,4	0,40	Md.
47,57	113,7	0,60	Σ_2
68,70	121,3	all.	Do.

Système orbital très-serré, en mouvement direct.

Poissons. 142.

1h 33m 28s. 75° 22'.

8,2 — 8,5 : blanches.

Date.	Angle.	Distance.	Obs.
1829,52	310°,9	26",65	Σ.
35,90	312,6	25,36	*id.*
36,90	313,1	25,29	*id.*
40,83	313,7	24,48	*id.*
41,99	314,1	23,75	Kr.
42,78	314,4	24,07	Md.
51,01	318,2	22,53	Md.
45,74	315,7	23,57	Σ.
51,88	317,5	22,53	*id.*
58,04	319,7	21,46	Se.
63,34	321,8	20,33	De.
67,05	323,0	19,44	Kr.
68,94	325,2	19,46	Σ₂.
73,87	327,2	19,0	Ws.
73,89	327,0	19,5	Gl.
74,95	327,6	17,72	Ws.
77,08	326,8	18,51	Fl.

Type remarquable de groupe à mouvement rectiligne. Direction vers 100°. La vitesse est de 0",221, et par conséquent presque tout entière pour l'Æ (Æ + 0",217; D. P + 0",041). Ce mouvement appartient à la seconde étoile; car, d'après les observations de Σ. le mouv. propre de A n'est que de

Æ — 0",011 et D. P + 0",047.

Quoique un peu moins brillante que A, B est sans doute plus rapprochée de nous.

---

p Eridan.

1h 35m 14s. 146° 49'.

6 — 6.

Date.	Angle.	Distance.	Obs.
1825,96	343,1	2,5	Dl.
35,03	302,3	3,65	H₂.
45,88	276,0	4,16	Ja.
46,35	276,5	4,32	*id.*
49,82	270,0	n. m.	*id.*
50,80	268,7	n. m.	*id.*
51,79	266,4	4,30	*id.*
52,76	264,8	4,14	*id.*
54,00	263,2	4,86	Po.
56,09	261,1	4,70	Ja.
57,96	258,2	4,49	*id.*
63,02	250,9	4,88	Po.
77,03	237,3	5,0	El.

Système orbital en mouvement rétrograde assez rapide et fort intéressant : 106° parcourus en 51 ans; 360° conduiraient à une période de 174 ans; sans doute plus longue, car le mouvement se ralentit et la distance augmente. Il est fâcheux que les observations de l'hémisphère austral deviennent si rares.

χ^1 Baleine. 147.

1h 35m 49s. 101° 55'.

5,5 blanche — 7 bleuâtre.

Date.	Angle.	Distance.	Obs.
1822,30	86°,0	3",53	Σ.
23,97	89,6?	4,19	So.
29,67	86,1	4,30	H₂.
30,80	89,0?	6,0	*id.*
31,81	86,5	4,27	*id.*
31,90	87,2	4,01	Σ.
34,95	88,2?	4,14	*id.*
36,97	87,5	3,95	Da.
37,80	86,9	4,65	H₂.
44,91	87,2	n. m.	Md.
51,88	88,2	4,30	Σ₂.
55,89	88,5	3,62	So.
56,97	89,6	3,78	Wr.
67,07	87,7	3,49	De.
77,10	89,7	3,50	Fl.

Système physique en mouvement direct très-lent. Mouvement propre commun :

Æ + 0",030; D. P. = + 0",390 (Σ).

On donne souvent 10m de plus d'Æ à cette étoile; exemple : Webb (1h 44m; 101° 17'). Notre double est χ^1 251 (Bode); l'autre est près de ζ (*s. p.*). Ce couple est à la limite de ce Catalogue, car c'est à peine si son mouvement relatif est accusé.

Cassiopée (dans un amas). (35).

1h 36m 1s. 34° 44'.

6,2 jaune — 10, sombre.

Date.	Angle.	Distance.	Obs.
1831,50	114,1?	9	H₂.
35,74	120,0	10,0?	Sm.
47,54	115,4	9,84	Σ₂.
51,76	111,5	9,51	Md.
66,58	109,2	10,24	De.
72,06	107,9	10,36	*id.*

Cette étoile, que Σ₂ crut découvrir en 1842, avait déjà été observée par H₂ et Sm. Mouvement rétrograde et augmentation probable de distance. Ce couple est dans l'amas d'étoiles H. 146. L'observation de Sm a été faite pendant une intense aurore boréale.

Triangle. 149.

1h 37m 24s. 50° 39'.

8,2 jaune — 9,7.

Date.	Angle.	Distance.	Obs.
1833,18	118°,2	1",35	Σ.
43,80	113,4	n. m.	Md.
48,07	118,2?	1,37	*id.*
67,69	108,0	1,33	De.

Mouvement rétrograde. Système orbital.

Triangle. 158.

1h 39m 50s. 57° 26'.

8 — 8,8 : blanches.

Date.	Angle.	Distance.	Obs.
1828,64	239,5	1,0	H₂.
31,79	246,7	1,50	*id.*
33,11	246,2	2,13	Σ.
37,91	248,2	2,15	Md.
50,71	250,7	2,18	*id.*
51,18	255,2	2,12	*id.*
52,22	comp. invisible.		*id.*
55,86	253,6	1,93	*id.*
57,90	252,8	1,78	Se.
62,83	250,8	n. m.	Md.
66,70	255,6	2,05	De.
69,95	260,8	2,19	Σ₂.
73,89	256,7	1,9	Gl.
73,89	257,5	2,05	Ws.

Système orbital en mouvement direct très-lent. Le 22 mars 1852, Md écrivait : *Begleiter unsichtbar*. Serait-il variable? Se l'a vu du même éclat que Σ. et je ne vois pas d'autres variations remarquées.

Baleine. 171.

1h 42m 39s. 92° 2'.

8,5 = 8,5 blanches.

Date.	Angle.	Distance.	Obs.
1829,91	157,6	27,89	Σ.
65,44	159,1	29,14	De.

La distance augmente. Observations insuffisantes pour décider de la nature du mouvement.

Bélier. H. II, 56. 175.

$1^h 44^m 25^s$. 69° 29′.

8,2 blanche — 9,0 très-blanche.

Date.	Angle.	Distance.	Obs.
	°	″	
1783,58	293,2	4 à 8	H.
1830,22	327,9	10,43	Σ.
44,06	334,0	11,81	Md.
50,98	336,4	12,44	*id.*
53,08	336,8	13,26	*id.*
63,89	339,3	13,26	De.
74,01	341,8	14 ±	Gl.
76,94	343,2	14,62	Ws.

Mouvement rectiligne, dirigé vers 14°. Sa valeur est de 0″,112 et se décompose en Æ + 0″,026 et D. P. — 0″,107. — Groupe de perspective.

Triangle. 183.

$1^h 48^m 17^s$. 61° 47′.

Triple.

A 7 blanche ; B 8,2 *id.* ; C 8,7 cendrée.

AB.

Date.	Angle.	Distance.	Obs.
1833,12	25,6	0,55	Σ.
43,71	27,9	0,68	Σ₂.
44,91	26,5	0,6	Md.
57,20	10,7	0,72	Σ₂.
64,04	9,1	ovale	De.
74,02	2,±	0,55	Gl.

$\frac{AB}{2}$ et C.

Date.	Angle.	Distance.	Obs.
1828,75	163,4	5,07	H₂.
32,31	163,7	5,68	Σ
44,47	165,4	5,78	Md.
57,20	163,4	5,63	Σ₂.
64,04	165,0	5,67	De.
74,01	165,7	5,7	Gl.

Le premier couple forme certainement un système orbital serré, en mouvement rétrograde ; le second paraît s'avancer en sens contraire et pourrait être simplement optique ; mais, dans les systèmes ternaires, le mouvement du 3ᵉ corps est loin d'être régulier. Il serait bien utile de faire des observations absolues de A et d'en déterminer le mouvement propre.

Poissons. P. I, 269. 186.

$1^h 49^m 41^s$. 88° 45′.

7,3 = 7,3.

Date.	Angle.	Distance.	Obs.
	°	″	
1825,81	60,0	1,37	Σ.
30,66	56,9	1,23	H₂.
31,12	64,7	1,23	Σ.
31,80	56,4?	0,96	H₂.
32,88	66,3	1,19	Σ.
33,83	62,9	1,5	Sm.
41,70	61,3	0,97	Σ.
42,77	69,2	0,83	Md.
44,48	61,2	0,8	*id.*
46,11	65,1	0,80	Σ₂.
51,88	simple?		*id.*
56,50	75	0,7	Da.
57,92	87	0,4	Se.
59,81	81	0,5	Da.
59,84	83	contact.	Se.
62,73	98	all.	De.
63,85	85?	0,3	Se.
63,89	120	all.	De.
66,05	96?	all.	Se.
67,61	ovale.		De.
73,93	m. i.	<0,5	Ws.
74,90	145,7	0,23	Nw.
74,93	m. i.	0,3	Gl.
77,00	simple.		Sp.

Couple très-serré et d'une mesure difficile. Système physique en mouvement propre commun

Æ + 0″,09 ; D. P. + 0″,22 (Σ),

et en mouvement orbital direct. La dernière mesure complète a été faite au grand équatorial de Washington.

Renne. 185.

$1^h 51^m 1^s$. 15° 5′.

7,2 — 8,5 : blanches.

Date.	Angle.	Distance.	Obs.
1831,95	40,3	1,39	Σ.
36,71	34,9	1,38	*id.*
39,24	36,2	1,31	Md.
44,38	35,8	1,25	*id.*
45,84	34,3	1,13	*id.*
48,12	33,2	1,21	*id.*
52,50	31,1	1,26	*id.*
57,94	30,7	1,48	Se.
66,97	30,4	1,29	De.
72,30	33,8	1,79	Σ₂.
74,03	30,0	1,0±	Gl.

Système orbital en mouvement rétrograde très-lent.

Bélier. 196.

$1^h 52^m 56^s$. 69° 31′.

Quadruple.

A = 9 ; B = 11 ; C = 10 ; D = 6ᵉ 1/2 jaune ;

AB.

Date.	Angle.	Distance.	Obs.
	°	″	
1832,42	55,5	2,37	Σ.
34,99	53,0	2,5	Sm.
62,93	53,7	2,25	Da.
66,80	57,3	2,17	De.

AC.

Date.	Angle.	Distance.	Obs.
1832,42	167,4	39,46	Σ.
34,99	165,0	40,0	Sm.
62,74	169,2	36,94	Sm₂.
62,93	165,6	36,2	Da.
66,80	166,3	35,97	De.

AD.

Date.	Angle.	Distance.	Obs.
1834,99	359,2	165,0	Sm.
62,74	360,3	180,5	Sm₂.
62,93	361,6	182,5	Da.

C'est, à proprement parler, un système triple très-délicat et d'une observation difficile, auquel le voisinage de D (= P. I, 222) ajoute une assez belle étoile, formant ainsi un groupe quadruple. En 1862, Piazzi Smyth a annoncé à la Société astr. de Londres qu'un grand changement s'était opéré dans l'éclat des composantes ; mais Da a montré que ce changement n'existe pas et que Sm₂ avait mesuré le groupe en changeant les lettres affectées aux étoiles. Du reste, Sm a commis une erreur analogue en appelant A l'étoile de 6ᵉ ½ et D l'étoile de 9ᵉ. Si l'observation de Sm est précise, un grand mouvement en distance s'est opéré entre A et D, et l'étoile D est animée d'un mouvement propre rapide. Une nouvelle observation serait nécessaire pour le confirmer.

Triangle. 197.

$1^h 54^m 0^s$. 55° 17′.

7,3 — 8,3 : blanches.

Date.	Angle.	Distance.	Obs.
1831,79	233,9	18,13	Σ.
33,70	233,6	18,3	Sm.

Date.	Angle.	Distance.	Obs.
1834,83	233°,3	18″,51	Σ.
47,12	232,9	20,07	Md.
51,18	232,4	20,48	*id.*
53,83	236,6	20,40	*id.*
55,83	234,1	20,53	*id.*
64,79	233,2	21,67	De.
73,96	233,0	22,1	Gl.

La distance augmente. Mouvement rectiligne, dirigé vers 233°, avec une valeur de 5″,105, qui se décompose en

Æ — 0″,082 et D. P. + 0″,064.

Ce mouvement appartient sans doute à la plus brillante. — Groupe de perspective.

Renne. (37.)

1ʰ 55ᵐ 10ˢ. 9° 4′.

7 jaunâtre — 9,2.

1843,33	223,1	1,39	Md.
48,49	223,6	1,37	Σ_2.
67,73	214,6	1,41	De.

Le mouvement n'est prouvé que par le chiffre de De; mais, comme ce chiffre provient de quatre mesures soignées, il est certain. Probabilité de système orbital serré. Rétrograde.

α Poissons. H. II, 12, 202.

1ʰ 55ᵐ 50ˢ. 87° 49′.

4 — 5 : variables.

Date.	Angle.	Distance.	Obs.
1781,79	337,4	5	H.
1802,08	333,0	n. m.	*id.*
21,93	335,6	5	H_2.
21,96	336,9	3,42	Σ.
25,81	336,8	3,57	*id.*
30,93	333,0	3,77	Bs.
31,16	335,7	3,64	*id.*
32,88	332,7	3,76	Da.
32,95	335,7	3,77	Σ.
34,85	332,0	3,76	Bs.
34,92	334,7	3,6	Sm.
38,87	333,4	3,8	*id.*
40,03	333,0	3,64	Bs.
41,60	331,8	3,73	Md.
42,89	331,9	3,37	*id.*
42,94	333,0	4,04	Ja.
43,04	332,8	3,69	St.
43,39	331,9	3,53	Md.
44,07	331,8	3,63	Wr.
1844,50	331°,3	3″,54	Md.
45,84	330,2	4,20	Ja.
45,89	328,0	3,75	Wh.
46,92	330,1	n. m.	Da.
47,65	330,0	n. m.	Mt.
51,26	329,3	3,58	Ja.
51,75	329,4	3,40	Ft.
51,76	329,2	3,67	Σ_2.
51,94	333,2	3,49	Ja.
52,03	329,5	3,5	Sm.
52,12	329,7	3,14	Md.
52,60	328,4	3,48	Ja.
53,94	329,5	3,22	Ft.
53,96	327,8	3,22	Ja.
54,00	328,1	3,42	Da.
54,44	328,0	3,61	De.
55,65	328,0	3,60	*id.*
56,16	327,9	3,35	Se.
56,45	327,1	3,20	Ja.
57,94	326,8	3,29	*id.*
58,12	328,4	3,38	Md.
58,15	326,9	3,13	Ja.
58,70	326,8	3,51	Wr.
61,18	327,9	3,56	Au.
61,90	329,6	3,15	Ma.
63,95	326,3	3,13	De.
64,83	326,0	3,23	*id.*
65,08	328,5	3,35	En.
65,71	326,0	3,47	Ta.
65,75	325,7	3,23	Kn.
66,05	324,8	3,26	Se.
66,22	325,8	3,21	De.
66,85	324,8	3,41	Ta.
67,07	327,8	3,04	Kn.
67,30	325,3	3,03	De.
68,84	323,2	3,06	Ma
70,18	325,0	2,98	Σ_2.
70,86	325,6	3,38	Ta.
71,17	325,8	2,84	Du.
71,78	324,8	3,10	Ta.
72,07	324,4	3,3	Ws.
72,77	325,8	3,06	Ta.
72,78	324,3	3,13	Ma.
73,52	324,6	3,16	De.
73,90	324,3	3,3	Gl.
73,93	324,2	3,16	Ws.
75,76	322,7	3,27	Ma.
76,09	326,0	n. r.	Dk.
77,05	324,0	3,08	Sp.

Ce couple constitue très-probablement un système orbital en mouvement rétrograde très-lent : mais il y a de telles discordances dans les mesures, que le compagnon paraît décrire des épicycles. Est-ce l'indice de perturbations causées par un autre corps inconnu? N'y a-t-il là, au contraire, que des erreurs d'observation? Les deux composantes varient d'éclat et de couleur; la petite étoile est notamment tantôt blanche, tantôt jaune, tantôt rousse, tantôt bleue et tantôt olivâtre, et elle peut paraître s'éloigner ou se rapprocher de la grande suivant l'éclat et la réfrangibilité des rayons qu'elle nous envoie. Les divergences sont même si marquées sur la figure, qu'une ligne droite moyenne expliquerait aussi le mouvement. J'ai constaté, depuis 1874, par des comparaisons avec les étoiles voisines, que la grande varie aussi d'éclat. Le 3 décembre 1874, elle n'était pas au-dessus de η, mais plutôt un peu plus faible, et j'ai noté :

γ	Baleine	= 3,5
γ	Bélier	= 3,8
η	Poissons	= 4,0
α	id.	= 4,2
ω	id.	= 4,5
γ	id.	= 5,0
ι	id.	= 5,2
λ	id.	= 5,5
	id.	= 5,8

La classification littérale de Bayer ne suit ni l'éclat ni l'alignement.

Je trouve d'autre part pour comparaisons de cette étoile :

Σ	1825	2,5
id.	1833	2,8
Se	1866	3,0
Da	1846	4,0
Fl	1874	4,2
Wr	1858	4,5
Ja	1856	5,0
Wr	1844	5,5

Cette diversité confirme la variation. Le plus curieux est qu'il y a toujours une différence d'une grandeur environ entre les deux étoiles.

Le plan du mouvement est peu incliné sur notre rayon visuel. Le compagnon paraît stationnaire depuis 1866. Le mouvement propre de α n'est pas sûrement déterminé (*voy.* mon Catalogue).

γ Andromède. 205.

1ʰ 56ᵐ 32ˢ. 48° 15′.

Triple.

A 2,5 *orange;* B 5,5 *verte;* C 7 *bleue.*

AB.

B Fixe à 63° ± 1° et 10″.

Cet admirable couple, l'un des plus beaux du ciel, découvert en 1777 par C. Mayer, reste stationnaire, depuis cette époque, à **63°** et **10″**. Nous avons donc là un siècle de fixité, quoique **Wil-**

liam Herschel ait cru pouvoir conclure, en 1804, que l'étoile avait parcouru 8° depuis 1781 (son observation de 1781 donnant 70° était erronée). Cette fixité n'empêche pas le couple de former un système physique, car si B ne partageait pas le mouvement propre de A, elle s'en serait écartée depuis un siècle de plus de 7″. Ce mouv. propre égale

Æ + 0ˢ,001 ; D.P. + 0″,06.

Si le mouvement orbital moyen n'est que de 1° par siècle, la période de cet immense système peut s'élever à 36000 ans, et elle peut être plus vaste encore!

Type remarquable des soleils colorés : orange et émeraude.

Si l'on ne savait combien il faut être réservé sur les observations négatives, on pourrait remarquer un fait assez curieux, qui semblerait montrer que le beau compagnon de γ n'existe pas depuis longtemps (ou du moins n'est devenu visible qu'en 1777, car il faudrait tenir compte du trajet de sa lumière pour arriver jusqu'à nous). Par une belle nuit d'août 1764, l'habile observateur Messier compara attentivement la nebuleuse d'Andromède à γ pour apprécier sa lumière : or il ne vit cette étoile ni double, ni colorée. Il se servait d'un télescope newtonien de 4 ½ pieds. En 1776, Christian Mayer, qui commençait ses études sur les étoiles doubles, l'observa plusieurs fois avec intention, sans pouvoir découvrir d'autre étoile à côté ; son instrument était un quart de cercle mural de 8 pieds. « Le 29 janvier 1777, dit-il, je trouvai, à ma grande surprise, un compagnon passant 2 secondes après γ, et à 4″,5 au nord : il était pâle et à peine visible. Un an plus tard, le 27 janvier 1778, je fus fort étonné de le trouver brillant comme une étoile de 7ᵉ grandeur. » Il ne fait aucune remarque sur leurs couleurs, qui sont cependant si frappantes. Les grandeurs sont actuellement 2,5 et 5,5. La position n'ayant pas changé, l'éclat n'aurait-il pas réellement augmenté?

La troisième étoile C, compagne de B, n'a été découverte qu'en 1842 par Σ_2; elle était alors très-difficile à séparer, mais le dédoublement est facile aujourd'hui, car la distance a augmenté. (Depuis longtemps je la dédouble avec un télescope de 20 centimètres.) Ce couple BC, qui, sans doute, gravite autour de A en une période plus de cent fois séculaire, est lui-même, comme on va le voir, en mouvement orbital rétrograde assez rapide.

BC (**38**).

Date.	Angle.	Distance.	Obs.
	°	″	
1842,73	126,3	0,49	Σ_2.
42,83	125,8	0,4	Da.
43,08	125,6	0,46	Σ_2.
43,33	120,0	0,5	Sm.
44,84	124,7	0,48	Σ_2.
45,15	116,9	0,39	Md.
46,06	120,6	0,59	Σ_2.
46,60	110,0	0,40	Mt.
46,81	113,3	n.m.	Da.
47,16	114,0	0,57	Σ_2.
47,82	111,3	0,6	Da.
48,16	117,2	0,44	Σ_2.
49,23	112,1	0,43	*id.*
50,16	116,7	0,51	*id.*
51,19	116,6	0,40	Md.
52,78	111,3	0,5	Ja.
52,82	115,4	0,47	Md.
53,79	108,5	0,55	Da.
53,94	106,8	0,4	Ja.
54,20	116,0	0,58	Σ_2.
54,75	112,0	0,61	Da.
56,12	116,7	0,5	Ja.
56,20	116,5	0,45	Md.
56,90	109,7	0,47	Se.
57,05	114,9	0,47	Md.
57,23	110,3	0,58	Σ_2.
57,24	115,7	0,45	Md.
58,06	114,0	n.m.	Ja.
58,23	116,9	n.m.	Md.
58,99	108,5	0,45	Se.
59,10	112,7	0,89 >	Σ_2.
59,81	108,7	0,53	Da.
62,55	115,2	0,50	Md.
62,71	116,4:	0,57	Sm.
63,08	108,2	0,6	De.
63,20	107,3	0,59	Ba.
63,86	107,7	0,59	Da.
63,99	107,6	0,61	Ba.
64,21	111,2	0,68	Σ_2.
65,67	107,1	0,60	Kn.
65,68	107,0	0,60	Da.
65,71	107,4	0,58	Ta.
66,21	111,4	0,61	Σ_2.
66,85	104,4	0,65	Ta.
68,20	107,3	0,82 >	Σ_2.
69,17	105,2	0,60	*id.*
70,18	107,8	0,64	*id.*
71,01	110,6	0,61	Du
71,24	106,2	0,5	He
72,19	106,2	0,60	Σ_2.
1872,90	99,0	0,61	Br.
73,17	105,5	0,67	Σ_2.
73,81	95,9	0,5	Ws.
73,94	93,9	0,46 <	Gl.
74,93	98,7	0,56	*id.*
75,14	104,0	0,62	Σ_2.
77,05	104,1	0,48	Sp.
77,11	101,8	0,38	Ha.

10 Bélier. 208.

1ʰ 56ᵐ 50ˢ. 64° 38′.

6,5 jaune — 8,5 bleue

Date.	Angle.	Distance.	Obs.
1830,79	25,6	2,13	H_2.
32,80	26,0	2,0	*id.*
33,05	25,2	1,98	Σ.
33,36	27,8	2,0	Da.
38,66	26,8	2,2	Sm.
43,69	29,9	1,69	Md.
44,04	28,8	1,75	*id.*
47,90	30,1	n.m.	Da.
49,00	n.m.	1,73	*id.*
50,99	32,6	1,54	Md.
51,76	34,0	1,54	Σ_2.
52,10	34,7	1,42	Md.
53,92	30,7	1,84	Da.
56,21	31,6	1,60	Md.
56,72	34,1	1,3	De.
56,98	34,4	1,64	Se.
62,85	36,1	1,28	Md.
63,07	33,9	1,43	De.
66,06	38,1	1,51	Se.
71,45	39,0	1,41	Du.
73,93	40,1	1,32	Ws
74,93	39,0	1,4	Gl.

Couple charmant, miniature de ε Bouvier. Belles couleurs. Système orbital en mouvement direct très-lent. Mouvement propre commun, mais insuffisamment déterminé (*voy.* mon Catalogue).

Bélier. H. III, 68. 221.

2ʰ 3ᵐ 3ˢ. 70° 13′.

7,7 — 9,2 : blanches.

Date.	Angle.	Distance.	Obs.
1783,13	145,7?	8,08	H.
1822,06	150,2	8,64	Σ.
24,87	148,8	8,95	So.
31,36	145,7	8,44	Σ.
36,91	145,2	8,38	*id.*
42,33	143,5	8,43	Da.
43,41	143,1	8,15	*id.*
54,50	144,1	8,46	*id.*

Date.	Angle.	Distance.	Obs.
1855,45	144°,6	8″,34	Wr.
57,41	143,1	8,34	Se.
65,76	144,4	8,51	Ta.
71,78	144,4	8,79	*id.*

Depuis la mesure précise de 1822 l'angle diminue lentement. Nous avons très-probablement là un système orbital rétrograde. L'angle de position de H doit être erroné.

ι Triangle. H. II, 34. 227.

2h5m25s. 60° 15.

5e *jaune — 6 bleue.*

Date.	Angle.	Distance.	Obs.
1781,77	85,6	n.m.	H.
1821,03	79,1	3,02	Σ.
21,94	78,0	3,88	So.
22,11	74,0	n.m.	H_2.
30,91	78,1	3,6	Sm.
30,95	77,9	3,60	H_2
30,97	77,9	3,60	Σ
32,84	79,0	3,60	Md.
32,94	79,0	3,68	Da.
34,17	77,9	3,3	Sm.
36,73	80,5	3,68	Σ.
38,99	78,8	3,5	Sm.
40,05	77,1	3,48	Kr.
43,11	78,3	3,56	Md.
47,55	78,2	3,44	*id.*
52,19	77,1	3,51	*id.*
53,52	78,8	3,82	Wr.
54,81	76,9	3,90	De.
55,89	76,9	3,56	Se.
56,68	74,6	4,23	Lu.
56,83	76,0	3,55	Md.
57,95	78,5	3,5	Sm.
61,87	75,4	3,41	Md.
62,14	69,4<	3,65	Ma.
63,26	77,9	4,16	Ba.
65,12	80,2>	4,04	En.
67,98	77,9	3,64	De.
70,55	76,9	3,25	Gl.
72,94	76,3	3,87	Fr.
74,00	76,2	n.m.	No.
74,10	75,5	4,2	Gl.
77,07	76,7	3,77	Ha.

Couleurs franches et admirables. Couple brillant. Très-grande probabilité de système orbital en mouvement rétrograde très-lent. Il serait utile de déterminer directement le mouvement propre de A.

Andromède 259. 228.

2h6m21s. 43° 5′.

6,5 — 7 : blanches.

Date.	Angle.	Distance.	Obs.
1831,46	262°,1	1″,08	Σ.
31,50	268,7	1,5	H_2.
36,61	267,2	1,04	Md.
45,15	275,6	0,96	*id.*
52,19	280,2	1,11	*id.*
56,76	281,1	1,0	De.
57,21	284,2	0,9	Md.
57,62	286,9	0,99	Se.
62,96	286,5	0,90	De.
66,07	291,6	0,95	*id.*
69,48	299,5	0,70	Du.
70,18	299,6	0,86	$Σ_2$.
72,11	308,7	n.m.	Ws.
72,71	299,4	0,5	De.
73,93	307,2	0,6	Gl.
73,94	309,0	0,77	Ws.
74,90	309,4	0,71	De.
75,20	311,4	0,52	Du.
76,57	313,5	0,58	De.
77,12	313,6	0,54	Ha.

Système orbital serré, en mouvement direct rapide : 51° en 45 ans. 360° conduiraient à 318 ans. Période sans doute moindre, le mouvement s'accélérant. Beau couple. C'est bien 259 Andromède et non 251 comme on l'écrit quelquefois (ex : Md 1862, où il l'a vue simple, peut-être par erreur d'étoile).

---

66 Baleine. H. IV, 25. 231.

2h6m39s. 92° 57′.

6 jaune — 7,8 bleue.

Date.	Angle.	Distance.	Obs.
1783,00	235:	16,87:	H.
1800,00	231,5:	19,3:	Pi.
21,00	225,7	16,34	Σ.
22,89	226,1	16,17	So.
32,67	228,9	15,54	Σ.
36,82	229,7	15,35	*id.*
37,89	229,6	15,4	Sm.
42,97	229,8	15,62	Md.
44,91	229,1	13,18<	*id.*
53,09	230,2	15,09	Md.
54,98	229,8	15,42	Wr.
58,03	229,8	15,32	Se.
58,11	229,0	14,75<	Md.
65,87	230,3	15,42	$Σ_2$.
73,94	230,4	16,0	Ws.
73,99	230,9	15,60	$Σ_2$.
77,80	231,0	15,55	Fl.

Couple physique, très-élégant, animé d'un fort mouvement propre commun dans l'espace. Sa valeur probable est (*voy.* mon Catalogue) :

Æ + 0″,48 et DP + 0″,05.

L'Æ augmentant de 48″ en un siècle, les deux composantes se seraient séparées depuis l'époque de H si elles n'étaient pas associées physiquement. L'angle de H est certainement trop fort de plus de 10° et la position de Pi n'est qu'une déduction approximative de ses mesures méridiennes. Nous avons une augmentation régulière de 5° depuis 56 ans. Très-lent mouvement direct.

Triangle 28. H. II, 65. 232.

2h7m43s. 60° 10′.

7,5 — 8 : blanches.

Date.	Angle.	Distance.	Obs.
1781,77	vue, mais non mesurée.		H.
1821,00	244°,1	n.m.	Σ.
22,86	n.m.	6″,71	*id.*
32,03	245,5	6,56	*id.*
42,80	246,7	6,15	Md.
43,67	246,4	6,45	*id.*
46,63	244,4	n.m.	Bi
51,82	245,4	6,59	$Σ_2$.
55,98	246,8	6,56	Se.
56,83	247,2	6,49	De.
57,96	245,5?	6,30	Wr.
65,84	246,5	6,27	Ta.
69,86	248,4	6,41	Du.

Mouvement direct très-lent, dont la nature ne peut encore être affirmée. Probablement orbital. La position de $Σ_2$ en 1851 était renversée de 180°.

Cassiopée. 234.

2h8m40s. 29° 12.

8 — 8,7.

Date.	Angle.	Distance.	Obs.
1831,55	239,2	0,84	
45,65	232,7	0,82	Md.
46,98	235,6	0,83	$Σ_2$.
52,50	232,3	0,87	Md.
57,91	231,4	0,62	Se.
63,45	231,4	0,70	De.
72,69	221,8	all.	De.
73,94	226,0	0,4	Gl.

Date.	Angle.	Distance.	Obs.
	°	"	
1875,80	228,7	0,6	*id.*
76,70	229,0	0,68	*id.*

Système orbital très-serré. Lent mouvement rétrograde.

Persée. 249.

$2^h 12^m 45^s$. $45°57'$.

7,5 blanche — 9 cendrée.

1831,11	194,7	2,28	Σ.
35,74	192,3	2,39	Md.
45,17	188,8	2,55	*id.*
51,69	192,2	2,44	*id.*
55,87	189,4	n.m.	*id.*
57,89	187,9	2,13	Se.
62,54	191,4	2,38	Md.
69,95	188,5	2,24	$Σ_2$.
73,13	191,9	2,29	Du.
73,98	190±	2,±	Gl.

Très-grande probabilité de système orbital en mouvement rétrograde excessivement lent.

---

o Baleine. MIRA CETI.

$2^h 13^m 17^s$. $93°31'$.

A *rouge*, variable ; — B = 9,5.

1683	130,7	119	Cas.
1779	n.m.	110	H.
1780	n.m.	110	*id.*
1782	92,5	114	*id.*
1800	90,0	104?	Pi.
1819,96	88,6	115	Σ.
21,90	88,6	n.m.	So.
24,63	n.m.	115	Σ.
31,03	88,9	116,0	Sm.
51,99	85,2	115,6	$Σ_2$.
59,96	84,6	117,1	Po.
77,12	82,2	118,2	Fl.

Malgré sa distance angulaire, le compagnon de Mira Ceti est intéressant à observer, non-seulement comme point de comparaison avec la variable, mais encore comme point de repère pour le mouvement propre de celle-ci. L'éclat de Mira ne descend jamais au-dessous de celui de son compagnon. Sa période (2,5 à 9,5) est de 331 jours. Maximum, 19 décembre 1876; minimum, 23 juillet 1877. Le mouvement du compagnon, depuis l'ancienne observation de Cassini, c'est-à-dire depuis près de deux siècles, est rectiligne. Sa direction est 14°, avec une vitesse de 0",341, qui se décompose en

Æ + 0",095 et D. P. — 0",325.

Tel est sans doute, en sens contraire, le véritable mouvement propre de Mira. Les résultats conclus des observations méridiennes ne sont pas concordants (*voy.* mon Catalogue). — Intéressant groupe de perspective.

La couleur rouge de Mira est bien connue : elle est à peu près de l'intensité de Mars et d'Antarès, c'est-à-dire des étoiles de première grandeur les plus rouges du ciel ; mais en réalité j'ai trouvé ces trois astres moins intenses qu'ils ne le paraissent, en les comparant à la lumière du gaz d'éclairage, à l'aide d'une lunette montée spécialement dans ce but. Ils sont moins rouges que le gaz.

Bélier. 254.

$2^h 14^m 48^s$. $66°55'$.

8,1 jaune — 9,7.

Date.	Angle.	Distance.	Obs.
	°	"	
1831,75	334,2	13,33	Σ.
44,50	338,6	12,94	Md.
51,99	340,7	n.m.	*id.*
52,10	338,0	n.m.	*id.*
53,90	340,0	12,80	*id.*
65,08	341,2	12,75	De.
73,93	343,4	12,7	Gl.
74,00	343,8	12,9	Ws.

Les observations sont insuffisantes pour décider de la nature du mouvement. La marche est directe, mais peut être orbitale aussi bien que parallactique.

Cassiopée. 257.

$2^h 16^m 37^s$. $29°0'$.

7 — 7,8 : jaunes.

Date.	Angle.	Distance.	Obs.
	°	"	
1830,53	164,9	0,60	Σ.
36,29	169,5	0,65	*id.*
37,38	170,9	0,56	Md.
41,50	171,7	0,55	*id.*
42,53	178,9	0,45	*id.*
47,00	172,3	0,61	$Σ_2$.
48,07	176,1	0,49	Md.
51,99	185,5	0,52	*id.*
56,21	180,1	0,5	*id.*
1857,49	183,6	0,40	Se.
63,13	183,5	0,40	De.
69,13	186,3	0,28	Du.
70,18	190,8	0,52	$Σ_2$.
73,09	180,2 :	n.m.	De.

Système orbital très-serré, en mouvement direct lent. Observations très-discordantes.

Cassiopée. H. I, 34. 262

$2^h 19^m 11^s$. $23°8'$.

Triple.

A 4e jaune ; B 7e lilas ; C 8e bleuâtre.

AB (BAC, 292).

1782,76	290,2	1,50	H.
1804,44	274,4	< 2	*id.*
29,66	276,7	1,86	Σ.
31,13	277,1	2,20	Da.
31,64	275,3	1,88	Md.
34,83	274,2	2,1	Sm.
37,04	274,1	n.m.	Da.
40,91	271,7	2,24	*id.*
41,81	270,8	2,12	Bi.
43,20	269,0	1,97	$Σ_2$.
43,96	270,0	1,91	Md.
48,09	265,5	2,24	Da.
48,55	261,4 <	1,75	$Σ_2$.
52,51	265,5	1,87	Md.
55,72	266,2	1,8	De.
56,03	265,1	2,01	Wr
56,21	269,5	1,78	Md.
57,49	266,9	1,83	Se.
59,84	265,2	1,8	De.
61,23	260,8	1,88	Md.
62,84	271,8 >	1,57	*id.*
62,99	265,9	1,93	De.
63,95	268,8	1,72	Da.
64,93	267,4	2,38	En.
65,60	265,5	2,39	En.
65,77	265,5	2,04	Ta.
68,92	267,7	2,15	Br.
70,91	265,7	1,94	Du.
72,31	267,0	1,97	$Σ_2$.
73,00	265,2	2,14	Ws.
73,96	266,0	2,0	Gl.
74,93	265,7	1,9	*id.*

AC. P. II, 72. H. IV, 3.

C fixe à 108° ± 2° et 7",6 ± 0",3.

Système ternaire, dont les trois composantes sont animées d'un mouvement propre commun :

(Æ — 0s,009 ; D. P. + 0",02).

AB paraissent former un couple orbital assez serré, en mouvement rétrograde très-lent et AC restent fixes depuis 1804. (Il y a une observation de H en 1779 à 100°; mais la comparaison de toutes les observations prouve qu'elle est certainement erronée.) Du. conclut à la fixité des trois étoiles, à cause de la concordance de l'angle de B depuis 1848; cependant on ne peut pas rejeter absolument les observations antérieures. Les couleurs de ces trois étoiles sont tendres et forment un beau contraste. Du. a vu C rose en 1869.

A est P. II, 72, et on la nomme souvent ι (iota); ex.: Σ, Arg., Se., Heis; mais cette lettre grecque ne vient pas de la classification de Bayer.

Triangle. H. I, 21. 269.

$2^h 21^m 9^s$. 60° 40′.

7,5 jaune clair. — 9,5 bleu clair.

Date.	Angle.	Distance.	Obs.
	°	″	
1781,80	325±	2±	H.
1832,36	340,4	1,90	Σ.
34,11	342,1	2,3	Sm.
40,96	340,3	1,93	Da.
42,85	343,7	1,81	Md.
46,39	344,1 >	1,65	$Σ_1$.
48,63	341,3	1,92	Da.
49,82	338,6	1,82	Wr.
53,87	341,4	1,72	Md.
54,09	342,3	1,75	Da.
56,06	345,2	2,04	Wr.
58,88	338,8	1,61	Md.
59,16	336,5	n. m.	*id.*
59,94	344,7	1,78	Se.
62,88	341,6	1,34	Md.
65,77	334,8 <	2,71?	Ta.
73,94	347,1	1,2	Gl.
73,97	345,9	1,4	Ws.

Très-grande probabilité de système orbital en mouvement direct très-lent. Il serait intéressant de faire une nouvelle détermination du mouvement propre de A; les chiffres de Piazzi, Baily et Taylor ne s'accordent pas. Cette étoile est P. II, 89 et non P. II, 93, comme on l'écrit souvent (ex.: Σ, Sm.) ni P. II, 72 comme l'écrit Wr. Il y a aussi différentes estimations de grandeurs:

Sm	1834	6,5 jaune — 10 grise.
Σ	1852	7,5 jaune — 9,8 cendrée.
Se	1859	7,5 blanche — 9° bleue.
Da	1853	7,6 jaune-clair — 9,0 bleu clair
Da	1847	8 jaunâtre — 9,5 jaune sombre.
Da	1841	8 — 9,5 toutes deux blanches.
Mo	1856	8 blanche — 9,5 bleue.

Cassiopée. 278.

$2^h 28^m 20^s$. 21° 13′.

8 — 8,5 blanches.

Date.	Angle.	Distance.	Obs.
	°	″	
1830,77	82,0	0,43	Σ.
31,80	75±	0,4	H_2.
57,94	67,7	0,4	Se.
59,26	103,0?	n. m.	Md.
59,30	71,4	0,62	$Σ_2$.
68,74	76,3?	all.	De.
72,31	73,8	0,64	$Σ_2$.

Couple très-serré et difficile à mesurer. Très-probablement orbital, en lent mouvement rétrograde. Mesures très-divergentes.

Baleine. H. III, 79. 288.

$2^h 32^m 21^s$. 101° 54′.

8 jaune — 11.

Date.	Angle.	Distance.	Obs.
1782,78	224,8	10,8	H.
1830,20	216,6	10,0	H_2.
31,20	213,6	11,92	Σ.
44,94	216,4	n. m.	Md
67,24	213,7	11,67	De.

Mouvement rétrograde très-lent, qui peut être orbital ou parallactique. Les observations sont insuffisantes pour décider.

D'après Bu, A = W. II, 530. La position dans l'espace a subi une légère correction.

Bélier. (43).

$2^h 33^m 37^s$. 63° 53.

7,2 — 8,8.

Date.	Angle.	Distance.	Obs.
1845,73	95,9	0,39	$Σ_2$.
51,72	90,1	0,53	*id.*
67,30	68,6	0,98	De.
71,68	66,2	0,70	*id.*

Système orbital très-serré, en mouvement rétrograde rapide. Cette étoile = Lal. 4924.

---

84 Baleine. 295.

$2^h 35^m 4^s$. 91° 12′.

6 blanche — 10 lilas

Date.	Angle.	Distance.	Obs.
	°	″	
1829,82	335,1	4,60	Σ.
33,97	334,5	5,0	Sm.
33,99	334,2	5,10	Σ.
44,79	328,5	4,64	Md.
51,90	328,7	4,90	$Σ_2$.
52,09	329,3	4,28	Md.
58,03	330,6	4,58	Se.
58,11	330,7	5,16?	Md.
63,97	324,7	4,63	De.
68,84	323,3	4,21	Du.
72,08	324,1	4,7	Ws.
73,94	325,0	4,7	Gl.

Système physique en mouvement propre commun très-lent (Æ — 0″,003; D. P. + 0″,053 : Σ) et en mouvement relatif rétrograde très-lent aussi.

Persée. 293.

$2^h 35^m 31^s$. 33° 27′.

8,4 jaune — 11,7.

Date.	Angle.	Distance.	Obs.
1830,87	57,5	6,61	Σ.
52,65	68,39	n. m.	Md.
66,06	71,2	7,67	De.
67,62	B invisible.		*id.*
73,96	71,0±	7,5	Gl.

Probablement orbital, en mouvement direct lent. B est peut-être variable, car De. ne l'a pas trouvée en 1862; mais, à cette faible grandeur, la transparence atmosphérique joue un grand rôle.

θ Persée. H. III, 58. 296.

$2^h 35^m 59^s$. 41° 17′.

Triple.

A 4° jaune; B 10° bleue; C 10° grise.

AB.

Date.	Angle.	Distance.	Obs.
1783,66	290,0	13,5	H.
1830,20	292,4	16,0	H_2.
32,20	294,6	15,40	Σ.
33,65	293,1	15,0	Sm.
51,88	296,6	15,84	$Σ_2$.
52,26	296,2	15,79	Md.
61,24	274,5?	n. m.	*id.*
62,88	299,5?	n. m.	*id.*
64,36	296,9	16,34	De.

Date	Angle	Distance	Obs.
	°	"	
1872,06	297,9	16,32	Σ_2.
73,93	296,0	16,5	Ws.
73,93	295,5	16,3	Gl.
75,90	296,5	16,1	*id.*
76,20	297,4	15,9	*id.*
77,63	298,0	15,3	Fl.

AC.

Date	Angle	Distance	Obs.
1833,65	219,0	27,0	Sm.
77,63	218,5	68,0	Fl.

La différence entre ma mesure de C et celle de Sm est extraordinaire. La distance aurait augmenté de 41" en 44 ans, près d'une seconde par an, vers 219°, c'est-à-dire vers le sud-ouest. Or le mouvement propre de θ n'est pas dirigé vers le nord-est, vers 39°, mais vers l'est-sud-est, car sa valeur la plus probable est (*voy.* mon Catalogue) :

Æ + 0",40 et D. P. + 0",11.

D'après ce mouvement, l'étoile observée par Sm devrait être aujourd'hui vers 247° et 42". Elle n'y est très-certainement pas, car la seule voisine est à 218° et 68".

B partage évidemment le mouvement propre de A, et forme avec elle un système physique en mouvement relatif direct très-lent. Je l'estime de 10° grandeur et bleuâtre. C est plus grosse, mais moins brillante, et supporte très-difficilement l'illumination du champ, de sorte que sa mesure est laborieuse. En champ obscur, elle est plus brillante. Sm avait estimé B = 13 violette et C = 11 grise, ce qui correspond à 11 et 10 de l'échelle de Arg.

Le plus simple serait de supposer une erreur dans le chiffre de la distance de Sm, et de lire 67" au lieu de 27". Dans ce cas, la concordance de mon angle de position avec le sien indiquerait que l'étoile C reste relativement fixe et partage comme B le mouvement propre de A ; nous aurions là un système ternaire. Comme il n'y a aucune autre observation de C, ni avant ni depuis, on pourrait penser, en effet, que lors des observations de H et de Σ il n'y avait pas d'étoile aussi proche. Cependant Sm s'étonne lui-même qu'ils aient mesuré cette étoile comme double et non comme triple, ce qui porte à croire que son chiffre est exact.

En calculant le mouvement propre de θ par sa mesure et la mienne, on trouve :

Æ + 0",59 ; D. P. — 0",73 ;

résultante = 0",93.

L'Æ pourrait encore concorder, mais le mouvement en D. P. est de signe négatif et très-fort, sans concordance avec aucune des déterminations directes.

Si le mouvement de θ en D. P. est, comme il le paraît, de signe positif et très-faible (et il faut avouer que toutes les déterminations concordent), l'étoile C est animée elle-même d'un mouvement propre remarquable vers le sud.

Cas très-curieux à suivre.

γ Baleine. 299.

$2^h 37^m 5^s$. 87° 1'.

3,5 jaune pâle. 7° bleue. (Beau contraste.)

Date	Angle	Distance	Obs.
	°	"	
1825,43	283,2	2,83	Σ.
28,69	280,7	2,58	H_2.
31,79	280,7	3,74 >	*id.*
31,85	289,0	2,6	Sm.
32,48	287,4	2,59	Σ.
33,90	286,1	2,69	Da.
35,89	286,8	2,72	Sm.
36,74	289,2 >	2,67	Σ.
36,98	287,6	2,7	Da.
37,88	287,9	n. m.	*id.*
38,90	288,7	2,61	Md.
38,92	288,8	2,8	Sm.
41,14	293,6 >	2,95	Md.
41,65	288,9	2,72	Da.
41,70	286,1	2,61	Σ.
42,86	288,8	2,49	Md.
42,99	285,5	2,65	Da.
43,14	289,5 >	2,58	Md.
43,16	285,7	2,6	Sm.
44,10	290,9 >	3,16	Md.
46,14	285,7	2,76	Σ_2.
47,12	289,5	2,77	Md.
49,08	289,2	2,77	Da.
50,14	282,9 <	3,08	Σ_2.
51,90	289,2	2,75	Ft.
52,12	289,9	3,18	Md.
53,06	291,0	2,70	Ja.
55,06	287,5	2,90	De.
55,09	289,1	2,9	Sm.
56,11	288,3	2,71	Se.
58,02	292,8 >	2,57	Md.
62,91	289,1	2,78	Ma.
1866,01	289,0	2,78	De.
67,85	288,9	2,66	Kr.
68,80	291,9	2,91	Br.
68,82	295,5	2,33	Ta.
72,87	297,9 >	n. m.	*id.*
73,13	288 :	3,62	Σ_2.
73,98	292,7	2,5	Gl.
76,00	290,5	2,9	*id.*
76,03	287,1	3,08	Ha.
76,05	291,7	n. r.	Dk.
77,08	290,9	2,82	Sp.

Beau couple ; mais mesures difficiles (les angles de Md sont tous trop forts). Système orbital en mouvement direct très-lent. Il n'y a pas 10° de parcourus depuis 52 ans : le cycle immense de ce magnifique système peut dépasser quinze siècles. Il est emporté dans l'espace par un mouvement propre commun assez rapide :

Æ — 0s,011 ; D. P. + 0",19.

Triangle. H. I, 74. 300.

$2^h 37^m 29^s$. 61° 3'.

8 — 8,4 blanches.

Date	Angle	Distance	Obs.
1782,97	290,6	cl. I.	H.
1825,78	294,3	2,90	So.
28,75	298,5	3,15	H_2.
29,85	297,1	3,08	*id.*
31,88	297,8	2,9	Sm.
32,80	299,6	2,91	Σ.
41,89	299,3	3,02	Da.
42,84	300,3	3,02	Md.
54,00	299,5	3,03	Da.
56,50	303,1	3,29	Se.
65,89	304,3	2,71	Ta.

Cette étoile est nommée ι Bélier dans le catalogue HH_2 ; P. II, 160 Triangle dans Sm C. C. ; et reste anonyme dans Σ et le catalogue général de H_2. So l'a nommée *nova* en 1825, et pourtant elle avait déjà été observée par H. Mais il n'y a pas d'équivoque possible, car les positions s'accordent parfaitement, et l'on n'en voit aucune autre double dans le voisinage. Pourtant ce n'est ni ι Bélier ni ι Triangle. Mais c'est bien H. I, 74, P. II, 160, So 418, Σ 300, Sm 112. Le Triangle est une ancienne constellation placée antérieurement à Ptolémée entre le Bélier et Andromède. On a ajouté depuis le petit Triangle (Hévélius 1690) et la Mouche (A. Royer 1679); c'est là un surcroit de complication tout à fait inutile. On confond souvent la Mouche avec le Triangle.

Ce petit couple forme un système orbital en mouvement direct.

Bélier 114. 305.

$2^h40^m39^s$. 71°8′.

7 — 8 : blanches.

Date.	Angle.	Distance.	Obs.
	°	″	
1829,86	332,6	1,54	Σ.
30,90	331,9	1,5	H_2.
30,95	330,9	1,59	Σ
33,14	327,3	1,67	id.
41,94	324,7	1,96	Da.
42,88	329,6	n. m.	Md.
43,72	324,7	2,04	Σ_2.
47,77	324,7	2,21	Da.
53,58	322,4	2,33	id.
56,77	322,2	1,9	De.
57,89	322,2	2,56	Se.
63,09	321,8	2,52	De.
65,89	321,3	2,46	Ta.
68,78	321,3	2,73	Br.
72,04	319,4	2,70	Ws.
72,87	316,6	1,98	Ta.
73,94	320,6	2,6	Gl.
73,95	317,6	2,77	Fr.
76,07	321,9	n. r.	Dk.
76,07	321,0	2,78	Ha.
77,08	318,8	2,75	Sp.
77,09	320,1	2,83	Ws.

Le mouvement s'explique jusqu'à présent par une ligne droite dirigée vers 310°, avec une valeur de 0″,033. Le minimum de distance est arrivé en 1787, à 0″,5; mais le rapprochement des composantes nous invite à ne pas conclure encore à un mouvement parallactique, car ce pourrait être un système tournant dans le plan de notre rayon visuel. Il serait intéressant de déterminer directement le mouvement propre de A.

---

41 Bélier. H. v, 116. [83].

$2^h42^m55^s$. 63° 14.

Quadruple.

A 3,5; B 11,5; C 11,0; D 9,0.

AB.

Date.	Angle.	Distance.	Obs.
	°	″	
1834,10	250,0	15	Sm.
52,16	255,4	18,79	Σ_2.

AC.

Date.	Angle.	Distance.	Obs.
1782,98	189,2	42,3	H.
1834,10	196,2	38,0	Sm.
52,16	199,7	35,8	Σ_2.

AD.

Date.	Angle.	Distance.	Obs.
1782,98	260±?	137	H.
1821,96	226,6	127	So.
34,10	225,0	124	Sm.
52,16	228,7	127	Σ_2.

Quadruple de perspective : l'étoile brillante passe devant trois étoiles plus éloignées, fixes au fond du ciel. Mouvement propre de A = Æ + 0s,003 et D. P. + 0″,13. Type curieux des changements de perspective céleste.

Persée. 312.

$2^h44^m9^s$. 17°37′.

Triple.

7 — 8 — 9 : blanches.

AB.

Date.	Angle.	Distance.	Obs.
1830,10	10,3	4	H_2.
32,08	13,9	3,59	Σ.
44,33	15,6	3,71	Md.
57,67	16,1	3,54	De.
57,95	18,1	3,32	Se.
63,23	8,9?	3,37	Ma.
65,10	18,4	3,14	En.
66,42	17,5	3,26	De.
69,78	6,6?	3,45	Ma.
73,48	22,4	3,31	Σ_2.
74,58	19,5	3,00	Du.
76,60	20,1	3,2	Gl.

AC.

C fixe à 138° ± 1° et 42″.

Le couple AB présente un mouvement direct, malgré les deux observations discordantes de Ma. Quant au couple AC, il reste fixe jusqu'à présent.

Persée 85. H. 1, 38. 314.

$2^h44^m21^s$. 37°30′.

7 — 7,5 : blanches.

Date.	Angle.	Distance.	Obs.
1782,63	278,4	n. m.	H.
1804,18	290,6	n. m.	id.

Date.	Angle.	Distance.	Obs.
	°	″	
1825,40	291,1	1,32	So.
27,21	292,1	1,35	Σ.
30,20	292,0	1,7	H_2.
30,46	295,4	1,46	Σ.
31,22	293,0	1,35	Da.
42,21	297,2	1,31	Md.
43,21	296,3	1,29	id.
52,27	298,0	1,56	id.
56,21	297,8	1,49	id.
57,62	300,8	1,46	Se.
61,24	298,3	1,36	Md
62,23	299,8	1,52	id.
63,42	298,4	1,54	Σ_2.
74,03	300,6	1,3	Gl.
76,20	300,7	1,6	id.

Système orbital en mouvement direct bien lent, eu égard à la proximité des composantes. Les deux étoiles sont très-nettes et les mesures faciles.

Persée. 325.

$2^h48^m12^s$. 56° 1′.

8,2 — 9,2 : jaunes.

Date.	Angle.	Distance.	Obs.
1830,98	256,4	11,70	Σ.
44,95	254,6	9,61	Md.
65,14	228,6	9,04	De.
74,03	228,0	9,2	Gl.

Les observations sont insuffisantes pour décider de la nature du mouvement.

Bélier. 326.

$2^h48^m31^s$. 63°36′.

7,5 *jaune* — 9,7.

Date.	Angle.	Distance.	Obs.
1831,46	216,2	9,03	Σ.
42,88	213,8	n. m.	Md.
67,13	217,2	8,49	De.
68,77	216,8	8,59	Σ_2.

La distance diminue. Observations insuffisantes pour décider de la nature du mouvement.

Persée. So. 421. 328.

$2^h49^m48^s$. 45°58′.

8,5 — 9 blanches.

Date.	Angle.	Distance.	Obs.
1824,87	296,8	28,41	So.

Date.	Angle.	Distance.	Obs.
	°	″	
1832,18	299,5	27,06	Σ.
65,22	299,6	24,65	De.
77,65	300,0	23,70	Fl.

La distance diminue assez rapidement. Mouvement rectiligne, très-probablement parallactique.

ε Bélier. 333.

$2^h 52^m 20^s$. 69° 9′.

5,5 — 6 : blanches.

Date	Angle	Distance	Obs.
1827,00	en contact.		Σ.
30,16	188,9	0,55	*id.*
31,10	195,0	0,7	H_2.
35,08	193,5	0,5	Sm.
39,25	195,7	0,8	*id.*
40,02	194,3	0,71	Md.
41,94	195,5	0,71	Da.
43,18	199,6>	0,9	Sm.
43,61	196,3	0,78	Md.
45,03	197,0	0,80	Σ_2.
46,77	196,3	0,69	Mt.
47,62	195,9	n.m.	Da.
48,46	n.m.	0,95	*id.*
49,96	198,1	0,84	Md.
52,72	198,7	0,90	*id.*
53,08	200,1>	1,0	Sm.
53,09	200,1>	0,95	Md.
53,59	196,1	1,08	Ja.
53,99	195,6	1,01	Da.
54,93	203,4>	n.m.	De.
55,80	201,7>	1,0	*id.*
56,03	198,3	0,98	Wr.
56,08	198,2	0,99	Md.
56,21	201,2>	1,02	*id.*
56,57	196,7	0,88	Se.
58,08	198,3	1,06	Md.
58,64	198,0	1,0	De.
62,39	200,5>	1,10	Md.
62,99	194,7	0,86	De.
65,13	199,7	1,22	En.
65,71	199,0	n.m.	Ta.
66,07	201,1>	1,09	Se.
66,60	198,4	1,0	Kn.
66,86	192,4<	1,38	Ta.
68,13	197,8	1,09	De.
68,78	196,7	1,34	Br.
70,65	198,0	1,0	Gl.
72,13	199,3	1,04	Du.
72,61	198,7	1,40	Ws.
72,87	198,8	1,05	Ta.
73,14	200,5	1,44	Ws.
75,09	201,2	1,23	*id.*
76,07	198,2	n.r.	Dk.
76,10	201,9	1,26	Ha.
77,07	197,6<	1,17	Sp.
77,09	200,7	1,36	Ws.

Ce couple était le plus serré du ciel à l'époque de sa découverte, et depuis la distance angulaire a régulièrement augmenté. Le mouvement est rectiligne jusqu'à présent et dirigé vers 202°, avec une valeur de 0″,017. Les deux étoiles ont dû se rencontrer en 1800 et s'éclipser réellement, car la distance des centres est descendue à $\frac{1}{10}$ de seconde. Le faible mouvement propre reconnu à ε (*voy.* mon Catalogue) ne correspond pas à celui du compagnon. Nous avons donc très-probablement là un système orbital tournant dans le plan de notre rayon visuel. — Couple brillant et délicat.

Σ les croit variables ; mais la variation ne peut pas être considérable.

A 16′ au nord, Bu a trouvé un couple très-serré, à 0″,4.

Messier. (50).

$3^h 0^m 42^s$. 18° 54′.

7,1 — 7,3 : blanches.

Date.	Angle.	Distance.	Obs.
	°	″	
1842	n.m.	0,9	Σ_2.
43,33	236,4	0,85	Md.
47,22	232,5	0,88	Σ_2.
50,22	228,2	0,86	*id.*
51,77	302,3	1,56	Md.
67,40	217,4	1,10	De.
71,66	213,4	1,01	*id.*
75,33	216,1	1,11	Σ_2.

Système orbital en mouvement rétrograde rapide. L'angle de Md en 1843 était renversé de 180° ; quant à celui de 1851, il est difficile à expliquer. (Il doit appartenir au couple voisin O. Σ. 51).

Baleine. 355.

$3^h 0^m 54^s$. 82° 4′

8,6 = 9,4 : blanches.

Date	Angle	Distance	Obs.
1832,52	148,8	2,75	Σ.
42,97	151,7?	n.m.	Md.
43,97	147,4	2,73	*id.*
57,11	142,8	2,65	Se.

Très-probablement orbital, en lent mouvement rétrograde. Cette étoile est W. II, 1056.

Persée. 360.

$3^h 4^m 33^s$. 53° 14′.

7,8 — 8 : jaunes

Date.	Angle.	Distance.	Obs.
	°	″	
1831,20	146,4	1,34	Σ.
44,91	145,7	1,58	Md.
54,20	143,5	1,55	Σ_2.
57,93	143,2	1,55	Se.
69,38	139,1	1,67	De.

Système orbital serré, en lent mouvement rétrograde.

Renne. 343.

$3^h 4^m 38^s$. 6° 24′.

8 — 8,8 : jaunâtres.

Date	Angle	Distance	Obs.
1830,50	326,2	20	H_2.
32,60	325,4	22,66	Σ.
44,33	326,1	23,80	Md.
65,00	325,2	24,95	De.

Mouvement rectiligne. La distance augmente. Groupe de perspective.

---

12 Éridan. H_2 1177.

$3^h 6^m 57^s$. 119° 27′.

3,5 — 7,5.

Date	Angle	Distance	Obs.
1836,50	310,0	5,31	H_2.
47,0	309,6	4,09	Ja.
56,16	310,0	3,32	*id.*
74,80	n.m.	2,3	Bu.

La distance diminue. Il faudrait des observations plus récentes pour décider si le mouvement est orbital ou parallactique. Cependant le mouvement propre de A étant très-rapide (Æ + 0^s,026 et D. P. — 0″,61), on trouve, en traçant la figure, que A marche vers 33°, avec une vitesse de 0″,72, et B vers 130°, avec une vitesse de 0″,10, presque à angle droit sur le mouvement propre. Donc couple physique, et mouvement relatif en ligne droite.

Girafe. P. III, 1. (52).

$3^h 7^m 5^s$. 24° 49′.

6.4 — 7 : blanches.

Date	Angle	Distance	Obs.
1843,31	157,4	0,38	Md.
46,85	153,4	0,50	Σ_2.

Date.	Angle.	Distance.	Obs.
1859,72	145°,3	0″,59	Σ2.
66,29	135,6	0,5	De.
72,42	138,5	all.	*id.*
75,33	137,5	0,51	Σ2.

Système orbital très-serré, en mouvement rétrograde rapide.

Baleine. 367.

$3^h 7^m 52^s$. 89°42′.

7,5 = 7,5.

1831,72	281,4	0,95	Σ.
41,70	273,9	0,91	Σ2.
41,80	275,8	0,50	Md
43,97	280,8>	0,55	*id.*
57,12	266,5	0,90	Se.
64,01	257,1	0,5	De.
72,51	246,7	0,73	Ws.

Système orbital très-serré, en mouvement rétrograde assez rapide.

Taureau. (53).

$3^h 9^m 53^s$. 51°49′.

7,2 — 8.

1843,21	277,1	0,65	Md.
45,49	273,1	0,68	Σ2.
51,77	275,1	0,70	Md.
64,20	265,0	n.m.	Σ2.
68,18	261,6	0,88	De.
74,02	257,9	0,82	*id.*

Système orbital très-serré, en mouvement rétrograde assez rapide. L'une ou l'autre des composantes doit être variable, car les angles de Md étaient renversés de 180° et en 1851 il avait inscrit : *Beide Sterne gleich.* Cette étoile = Lal. 6020.

Persée. 371.

$3^h 10^m 22^s$. 43°25′.

8,3 blanche — 10,3.

1831,20	74,7	3,35	Σ.
67,45	81,7	3,32	De.

Mouvement direct. Observations insuffisantes pour décider.

Bélier. 377.

$3^h 13^m 43^s$. 17°15′.

Triple.

A = 8,3 blanche ; B = 8,7 *id.* ; C = 11,5.

AB.

Date.	Angle.	Distance.	Obs.
1831,66	115°,4	0″,82	Σ.
43,14	119,8>	0,93	Md.
47,91	117,5	0,70	*id.*
50,97	124,1>	0,77	Σ2.
52,10	114,7<	0,85	Md.
68,90	120,7	1,03	De.

$\frac{AB}{2}$ et C.

1829,90	223,3	25,55	Σ.
70,92	220,4	25,15	De.

Malgré la discordance des observations, le couple AB paraît former un système orbital très-serré en lent mouvement direct. C se meut en mouvement rétrograde et doit être seulement optique.

Taureau. 380.

$3^h 15^m 16^s$. 81°40′.

8,7 — 10,2.

1831,62	94,1	1,20	Σ.
43,97	87,6	0,8	Md
44,12	87,6	0,6	*id.*
58,03	86,8	1,15	Se.
58,11	78,2	1,11	Md.
64,00	75,9	1,2	De.
73,94	73,2	1,3	Gl.
73,98	74,7	1,28	Ws.
77,09	70,1	n.m.	*id.*

Système orbital serré, en mouvement rétrograde assez rapide.

Girafe. 389.

$3^h 20^m 31^s$. 31°3′.

6,5 blanche — 7,5 azur.

1831,00	61,8	2,81	Σ.
33,90	61,7	2,72	Da.
37,04	62,7	2,71	*id.*
43,77	63,5	2,78	Md.
52,22	65,3>	n.m.	*id.*
54,75	62,7	2,82	Da.
57,96	64,2	2,6	De.
59,86	64,2	2,77	Wr.

Date.	Angle.	Distance.	Obs.
1859,95	67°,3	2″,85	Se.
61,23	74,4>	2,81	Md.
65,19	66,0	2,76	En.
68,38	64,2	2,63	De.
72,66	66,9	2,40	Du.
73,94	63,3<	2,7	Gl.
75,95	67,6	2,6	*id.*

Mouvement direct très-lent. Grande probabilité de système orbital : rapport d'éclat et proximité des composantes.

Taureau. H. I, 55. 403.

$3^h 24^m 19^s$. 70°38′.

8,5 — 8,5 : blanches.

1783,05	172,8	n.m.	H.
1829,76	181,7?	2,91	Σ.
30,50	178,5	2±	H2.
43,14	180,9?	3,26	Md.
57,11	176,7	2,93	Se.
65,98	178,0	2,89	De.
74,2	178,0	2,9	Gl.

Probabilité de système orbital en mouvement direct excessivement lent.

Harpe. 408.

$3^h 24^m 41^s$. 94°42′.

8 — 8,2.

1831,91	347,5	1,37	Σ.
41,70	342,5	1,62	Σ2.
44,12	346,7>	1,15	Md.
57,10	338,3	1,24	Se.
64,00	338,4	1,2	De.
73,94	339,2	1,4	Gl.
73,97	340,3	1,44	Ws.

Très-grande probabilité de système orbital serré, en lent mouvement rétrograde.

Girafe. 400.

$3^h 25^m 12^s$. 30°22′.

7 jaunâtre : 8 bleuâtre.

1829,94	282,6	1,53	Σ.
30,79	276,9?	2,24?	H2.
36,14	284,5	1,35	Md.
45,45	288,1	1,13	*id.*
57,96	286,2	1,06	Se.
58,45	289,8	1,18	Σ2.

Date.	Angle.	Distance.	Obs.
	°	″	
1859,29	293,4	1,00	Md.
61,23	291,7	0,98	*id.*
67,41	293,7	1,11	De.
73,96	295,0	1,2	Gl.

Système orbital serré, en lent mouvement direct.

---

7 Taureau. 412.

$3^h 27^m 20^s$. 65° 56′.

Triple.

7,0 — 7,1 blanches — 10 bleue.

AB.

Date	Angle	Distance	Obs.
1827,16	271,0	0,63	Σ.
30,38	269,9	0,69	*id.*
31,81	257,7?	n.m.	H_2.
33,21	265,0	0,7	Sm.
36,90	264,9	0,59	Σ.
39,70	265,5	0,55	Md.
41,80	264,6	0,55	*id.*
41,96	263,5	0,6	Da.
42,05	262,8	0,69	$Σ_2$.
42,75	265,5	0,56	Md.
43,14	260,8	0,50	*id.*
44,17	262,1	0,45	*id.*
46,84	254,6	0,4	*id.*
46,91	259,9	0,65	Da.
47,13	258,2	0,4	Md.
50,18	262,6	0,59	$Σ_2$.
50,96	257,6	0,4	Md.
51,17	255,6	0,40	*id.*
52,10	256,1	n.m.	*id.*
53,88	253,0	0,4	*id.*
54,85	255,5	0,4	*id.*
55,02	253,3	0,4	*id.*
56,19	252,7	0,4	*id*
56,35	256,8	0,42	Se.
57,06	259,1>	0,3	Md.
58,21	260,2>	n.m.	*id.*
61,90	228,8?	0,5	*id.*
63,18	252,0	all.	De.
64,80	240,8	0,5	Kn.
65,70	240,8	0,5	De.
73,13	241,1	all.	$Σ_2$.
73,14	239,7	0,4	Ws.
73,47	241,0	0,4	Gl.

AC. H. IV, 88.

Date	Angle	Distance	Obs.
1783,13	66,8	20,0	H.
1821,95	66,3	22,86	Σ.
21,97	56,1?	21,05	So.
30,92	63,0	22,41	Σ.
33,21	61,9	21,8	Sm.
41,80	60,3	22,50	Md.
51,81	61,4	22,16	$Σ_2$.

Date.	Angle.	Distance.	Obs.
	°	″	
1855,99	60,1	n.m.	Se.
63,18	61,1	22,02	De.
71,73	60,7	22,08	$Σ_2$.
73,80	60,6	22,8	Ws.

AB forment un système orbital très-serré en mouvement rétrograde rapide. C se meut aussi en mouvement rétrograde ; mais sa direction étant presque parallèle et contraire au mouvement propre de A, et son éclat étant beaucoup plus faible que celui du couple, on peut en conclure qu'elle ne fait pas partie du système, et se trouve simplement en arrière, par perspective.

Éridan. P. III, 98. 422.

$3^h 30^m 38^s$. 89° 48′.

6 jaune — 8 bleue.

Date	Angle	Distance	Obs.
1781,80	227,5	n.m.	H.
1822,08	226,2	5,40	Σ.
24,38	225,3	5,58	So.
30,20	231,2	7 ±	H_2.
32,75	232,2	6,13	Σ.
34,93	231,8	5,9	Sm.
37,11	232,6	5,97	Σ.
42,94	235,3	5,64	Md.
45,81	235,9	6,0	Sm.
46,72	233,7	n.m.	Da
51,88	235,4	6,19	$Σ_2$.
54,16	239,5	5,69	Md.
57,06	237,3	6,37	Se.
57,87	238,6	6,02	De.
58,90	239,3	6,25	$Σ_2$.
59,16	239,5	5,69	Md.
61,93	234,0	5,89	Ma.
64,86	240,0	6,26	De.
65,11	241,4	6,48	Fn.
65,92	240,6	6,45	Ta.
66,10	237,2	5,71	Ma.
71,90	241,2	6,1	Ws.
72,25	243,0	6,32	Du.
73,94	240,0	6,4	Gl.
74,90	242,0	6,2	*id.*
76,01	241,8	6,18	*id.*
77,09	242,0	6,41	Ws

Probablement orbitale, en lent mouvement direct. Mouvement propre commun :

Æ + 0″.005 ; D. P. + 0″, 167.

L'angle de H doit être encore trop fort, quoique nous l'ayons, avec Σ et Se, diminue de 7° (car sur le catalogue HH, il est inscrit 234°5). La distance de H_2 est, comme il arrive souvent, simplement approximative.

Persée. H. II, 52. 425.

$3^h 32^m 32^s$. 56° 16′.

7,5 = 7,5.

Date.	Angle.	Distance.	Obs.
	°	″	
1783,06	98,2?	cl. II.	H.
1823,98	103,7	3,43	So.
26,90	100 ±	2	H_2.
30,16	104,6	2,87	Σ
30,82	102,9	2,99	Da.
30,97	103,4	2,89	H_2.
31,87	102,2	3,23	*id.*
37,09	103,7	3,10	Md.
40,80	102,8	3,02	Da.
44,01	102,6	3,14	Md.
48,13	101,7	2,81	Da.
48,66	102,7	n.m.	*id*
49,98	n.m.	2,86	*id.*
51,37	102,7	2,93	Md.
54,03	102,0	2,72	Da.
54,86	102,5	2,97	De.
57,21	101,8	2,70	Md
57,64	101,9	2,80	Se.
58,82	101,3	2,71	Wr.
62,23	101,0	2,89	Md.
64,23	103,9	2,62	Ma.
65,93	101,9	2,78	Ta.
68,79	100,8	2,61	De.
73,94	98,7	2,0 ±	Gl.
74,58	101,8	2,33	Du.
76,06	99,2	2,5	Gl.
77,13	99,2	2,52	Ws.

Il est hautement probable que l'observation de Σ en 1830 est précise, et que l'angle diminue lentement. L'observation de H en 1783 n'est pas aussi sûre. Dans tous les cas, c'est là un mouvement d'une extrême lenteur, et peut-être devrions-nous le supprimer de ce Catalogue-ci. L'égalité d'éclat des composantes fait pencher en faveur d'un système orbital, et il serait intéressant de l'observer assidûment.

Éridan. 436.

$3^h 35^m 11^s$. 103° 0′.

7,2 — 8,5 blanches.

Date	Angle	Distance	Obs.
1832,51	232,4	30,22	Σ.
43,14	232,6	30,58	Md.

Date.	Angle.	Distance.	Obs.
	°	"	
1863,07	235,3	32,64	En.
64,04	233,4	32,98	De.
68,94	234,1	33,53	Du.
77,08	234,3	34,15	Fl.

Mouvement rectiligne, dirigé vers 247° ; vitesse = 0″09, dont Æ — 0″082 et D.P. + 0″,035. Ce mouvement appartient sans doute à la plus brillante. — Groupe de perspective.

Persée. 434.

3h36m6s. 52° 0′.

7,5 jaune d'or — 8 azur.

Date	Angle	Distance	Obs.
1824,00	88,4	28,43	So.
30,59	88,2	28,34	Σ.
65,13	87,2	29,55	De.
68,69	87,1	29,71	Du.
77,16	87,2	30,23	Ws.
77,25	86,9	30,19	Fl.

La distance augmente certainement. Rectiligne, et très-probablement groupe de perspective.

Persée. 447.

3h40m8s. 52° 1′.

7,7 — 9,2.

Date	Angle	Distance	Obs.
1828,15	179,2	26,50	Σ.
31,80	177,8	26,44	id.
36,11	176,7	26,62	id.
50,60	175,0	26,91	Σ₂.
66,91	172,6	27,09	De.

Mouvement rectiligne et très-probablement parallactique.

Atlas des Pléiades. 453.

3h42m1s. 66° 19′.

5 — 8.

Date	Angle	Distance	Obs.
1827,16	107,5	0,79	Σ.
30,25	29,2	0,35	id.
31,23	simple.		id.

Souvent observée depuis, et toujours vue simple.

Il y a quelque chose de mystérieux et de problématique dans cette étoile. En 1827 et 1830, Σ l'a vue double et mesurée, en estimant la distance et la grandeur du compagnon, et depuis 1831, ni lui, ni aucun autre astronome n'ont pu parvenir à distinguer ce compagnon évanoui. On pourrait peut-être passer condamnation sur les deux observations de 1827 et 1831 et les attribuer à quelque illusion d'optique; mais récemment, le 11 janvier 1876, lors d'une occultation des Pléiades par la Lune, M. Hartwig, de l'Observatoire de Strasbourg, a remarqué qu'Atlas n'a pas disparu instantanément derrière le bord lunaire, mais qu'un faible rayon de lumière resta encore pendant une demi-seconde : or cet observateur ignorait que cette étoile eût jamais été vue double.

Cette étoile double n'est pas la seule dont l'une des composantes ait disparu, car, dans ces recherches, j'en ai remarqué une vingtaine, dont plusieurs, il est vrai, peuvent être dues aux différences d'instruments, d'observateurs et de transparence atmosphérique.

Mais peut-être n'est-ce qu'une occultation (qui aura duré près d'un demi-siècle !), et la petite étoile commence-t-elle à émerger.

Taureau. P. III, 170. (65.)

3h43m6s. 64° 48′.

6,2 blanche — 6,8 rougeâtre.

Date.	Angle.	Distance.	Obs.
	°	"	
1846,16	209,2	0,74	Σ₂.
47,88	202,9	0,66	Da.
52,14	204,3	0,66	Md.
59,05	201,4	1,04	Se.
65,93	195	all.	De.
66,67	simple.	—	id.
71,18	simple.	—	Du.
74,17	29 :	all.	id.

La distance paraît avoir augmenté de 1852 à 1859, et elle a certainement diminué depuis. Système orbital très-serré et fortement incliné sur le rayon visuel.

Taureau. 459.

3h43m36s. 60° 42′.

7,8 — 10,8.

Date	Angle	Distance	Obs.
1831,38	318,3	12,84	Σ.
66,81	325,2	15,09	De.

La nature du mouvement ne peut encore être conclue.

Éridan. H₂ 1408.

3h44m10s. 128° 0′.

5 = 5.

Date.	Angle.	Distance.	Obs.
	°	"	
1835,91	199,3	9,06	H₂.
36,91	200,0	8,29	id.
57	202	7	Ja.

Mouvement rectiligne. La distance diminue. Observations insuffisantes pour décider si le couple est physique ou optique.

---

9 Hév. Girafe. (67).

3h46m53s. 29° 15′.

5 jaune d'or — 8 bleue.

Date	Angle	Distance	Obs.
1847,18	39,3	1,72	Σ₂.
66,24	43,8	1,94	De.
72,42	44,4	1,95	id.

Couple charmant. Belles couleurs. Mouvement direct très-lent. Sans doute système orbital.

---

49 Hév. Céphée. 460.

3h49m58s. 9° 38′

5,5 jaune-clair — 6,5 bleu-clair.

Date	Angle	Distance	Obs.
1828,28	349,5	0,84	Σ.
30,89	352,6	0,89	id.
36,76	356,7	0,87	Md.
42,21	0,1	0,80	id.
55,95	12,4	n. m.	De.
57,90	10,8	0,72	Se.
59,27	12,5	0,75	Md.
62,74	21,3	0,84	Σ₂.
62,95	15,6	0,7	De.
64,31	21,6	1,00	En.
68,01	22,4	0,90	De.
73,26	27,3	0,70	Ws.
74,03	28,3	0,7	Gl.
74,27	28,3	0,90	Do.
75,90	27,5	0,7	Gl.
76,12	27,5	n. r.	Dk.

Système orbital serré en mouvement direct assez rapide. 38° en 47 ans : 360° conduiraient à 445 ans.

Persée. 483.

3h 56m 1s. 50° 49′

7,4 blanche — 9,2.

Date.	Angle.	Distance.	Obs.
1830,52	11°,6	2″,80	Σ.
31,86	10,0	3,43?	H₂.
45,17	5,8	2,47	Md.
53,24	4,0	2,50	*id.*
57,21	6,0	2,23	*id.*
64,64	0,4	1,67	De.
74,20	352,5	1,4	Gl.

Système très-probablement orbital, en lent mouvement rétrograde. A = Lal. 7433.

Persée. 1114.

4h 1m 3s. 50° 9′.

7,6 — 10,2.

Date.	Angle.	Distance.	Obs.
1832,38	190,1	1,92	Σ.
64,64	179,4	2,26	De.

Système orbital, en lent mouvement rétrograde.

Taureau. H. N, 17. 494.

4h 1m 44s. 67° 14′.

7,5 — 8 : blanches.

Date.	Angle.	Distance.	Obs.
1784,88	n.m.	4 à 8	H.
1828,19	191,0	5,09	Σ.
31,18	190,2	5,06	*id.*
33,19	188,4	5,09	*id.*
41,98	n.m.	5,11	Da.
43,13	186,4	n.m.	*id.*
44,08	188,2	5,37	Md
45,78	187,9	5,10	Hi.
46,74	186,8	n.m.	*id.*
48,13	186,7	5,00	Da.
53,26	186,7	5,10	*id.*
56,05	187,4	5,09	Wr.
56,78	186,9	5,15	De.
57,39	187,5	5,19	Se.
60,08	187,0	5,20	Da.
65,95	185,8	5,65	Ta.
67,28	186,8	5,06	De.
68,98	184,6	5,52	Ta.
69,13	187,9	5,51	*id.*
70,64	186,0	4,83	Du.
72,16	187,4	5,67	Ws.
72,97	187,6	4,89	Ta.
76,10	186,1	5,28	Ha.

Mouvement rétrograde à peine sensible et sur la nature duquel on ne peut actuellement rien conclure.

Girafe. 511.

4h 7m 51s. 31° 31′.

6,5 — 7,8 blanches.

Date.	Angle.	Distance.	Obs.
1829,52	320°,0	0″,54	Σ.
42,30	321,9	0,40	Md.
45,10	316,2	0,65	Σ₂.
58,02	302,0	0,4	Se.
63,61	294,1	ovale.	De.
66,30	103,5?	0,41	En.
70,25	294,3	0,6	Σ₂.

Système orbital très-serré, en mouvement rétrograde assez rapide. L'observation de En est sans doute renversée de 180°.

Taureau. (78).

4h 8m 28s. 60° 18.

7 blanche — 9.

Date.	Angle.	Distance.	Obs.
1846,12	241,7	2,25	Md.
47,98	243,3	2,74	Σ₂.
52,19	244,8	n.m.	Md.
66,90	247,7	2,72	De.

Mouvement direct. Haute probabilité de système orbital.

40 o² Éridan. H. II, 80. 518.

4h 9m 49s. 97° 49′.

Quintuple.

A = 4° orange ; B = 9°,5 ; C = 10,5 ; D = 12 ; E = 11,4.

AB.

Date.	Angle.	Distance.	Obs.
1783,13	107,5	89±	H.
1824,90	107,9	84,7	So
25,05	107,5	85,3	Σ.
36,04	107,3	83,5	*id.*
37,09	107,6	83,9	Sm.
50,94	106,4	82,2	Σ₂
51,50	105,9	82,1	*id.*
56,38	106,3	82,2	Se
63,10	105,4	82,8	Σ₂.
63,47	105,8	82,2	De
71,13	105,9	81,9	Σ₂.
75,90	105,1	81,6	Gl.
77,12	104,7	81,5	Fl.

BC.

Date.	Angle.	Distance.	Obs.
1783,13	326°,7	4″,08	H.
1825,12	287,7	n.m.	Σ.
50,94	160,2	3,93	Σ₂.
51,06	160,0	3±	Da.
51,50	160,2	3,85	Σ₂.
64,80	147,6	4,45	Wi.
71,70	125,0?	2±	Kn.
73,85	137,0	4,27	Σ₂.
75,90	136,6	4,3	Gl.
77,12	130,0	4±	Fl.

AD.

Date.	Angle.	Distance.	Obs.
1864,84	185,0	75,8	Wi.
1877,12	148,0	37,2	Fl.

AE.

Date.	Angle.	Distance.	Obs.
1864,84	312,5	89,4	Wi.
1877,12	339,2	109,9	Fl.

La belle étoile A, de couleur orange, forme un système physique avec l'étoile B, qui est double elle-même et orbitale. Système ternaire extrêmement important et du plus haut intérêt, car trois étoiles sont emportées dans l'espace par un mouvement propre commun d'une rapidité inouïe dont la valeur annuelle est :

Æ — 2″, 17 ; D.P. + 3″, 45.

(*voy.* mon Catalogue et ma carte.) Résultante = 4″, 10 par an. Le couple BC tourne-t-il autour de A? — Jusqu'à présent, il n'y a qu'un léger rapprochement en ligne droite, qui peut provenir d'un mouvement orbital s'effectuant dans le plan de notre rayon visuel, avec une légère inclinaison vers l'est. B et C, au contraire, tournent rapidement autour de leur centre commun de gravité, en sens rétrograde : 200° en 88 ans, ce qui indique une période probable de 158 ans.

Winnecke a mesuré, en 1864, deux autres compagnons excessivement petits qui n'avaient pas été observés depuis, et que j'ai mesurés les 15 et 16 février 1877. Mon observation prouve qu'ils ne participent pas au grand mouvement propre de o² et sont situés fort au delà dans l'infini. Leur mouvement relatif, depuis 1864, est précisément égal et contraire à celui du système physique.

Ce mouvement prodigieux de o² est presque perpendiculaire à

celui du Soleil, de sorte que la perspective de notre translation séculaire n'entre presque pour rien dans son aspect.

Le grand mouvement propre de ce système ternaire, le mouvement orbital rapide du couple et l'éclat de l'etoile A, nous invitent à penser que ce système n'est pas très-éloigné de nous, et que des mesures minutieuses feraient trouver une parallaxe sensible. Il serait du plus haut intérêt qu'un astronome de l'hémisphère austral s'adonnât à cette recherche.

Taureau. 520.

$4^h 11^m 6^s$. 67° 29′.

8 = 8 : blanches.

Date	Angle	Distance	Obs.
	°	″	
1832,20	104,0?	0,82	Σ.
37,10	98,7	0,96	*id.*
41,52	99,0	0,87	Da.
41,80	97,6	0,45	Md.
41,96	99,4	0,96	$Σ_2$.
54,13	102,9	0,97	Da.
57,11	102,9	0,63	Se.
68,08	106,3	0,90	De.
76,07	107,7	1,2	Gl.

Si l'on part de l'observation de 1837, il y a un mouvement direct certain. La proximité des composantes et leur égalité d'éclat nous offrent une probabilité presque égale à la certitude en faveur de la binarité du couple.

---

55 Taureau. (79).

$4^h 13^m 2^s$. 73° 46′.

6.5 jaune — 8 cendré.

1843,23	23,6	0,3	Md.
46,06	24,3	0,76	$Σ_2$
48,56	25,2	0,32	$Σ_2$.
52,09	27,4	0,35	Md.
59,05	32,15	0,98	Se.
67,25	47,2	0,64	De.
72,22	50,3	0,78	*id.*

Système orbital très-serré, en mouvement direct rapide.

Girafe. 531.

$4^h 14^m 5^s$. 34° 38′.

7,4 blanche — 8,6.

Date.	Angle.	Distance.	Obs.
	°	″	
1830,53	291,9	0,80	Σ.
42,29	294,6	0,91	Md.
58,42	296,8	0,83	Se.
69,05	298,3	1,10	De.
71,26	295,2?	1,07	$Σ_2$.

Système orbital très-serré, en mouvement direct très-lent.

Persée. P, IV, 46. (80).

$4^h 15^m 14^s$. 47° 51′.

6,5 — 7.

1843,29	202,2	0,85	Md.
48,44	188,6	0,52	$Σ_2$.
67,97	184,6	0,5	De.
73,26	183,0	0,65	*id.*

Système orbital très-serré, en mouvement rétrograde.

Taureau (82).

$4^h 15^m 52^s$. 75° 14′.

7 jaune — 8,8

1845,96	231,7	0,90	Md
48,66	230,4	1,04	$Σ_2$.
66,73	195,4	0,94	De.
70,95	191,0	1,04	*id.*

Système orbital très-serré, en mouvement rétrograde très-rapide : 41° en 25 ans. 360° conduiraient à 220 ans. J'ai diminué l'Æ d'une minute, d'après une correction qui m'a été envoyée par Bu. A = W. IV, 286.

Éridan. 536.

$4^h 26^m 13^s$. 94° 58′.

8,1 — 8,7

1831,02	149,5	1,75	Σ.
34,58	155,4	1,81	*id.*
44,91	156,9	2,14	Md
48,10	156,9	1,75	*id.*
74,04	160,0	1,30	Gl.
74,10	160,2	1,40	Ws.

Système orbital serré, en mouvement direct très-lent.

Taureau 230. 535.

$4^h 16^m 47^s$. 78° 55′.

7 — 8 : blanches.

Date.	Angle.	Distance.	Obs.
	°	″	
1829,19	355,0	1,96	Σ.
31,34	353,9	1,95	*id.*
31,86	354,2	n. m.	H_2.
32,58	353,4	1,92	Σ.
33,14	352,5	1,98	*id.*
41,83	345,6	n. m.	Da.
44,12	351,3	1,76	Md.
47,04	344,6	1,93	*id.*
48,13	343,7	1,85	*id.*
54,29	342,7	2,06	*id.*
56,52	345,0	1,54	Se.
56,76	343,2	1,4	De.
60,02	346,0>	1,60	Wr.
63,00	342,4	1,74	De.
69,08	343,6	n. m.	Ta.
72,14	344,8>	n. m.	Ta.
72,18	340,7	2,02	$Σ_2$.
73,14	339,8	1,87	Ws.
73,94	339,7	1,8	Gl.
75,18	341,9	n. m.	Ws.
75,90	341,2	2,0	Gl.
76,09	340,2	1,8	Gl.
76,10	339,2	1,72	He.
77,16	335,6	1,72	Sp.

Système orbital serré, en mouvement rétrograde peu rapide : 20° en 48 ans.

---

80 Taureau. 554.

$4^h 23^m 17^s$. 74° 37′.

6 — 8,5 : jaunes.

1831,18	12,9	1,74	Σ.
32,16	13,9	1,6	Sm.
36,96	9,8	1,5	Da.
37,22	11,0	1,40	Sm.
39,16	13,9	1,60	*id.*
40,10	n. m.	1,66	Da.
43,11	15,2	1,8	Sm.
43,09	12,5	n. m.	Da.
44,17	18,4	1,45	Md.
51,51	5,7	1,51	$Σ_2$.
52,15	24,3	1,29	Md.
53,14	10,2	1,50	Ja.
53,92	22,2	n. m.	Md.
54,15	20,6	1,24	*id.*
55,21	21,3	1,37	*id.*
56,28	6,9	1,44	*id.*
57,95	18,9	n. m.	Md.
58,09	7,7	1,56	*id.*
58,21	21,4	1,31	Md.

Date.	Angle.	Distance.	Obs.
	°	″	
1859,15	21,0	1,49	Md.
59,15	10,6	1,41	Da.
62,22	24,2	1,30	Md.
62,96	7,2	1,23	De.
74,07	14,7	1,29	Ws.

Dans les Hyades, système physique serré, animé d'un mouvement propre commun (Æ + 0″,061; D. P. — 0″,003 : Σ), mais d'une mesure très-difficile, B étant une étoile vaporeuse. A travers ces singulières divergences d'observations, il semble que la distance diminue et que l'angle se soit avancé de 12° vers 24°.

Persée. (85).

4ʰ 28ᵐ 10ˢ. 41°,56′.

7,5 — 10.

1846,70	23,6	1,07	Σ₂.
1868,93	35,7	1,35	De.

Mouvement direct; mais observations insuffisantes pour décider de sa nature. Cette étoile = Radcl. 1264.

α Taureau. Aldébaran.

4ʰ 29ᵐ 2ˢ. 73° 44′.

1,6 *jaune rouge* — 11 bleue.

1781,96	37,0	95	H.
1802,10	35,1	n. m.	*id.*
25,04	36,2	90?	So.
36,06	36,0	109,0	Σ.
36,98	35,9	107,9	Sm.
51,40	35,5	111,6	Σ₂.
63,37	34,9	112,7	De
76,07	35,6	110,9±	Gi.
77,06	35,5	114,5	Fl.

Malgré sa distance angulaire, le compagnon d'Aldébaran est intéressant à observer à cause du mouvement propre de cette célèbre étoile. De 1781 à 1877, sa distance s'est élevée de 95″ à 114″ (H écrit 88″ pour 1781, mais nous ajoutons avec Σ la correction constante). L'angle est de 36°, avec un léger déplacement vers le nord, et le mouvement s'explique par une ligne droite tirée vers 20°, avec une valeur annuelle d'environ 0″,15, qui se décompose en

Æ + 0″,05 et D. P. — 0″,14.

Or, le mouvement propre d'Aldébaran, étudié comme on sait depuis Halley, est (*voy.* mon Catalogue) de

Æ + 0″,078 et D. P. + 0″,162;

résultante = 0″,18.

Si le signe de l'ascension droite était négatif, on pourrait admettre que les deux mouvements sont parallèles et de signe contraire, et que le compagnon est fixe au fond du ciel; mais l'identité de signe ne le permet pas. Il y a donc ici un cas fort curieux à examiner. Si le mouvement propre d'Albébaran agissait seul ici, l'angle aurait dû diminuer assez vite et la position actuelle devrait être 32″,5 et 107″; mais la petite étoile s'éloigne en gardant presque le même angle. La précession peut-elle agir de façon à rendre compte de la différence? Non, car, en la calculant, je trouve que cette correction n'est que de + 17′ 36″ pour ramener l'angle de 1781 à 1836 et de — 13′ 7″ pour ramener celui de 1877 à la même époque. C'est presque insignifiant. Quant à la distance, le mouvement de précession ne peut évidemment pas la modifier.

Quoique Σ et De aient attribué le mouvement relatif de B au mouvement propre de A, il me semble que cette conclusion, au lieu d'être confirmée, est contredite. A moins que la faiblesse du compagnon n'ait causé une certaine erreur dans les mesures, le résultat de cette discussion est que ce compagnon *n'est pas immobile* au fond du ciel, et qu'il ne partage pas non plus le mouvement propre de A, mais est animé lui-même d'un mouvement propre absolu. C'est la première fois, je crois, qu'on découvre un mouvement propre dans une étoile d'un éclat aussi faible.

Aldébaran se trouve sur le chemin ordinaire de la Lune, et est souvent occulté par notre satellite : il arrive parfois qu'il se projette dans l'intérieur du disque lunaire pendant 2 et 3 secondes, phénomène que l'on a attribué à la réfraction d'une atmosphère lunaire, mais qui est plutôt dû à la différence de réfrangibilité entre les rayons rouges de cette étoile et les rayons plus blancs de la Lune.

La nuance rouge d'Aldébaran est connue depuis plus de deux mille ans (*voy.* Ptolémée). Mais il n'est pas aussi rouge qu'on le pense généralement. Par des expériences comparatives, j'ai constaté qu'Antarès, Mars, Mira, α Hercule et Pollux le sont plus que lui, et le sont moins que le gaz d'éclairage.

Taureau. 567.

4ʰ 29ᵐ 32ˢ. 70° 46′.

8 — 9.

Date.	Angle.	Distance.	Obs.
	°	″	
1831,18	302,9	1,43	Σ.
43,14	311,1	1,59	Md.
44,12	303,8	1,35	Md.
66,50	314,6	1,67	De.
76,10	316,7	1,85	Ha.

Système orbital serré en mouvement direct.

2 Girafe. 566.

4ʰ 30ᵐ 27ˢ. 36° 45′.

6 jaune — 8 bleu-pâle.

1829,79	311,4	1,58	Σ.
30,80	308,3	2,0	H₂.
34,95	309,2	1,56	Md.
34,49	307,9	1,9	Sm.
36,28	308,7	1,7	*id.*
46,20	306,4	1,70	Ja.
47,21	307,2	1,5	Sm.
51,85	307,0	1,41	Md.
52,27	302,7	1,50	*id.*
55,25	303,5	1,40	*id.*
55,36	300,5	1,74	Se.
58,92	303,4	1,7	De.
61,25	300,2	1,56	Md.
63,24	299,5	1,68	*id.*
67,58	300,0	1,64	De.
68,75	296,0	1,70	Σ₂.
75,09	294,3	1,54	Ws.

Couple charmant. Système orbital serré en mouvement rétrograde. Mouvement propre commun Æ + 0ˢ,002 et D. P. + 0″,11.

4 Cocher. 572.

4ʰ 31ᵐ 4ˢ. 63° 18′.

6,5 = 6,5 jaunâtres.

1822,27	213,5	3,69:	Σ.
23,97	209,1	3,92:	So.

Date.	Angle.	Distance.	Obs.
	°	″	
1830,56	210,3	3,17	Σ.
32,30	208,8	3,4	H_2.
36,97	210,6	3,6	Da.
43,14	210,1	3,79	Md.
56,75	207,2	3,60	De.
57,01	206,0	3,47	Se.
57,08	206,4	3,43	Wr.
58,23	206,5	3,62	Md.
65,08	206,2	3,88	En.
68,29	204,9	3,35	De.
71,63	204,7	3,29	Du.
73,96	204,7	3,56	Ws.
74,04	204,2	3,4	Gl.
75,01	205,2	3,6	*id.*
75,09	205,6	3,65	Ws.
76,01	205,6	3,4	*id.*

Système orbital en lent mouvement rétrograde.

Cocher. 577.

4h 34m 8s. 52° 43′.

7,5 — 8 : blanches.

Date.	Angle.	Distance.	Obs.
1829,57	278,9	1,58	Σ.
32,60	272,5	1,5	H_2.
35,81	274,2	1,64	Md.
51,04	267,1	1,67	*id.*
52,19	267,4	1,61	*id.*
54,85	265,1	1,90	*id.*
55,21	266,5	1,66	*id.*
57,21	264,6	1,92	*id.*
57,66	268,0	1,63	Se.
57,93	265,2	1,5	De.
61,25	260,2<	1,58	Md.
62,23	267,9>	1,49	*id.*
63,14	264,7	1,59	*id.*
70,75	259,7	1,61	Σ_2.
73,94	260,9	1,35	Gl.
73,96	259,5	1,38	Ws.
75,14	262,3	1,30	*id.*
75,90	259,7	1,4	Gl.

Système orbital serré, en lent mouvement rétrograde. (Les mesures de Σ_2, en 1870, et Ws, en 1875, étaient renversées de 180°).

Taureau. 579.

4h 34m 32s. 67° 30′.

8,5 *jaune-rouge* — 10,7.

Date.	Angle.	Distance.	Obs.
1831,49	30,1	16,48	Σ.
43,23	31,7	17,59	Md.
44,91	31,6	n.m.	*id.*
	°	″	
1851,04	33,9	n.m.	Md.
52,15	33,7	16,57	*id.*
75,13	35,6	16,21	Ws.

L'angle augmente lentement. Probablement groupe de perspective. L'étoile principale est fortement colorée.

Taureau. 589.

4h 38m 27s. 84° 56′.

8,2 — 8,3.

Date.	Angle.	Distance.	Obs.
1831,39	310,9	4,47	Σ.
46,73	311,3	n.m.	Da.
63,04	302,8	4,39	De.
65,05	295,2	4,65	Ma.
66,04	306,6	4,82	Ta.
73,98	303,5	4,4	Gl.
75,90	304,3	4,37	*id.*
76,10	300,1	4,60	Ha.

Système orbital en lent mouvement rétrograde.

Éridan. 596.

4h 40m 15s. 102° 10′.

8 — 10,2.

Date.	Angle.	Distance.	Obs.
1831,10	280,8	11,12	Σ.
44,91	281,4	10,45	Md.
45,12	282,9	11,19	*id.*
48,13	282,5	n.m.	*id.*
65,70	284,3	10,28	De.
73,96	283,5	10,4	Gl.
74,10	287,5	10,33	Ws.

Lent mouvement direct, sur la nature duquel on ne peut encore rien affirmer.

Girafe. P. IV, 207. (89).

4h 49m 29s. 16° 7′.

6,2 — 7,6.

Date.	Angle.	Distance.	Obs.
1843,33	303,7	0,20	Md.
48,28	305,9	0,45	Σ_2.
69,02	104,2	all.	De.
73,35	152,8:	0,48	Σ_2.

Système orbital très-serré, en mouvement *direct* très-rapide. La marche de 1843 à 1869 indiquerait une vitesse de 6° par an, et celle de 1869 à 1873 une de 11° : mais la dernière mesure est douteuse. Ce petit système devrait être assidûment suivi.

Cocher. 613.

4h 50m 12s. 46° 3′.

Triple.

A = 7,7 blanche ; B = 8,7 *id.*; C = 11,7.

AB

Date.	Angle.	Distance.	Obs.
	°	″	
1830,92	106,5	19,83	Σ.
52,26	105,3	18,17	Md.
67,07	105,9	18,15	De
73,96	105,0	18,2	Gl.

BC

Date.	Angle.	Distance.	Obs.
1831,77	18,8	15,83	Σ.
67,68	18,5	15,66	De.
73,96	18,6	15,7	Gl.

La distance diminue dans le couple AB. Observations insuffisantes pour décider. (Md avait inscrit pour l'*angle* BC, en 1852, le chiffre 15°, 5, qui est certainement une erreur.)

Orion. 620.

4h 51m 32s. 76° 14′.

8 — 9 : blanches.

Date.	Angle.	Distance.	Obs.
1828,18	225,9	3,70	Σ.
34,07	226,8	3,48	*id.*
43,57	229,1	3,76	Md.
48,08	230,7	3,99	*id.*
51,18	232,6	3,76	*id.*
52,15	233,0	3,75	*id.*
59,13	230,1	n.m.	*id.*
66,92	233,3	3,71	De.
74,04	230,0	3,8	Gl.
74,09	230,8	3,7	Ws.
75,09	232,0	3,63	*id.*

Haute probabilité de système orbital en mouvement direct très-lent.

Orion. H. I, 68. 622.

4h 51m 52s. 88° 31′.

8,2 — 8,5 : blanches.

Date.	Angle.	Distance.	Obs.
1783,06	185,1	cl. I.	H.
29,88	182,0	n.m.	H_1

Date.	Angle.	Distance.	Obs.
	°	"	
1832,09	179,9	2,64	Σ.
33,92	180,4	2,4	Sm.
40,12	175,9	2,36	Da.
42,07	182,7	2,89	Md.
43,13	179,8	2,93	*id.*
50,97	175,1	2,84	Σ_2.
58,08	175,4	2,41	Se.
58,10	175,0	2,77	Md.
66,90	174,0	2,45	De.
76,07	173,2	2,7	Gl.

P. IV, 258. Beau couple. Système orbital en très-lent mouvement rétrograde. (La mesure de Σ_2, en 1850, était renversée de 180°.)

---

5 Cocher (92).

4h 52m 3s. 50° 47′.

5,7 jaune — 9,8 cendrée.

1842	n.m.	1,5	Σ_2.
43,26	226,6	2,66	Md.
47,08	233,3	2,92	Da.
47,38	228,5	2,77	Σ_2.
49,09	230,1	2,78	*id.*
52,22	231,8	2,61	Md.
67,39	241,3	2,82	De.
72,01	242,9	2,75	*id.*

Grande probabilité de système orbital en mouvement direct très-lent. Il serait intéressant de déterminer directement le mouvement propre de la brillante étoile.

Cocher. 619.

4h 52m 7s. 39° 55′.

7 — 9,1.

1830,23	106,0	5,41	Σ.
45,70	109,7	5,64	Md.
52,26	110,7	5,25	*id.*
59,28	111,5	5,35	*id.*
66,90	115,1	5,05	De.
77,20	118,0	n.m.	Bu.

Nous avons encore ici, sans doute, un système orbital en lent mouvement direct.

Girafe. 615.

4h 53m 9s. 16° 35′.

8 — 10,3 : blanches.

1831,95	337,2	1,26	Σ.
1844,34	337,8	0,8	Md.
66,81	346,0	1,40	De.
73,30	346,9	1,41	Σ_2.
76,04	347,1	1,40	Gl.

Haute probabilité de système orbital serré en mouvement direct.

Orion (93).

4h 54m 5s. 85° 5′.

7,8 — 8,3.

1842	n.m.	0,8	Σ_2
46,12	72,9	0,82	Md.
47,18	65,7	1,37	Σ_2.
66,29	61,9	1,07	De.

Système orbital serré, en lent mouvement rétrograde.

Taureau. P. IV, 288 (95).

4h 58m 24s. 70° 22′.

6,5 — 7,3 : blanches.

1842	n.m.	0,5	Σ_2.
43,23	359,5	0,5	Md.
45,96	344,2	0,55	Σ_2.
52,09	347,6	0,5	Md.
63,54	340,7	0,77	Σ_2.
66,97	338,3	0,5	De.
73,14	334,9	0,75	*id.*

Système orbital très-serré, en mouvement rétrograde assez rapide.

Taureau (97).

4h 59m 17s. 67° 4′.

6 — 7,8.

1842	n.m.	all.	Σ_2.
1843	76,40	0,3	Md.
1844	simple.		*id.*
1846	n.m.	all.	*id.*
1848	all.	0,4	*id.*
1849	*id.*	0,4	*id.*
1852	157	0,5	Σ_2.
1866	all.		De.
1869	simple.		*id.*

Mesures bien douteuses. N'est-ce pas une illusion? ou serait-ce un cas analogue à celui d'Atlas des Pleiades? Il est probable qu'il y a eu là quelque erreur, car Bu m'écrit qu'il n'y a pas d'étoile à cette position, et que la plus proche est W. IV, 1301, qui est à 4h 58m 23s et 67° 6′, 7 ½ grandeur et *simple*.

---

14 *i* Orion. (98).

5h 1m 21s. 81° 40′.

6 — 7 : blanches.

Date.	Angle.	Distance.	Obs.
	°	"	
1842	n.m.	0,8	Σ_2.
43,22	260,4	0,76	Md.
44,05	258,8	n.m.	*id.*
44,53	250,8	1,14	Σ_2.
48,11	n.m.	1,18	Da.
49,22	249,6	0,98	Σ_2.
52,15	245,4	n.m.	Md.
52,22	247,1	0,93	Σ_2.
54,60	242,8	1,15	*id.*
54,82	240,9	1,29	Da.
59,22	237,8	1,24	Σ_2.
65,98	234,0	1,25	De.
67,07	231,5	1,19	*id.*
68,14	228,5	1,05	*id.*
69,19	224,6	0,95	Du.
70,81	223,3	1,21	De.
70,87	224,1	1,09	Σ_2.
73,24	219,3	1,27	De.
75,11	211,5	1,15	Gl.
75,66	215,7	1,10	De.
76,18	211,9	1,22	Du
76,20	211,8	1,2	Gl.
76,42	214,2	1,05	De.
77,18	209,9	0,98	Sp.

Système orbital serré, en mouvement rétrograde rapide. 49° en 33 ans : soit 1°,48 par an. 360° conduiraient à 243 ans seulement. On imprime souvent par erreur ι (iota) Orion. C'est *i* qu'il faut lire.

---

19 Hév. Girafe. P. IV, 269. 634.

5h 3m 47s. 10° 54′.

4,7 jaunâtre — 7,9 bleuâtre.

1814,21	342 ±	ΔÆ — 4s,5	Σ.
19,21	344 ±	ΔÆ — 3s,39	*id.*
25,10	345 ±	ΔÆ — 3s,05	*id.*
25,10	346,4	37,01	So.
27,15	n.m.	37,0	Σ.
32,10	348,2	34,53	*id.*
33,16	348,8	34,1	Sm.
34,15	348,9	34,04	Σ.
36,25	349,1	33,8	Sm.
36,21	349,0	33,95	Σ.

Date.	Angle	Distance.	Obs.
	°	″	
1858,33	353,6	26,24	Do.
63,15	355,4	24,63	*id.*
66,12	356,7	23,63	*id.*
67,61	357,6	23,05	*id.*
68,25	357,7	23,06	Σ_2.
69,65	358,0	22,78	Do.
70,35	358,0	22,51	Σ_2.
73,35	359,4	21,67	*id.*
75,09	0,1	21,30	Ws
75,20	0,1	20,87	Do.
76,30	1,0	20,5	Gl.
77,37	1,4	20,29	Fl.

Le mouvement de B, rapporté à A supposée fixe, est rectiligne et dirigé vers 151°, avec une vitesse de 0″,356, qui se partage en Æ + 0″,162 et D. P. + 0″,318. Le mouvement propre de A, déterminé directement par Argelander, est évalué à Æ − 0″,104 et D.P. − 0″,141; total = 0″,174. Ces deux mouvements sont parallèles et de signe contraire; mais il y a une différence dans la vitesse: celle de B est deux fois plus rapide que celle de A. En augmentant du double le mouvement propre de A, le mouvement relatif de B s'expliquerait parfaitement, et dans cette simple hypothèse, le couple serait optique, comme un grand nombre de ceux de ce Catalogue. La distance minimum arriverait, en 1930, à 9″,25.

Peut-on augmenter le mouvement propre de A? Les déterminations diverses de ce mouvement sont loin de s'accorder. Nous avons, en effet, les comparaisons suivantes :

	Æ	D. P.
Argel.	− 0″,104;	− 0″,141
B.A.C.	− 0ˢ,054;	− 0″,05
Main.	obs. insuf.;	− 0″,05

Cette étoile est :

Lalande 9407,
Piazzi, IV, 269,
Groombridge 919,
B.A.C. 1565,
Radcliffe 1402,
Greenwich (7 years) 371.

Si nous cherchons le mouvement propre à l'aide de deux positions choisies, comme Lalande 1800 et Greenwich *Catalogue* 1860, nous obtenons pour Lalande rapporté à 1860 :

Æ = 4ʰ59ᵐ33ˢ,62;
D. P. = 10°56′33″,04.
Δ Greenw. − 0ˢ,24 − 7″,64.

Il n'y a que 0ˢ,24 de différence en Æ, ce qui ne donnerait que 0ˢ,004 pour le mouvement propre. En D. P. la diff. = 7″,64 et correspond à 0″,127. Comme il y a excès dans Lalande, le mouvement propre est de signe négatif.

Entre B.A.C. 1850 et Greenwich 1860, nous trouvons :

Æ − 0ˢ,098; D.P. − 0″,57.

Entre Piazzi 1800 et Radcliffe 1870 :

Æ − 0ˢ,210; D. P. − 0″,14.

Entre Groombridge 1810 et Greenwich 1870 :

Æ : obs. insuf.; D. P. − 0″,21.

On voit combien les valeurs diffèrent, même en distance polaire. Quant à l'Æ, on ne peut rien décider à cause de la proximité du pôle.

Le mouv. relatif de B indiquerait pour la pos. de A en 1800 :

D. P. = 10° 56′ 44″,5 (équin. 1860.)

On a :

	° ′ ″
Lalande.......	10.56.33,0
Piazzi.........	10.56.32,6
Groombridge..	10.56.32,9

Évidemment, cette différence de 10″ ne peut pas se concilier avec la concordance des observations, et la conclusion est que nous ne pouvons pas attribuer à A le mouvement reconnu sur B. Il résulte donc de cette discussion que B a un mouvement réel, plus rapide que A, de signe contraire et presque parallèle.

Σ^2 penche en faveur de la binarité du couple. Jusqu'à ce jour, le mouvement est absolument rectiligne.

Orion. H_2 693. (100).

5ʰ3ᵐ30ˢ. 81°59′.

7 — 9,8.

Date.	Angle.	Distance.	Obs.
	°	″	
1848,51	247,2	4,32	Σ_2.
67,45	249,8	4,09	Do.
71,18	253,3	4,26	Σ_2.

Mouvement direct. Probabilité de système orbital.

Girafe. 629.

5ʰ4ᵐ4ˢ. 6°42′.

8,2 — 11.

Date.	Angle.	Distance.	Obs.
	°	″	
1832,77	342,1	13,16	Σ.
67,48	355,5	14,05	De.
73,35	357,6	14,53	Σ_2.
74,18	359,0	13,9	Gl.
75,09	359,5	13,80	Ws.
75,40	357,8	14,5	Gl.
76,02	358,0	14,3	*id.*

Mouvement direct. On ne peut encore décider s'il est orbital ou parallactique. A = Redhill 732.

Orion. 651.

5ʰ4ᵐ13ˢ. 97°13′.

8,4 — 9,8.

Date	Angle	Distance	Obs.
1829,67	101,7	10,81	Σ.
30,30	101,0	10,5	H_2.
41,51	84,4	11,14	Md.
58,11	88,5?	12,41	*id.*
65,28	64,7	14,09	Do.
67,54	63,2	14,27	*id.*
68,00	63,2	15,11	Ho.
70,57	61,2	15,13	De.
74,30	65,0	16,0±	Gl.
75,18	59,3	16,26	Ws
75,46	57,5	15,86	De.
77,10	55,5	17,30	Bu.

Mouvement rectiligne rapide. Vitesse annuelle = 0″,26. Direction vers 16°, dont Æ + 0″,06 et DP − 0″25. Groupe de perspective. (Les deux positions de Md sont très-divergentes, et celle de 1858 est tout à fait inexplicable.)

ι Lièvre. H. III, 67. 655.

5ʰ6ᵐ42ˢ. 102°1′.

4,5 blanche — 12 violette.

Date	Angle	Distance	Obs.
1783,06	359,3	12,33	H.
85,08	360,0	n. m.	*id.*
1829,05	338,1	13,1	Σ.
32,25	337,6	12,81	*id.*
35,06	336,3	12,87	*id.*
36,93	336,9	15,0	Sm.
42,93	337,8	12,97	Md.
44,18	337,6	12,22	*id.*
56,08	335,4	13,46	Wr.
57,08	337,7	12,76	*id.*
67,69	336,2	12,58	Do.
76,07	337,2	14±	Gl.

Probabilité d'un lent mouvement rétrograde, soit parallactique, soit orbital. En 1856 ou 1857 (il ne le dit pas) Wr a remarqué dans le voisinage une belle étoile rouge de 5e grandeur, la précédant à 57s et vers 274°. (Ce n'est pas l'étoile *rouge sang* : celle-ci la précède de 12 minutes et se trouve à 3° plus au sud.) Elle a été remarquée par Pi, hora V, nota 11, et par Sm : Cycle CLXXXV; mais elle n'est ni dans Arg. ni dans Heis, ni dans les catalogues d'étoiles rouges. C'est W. v, 78 (7e grandeur), Wi l'a estimée de 6,5 le 22 décembre 1875. Elle est certainement variable.

———

λ Cocher. H. v, 22, Σ App. II, 3.

5h 10m 40s. 50° 0'.

5,2 — 8,7 : jaunes.

Date.	Angle.	Distance.	Obs.
	°	"	
1780,75	n. m.	20 à 30 ::	H.
1825,10	34,6	102,1	So.
35,88	30,2	102,8	Sm.
36,21	29,0	103,5	Σ.
52,14	22,7	109,7	Σ_1.
64,10	18,4	114,5	De.
77,13	14,3	121,0	Fl.

Mouvement rectiligne rapide, dirigé vers 323°. Valeur = 0",82, dont

Æ — 0",50 et D. P. — 0",66

égal et contraire au mouvement propre de λ (*voy.* mon Catalogue). En partant de l'observation de 1877, on trouve qu'en 1780 la position aurait dû être non de 20" à 30", mais de 94" à 55°. C'est une preuve qu'il ne faut pas se laisser arrêter par les distances de H quand elles ne s'accordent pas avec les modernes. Groupe de perspective.

———

Girafe. 676.

5h 13m 4s. 25° 22'.

7,3 — 9.

Date.	Angle.	Distance.	Obs.
1831,63	282,4	0,82	Σ.
42,23	278,9	0,82	Md.
44,33	279,2	0,75	*id.*
46,30	277,0	0,88	Σ_2.
48,25	279,6	0,88	Md.
50,30	272,9	0,90	Σ_2.
1871,80	271,4	1,06	Σ_2.
76,09	273,6	1,1	Gl.

Couple orbital serré, en lent mouvement rétrograde. Cette étoile = Arg. OEltz. 5746.

———

Girafe. 677.

5h 13m 24s. 26° 44'.

7,7 — 8 : très-blanches.

Date.	Angle.	Distance.	Obs.
1831,77	279,4	1,74	Σ.
44,40	278,3	2,03	Md.
48,00	272,4	1,80	Σ_2.
56,50	268,5	1,5	De.
63,10	265,7	1,78	*id.*
71,80	262,4	1,69	Σ_2.

Système orbital serré, en lent mouvement rétrograde. Cette étoile = Arg. OEltz. 5751.

———

Cocher. (104).

5h 14m 12s. 43° 6'.

6,8 — 12.

Date.	Angle.	Distance.	Obs.
1843,27	187,7	n. m.	Md.
47,00	190,7	15,78	Σ_2.
51,27	191,0	16,29	*id.*
52,26	190,5	n. m.	Md.
66,80	191,7	16,65	De.

La distance augmente. Couple d'une mesure difficile. Très-grande probabilité d'un groupe de perspective. A = Lal. 9939.

———

Lièvre. P. v, 70, H_2. 3752.

5h 16m 51s. 114° 54'.

5 — 6,5.

Date.	Angle.	Distance.	Obs.
1837,40	110,3	3±	H_2.
76,07	104,5	3,48	St.

Mouvement rétrograde. Probabilité de système orbital. H_2 a mesuré une troisième étoile de 9e grandeur à 107°,1 et 58",46. Il est regrettable que les étoiles doubles de l'hemisphère austral soient si délaissées.

———

111 Taureau. H. v, 110 [174].

5h 17m 25s. 72° 44'.

6 — 9.

Date.	Angle.	Distance.	Obs.
1783,16	273,8	50,4	H.
1825,06	271,3	61,3	So.
32,95	271,2	63,0	Sm.
39,95	271,1	65,7	Σ.
52,12	271,4	68,6	Σ_1.
62,11	272,9	72,9	Ma.
77,13	271,5	75,2	Fl.

Mouvement rectiligne, dirigé vers 271°, avec une vitesse de 0",26, tout entière en Æ. La distance de H est augmentée de la valeur des diamètres, d'après la correction de Σ. Exactement parallèle et contraire au mouvement propre reconnu à A (*voy.* mon Catalogue). — Groupe de perspective.

———

η Orion. Da. 5.

5h 18m 26s. 92° 30'.

3,6 blanche — 5,5 pourpre ou azur.

Date.	Angle.	Distance.	Obs.
1783	simple.		H.
1830	simple.		Σ.
48,20	86,6	0,93	Da.
51,69	86,3	1,09	*id.*
56,90	84,5	0,87	Ja.
66,95	89,8	0,95	Kn.
72,57	87,0	0,87	Du.
73,00	85,3	1,30	Ws.
73,69	84,7	1,02	De.
74,10	86,5	1,16	Gl.
76,10	84,7	1,06	Ha.
77,19	81,9	0,96	Sp.

H et Σ ont observé cette étoile en 1783 et 1830 sans la trouver double, et on la voit double aujourd'hui dans des instruments d'egale puissance. Elle a été découverte par Da le 15 janvier 1848. Ou bien le compagnon est variable, ou bien il s'écarte lentement de l'étoile principale, par laquelle il était éclipsé pendant les observations de H et de Σ. Le mouvement propre de η est évalué (*voy.* mon Catalogue) à

Æ — 0s,002 et D. P. + 0",03.

Il n'explique pas le déplacement de B vers l'est.

———

Orion. H. I, 53. 712.

5h 20m 14s. 87° 11'.

7 — 9 : blanches.

Date.	Angle.	Distance.	Obs.
1782,77	40,3	2" à 4"	H.
83,05	46,6?	*id.*	*id.*
63,20	276,0	1,00	De.

Date.	Angle.	Distance.	Obs.
	°	″	
1802,06	45,9	2″à4″	H.
25,10	49,8	3,39	So.
31,16	45,4?	3,08	Σ.
43,99	52,7	2,92	Md.
44,12	45,1	2,85	*id.*
48,21	51,8	3,21	*id.*
51,19	55,4	2,83	*id.*
52,19	54,8	2,94	*id.*
59,17	54,3	3,19	*id.*
64,14	54,7	2,89	De.
64,85	55,2	2,90	*id.*
78,06	53,0	3,2	Gl.
74,10	53,6	3,33	Ws.

Système orbital en mouvement direct très-lent.

Girafe. 704.

$5^h 20^m 48^s$. 20° 26′.

7,2 — 9,5.

1831,30	8,5	26,53	Σ.
65,10	10,4	23,77	De.

La distance diminue. Observations insuffisantes pour décider de la nature du mouvement.

Cocher. 715.

$5^h 21^m 45^s$. 48° 49′.

8,2 — 8,9.

1831,47	206,0	0,95	Σ.
44,26	197,4?	0,55	Md.
45,49	202,3	0,86	*id.*
59,20	205,0	0,94	Σ_2.
67,78	200,6	0,91	De.
76,07	202,7	1,1	Gl.

Probabilité de système orbital très-serré, en mouvement rétrograde excessivement lent.

---

118 Taureau. H. II, 75. 716.

$5^h 21^m 53^s$. 64° 57′.

7 blanche — 7,5 bleue.

1783,74	192,8	4,51	H.
1800,00	*minor ad austrum.*		Pi.
17,20	195,0	n.m.	H_2.
21,97	194,0	n.m.	So.
29,63	196,8	4,89	Σ
32,87	196,3	5,15	Da.
33,78	195,5	5,3	Sm.

Date.	Angle.	Distance.	Obs.
	°	″	
1838,91	195,9	5,0	Sm.
43,14	197,5	4,99	Md.
44,17	198,3	5,07	*id.*
45,87	196,8	n.m.	Da.
51,52	197,8	5,19	Md.
51,85	197,2	4,84	Σ_2.
52,16	200,5>	4,95	De.
54,85	197,5	4,78	*id.*
55,22	197,1	5,10	Md.
56,60	197,7	5,10	Se.
57,07	197,6	4,98	Wr
58,10	197,4	5,5	Sm.
58,98	197,8	4,89	Md.
59,15	198,3	4,86	*id.*
61,73	197,8	5,02	*id.*
62,90	196,3	4,74	Ma.
62,92	196,5	5,09	Ba.
66,10	197,6	4,86	Ta.
67,19	199,1	4,78	Kr.
68,98	198,7	4,71	De.
71,32	199,8	4,80	Du.
73,98	201,4	4,8	Gl.
74,10	200,1	5,0	Ws.
75,18	201,8	5,01	*id.*
76,10	198,2	5,11	Ha.
77,16	200,5	5,17	*id.*

Système physique en mouvement direct excessivement lent : 8 ou 9 degrés seulement en un siècle. Le cycle immense de ce beau système s'étend peut-être au delà de quarante siècles! Mouvement propre commun :

Æ + 0″,10; D.P. + 0″,07.

Taureau. (108).

$5^h 22^m 20^s$. 71° 44′.

7 — 10,5.

1849,54	138,7	5,59	Σ_2.
68,01	133,0	5,43	De.

Chacune des deux mesures inscrites est le résultat de trois observations, et le mouvement, quoique faible, paraît certain.

Taureau. H. IV, 110. 719.

$5^h 22^m 27^s$. 60° 33′.

Triple.

A = 7 jaune rouge; B = 9,5 pourpre; C = 9 blanche.

AB.

Date.	Angle.	Distance.	Obs.
	°	″	
1833,47	326,5	0,68	Σ.
1842,13	328,0	0,91	Da.
68,88	329,6	0,99	De.
70,25	331,4	1,20	Σ_2.

AC.

1783,74	344,9	16,08	H.
1790,86	345±	n.m.	*id.*
1825,17	351,9	15,45	So.
33,34	351,5	14,83	Σ.
42,13	351,8	15,20	Da.
67,12	351,0	15,07	De.
70,25	352,7	15,21	Σ_2.

Le couple AB paraît former un système serré où l'angle et la distance augmentent. C paraît aussi en mouvement direct. Mais les observations sont insuffisantes pour décider de la nature des mouvements.

β Lièvre. Bu. 320

$5^h 23^m 6^s$. 110° 51′.

3 — 11.

1874,96	269,0	2,8	Bu.
75,10	267,8	2,89	De.
76,08	280,1	2,79	*id.*
76,11	279,7	3,12	Ha.
76,77	289,0	2,91	De.
77,10	284,8<	3,16	Ha.
77,10	289,4	n.m.	Bu.
77,15	292,3	3,06	De.

Ce système, qui paraît devoir être l'un des plus rapides du ciel, puisque l'angle augmente dans la proportion de 10° par an, a été découvert par Burnham le 17 décembre 1874. Il est curieux par la petitesse du compagnon, qui indiquerait plutôt un couple de perspective. Mais le mouvement paraît orbital, et sans doute aurons-nous là une réduction du système de Sirius (Soleil et Planète?) Sm a observé cette étoile en 1832 sans remarquer ce compagnon; il a mesuré un compagnon de même grandeur, mais beaucoup plus lointain, à 67°,5 et 210″. Le mouvement propre de β paraît être (*voy.* mon Catalogue) de

Æ très-faible; DP + 0″,09.

---

32 Orion. H. I, 25. 728.

5h 24m 22s. 84° 9'.

5—7 blanche.

Date.	Angle.	Distance.	Obs.
	°		
1782,05	217,8	1" à 2"	H.
1802,06	216,6	*id.*	*id.*
22,10	203,5 <	1,30	So.
30,18	214,5	1,92?	H_2.
30,96	203,7	1,04	Σ.
31,13	205,4	1,0	Sm.
33,96	207,7	1,04	Σ.
39,20	206,2	1,0	Sm.
41,22	205,1	1,24	Md.
43,96	203,6	0,98	*id.*
44,94	205,1	0,89	Da.
51,80	202,7	0,76	Md.
52,17	203,3	0,73	*id.*
53,03	202,0	1,71?	Ja
57,21	202,3	n. m.	Md.
57,67	203,7	1,44?	Se.
63,33	192,2	ovale.	De.
73,41	193,6	0,3	Du.
73,97	189,8	0,5	Bu.
74,14	190,0	0,6	Gl.
74,22	189,2	0,60	$Σ_2$.
76,07	188±	n.m.	*id.*
77,19	188,9	0,44	Sp.

Système orbital serré, en lent mouvement rétrograde. Les distances de H_2, Ja et Se sont évidemment trop fortes. La distance continue de diminuer.

Orion. 735.

5h 27m 1s. 96° 35'.

8,2 — 9,0 : blanches.

1831,15	355,2	30,92	Σ.
47,23	354,2	34,01	Md.
51,20	354,2	34,51	*id.*
63,11	354,1	36,85	En.
66,72	353,6	36,56	De.
76,1	352,7	37,90	Ha.
77,13	352,3	38,05	Fl

La distance augmente. Mouvement rectiligne, dirigé vers 347°. Valeur annuelle = 0",157, dont Æ — 0",034 et D.P. — 0",152.

Groupe de perspective.

Si la distance avait été supérieure à 32" en 1831, ce couple n'aurait pas été inséré dans le catalogue de Dorpat, ni mesuré depuis. Cependant il offre un mouvement remarquable; d'où l'on voit qu'il ne serait pas moins intéressant de mesurer les doubles écartées que les doubles serrées.

Il y a un autre couple à côté, à l'ouest et un peu plus au nord, 8,5 — 10 : 250° ± et offrant à peu près le même écartement (plutôt un peu plus grand).

Pos. = 5h 26m et 96° 23'.

Taureau 380. H. I, 70. 742.

5h 29m 14s. 68° 5'.

7,5 — 8 jaunâtres.

Date.	Angle.	Distance.	Obs.
	°	"	
1782,26	233,6	n.m.	H.
1822,25	240,3	n.m.	Σ.
26,10	248,3	2,97	So.
29,91	246,9	3,40	H_1.
30,22	246,2	3,31	Σ.
31,17	247,9	3,15	Da.
37,10	251,1 >	3,32	Σ.
41,22	249,7	3,47	Md
41,62	249,7	3,28	Da.
43,17	249,9	3,29	*id.*
44,91	249,7	3,27	Md.
48,13	251,0	3,34	Da.
51,11	251,8	3,18	Md.
52,17	252,4	3,43	*id.*
54,14	251,4	3,28	Da.
55,21	252,1	3,33	Md.
56,50	252,4	3,21	Se.
57,21	250,9	3,03	Md.
58,45	250,4	3,51	Wr.
59,10	253,8	3,29	Md.
62,22	253,9	3,53	*id.*
63,23	251,7	3,46	Ma
66,09	256,3	3,62	Ta.
67,05	257,2 >	3,73	*id.*
68,77	255,7	3,31	De
68,96	258,1 >	3,93	*id.*
70,25	256,1	3,34	$Σ_2$.
72,14	255,8	3,66	*id.*
73,96	255,8	3,3	Gl.
73,96	255,8	3,34	Ws.
76,06	256,1	n.r.	Dk.
76,10	254,2	3,62	Ha.
77,18	255,7	3,40	Sp.

Système orbital en mouvement direct très-lent; 22° en 95 ans. L'*annus magnus* de ce beau système peut dépasser quinze siècles.

θ¹ Orion. H. III, 1. 748.

5h 29° 23s. 95° 28'.

Sextuple.

A, B, C, D, par ordre d'Æ.
A = 7; B = 8; C = 5; D = 6.
a = 11; *b* = 12.

AB.

Fixes depuis 1780 à

32° ± 2° et 8",6 ± 0",3.

AC.

Fixes depuis 1780 à

132° ± 1° et 12",9 ± 0",2.

AD.

Fixes depuis 1820 à

96° ± 1° et 21",3 ± 0",1.

BC.

Fixes depuis 1820 à

163° ± 1° et 16",7 ± 0",2.

BD.

Fixes depuis 1780 à

300° ± 1° et 19",0 ± 0",3.

CD.

Fixes depuis 1780 à

241° ± 1° et 13",3 ± 0",3.

A *a*.

Date.	Angle.	Distance.	Obs.
	°	"	
1832,53	353,6	3,86	Σ.
36,80	354,5	4,0	Da.
42,17	355,0	n. m.	Md.
44,91	354,1	3,63	*id.*
47,04	350,6	3,83	Da.
53,02	352,0	3,98	Ja.
66,16	352,2	3,47	Ta.
67,04	350,6	3,98	De.
72,19	347,6	4,17	$Σ_2$.

Mouvement rétrograde presque certain.

C *c*.

1836,50	117,2	3,0	H_2.
42,23	127,6 >	2,79	Da.
47,04	124,5	4,11	*id.*
53,02	123,4	3,26	Ja.
67,04	127,6	3,98	De.
72,19	132,0	3,94	$Σ_2$.

Mouvement direct certain. La petite étoile a dû augmenter d'éclat. De m'écrit que, dans slunette de 7 pouces, il l'a toujours vue sans difficulté, tandis que Σ en 1830 ne la voyait pas du tout avec un objectif de 9 pouces.

$\theta^1 - \theta^2$.

5 — 6.

Fixes depuis 1830 à

$314° \pm 1°$ et $134'',8 \pm 0'',5$.

θ^2.

6 — 7.

Fixes depuis 1830 à

$92° \pm 1°$ et $52'',4 \pm 0'',2$.

Le trapèze d'Orion est peut-être le groupe le plus remarquable du ciel ; mais, comme on le voit, il n'y a que les deux petits compagnons de A et de C qui manifestent quelque mouvement. Ce groupe sextuple ne peut pas être fortuit ; il est certainement physique ; mais, quel ne doit pas être son éloignement, pour que nul mouvement ni absolu ni relatif ne se montre dans les quatre principales étoiles qui le composent? Pour éviter tout malentendu, nous avons noté les quatre étoiles principales du trapèze par ordre d'Æ, et nous avons donné aux petits compagnons la lettre minuscule de l'étoile brillante la plus proche. Il peut y avoir équivoque à nommer ces composantes θ^1, θ^2, θ^3, comme Dawes, puisque les deux étoiles principales se nomment déjà θ^1 et θ^2.

Quoique les premières mesures micrométriques aient été faites par H en 1780, nous avons cependant des observations plus anciennes de ce groupe splendide. Elles confirment sa fixité. Un dessin de Huygens, en 1636, montre les trois étoiles A, C, D dans la même situation relative que nous les voyons aujourd'hui. Un dessin de Mairan, en 1750, montre les quatre dans le même état qu'aujourd'hui, et il en est de même d'un dessin de Messier fait en 1771. L'étoile *a* a été découverte en 1826 par Σ, l'étoile *c* en 1830 par H_1. Lassell et d'autres observateurs ont ajouté une 7ᵉ étoile, et même une 8ᵉ, dans l'intérieur du trapèze, mais elles sont excessivement faibles, ne sont même pas absolument sûres, et n'ont pas été mesurées. D'après Bond, il y a plusieurs petites variables dans cette étrange région de la nébuleuse.

Je ne trouve aucun mouvement propre certain à θ^1 ni à θ^2, et je ne sais sur quelles observations Humboldt s'est appuyé pour assurer que « les cinq petites étoiles partagent le mouvement propre de l'étoile principale ».

Taureau. 749.

$5^h 29^m 39^s$. 63° 9'.

7,1 — 7,2 : très-blanches.

Date.	Angle.	Distance.	Obs.
1829,48	203°,4	0'',67	Σ.
43,14	202,0	0,81	Md.
44,94	198,9	0,73	*id.*
56,76	191,8	0,6	De.
57,11	190,4	0,63	Se.
62,98	186,4	0,6	De.
64,20	186,9	0,8	Ro.

Système orbital très-serré, en mouvement rétrograde. D'après Bu, cette étoile est la même que W, v, 842, et j'ai, en conséquence, écrit sa position dans l'espace pour cette étoile au lieu de celle de Σ qui était $5^h 29^m 53^s$ et 63° 7'.

Cocher. (112).

$5^h 31^m 39^s$. 52° 7'.

7,5 — 8.

1842	n. m.	0,5	$Σ_2$.
43,27	89,1	0,51	Md.
48,56	85,2	0,64	$Σ_2$.
52,27	90,6	0,45	Md.
67,43	79,8	all.	De.
73,21	78,4	0,6	*id.*
76,28	n. m.	0,8	Bu.

Système orbital très-serré, en mouvement rétrograde. La dernière observation prouve que la séparation est aujourd'hui facile et que la distance a augmenté.

ζ Orion. H. IV, 21. 774.

$5^h 34^m 42^s$. 92° 0'.

Triple.

A = 2 jaune ; B = 6 pourpre ; C = 10.

AB.

Date.	Angle.	Distance.	Obs.
1782	B invisible.		H.
1821,24	147,8	n. m.	Σ.
22,12	149,8	2,73	H_2.
1822,61	150°,0	2'',62	So.
31,22	151,3>	2,35	Σ.
32,11	149,8	2,62	H_2.
32,56	148,4	3,00	Da.
34,93	150,5>	2,47	Σ.
35,27	148,5	n. m.	Da.
36,22	151,3>	2,55	Σ.
39,19	148,8	2,5	Sm.
41,02	146,6	2,67	Da.
42,99	148,4	2,57	*id.*
43,42	149,8	2,47	Md.
46,16	149,4	2,51	Sm.
47,84	148,7	2,63	Da.
51,11	149,6	2,64	Ft.
51,18	152,1>	2,64	Ja.
51,85	154,6>	2,66	$Σ_2$.
51,96	148,1	2,46	Md
52,06	149,0	2,63	Ml.
53,13	148,7	2,64	Da.
53,18	149,9	2,29	Ja.
53,77	151,6	2,32	*id.*
54,06	148,9	2,32	*id.*
54,15	151,0	3,06	Wr.
54,17	149,2	2,48	Da.
54,56	151,9	2,45	De.
56,81	149,6	2,38	Md.
57,10	150,0	2,45	Se.
59,17	146,5?	2,19	Md.
62,21	151,7	2,60	*id.*
66,16	153,2	2,33	Kr.
66,82	151,9	2,61	De.
68,98	153,4	n. m.	Ta.
72,12	153,8	2,20	Du.
73,93	152,5	2,50	Gl.
74,15	153,1	2,51	Ws
75,21	157,3	2,51	$Σ_2$.
75,24	151,7	2,56	Sp.
76,18	156,9	2,74	Ha
77,19	151,5	2,38	Sp.

Système orbital en mouvement direct excessivement lent. Observation difficile à cause de l'éclat de ζ. Il est singulier qu'Herschel, qui a observé ζ en 1792, n'ait pas vu la petite étoile, car il a vu et mesuré des couples plus difficiles. Était-elle alors plus proche de ζ et éclipsée? Ce n'est pas probable, car la distance ne paraît pas varier. Cette étoile est sombre ; Σ a construit pour elle l'adjectif *olivaceasubrubicunda.* Mais il y en a d'autres plus foncées encore. Tel est, par exemple, le compagnon de l'étoile principale de 7 Girafe, découvert par De en 1864, qu'il désigna ainsi : « Il a une couleur de cendre mouillée ; je n'ai jamais vu d'étoile aussi sombre. » Celle-ci est certainement variable, de 7 au-dessous de 12.

Bu m'écrit de Chicago (juillet 1877) que le compagnon lui paraît être une double excessivement serrée.

AC.

Date	Angle.	Distance.	Obs.
	°	"	
1781,77	7,0	60±	H.
1822,61	7,2	n.m.	So.
39,19	7,8	56,0	Sm.
74,14	0,7:	59,7	Ws.
77,17	9,3	60,3	Fl.

Étoile sans doute optique. Le mouvement propre de ζ est très-faible :

Æ + 0ˢ,002; D.P. + 0",03.

Mon observation montre, dans tous les cas, que le changement n'est pas très-fort.

Orion. 782.

5ʰ36ᵐ27ˢ. 90° 1'.

7,8 — 8,3.

1830,15	309,2	35,96	Σ.
31,20	309,8	36,03	id.
32,14	309,2	36,49	id.
63,13	308,4	39,30	En.
66,66	308,6	38,66	De.

Mouvement rectiligne : la distance augmente. Très-probablement groupe de perspective.

Girafe. 3115.

5ʰ37ᵐ4ˢ. 27° 15'.

6,5 blanche — 7,5 cendrée.

1831,63	35,6	1,68	Σ.
65,99	29,9	1,68	De.
66,97	27,5	1,34	id.
67,73	27,7	1,40	id.
68,69	28,1	1,38	id.
74,18	25,6	1,31	id.

Système orbital serré, en mouvement rétrograde.

A = Lalande 10722.

Taureau. 787.

5ʰ38ᵐ50ˢ. 68° 44'.

8,1 — 8,5 : très-blanches.

Date.	Angle.	Distance.	Obs.
	°	"	
1830,27	81,1	1,37	Σ.
31,25	80,4	1,39	id.
34,91	75,4	1,47	id.
35,25	76,6	1,29	id.
43,14	75,0	1,39	Md.
48,23	75,2	1,52	id.
51,14	74,0	1,55	id.
52,18	75,4	1,33	id.
74,16	60,6	1,3	Gl.

Système orbital serré, en mouvement rétrograde. Je regrettais de n'avoir aucune mesure depuis 1852 et de ne pouvoir la réobserver moi-même, lorsque Gl. voulut bien prendre la dernière à mon intention : elle confirme le mouvement rétrograde.

Orion. (119).

5ʰ41ᵐ25ˢ. 82° 5'.

7,5 — 8,3.

1843,20	126,4	0,55	Md.
48,56	303,9	0,64	Σ₂.
67,56	316,7	0,5	Pe.
73,90	316,3	0,6	id.

La première et la dernière mesure proviennent d'une seule nuit d'observation ; les deux autres de trois. Celle de Md est certainement renversée de 180°. Lent mouvement direct.

Cocher. (122).

5ʰ47ᵐ42ˢ. 53° 5'.

7,3 — 8.

1843,24	117,8	0,22	Md
47,71	109,0	0,36	Σ₂.
52,27	138,9	0,2	Md.
65	simple.		De.

Il paraît exister un mouvement direct dans ce système excessivement serré ; mais la mesure en est très-difficile et les chiffres viennent de données très-discordantes.

Orion. So. 503.

5ʰ49ᵐ7ˢ. 76° 4'.

Triple.

A = 7ᵉ blanche ; B = 9ᵉ bleue ; C = 8ᵉ

AB.

Date.	Angle.	Distance.	Obs.
	°	"	
1825,07	134,1	39,95	So.
73,79	120,3	8,23	De.
74,21	119,7	7,76	id.
75,21	118,8	7,07	id.
77,80	115,3	5,72	Fl.

AC.

1825,07	337,3	201,76	So.
75,21	335,8	230,04	De.
77,80	335,7	231,6	Fl.

Mouvement rectiligne rapide de B et C vers 318° ; vitesse = 0",65, dont Æ — 0",43 et D.P. — 0",49.

Ce groupe ne paraissait pas avoir été observé depuis sa découverte par So en 1825, lorsqu'en 1873 Bu remarqua l'étonnante différence qui s'était produite dans les relations des trois étoiles et pria De de faire une nouvelle mesure micrométrique. Les deux changements de B et C étant à peu près parallèles et de même valeur, nous en concluons que ces deux étoiles sont immobiles au delà de A, et servent de point de repère pour mettre en évidence le mouvement propre de celle-ci, par conséquent égal à celui que nous venons d'inscrire, mais de signe contraire.

Ces trois étoiles sont :

Weisse 1202, 1206 et 1207.

---

0 Cocher. H. v, 89 [213].

5ʰ51ᵐ32ˢ. 52° 48'.

Triple.

A = 3 ; B = 11 ; C = 10.

AB.

1782,68	286,0	35±	H.
1832,64	289,0	30,0	Sm.
52,12	290,9	43,29	Σ₁.
77,79	293,3	45,50	Fl.

AC. H. vi, 34.

1780,74	n.m.	150±	H.
1823,17	352,2	124,46	So.
40,16	350,7	123,42	Σ₂.
52,16	350,3	125,10	id.
77,79	349,5	127,95	Fl.

Mouvement rectiligne parallèle et contraire au mouv. pr. de *O* (*voy.* mon Catal.). — Couple de perspective : A passe devant deux étoiles relativement fixes au fond du ciel.

A est double elle-même.

Σ, 1871, 5°,5 et 2″,15.

Orion. (124).

$5^h\,52^m\,5^s$. 77° 12′.

6 — 7,8.

Date.	Angle.	Distance.	Obs.
	°	″	
1843,21	324,2	0,30	Md.
45,22	308,7	0,53	$Σ_2$.
46,22	311,0	0,36	*id.*
66,15	all. vers 324° :		De.
73,25	242,2	0,66	$Σ_2$.

Système orbital très-serré en mouvement rétrograde. Les chiffres ne sont pas très-précis, car chacun d'eux n'est le résultat que d'une seule série de mesures.

Orion. 826.

$5^h\,52^m\,49^s$. 91°20′.

8,2 — 9,2 : blanches.

Date.	Angle.	Distance.	Obs.
1832,41	115,5	1,84	Σ.
51,20	118,2	2,40	Md.
54,19	116,2	n. m.	*id.*
58,11	121,9	2,36	*id.*
74,10	123,9	2,23	Ws.
75,19	128,6	1,76	*id.*

Système orbital serré, en mouvement direct.

Colombe. H_2 3823.

$5^h\,55^m\,53^s$. 121°3′.

8,5 = 8,5.

Date.	Angle.	Distance.	Obs.
1836,90	130,5	4,84	H_2.
1876,79	119,6	3,73	Sl.

Mouvement rétrograde. Grande probabilité de système orbital.

Gémeaux. 830.

$5^h\,55^m\,53^s$. 62° 21′.

Triple.

A = 8,5 jaune ; B = 9 cendrée ; C = 10,5.

Date.	Angle.	Distance.	Obs.
	°	″	
1830,54	249,6	12,82	Σ.
45,00	250,1	12,37	Md.
1868,03	252,9	12,38	De.
68,48	253,2	12,60	Du.
72,09	254,2	12,13	*id.*
77,18	254,8	12,09	Ws.
77,79	255,0	12,10	Fl.

AC.

C fixe à 188° ± 1° et 25″, 2 ± 0″,2.

Dans le couple AB, l'angle augmente, et la distance paraît diminuer. Le couple AC reste fixe. Nous ne pouvons encore rien conclure.

Orion. 840.

$5^h\,59^m\,49^s$. 79° 13′.

Triple.

A = 6 jaune, B = 8,5, C = 8,7 : *jaunes-rouges.*

AB.

B fixe à 247° ± 1° et 21″.

BC.

Date.	Angle.	Distance.	Obs.
1830,89	183,5	0,91	Σ.
44,16	173,9?	n. m.	Md.
48,21	180,3	0,96	$Σ_2$.
57,12	181,5	0,55	Se.
66,73	172,6	0,97	De.

Tandis que A et B restent fixes, B et C paraissent former un couple orbital très-serré, en mouvement rétrograde.

Cocher. (132).

$6^h\,0^m\,0^s$. 52° 1′.

6,8 blanche — 10.

Date.	Angle.	Distance.	Obs.
1843,27	314,3	1,69	Md.
47,20	314,0	1,58	$Σ_2$.
67,61	318,6	1,64	De.
73,44	321,9	1,66	*id.*

Mouvement direct. Grande probabilité de système orbital.

Chevalet. H_2 2470.

$6^h\,1^m\,41^s$. 138° 27′.

8 = 8.

Date.	Angle.	Distance.	Obs.
	°	″	
1826,00	329,0	3,0	Dl.
35,02	342,5	3,86	H_2.
36,88	343,5	n. m.	*id.*
46,94	348,5	3,22	Ja.
1851,09	353,1	2,49	Ja.
52,73	350,7	2,82	*id.*
54,00	351,5	2,57	*id.*
56,48	354,1	2,30	*id.*
57,54	355,1	2,19	*id.*
58,17	354,7	2,18	*id.*

Système orbital en mouvement direct. Il est regrettable que les observations deviennent si rares dans l'hémisphère austral.

Orion. 853.

$6^h\,2^m\,28^s$. 78° 19′.

7,8 — 8,3.

Date.	Angle.	Distance.	Obs.
1829,19	339,7	24,09	Σ.
33,19	340,8	24,01	*id.*
47,12	343,3	25,90	Md.
54,17	345,0	25,83	*id.*
58,11	346,2	26,01	*id.*
63,84	347,8	27,13	En.
64,51	346,9	26,15	De.
76,07	346?	27±	Gl.
76,10	348,8	27,00	Ha.

Mouvement rectiligne, dirigé vers 35°. Valeur = 0″,11, dont

Æ + 0″,063 et D.P. — 0″,091.

Groupe de perspective.

(Md a inscrit, en 1853, une mesure à 75°,7 et 3″,31 qui n'appartient certainement pas à cette étoile.)

Orion. 859.

$6^h\,3^m\,11^s$. 84° 19′.

8 — 8,5.

Date.	Angle.	Distance.	Obs.
1828,20	249,5	31,18	Σ.
31,20	248,5	31,66	*id.*
63,17	248,4	34,01	En.
66,32	247,5	33,90	De.

La distance augmente. Observations insuffisantes pour décider de la nature du mouvement. Les distances de En sont généralement trop fortes. Comparer avec plusieurs couples précédents.

Cocher. 879.

$6^h\,8^m\,38^s$. 59° 50′.

9,2 — 10,5.

Date.	Angle.	Distance.	Obs.
1827,27	67,7	8,40	Σ.

Date.	Angle.	Distance.	Obs.
1828,76	68°,6	8″,28	*id.*
44,28	66,6	7,59	Md.
48,24	68,8	7,50	*id.*
67,93	71,6	7,46	De.

La distance diminue. La nature du mouvement ne peut encore être conclue. Σ a mesuré, en 1827, une troisième étoile, de 7ᵉ grandeur, à 192°,8 et 97″,6.

Lynx. 878.

6ʰ 10ᵐ 12. — 27° 33′.

7,5 jaune — 11.

Date.	Angle.	Distance.	Obs.
1831,30	311,7	16,19	Σ.
52,29	322,2	17,60	Md.
65,35	321,8	19,16	De.
66,97	322,0	19,42	*id.*
69,74	323,9	19,38	*id.*
74,16	329,2	19,4	Gl.
75,11	324,0	20,39	De.
77,32	324,9	20,36	Fl.

Le mouvement est rectiligne et assez rapide. Le diagramme tracé sur la série des positions nous montre que le mouvement est dirigé presque exactement vers le nord (vers 3°) avec une vitesse annuelle de 0″,126. La différence d'éclat des composantes, leur distance et le mouvement nous font conclure en faveur d'un groupe de perspective.

Lynx. 881.

6ʰ 11ᵐ 24ˢ. — 30° 34′.

6,4 — 7,9 : blanches.

Date.	Angle.	Distance.	Obs.
1830,28	89,0	0,81	Σ.
37,89	90,2	1,0	Sm.
42,25	90,2	0,84	Md.
48,22	91,5	0,77	Da.
48,25	94,7	0,72	Md.
52,26	96,0	0,75	*id.*
54,34	94,5	0,93	*id.*
55,25	95,6	0,75	*id.*
58,07	94,0	0,83	Se.
58,29	96,9	0,9	Md.
62,33	94,0	1,04	$Σ_2$
69,52	95,4	0,88	De.

Système orbital très-serré, en mouvement direct excessivement lent. B varie de couleur et paraît quelquefois pourpre, exemple : Da 1848.

---

33 Licorne. 3116.

6ʰ 15ᵐ 54. — 101° 42′.

6,2 — 10.

Date.	Angle.	Distance.	Obs.
1831,16	19°,2	4″,48	Σ.
64,73	24,0	3,86	De.

La nature du mouvement ne peut être conclue.

A = Lalande 12176.

Gémeaux. (139).

6ʰ 18ᵐ 19ˢ. — 67° 29′.

7 — 9,5.

Date.	Angle.	Distance.	Obs.
1843,23	132,5	0,77	Md.
47,22	309,3	0,85	$Σ_2$.
68,32	312,0	0,7	De.
73,47	317,2	all.	*id.*

Système orbital très-serré, en mouvement direct. L'angle de Md est certainement renversé de 180°, et pourtant il semble qu'avec attention, à cette différence de grandeur, il aurait dû le voir dans son vrai sens. C'est une preuve, entre plusieurs, qu'il ne faudrait pas se fier à ce renversement pour supposer une variabilité à l'étoile.

Gémeaux. (140).

6ʰ 19ᵐ 42ˢ. — 74° 24′.

7 bleue — 9,5.

Date.	Angle.	Distance.	Obs.
1843,22	124,6	2,36	Md.
47,22	123,7	2,79	$Σ_2$.
67,52	119,6	3,04	De.

Mouvement rétrograde. Grande probabilité de système orbital.

Licorne. P. VI, 105. 910.

6ʰ 20ᵐ 35ˢ. — 89° 28′.

6,5 — 8.3.

Date.	Angle.	Distance.	Obs.
1829,53	170,9	0,67	Σ.
33,14	170,0	0,6	Sm
57,12	165,6	0,6	Se.
69,14	165,6	0,7	De.

Système orbital très-serré, en très-lent mouvement rétrograde.

Tout près de ce couple délicat est une étoile de 7 ½ grandeur, jaune topaze (P. VI, 104), à 67″ et 151°, formant avec lui une sorte d'étoile triple.

Cocher 229. 918.

6ʰ 24ᵐ 21ˢ. — 37° 27′.

6,8 jaunâtre — 7,8 bleuâtre.

Date.	Angle.	Distance.	Obs.
1821,03	318°,8	4″,18	Σ.
22,27	319,9	5,09?	*id.*
25,16	319,4	5,22?	So.
29,26	322,4	4,45	Σ.
29,99	324,7	4,45	H_2.
43,26	325,2>	4,70	Md.
44,88	324,6	4,61	*id.*
52,28	323,9	4,42	*id.*
52,39	323,5	4,60	Da.
55,27	323,8	4,20	Md.
56,15	325,6	4,56	De.
59,34	325,5	4,71	Se.
59,93	324,5	4,50	Wr.
65,46	325,3	4,84	En.
68,71	325,7	4,45	De.
71,59	327,1	4,31	Du.
74,11	323,5?	4,5	Gl.
77,17	326,1	4,60	Ws.

Mouvement direct, très-lent. Haute probabilité de système orbital.

Gémeaux. 932.

6ʰ 27ᵐ 31ˢ. — 75° 8′.

8,3 — 8,6 jaunâtres.

Date.	Angle.	Distance.	Obs.
1828,24	342,4	2,52	Σ
30,18	346,1	n. m.	H.
30,22	341,8	2,44	Σ.
32,20	337,8	2±	H_2.
33,14	340,9	2,32	Σ.
37,51	339,6	2,54	Md.
48,19	334,5	2,43	Da.
51,15	336,8	2,56	Md.
52,21	335,9	2,72	*id.*
57,16	334,4	2,04	Se.
57,24	332,7	2,88	Md.
58,23	335,1	n. m.	*id.*
59,15	332,1	2,56	Da.
62,21	334,5	n. m.	Md.
63,41	333,3	2,27	De.
65,27	333,2	2,32	Se.
68,21	334,5	2,36	$Σ_2$.
74,00	331,4	2,24	Gl.
74,13	331,0	2,30	Ws.
76,10	332,8	2,33	Ha.

Système orbital en lent mouvement rétrograde.

Gémeaux. (149).

6h 28m 55s. 62° 37'.

6,5 — 8,5

Date.	Angle.	Distance.	Obs.
	°	"	
1843,22	23,8	0,55	Md.
48,23	350,7	0,53	Σ2
68,33	316,6	all.	De.
72,19	306,9	0,58	id.
73,20	300±	0,7	Bu.

Système orbital très-serré, en mouvement rétrograde assez rapide. Cette étoile = W. vi, 699.

Cocher. H. i, 84. 941.

6h 30m 11s. 48° 19'.

7e rouge — 8e bleue.

Date.	Angle.	Distance.	Obs.
1783,21	76,0	<2	H.
1824,58	85,1?	1,66	So.
29,88	77,5	n.m.	H2.
30,29	77,6	1,95	Σ.
44,28	79,7	1,67	Md.
57,25	80,7	1,93	Se.
65,27	80,9	2,07	id.
68,29	81,2	2,10	Σ2.
68,81	78,7	1,78	De.
76,09	80,2	2,2	Gl.

Système orbital en mouvement direct très-lent. Les couleurs sont belles. Cependant Σ a vu A bleuâtre et B pourpre.

Gémeaux. 943.

6h 30m 16s. 66° 43'.

8 — 8,7 : blanches.

Date.	Angle.	Distance.	Obs.
1829,74	165,9	15,46	Σ.
44,26	152,7	16,40	Md.
51,10	153,9	n.m.	id.
52,24	150,1	17,07	id.
64,67	148,5	18,00	De.
76,09	146,6	19,8	Gl.

Mouvement rectiligne. Mais il n'est pas sûr que ce soit un groupe de perspective, car la différence d'éclat des composantes n'est pas très-grande, leur distance n'est pas au-dessus de celle de certains systèmes orbitaux, et les observations ne sont pas suffisantes pour décider si le mouvement est uniforme.

A = Arg. 23° 1432.

Télescope d'Herschel. 945.

6h 31m 55s. 48° 53'.

7 blanche — 8 bleu cendré.

Date.	Angle.	Distance.	Obs.
	°	"	
1830,77	249,0	1,05	Σ.
35,38	251,2	1,0	Md
44,62	256,0	0,88	id.
51,75	260,8	1,09	id.
55,76	257,4	0,95	id.
56,88	256,7	1,0	De.
57,27	258,9	0,85	Se.
65,38	257,4	0,82	De.
68,29	260,4	1,05	Σ2.
72,87	265,2	0,84	Du.
76,09	261,6	0,8	Gl.

Il paraît exister un mouvement direct lent, mais certain. Sans doute système orbital serré.

---

54 Cocher. (152).

6h 31m 59s. 61° 38'.

6 jaune — 7,8 verte.

Date.	Angle.	Distance.	Obs.
1850,05	40,2	0,86	Σ2.
67,91	38,9	0,84	De.
72,70	33,9	0,85	id.

Système orbital très-serré, en mouvement rétrograde. Le mouvement propre de A est faible :

Æ — 0s,004 ; D.P. + 0",02.

---

15 Licorne. H. vi, 65. 950.

6h 34m 24s. 80° 0.

Triple.

A = 6 jaune ; B = 10 bleue ; C = 13 *id.*

AB.

Date.	Angle.	Distance.	Obs.
1825,19	204,6	2,73	Σ.
31,24	207,0	2,74	id.
32,18	209,7	2,75	id.
35,13	206,2	2,5	Sm.
36,15	208,3	2,81	Σ.
42,19	209,3	3,07	Da.
43,14	212,4	3,13	Md.
51,13	212,6	2,98	Md.
1852,18	212,3	3,21	id.
54,15	213,9	2,82	id
59,18	211,0	2,88	id.
61,22	214,0	2,71	id.
62,21	217,4>	n.m.	id.
66,21	211,6	3,06	Σ2
68,74	211,0	3,02	De.
68,99	203,1<	2,68	Ta.
72,14	205,0<	2,62	id.
73,52	210,8	2,8	Ws.
73,53	210,9	3,0±	Gl.
76,10	212,6	3,05	Ha.

AC.

Date.	Angle.	Distance.	Obs.
1835,13	15,0	15,0	Sm.
66,21	13,6	16,67	Σ2
68,74	13,9	16,21	De.

La distance entre A et B n'a pas varié en un demi-siècle. Système binaire en mouvement direct excessivement lent. C reste sans doute fixe au fond du ciel.

Licorne. 955.

6h 35m 23s. 97° 52.

Triple.

8,7 — 9 — 9 : blanches.

AB.

Date.	Angle.	Distance.	Obs.
1830,65	272,6	0,88	Σ.
32,50	270,6	0,88	id.
57,12	276,3?	1,09	Se.
69,50	267,4	1,0	De.

AC.

C fixe à 188° ± 1° et 11".

AB forment un couple serré qui doit être orbital extrêmement lent. AC fixes. Ternaire?

---

12 Lynx. H. i, 6. 948.

6h 35m 37s. 30° 26.

Triple.

6 blanche — 6,5 rougeâtre — 7,5 bleuâtre.

AB.

Date.	Angle.	Distance.	Obs.
1782,37	181,4	n.m.	H.
1821,32	159,7	n.m.	Σ.
23,28	158,6	2,59	H1.
25,25	154,4<	2,53	So
30,24	157,2>	1,76	H1
31,10	153,7	1,53	Σ.
31,19	153,0	1,67	H1.

Date.	Angle.	Distance.	Obs.
	°	″	
1831,62	153,8	n.m.	Da.
32,96	154,3	1,6	Sm.
33,13	153,3	1,64	Da.
33,25	153,5	n.m.	H_2.
34,20	152,3	1,57	Md.
36,97	149,5	1,75	Da.
39,27	149,5	1,6	Sm.
40,56	152,9>	1,72	Σ_2.
41,20	148,4	1,72	Da.
42,26	148,5	1,47	Md.
43,10	147,0	1,63	Kr.
46,18	146,7	1,60	Md.
47,25	146,0	1,55	*id.*
47,92	146,8	1,60	Σ_2.
48,22	143,4	1,69	Da.
48,35	144,9	1,57	Md.
51,12	142,6	1,65	*id.*
51,59	145,8	1,60	Σ_2.
52,96	143,7	1,5	Sm.
54,21	142,0	1,87	Wr.
55,31	142,2	1,55	Md.
55,65	141,9	1,7	De.
56,31	140,6	1,44	Md.
57,20	142,3	1,68	Se.
57,29	140,7	1,47	Md.
58,25	140,3	1,55	Wr.
58,29	139,7	1,67	Md.
58,32	143,3>	1,66	Σ_2.
62,31	136,3	1,53	Ma.
63,05	138,6	1,72	De.
66,09	140,1>	2,04>	Ta.
66,31	141,5>	1,60	Kr.
69,32	136,4	1,76	Σ_2.
73,24	134,6	1,51	Ws.
74,13	134,1	1,41	Gl.
76,23	130,0	1,4	*id.*

AC.

C fixe à 305° ± 2° et 8″,3 ± 0″,5.

Nous avons ici un système ternaire remarquable. A et B tournent assez rapidement autour de leur centre commun de gravité : mouvement rétrograde de 50° en 94 ans. 360° conduiraient à 676 ans. Il n'est pas étonnant que C paraisse fixe, car d'après la troisième loi de Kepler on aurait $\frac{T^2}{t^2} = \frac{83^3}{16^3} \pm$, de sorte qu'en un siècle le mouvement de C doit rester insensible. Les trois composantes offrent un bel éclat.

Cocher. (154).

6h 35m 51s. 49° 15′.

6,7 jaune d'or — 8,4 pourpre.

Date.	Angle.	Distance.	Obs.
	°	″	
1843,29	137,7	30,69	Md.
46,76	136,7	30,41	Σ_2.
48,76	136,4	30,29	*id.*
61,26	133,5	29,28	*id*
67,91	131,7	28,77	De.
69,28	131,4	28,77	Σ_2.
77,26	129,2	27,78	De.

Mouvement rectiligne. Direction vers 10° ; vitesse = 0″,145, dont

Æ + 0″,140, et D.P. — 0″,027.

Groupe de perspective.

A = Lalande 12831.

Gémeaux (155).

6h 38m 1s. 65° 12′.

6,8 — 10,5.

Date.	Angle.	Distance.	Obs.
1843,30	260,0	13,61	Md.
54,5	262,1	14,91	*id.*
67,8	260,4	15,36	De.
77,79	261,0	16,10	Fl.

La distance augmente. Mouvement rectiligne. Groupe de perspective.

---

56 Cocher. H. v, 107. [244]

6h 38m 5s. 46° 18′.

6 blanche — 8,5 lilas.

Date.	Angle.	Distance.	Obs.
1783,50	17,4	57,4	H.
1820,09	16,8	57,3	Σ.
23,20	17,1	55,4	So.
31,92	17,1	56,8	Sm.
51,95	18,9	52,8	Σ_2
62,31	18,7	51,7	Ma.
74,40	20,7	48,35	Ho.
77,26	22,1	47,81	De.

La distance de H est augmentée suivant le coefficient indiqué par Σ ; et elle ne l'est pas encore assez, car elle devrait être de 62″. La distance diminue. Mouvement rectiligne ; vitesse = 0″,15 ; direction presque tout entière en D.P. Or le mouvement propre de A est, d'après Σ :

Æ — 0″,01, et D.P. — 0″,19.

Donc groupe de perspective ; B relativement fixe au fond du ciel.

Sirius.

6h 39m 43s. 106° 32′.

1 — 9

Date.	Angle.	Distance.	Obs.
	°	″	
1862,08	85 ±	10 ±	AC.
62,19	84,6	10,07	Bo.
62,20	85,0	10,09	Ru.
62,28	83,9	n.m.	Ls.
63,15	88,4:	7,63:	Se.
63,21	81,2	9,54	Ru.
63,21	82,5	10,15	Σ_2.
63,27	82,8	n.m.	Bo.
64,08	78,5	10,50	Mr.
64,15	80,3	9,53	Ls.
64,15	79,6	10,90	Mr.
64,20	79,2	10,40	*id.*
64,21	80,1	9,67	Ls.
64,22	78,6	10,70	Bo.
64,22	76,5	10,92	Σ_2.
64,23	84,9:	10,00	Da.
64,24	79,7	n.m.	Wi.
65,20	77,2	10,60	Σ_2.
65,20	76,8	10,77	Fo.
65,21	77,2	10,60	Σ_2.
65,22	75,0	10,07	Se.
65,24	77,8	10,77	Fo.
65,25	76,8	n.m.	Ti.
65,26	76,0	9,0:	Bo.
65,30	77,0	9,0:	En.
66,07	77,2	10,43	Kn.
66,20	n.m.	10,74	Bh.
66,20	74,1	11,29	Fo.
66,20	73,8	10,97	Ti.
66,21	75,2	10,93	Σ_2.
66,22	75,4	10,57	Ea
66,22	74,0	10,20	Ha.
66,23	74,9	10,57	Nw
66,24	78,6	10,34	Tu.
66,26	75,4	10,57	Ea.
66,29	71,3	10,11	Se.
67,22	72,1	10,98	Σ_2.
67,24	72,3	n.m.	Fo.
67,28	74,5	9,80	Ea.
68,23	70,2	11,25	Vo
68,24	69,5	11,35	Bh.
68,26	71,6	10,95	Fn.
69,10	74,7	10,28	Br.
69,15	73,5	11,23	Vo.
69,20	68,6	11,26	Du.
70,24	65,0	12,06	Vo.
71,16	65,9	10,76	Fr.
71,23	64,0	11,21	Du.
71,25	60,1	12,10	Pe.
72,18	59,8	11,14	Du.
72,25	62,7	11,55	Nw
73,20	65,8	11,12	Ha.

Date.	Angle.	Distance.	Obs.
	°	″	
1873,22	60,9	10,65	Du.
73,91	59,4	12,27	Nw.
73,93	64,9	11,29	Ws.
74,16	59,0	11,46	Nw.
74,19	58,7	10,99	Ho.
74,23	57,9	11,10	Ha.
75,19	57,1	10,81	Du.
75,21	56,6	11,41	Nw.
75,21	55,9	11,89	Ho.
75,28	56,3	11,08	Ha.
76,09	54,9	11,82	Ho.
76,21	55,2	11,19	Ha.
77,16	52,8	11,35	O.
77,25	53,4	10,95	Ha.

L'histoire céleste du compagnon de Sirius offre le plus haut intérêt astronomique. Le mouvement propre de Sirius ne s'effectue pas suivant une ligne droite, mais suivant une ligne sinueuse qui, d'après la dernière table calculée par Newcomb, implique la correction périodique suivante pour l'Æ :

	s
1843,0	+ 0,152
1846,0	+ 0,107
1849,0	+ 0,035
1852,0	— 0,024
1855,4	— 0,076
1858,4	— 0,109
1861,4	— 0,132
1864,4	— 0,147
1867,4	— 0,152
1870,4	— 0,149
1873,4	— 0,137
1876,4	— 0,117
1879,4	— 0,086
1882,4	— 0,046
1885,4	+ 0,007
1888,4	+ 0,072
1890,4	+ 0,120
1892,4	+ 0,153

Bessel, le premier, en 1844, proposa d'expliquer ces irrégularités par l'hypothèse d'un corps perturbateur invisible appartenant au système inconnu de Sirius. En 1851, Peters calcula, dans l'hypothèse de Bessel, l'orbite théorique qui satisferait aux perturbations observées, et trouva :

Passage par l'apside inferieur....... 1791,431
Mouvement moyen annuel........ .... 7°,1865
Période........ .. . 50^{ans},01
Excentricité......... 0,7994

Onze ans plus tard, le 31 janvier 1862, Alvan Clarck trouvait ce compagnon en dirigeant sur Sirius son nouvel objectif de 47 centimètres. Le compagnon était perdu dans les rayons de ce soleil splendide, mais était cependant très-perceptible : c'est un astre de 9e grandeur. Depuis, il est assidûment observé, comme on le voit.

La position du compagnon s'accordait assez bien avec la position théorique. En 1864, Auwers calcula de nouveau l'orbite d'après l'ensemble des observations du mouvement propre et trouva les éléments suivants :

Passage par l'apside inférieur......... 1793,890
Mouvement annuel. 7°,28475
Période............ 49^{ans},418
Excentricité........ 0,6010

La dernière orbite calculée par Auwers, mise sous la forme des orbites d'étoiles doubles, et présentée comme définitive, est la suivante :

T = 1843.275
☊ = 61°,57′,8
λ = 18.54,5
i = 47.8,7
e = 0,6148
a = 2″,331
P = 49^{ans},399

D'après ces éléments, les limites de distance auraient dû être 2″,31 à 302°,5 en 1841,84 et 11″,23 à 71°7 en 1870,13 et l'éphéméride devrait être :

	°	″
1862,0	85,4	10,10
1865,0	79,9	10,78
1868,0	75,0	11,15
1871,0	70,3	11,20
1874,0	65,5	10,95
1876,0	62,1	10,59
1878,0	58,4	10,05
1880,0	54,2	9,33

En comparant à l'éphéméride ces observations, dont les principales sont dues aux habiles observateurs de Washington, on voit que l'angle diminue plus vite qu'on ne l'avait annoncé, tandis que la distance a continué d'augmenter depuis 1870, au lieu d'avoir atteint son maximum cette année-là, comme l'indiquait l'orbite calculée. C'est ce qu'il est facile de constater sur la figure. L'orbite apparente observée croise, dès 1869, l'orbite apparente calculée, et se projette en dehors suivant une tout autre courbe, qui sera plus vaste et moins excentrique. Le compagnon observé appartient certainement à Sirius, et ne forme pas avec la brillante étoile un simple groupe de perspective; car, dans ce cas, son mouvement eût été rectiligne, et Sirius s'en serait éloigné dans le sens du mouvement propre

Æ — 0″,503 (— 0ˢ,035. 15. cos (D))
D.P. + 1″,23; résultante = 1″,33.

Le mouvement angulaire moyen n'est que de 2°,15 et peut être considéré comme ayant été régulier (*), en tenant compte des erreurs d'observation assez sensibles dans ce couple si difficile à mesurer. Si c'était là le mouvement moyen général, la révolution du satellite serait beaucoup plus longue qu'elle ne doit être pour correspondre aux perturbations et s'élèverait à 167 ans environ; mais l'arc parcouru est encore trop exigu pour qu'on puisse rien décider sur ce point, et, comme les irrégularités du mouvement propre exigent que la période soit de 49 ans, nous sommes conduits à conclure, ou bien que le compagnon observé va accélérer son mouvement et se retrouvera à l'ouest en 1892, ou bien qu'il y a un autre corps perturbateur non encore découvert, plus rapproché et plus rapide.

Nous devons réserver toutes conclusions sur l'existence d'un ou plusieurs autres satellites, comme sur toute différence de période entre l'orbite observée et l'orbite calculée; mais le fait incontestable à conclure, c'est que les positions observées ne correspondent pas à celles de l'éphéméride, et que l'orbite qui en résultera diffère de l'orbite calculée.

D'après la parallaxe de Gylden (0″,193), Auwers fait la distance du Compagnon égale à 37 fois le diamètre orbite ♁, la masse de Sirius = 13,76 ☉ et celle du Compagnon = 6,71 ☉.

Le 14 janvier 1865, Lassell a aperçu une petite étoile à 120° et 60″; en 1876, Erck a revu cette étoile à 130° et 75″; mais ce sont là de simples estimations. Nous avons une *mesure* récente de

(*) Cependant on remarque un ralentissement assez frappant de 1866 à 1869, et une accélération de 1869 à 1871.

Washington :

1877,16 ... 114°,9 72",09.

On trouve aussi dans les mesures de Se, à la date du 23 janvier 1865, une mesure à 170° et 44",26. Est-ce la même étoile?

Notre ami regretté Goldschmidt avait vu, mesuré et dessiné d'autres satellites à Sirius ; mais les plus puissantes lunettes ne les ont pas montrés, et il y a eu là sans doute des illusions d'optique analogues à celles qui avaient fait découvrir à M. Otto Struve (et suivre pendant deux ans) le satellite de Procyon, qui n'existe pas. L'étoile la plus proche est, après le compagnon, celle qui vient d'être mesurée à 72".

Gémeaux (156).

6ʰ 40ᵐ 23ˢ. 71° 40'.

6,5 — 7.

Date.	Angle.	Distance.	Obs.
	°	"	
1843,22	359,1	0,37	Md.
44,99	342,5	0,42	Σ_2.
67,35	324,2	contact.	De.
73,25	327,2	0,51	Σ_2.
73,90	319,8	0,77	De.

Système orbital très-serré, en mouvement rétrograde. (La position de Md était renversée de 180°). Cette étoile = Lal. 13021.

Licorne (157).

6ʰ 41ᵐ 33ˢ. 89° 31'.

7 — 7,5 : blanches.

Date.	Angle.	Distance.	Obs.
1847,74	367,6	0,71	Σ_2.
68,14	354,9	0,5	De.
70,22	357,2	0,73	Σ_2.
72,86	350,0	0,5	De.

Système orbital très-serré, en lent mouvement rétrograde. Cette étoile = Lalande 13080.

---

14 Lynx. 963.

6ʰ 42ᵐ 30ˢ. 30° 25'.

6ᵉ orangée — 7ᵉ pourpre.

Date.	Angle.	Distance.	Obs.
1830,18	48,01	n.m.	H_2.
30,88	51,5	0,90	Σ.

Date.	Angle.	Distance.	Obs.
	°	"	
1833,31	50,0	1,0	Sm.
38,41	53,2	0,86	Md.
42,26	53,2	0,97	*id.*
43,34	54,7	0,74	*id.*
44,30	55,6	0,78	*id.*
51,13	56,4	0,71	*id.*
52,22	55,4	0,88	*id.*
53,35	56,0	0,80	*id.*
54,34	55,3	0,95	*id.*
55,30	55,5	0,75	*id.*
57,20	56,6	0,76	Se.
58,81	58,2	0,70	Md.
59,35	58,7	0,79	Σ_2.
63,44	59,5	0,70	De.
73,24	62,3	0,63	Ws.
74,13	63,2	0,5	Gl.
75,10	64,1	0,7	*id.*

Système orbital très-serré, en mouvement direct assez rapide. En 1856 et 1857 Se a vu A rouge et B bleue.

---

59 Cocher. H. IV, 102. 974.

6ʰ 44ᵐ 46ˢ 50° 59'.

6ᵉ jaune — 10ᵉ blanche pâle.

Date.	Angle.	Distance.	Obs.
1782,85	216,9	23,50	H.
1825,02	221,7	21,60	So.
31,11	222,6	22,26	Σ.
33,10	222,9	22,0	Sm.
48,25	221,2	22,23	Md.
67,00	223,5	22,23	De.
77,80	224,1	22,19	Fl.

Étoile assez embarrassante pour la position de H; le catalogue HH, porte 1783 320°,1. Sm donne le chiffre inscrit ci-dessus, et le catalogue de Dun-Echt en porte encore deux autres. L'angle augmente lentement.

---

15 Lynx (159).

6ʰ 46ᵐ 53ˢ. 31° 25'.

5 jaune d'or — 7 azur.

Date.	Angle.	Distance.	Obs.
1844,02	322,3	0,55	Md.
44,04	323,4	0,53	Σ_2.
46,08	327,6	0,25	Md.
46,32	325,7	0,46	Σ_2.
48,72	327,9	0,44	*id.*
50,79	332,0	0,45	*id.*
51,33	333,2	0,38	Md.

Date.	Angle.	Distance.	Obs.
	°	"	
1852,24	340,1	0,23	Md.
52,66	331,2	0,48	Σ_2.
53,36	340,9	0,3	Md.
55,32	340,5	0,45	Σ_2.
59,34	341,6	0,49	*id.*
61,84	344,4	0,57	*id.*
67,87	354,9	contact.	De.
67,98	348,7	0,50	Σ_2.
68,26	Superposition des disques.		De.
69,67	355,0	0,58	Σ_2.
70,61	354,8	contact.	De.
72,66	356,4	0,51	Σ_2.
72,77	358,6	*id.*	De.
74,74	360,9	0,64	*id.*
75,68	357,0	0,56	Σ_2.
76,67	361,2	0,50	De.

Système orbital très-serré, en mouvement direct, et fortement incliné sur notre rayon visuel. En 1868, De a assisté au rare et merveilleux phénomène de la superposition des disques de deux étoiles, la plus brillante jaune d'or, couvrant une partie du disque bleu azur de la seconde, sur environ un quart de diamètre. Il n'y avait pas de trace d'anneau et les images étaient parfaitement nettes. Les deux étoiles se séparent de nouveau actuellement. Système physique, car le mouvement propre est commun :

Æ + 0ˢ,004 et D.P. + 0",18.

Remarque singulière : tandis que De voit la seconde étoile bleue, Σ_2 la voit jaune, comme la plus brillante, car il écrit A 5,1 *flava ;* B 6,2 *aurea.*

---

38 Gémeaux. H. III, 47. 982.

6ʰ 47ᵐ 18ˢ. 76° 41'.

5,5 jaune — 8 pourpre.

Date.	Angle.	Distance.	Obs.
1782,75	179,9	8	H.
1802,26	176,1	n.m.	*id.*
20,20	176,3	n.m.	Σ.
22,16	178,8	5,68	*id.*
22,67	176,4	5,52	So.
27,91	175,0	5,68	Σ.
29,24	174,9	5,74	*id.*
31,23	174,8	5,82	*id.*
31,60	172,8	6,13	Bs.
32,20	174,2	7±	Hs.
32,92	172,4	5,95	Da.
36,10	171,8	6,0	Sm.
36,17	171,9	5,8	Da.

Date.	Angle.	Distance.	Obs.
	°	″	
1839,17	170,7	5,8	Sm.
40,13	171,0	5,82	Kr.
41,27	172,0	6,42	Md.
41,29	169,6	6,07	Da.
43,15	169,3	6,10	*id.*
43,20	171,8	6,0	Sm.
43,30	170,8	6,33	Md
45,23	171,6	6,16	Wr.
46,17	170,4	6,18	*id.*
46,27	169,8	6,22	Fo.
46,40	170,0	n.m.	Bi.
46,70	170,8	6,16	Ja.
48,22	169,6	6,0	Sm.
49,19	170,2	5,6	*id.*
51,10	168,1	6,0	Ja.
51,16	169,4	6,17	Md.
51,45	168,0	6,00	Da.
51,85	168,5	5,65	Σ_2.
51,89	168,9	6,25	Ft.
52,63	168,4	6,03	Md.
54,15	169,0	6,07	De.
54,15	167,7	5,46	Md.
54,46	168,4	6,0	Wr.
55,02	168,1	5,99	De.
55,24	166,1	5,50	Md.
56,11	169,3>	6,14	Se.
56,21	167,6	5,67	Md.
57,21	168,3	6,10	*id.*
59,14	166,9	6,00	*id.*
61,12	165,3	6,07	Po.
63,14	167,8	5,96	Ma.
63,02	166,3	6,13	De.
63,11	167,3	6,36	Ba.
65,19	167,3	6,02	En.
66,12	165,1	5,76	Ta.
66,16	166,6	5,93	Kr.
66,12	165,1	5,75	Ta.
66,20	164,7	5,70	Kn.
67,18	166,1	5,94	Kr.
70,12	165,1	6,06	Du.
70,25	166,1	6,19	Ma.
70,35	164,0	6,81	Ta.
71,22	166,4>	6,16	*id.*
72,14	163,8	6,00	Ma.
72,57	165,5	6,57	Ta.
72,96	165,7	6,25	Ws.
72,98	165,3	6,47	Ta.
73,26	167,5	6,14	Σ_2.
74,10	165,5	6,2	Gl.
75,24	164,3	6,28	Sp.
76,09	164,1	n.r.	Dk.
76,10	163,8	6,37	Ha.

Système orbital en mouvement rétrograde très-lent. Mouvement propre commun :

Æ + 0″,04 et D.P. + 0″,06.

H_2 a imprimé par erreur dans son Catalogue de H, pour 1802. 183°,9 au lieu de 176°,1 (86°,6 *sf*).

Les composantes varient d'éclat, et la deuxième varie aussi de couleur :

5,0 jaune	— 8,0 verdâtre.	Pa	1848.
5.4 jaune	— 7,7 bleuâtre.	Σ	1829.
5,5 jaune	— 7,5 azur.	Du	1872.
5,5 blanche	— 8,1 rose.	De	1863.
6,0 orange	— 8,0 rouge.	Se	1856.
6,0 orange	— 10,5 blanche.	Wr	1845.
6.7 jaune	— 10 bleue.	Wr	1846

Gémeaux. 991.

6ʰ 49ᵐ 40ˢ 64° 53′.

8 blanche — 9 bleue.

Date.	Angle.	Distance.	Obs.
	°	″	
1828,24	173,2	3,72	Σ.
31,23	172,9	3,94	*id.*
32,14	171,0	3,72	*id.*
44,27	170,5	4,13	Md.
48,24	169,8	4,07	*id.*
51,14	169,0	4,23	*id.*
57,91	168,5	4,00	Wr.
58,27	168,1	n.m.	Md.
59,22	165,6	19,00?	*id.*
74,18	167,0	3,7	Gl.

Mouvement rétrograde. Probabilité de système orbital. On ne peut expliquer la distance discordante de Md en 1859.

Lynx. 1001.

6ʰ 53ᵐ 22ˢ. 35° 39′.

Triple.

A = 7 jaune ; B = 9.2, C *id.* bleues.

AB.

Date.	Angle.	Distance.	Obs.
1830,00	58,2?	10,04	H_2.
31,48	64,0	8,90	Σ.
43,22	63,2	8,89	Md.
48,36	65,2	8,16	*id.*
67,30	65,4	8,85	De.
67,31	66,7	9,48	Σ_2.
73,52	65,3	8,92	Du.
77,18	62,3	9,65	Ws.

BC.

Date.	Angle.	Distance.	Obs.
1831,48	354,8	1,65	Σ.
45,29	358,8	2,05	Md.
48,36	353,1	1,85	*id.*
67,30	358,0	1,72	De.
67,31	360,1	1,82	Σ_2.
73,45	359,4	1,66	Du.

Mouvement direct dans le couple BC; mais les mesures sont très-difficiles, et ce sont là des moyennes d'observations très-divergentes.

Lynx. II. 1, 69. 1009.

6ʰ 55ᵐ 7ˢ. 37° 4′.

6,3 — 7 : blanches.

Date.	Angle.	Distance.	Obs.
	°	″	
1782,86	167,0	n.m.	H.
1824,59	156,9?	3,89	So.
29,88	157,1?	3,94	H_2.
30,11	159,9	4,26	*id.*
30,34	159,5	2,94	Σ.
31,15	160,6	3,32	Da.
33,21	158,9	3,2	Sm.
42,26	158,4	3,02	Md.
43,30	159,4	3,0	Sm.
43,43	158,5	3,11	Md.
51,86	156,1	3,42	*id.*
54,97	157,8	3,32	De.
56,96	156,1	3,08	Md.
58,27	157,0	3,41	So.
59,21	156,2	3,13	Wr
60,35	154,9	3,28	Md.
62,31	153,3	3,21	Ma.
63,17	156,2	3,44	Ba.
65,21	156,5	3,59	En.
66,31	156,0	3,27	Kr.
70,70	157,4	3,18	Du.
74,11	157,0	3,0	Gl.

Mouvement rétrograde très-lent; mais on ne peut encore décider de sa nature. A = P. VI, 301.

Navire. H_2 3003.

7ʰ 1ᵐ 14ˢ. 149° 0′.

6 — 7.

Date.	Angle.	Distance.	Obs.
1835,03	73,5	2,8	H_2.
36,08	74,0	n.m.	*id.*
38,11	78,1	2,06	Ja.
47,24	78,4	2,67	*id.*

Système très-probablement orbital en mouvement lent. Il est regrettable que les étoiles doubles soient si négligées aujourd'hui dans l'hémisphère austral.

---

45 Gémeaux (165).

$7^h 1^m 29^s$. $73° 52'$.

5 jaune d'or — 10,7

Date.	Angle.	Distance.	Obs.
1847,22	130°,7	3″,88	Σ₂.
56,74	119,4	3,34	*id*
70,24	89,7	2,90	*id.*

Mouvement rectiligne, dirigé presque exactement vers le nord : vers 2°. Vitesse = 0″,10, presque tout entière en D. P. Parallèle et conforme au mouvement propre reconnu à A (*voy.* mon Catalogue). Donc, groupe de perspective, malgré l'exiguïté de la distance.

Gémeaux. 1037.

$7^h 5^m 21^s$. $62° 34'$.

7,5 — 8,5 : blanches.

Date.	Angle.	Distance.	Obs.
1827,27	337,8	1,14	Σ.
30,42	332,7	1,11	*id.*
31,28	330,2	1,07	*id.*
32,70	329,9	1,12	*id.*
36,26	327,4	1,32	*id.*
41,80	331,1>	1,33	Md.
43,17	326,8	1,18	Da.
43,20	325,2	1,35	Kr.
48,17	324,7	1,32	Da.
52,36	324,3	1,37	Md.
55,51	323,0	1,29	*id.*
55,43	320,8	1,1	De.
55,66	323,0	1,29	Md.
56,67	323,1	1,25	Se.
59,22	324,0	1,37	Md.
60,11	325,0	1,35	Wr.
60,55	322,4	1,45	Md.
63,20	318,1	1,22	De.
65,22	318,8	1,49	En.
67,21	317,7	1,07	Kr.
70,25	312,2	1,32	Ma
71,25	305,1<	1,35	*id.*
71,92	319,5	1,31	Du.
72,16	316,9	1,40	Ws.
73,23	319,5	1,09	Σ₂.
74,13	317,1	1,3	Gl.
75,11	316,6	1,24	Du
75,19	317,6	1,31	Ws,
76,10	311,8	1,26	Ba.

Système orbital serré, en mouvement rétrograde assez marqué, 26° en 49 ans. 360° conduiraient à 830 ans environ.

Gémeaux. 1047.

$7^h 7^m 28^s$. $74° 1'$.

8,5 jaune — 10,3.

Date.	Angle.	Distance.	Obs.
1828,53	19°,4	20″,66	Σ.
44,24	19,3	21,64	Md.
68,43	22,3	21,51	De.

Lent mouvement direct et augmentation de distance. Probablement groupe de perspective.

Gémeaux. 1046.

$7^h 7^m 49^s$. $75° 14'$.

8,6 — 11,7.

Date.	Angle.	Distance.	Obs.
1829,46	231,0	12,07	Σ.
48,22	233,8	11,35	Md.
67,77	234,2	10,92	De.

La distance diminue et l'angle augmente. On ne peut encore rien décider sur la nature du mouvement.

Licorne. 1049.

$7^h 7^m 58^s$. $98° 43'$.

8,3 — 10.

Date.	Angle.	Distance.	Obs.
1830,53	34,9	3,63	Σ.
43,13	41,8	3,65	Md.
45,19	35,3	3,90	*id.*
48,25	40,5	3,53	*id.*
58,11	42,2	3,36	*id.*
67,71	42,8	3,50	De.
74,18	46,0	4,0±	Gl.

Haute probabilité de système orbital en mouvement direct.

Gémeaux. P. VII, 52 (170).

$7^h 11^m 3^s$. $80° 29'$.

7,1 — 7,3 : blanches.

Date.	Angle.	Distance.	Obs.
1843,18	134,9	0,74	Md.
44,79	133,1	0,97	Σ₂.
46,24	134,1	0,99	Md.
49,25	132,0	1,06	Σ₂.
52,24	128,5	1,05	Md.
53,21	127,2	1,11	*id.*
67,13	121,6	1,30	De.
71,99	116,4	1,33	*id.*
72,70	121,4	1,05	Du.
73,24	120,6	1,21	Σ₂

Système orbital serré en lent mouvement rétrograde

Girafe. 1051.

$7^h 12^m 7^s$. $16° 41'$.

Triple.

A = 6,5 blanche ; B = 8,5 ; C = 9.

AB.

Date.	Angle.	Distance.	Obs.
1831,36	268°,5	1″,23	Σ.
33,37	268,1	1,18	*id.*
44,33	271,9	1,22	Md.
48,36	273,3	1,08	*id.*
58,11	278,4	1,22	*id.*

AC.

C fixe à 81°,5 ± 0°,5 et 31″,2 ± 0″,3

Le couple AB paraît former un système orbital serré en mouvement direct.

δ Gémeaux. H. II, 27. 1066.

$7^h 12^m 57^s$. $67° 48'$.

3 — 8 : jaunâtres.

Date.	Angle.	Distance.	Obs.
1781,88	184,1	6,5	H.
87,03	188,0	n. m.	*id*
1802,08	195,4	n. m.	*id.*
04,10	200,1?	n. m.	*id.*
22,13	198,4	7,12	Σ.
22,14	195,4	7,25	So.
29,72	196,9	7,15	Σ.
31,02	196,9	7,13	Da
32,72	196,9	7,14	Σ
33,15	198,5	7,1	Sm
34,93	197,0	7,31	Σ.
38,92	196,8	7,2	Sm
44,42	199,7	7,46	Md
45,89	198,8	n. m.	Da.
46,50	200,6	7,72	Ja.
47,33	199,8	7,5	Sm
51,07	200,7	7,32	Ft.
51,16	200,4	7,30	Md.
52,74	200,9	7,31	*id.*
54,03	203,5>	7,08	*id.*
54,27	203,6>	6,87	De.
55,24	199,5	7,21	Md.
56,07	199,4	7,07	*id.*
56,11	200,0	7,17	Se.
56,30	199,1	6,89	De.
57,21	200,6	7,00	Md.
57,65	201,2	7,17	Ja.
58,21	199,7	7,27	Md.

Date.	Angle.	Distance.	Obs.
	°	″	
1860,90	199,4	7,16	*id.*
61,11	201,9	6,97	Po.
63,16	196,9<	6,96	Ma.
65,13	201,7	7,21	En.
66,09	201,3	6,65	Ta.
67,56	201,9	7,27	De.
71,46	203,0	7,04	Du.
72,91	204,0	7,01	Ws.
74,09	204,0	6,9	Gl.
74,29	203,8	7,01	Σ_2.
75,25	202,9	6,92	Sp.
76,09	202,8	n. r.	Dk.
76,22	202,9	7,12	Ws.

Haute probabilité de système orbital en mouvement direct très-lent. Couple très-difficile à mesurer. Le mouvement propre de δ est presque insignifiant (*voy.* mon Catalogue).

Licorne. 1074.

$7^h 14^m 21^s$. 89° 22′.

7,6 — 8,5 : blanches.

1825,20	110,6	0,4	Σ.
31,34	115,4	0,48	*id.*
44,22	127,8	0,45	Md.
53,18	136,9	0,4	*id.*
59,15	141,4?	0,5	*id.*
62,21	145,7?	n. m.	*id.*
63,15	135,9	ovale.	De.
70,24	140,5	0,6	Σ_2.
74,14	134,2	0,85	Ws.
74,17	134,5	0,8	Gl.

Système orbital très-serré, en mouvement direct assez rapide.

Télescope d'Herschel. 1071.

$7^h 14^m 25^s$. 44° 46′.

8,3 — 10,2.

1829,73	357,3	15,52	Σ.
44,30	1,2	16,13	Md.
48,31	0,7	n. m.	*id.*
52,24	1,6	16,21	*id.*
67,30	5,0	15,87	De.
74,30	7,7	16,18	Σ_2.

Observations insuffisantes pour décider de la nature du mouvement. Probablement groupe de perspective.

Gémeaux. 1081.

$7^h 17^m 1^s$. 68° 18′.

7,5 — 8,5 : blanches.

Date.	Angle.	Distance.	Obs.
	°	″	
1828,93	216,1	1,33	Σ.
36,76	220,1	1,34	Md.
44,26	224,6	1,41	*id.*
51,15	224,6	1,32	*id.*
52,25	220,0	1,50	*id.*
54,27	225,4	1,41	*id.*
55,24	224,5	1,30	*id.*
56,11	222,9	1,58	Se.
56,25	224,8	1,37	Md.
57,26	225,4	1,32	*id.*
58,25	224,2	1,38	*id.*
59,19	224,2	1,24	*id.*
67,83	224,6	1,40	De.

Système orbital serré, en lent mouvement direct.

Girafe. 1091.

$7^h 20^m 50^s$. 39° 47′.

8,3 — 8,9.

1829,28	335,9	28,59	Σ.
43,30	334,8	28,74	Σ_2.
66,68	332,6	28,55	De.
69,31	332,8	28,79	Σ_2.
77.81	332,0	28,96	Fl.

La différence de 4° à cette distance est assez forte pour affirmer le mouvement; mais nous ne pouvons encore décider de sa nature.

Lynx. 1093.

$7^h 21^m 9^s$. 39° 46′.

8,8 — 8,9.

1830,40	94,1	1?	H_2.
31,94	96,4	0,58	Σ.
42,33	95,0	0,62	Md.
63,43	110,0	0,6	De.
69,31	121,8	0,79	Σ_2.
74,66	121,2	0,80	De.

Système orbital très-serré, en mouvement direct : 26° en 44 ans.

Atel. typ. II. N, 108. 1104.

$7^h 23^m 55^s$. 104° 44′.

6.5 blanche — 8.

1795,22	n. m.	2±	H.
1834,88	292,4	2,35	Σ.
64,50	312,3	2,21	De.
74,17	314,0	2,55	Ws.
74,17	314,2	2,5	Gl.

Système orbital en mouvement direct assez marqué : 22° en 39 ans. 360° conduiraient à 650 ans. Mouvement propre commun rapide :

Æ—0″,110; D.P.+0″,257 (Σ).

α Gémeaux. Castor. 1110.

$7^h 26^m 57^s$. 57° 58′.

Triple.

A = 2,5; B = 2,8; C = 9,5 : blanches.

1719	355,9	n. m.	Brd.
1759	326,5	n. m.	*id.*
1778	Le comp. précède à 0^s,5, à 4″,5 au nord.		C. M.
1779	302,8	5,3	H.
1791	295,1	5±	*id.*
1796	283,9	n. m.	*id.*
1802	281,4	n. m.	*id.*
1813	272,9	n. m.	Σ.
1817	270,0	n. m.	H_2.
1819	269,6	5,48	Σ.
1820	267,7	n. m.	*id.*
1822	267,1	5,36	H_2.
1823	265,0	5,4	*id.*
1825	263,3	4,77	So.
1826	262,5	4,40	Σ.
1827	262,3	4,42	*id.*
1828	261,2	4,58	H_2.
1828	261,1	4,36	Σ.
1829	260,9	4,41	*id.*
1829	261,9	n. m.	H_2.
1830	259,5	4,73	Bs.
1830	259,0	4,70	H_2.
1830	258,8	4,7	Sm.
1831	258,3	4,57	Da.
1831	259,6	4,40	Σ.
1831	259,2	4,78	H_2.
1832	257,7	4,52	Σ.
1832	257,9	5,1	Sm.
1832	258,4	4,71	Da.
1832	257,9	4,81	Ar.
1833	256,8	4,89	H_2.
1833	258,1	4,78	Da.
1834	257,2	4,85	*id.*
1834	256,3	4,7	Sm.
1835	255,9	4,68	Md.
1835	255,5	4,73	Σ.
1836	255,2	4,8	Sm.

Date.	Angle.	Distance.	Obs.
1836	255°,7	4″,83	Da.
1837	255,1	4,7	Sm.
1838	254,9	4,87	Da.
1838	254,4	4,81	Σ.
1838	254,9	4,8	Sm.
1839	253,7	5,20	Ga.
1840	254,0	4,71	Kr.
1840	254,1	4,94	Da.
1840	254,9	5,08	Σ_2.
1841	255,0	4,86	Kr
1841	252,8	4,89	Md.
1841	253,6	4,93	Σ
1842	253,8	4,69	Kr.
1842	252,4	4,91	Da.
1842	252,2	4,79	Md.
1842	253,8	4,99	Σ_2.
1843	251,7	4,87	Da.
1843	252,3	4,9	Sm.
1844	250,6	4,82	Md.
1844	250,1	5,03	Σ_2.
1845	250,4	4,7	Sm.
1845	249,5	5,08	Σ_2.
1846	230,3	5,1	Ja.
1847	248,9	4,90	Md.
1847	249,8	5,06	Σ_2.
1847	249,9	5,01	Da.
1848	249,2	5,14	*id.*
1848	248,0	4,75	Md.
1849	249,0	5,03	Da.
1849	248,1	4,9	Sm.
1849	248,9	5,19	Σ_2.
1850	248,2	5,01	*id.*
1851	247,1	5,24	*id.*
1851	248,7	5,1	Ft.
1851	245,0	5,03	Σ.
1851	248,1	5,07	Da.
1851	247,6	5,04	Md.
1852	246,4	5,07	Da.
1852	246,0	4,82	Md.
1852	248,0	5,1	Ft.
1852	246,2	5,27	Σ_2.
1853	247,3	5,08	Ja.
1853	245,9	5,15	Da?
1853	246,3	4,93	Md.
1853	245,3	5,45	Σ_2.
1854	245,5	5,4	De.
1854	246,2	5,10	Da.
1854	246,1	5,33	Σ_2.
1854	245,7	4,95	Md.
1855	243,6	4,85	*id.*
1855	245,1	5,37	Se.
1856	245,5	5,17	Ja.
1856	245,4	5,14	De.
1856	243,8	4,87	Md.
1857	244,7	5,41	Σ_2.
1857	245,7	5,3	Ft.
1857	245,2	5,32	Ja
1857	244,2	5,38	Da

Date.	Angle.	Distance.	Obs.
1857	242°,9	4″,89	Md.
1858	244,4	5,21	Wr.
1858	244,1	4,96	Md.
1858	242,9	5,45	Σ_2.
1859	243,9	5,16	Wr.
1859	242,7	5,08	Md.
1859	243,6	5,38	Wr.
1859	243,2	5,15	Po.
1860	243,7	5,50	Σ_2.
1860	242,2	5,10	Md.
1860	242,8	5,39	Da.
1861	241,7	5,29	Po.
1861	241,9	5,42	Σ_2.
1862	241,9	5,10	Md.
1863	241,7	5,44	Fe.
1863	242,7	5,54	Ta.
1863	242,1	5,45	Da.
1864	242,5	5,46	Σ_2.
1864	242,8	5,53	En.
1864	242,1	5,49	Da.
1865	241,5	5,76	*id.*
1865	241,4	5,68	De.
1866	241,9	5,40	Ta.
1866	241,2	5,19	Kr.
1866	241,1	5,38	De.
1866	241,0	5,44	Σ_2.
1867	240,9	5,30	Ta.
1868	238,9	5,55	Σ_2.
1869	238,1	5,55	*id.*
1869	239,0	5,71	Br.
1869	239,2	5,28	Du.
1870	238,8	5,39	*id.*
1870	240,7	5,66	Ma
1870	239,3	5,49	De.
1870	240,5	5,65	Ta.
1871	238,2	5,68	Σ_2.
1871	239,8	5,48	Ma.
1871	238,7	5,54	Fe.
1871	240,9>	5,17	Ta.
1872	237,8	5,41	De.
1872	240,8>	5,51	Ta.
1872	237,9	5,9	Ws.
1872	236,4	5,63	Σ_2.
1873	238,4	5,45	Du.
1873	237,9	5,87	Fr.
1873	237,8	5,25	Bu.
1873	237,2	5,67	De.
1874	238,0	5,49	Σ_2.
1874	237,0	5,6	Ws
1874	236,6	5,73	Gl.
1875	237,5	5,85	Ma.
1875	237,0	5,50	Du.
1875	236,0	5,54	De.
1875	235,2	5,58	Sp.
1876	236,4	5,50	Gl.
1876	236,0	5,55	De.
1876	235,0	6,29	Ws.

Date.	Angle.	Distance.	Obs.
1877	235°,1	5″,52	Fl.
1877	234,6	5,53	Sp.

AC.

1823	161,6	70,2	So.
1829	162,4	72,8	Σ.
1830	162,0	72,9	Sm.
1836	162,5	72,5	H_2.
1837	162,8	73,1	Sm.
1838	162,2	72,4	*id.*
1841	162,8	72,5	Σ.
1843	162,6	73,0	Sm.
1845	162,7	72,4	Σ
1848	162,7	72,6	*id.*
1850	162,5	72,4	*id.*
1851	162,9	72,5	*id.*
1852	163,1	72,1	Ft.
1858	161,3	73,0	Se.
1862	163,5	72,8	De.
1877	163,3	73,2	Fl.

Castor est l'une des plus anciennes étoiles doubles connues, et l'une des plus célèbres. Bradley et Pound l'ont observée dès 1719. L'angle de position était alors de 356° ; il est aujourd'hui de 235; le mouvement a donc été de 121° en 158 ans. 360° conduiraient à 474 ans. Le mouvement se ralentit actuellement, de sorte que la période doit être plus longue.

Bradley et Maskelyne l'ont observée en 1759, C. Mayer en 1778, William Herschel de 1779 à 1802, et son mouvement fut le premier qui conduisit W. Herschel a conclure à l'existence des systèmes binaires. Sir John Herschel essaya le premier le calcul d'une orbite, et sa tentative a été renouvelée maintes fois depuis un demi-siècle ; mais les résultats sont loin d'être d'accord, comme il est facile d'en juger par la seule inspection des périodes trouvées :

J. Herschel 1840... 253 ans
Smyth 1842....... 240 »
Mädler 1843... ... 232 »
Hind 1845........ 632 »
Jacob 1858........ 653 »
Thiele 1859........ 997 »

Les éléments les plus certains sont ceux de Thiele; les voici :

$$T = 1750,326$$
$$\pi = 294,01$$
$$\Omega = 31,97$$
$$i = 42,09$$
$$e = 0,34382$$
$$\mu = 0°,36114$$
$$a = 7'',537$$
$$P = 996^{ans},85$$

La comparaison des distances faite par Dunèr montre que *a* est un peu trop fort et doit être réduit à 7″,119.

Ce beau couple est animé d'un mouvement propre commun dans l'espace évalué à (*voy.* mon Catalogue) :

Æ — 0s,013 ; D.P. + 0″,08,

auquel participe une troisième étoile éloignée à 73″, car, depuis la mesure très-précise faite en 1829 par Σ jusqu'à celle que j'ai faite en 1877, le mouvement propre de Castor aurait allongé la distance de plus de 10″. — Nous avons donc là un *système ternaire*. L'étoile C paraît avoir été découverte en 1776 par C. Mayer ; mais la position ne correspond pas. — H. ne l'a pas observée.

Girafe. 1107.

7h 29m 25s. 13° 55′.

8 — 10

Date.	Angle.	Distance.	Obs.
	°	″	
1832,64	200,5	1,27	Σ.
65,61	210,8	1,34	De.

Haute probabilité de système orbital en mouvement direct. Cette étoile = Arg. Œltz. 8052.

α Petit Chien. Procyon.

7h 33m 2s. 84° 34′.

Mesure de ses voisines.

AE.

E = 11.

1836,70	262	57	Mu
56,02	>270	50±	Ba.
58,11	285	48,0	Da.
63,22	294,9	45,8	Ro.
64,17	296,0	44,6	Ls.
76,03	312,0	42,0	Ho.
77,17	313,8	41,0	Fl.

AF.

F = 8.

1855,91	83,8	326,6	Po.
60,81	83,1	332,2	*id.*
74,19	81,2	342,3	De.
77,17	80,5	346,5	Fl.

G est double : 193° et 0″,6.

AG.

G = 8,5.

Date.	Angle.	Distance.	Obs.
	°	″	
1855,94	282,1	384,3	Po.
60,83	282,9	380,4	*id.*
74,20	285,3	373,2	De.
77,17	286,4	371,3	Fl

AH.

H = 7.

1692	116	588	Fld.
1777	106	610	C.M.
1860	99,7	643	Po.
1874	98,5	650	De.
1877	96,8	652	Fl.

H est double (c'est la suivante).

Procyon présente, comme Sirius, un mouvement propre irrégulier dont il est naturel d'attribuer les variations à des perturbations causées par un ou plusieurs corps inconnus formant son système. Ce que Peters avait fait en 1851 pour Sirius, Auwers l'a fait en 1861 pour Procyon ; les irrégularités s'expliquent si l'on admet que cette étoile se meut circulairement dans un plan perpendiculaire au rayon visuel, autour d'un centre de gravité situé à 1″,2. Cette orbite théorique offre les éléments suivants :

Époque du min. en Æ	1795,568
Mouvement annuel....	9°,0634
Période.........	39ans,972
Rayon de l'orbite.....	1″,0525

Il adoptait pour la parallaxe de Procyon 0″,123, et remarquait que le compagnon doit avoir une masse au moins égale à 100 fois celle de Jupiter.

En 1873, M. Otto Struve a annoncé qu'il venait de faire la découverte de ce compagnon, et que, par une série de mesures attentives, il se trouvait à la position suivante : 90°,2 et 12″,49. En 1874, une nouvelle série d'observations lui donna : 99°,6 et 11,67, d'où il conclut que c'était bien définitivement là le compagnon perturbateur. Mais les astronomes américains, en voulant vérifier cette découverte à l'aide de la puissante lunette de Washington, en 1873, 1874, 1875 et 1876, ont constaté que le compagnon de M. Otto Struve *n'existe pas*.

Ils en ont trouvé trois autres, aux positions suivantes :

B	à	10°	et	6″
C	à	36	et	8,8
D	à	50	et	10.

Ce sont de petits astres de 10e grandeur perdus dans les rayons de Procyon (C est un peu plus brillant).

L'ancien compagnon de Procyon, que nous appelons E, déjà vu et mesuré à Munich en 1836, a été redécouvert en 1856 par Barclay, après avoir lu un article du *Times* dans lequel Hind appelait l'attention des observ. sur le voisinage de Procyon, en vue du problème de ses irrégularités. En traçant la ligne de ses positions observées, je trouve que le mouvement est rectiligne, d'une valeur de 1″,21, dirigé vers 41°, dont

Æ + 0″,77 et D.P. — 0″,91.

Ce mouvement est presque parallèle et de signe contraire au mouvement propre de Procyon :

Æ — 0s,047 ; D.P. + 1″,06 ;
total = 1″,27 ;

la différence peut provenir du manque d'observations suffisantes et des irrégularités de Procyon lui-même. Donc ce compagnon n'appartient pas à Procyon. — *Voy.* sur mon Catalogue et sur ma Carte le sûr et rapide mouvement propre de cette brillante étoile.

Ce n'est pas tout. Le P. Secchi a mesuré en 1856 une étoile de 7e grandeur à 83°,6 et 33″,16, dont je ne connais aucune autre observation, et l'amiral Smyth a mesuré, en 1833, une étoile de 8e grandeur à 85° et 145″ " the nearest distinct star in the field ", qui était invisible en 1848, a été revue en 1850, et n'a pas été revue depuis.

Deux compagnons plus lointains (F et G) ont été mesurés par Powell à Madras ; leur mouvement est également à peu près parallèle au mouvement propre de A. — G a été vue double par Bird en 1864.

Enfin, Flamsteed a mesuré en 1692, une étoile de 7e grandeur, que je retrouve mesurée par C. Mayer en 1777, et par Powell en 1860 ; son mouvement relatif est parallèle et contraire au mouvement propre de Procyon. Cette étoile se trouve être la double suivante.

Le 3 mars 1877, étudiant ce voisinage pour les *desiderata* des deux étoiles de Se et Sm, la première impression télescopique a été que beaucoup d'étoiles existent dans cette région, mais que tout est éteint dans le voisinage immédiat. Je suis néanmoins parvenu, en quelques heures d'attention, à distinguer et mesurer les compagnons F et G, puis E (H est facile), puis une étoile de 12e vers 283° et 200″. Mais je n'ai pu distinguer ni l'étoile de Se, ni celle de Sm, ni celles de Washington. (Équatorial de 9 pouces du jardin : observation faite en compagnie de mes amis Paul et Prosper Henry.)

Il résulte de cette discussion que des divers compagnons de Procyon suivis jusqu'à ce jour, aucun n'appartient à son système. Les observations futures nous montreront si l'un ou plusieurs des trois nouveaux découverts à Washington sont dans ce cas et répondent à la théorie des perturbations.

Petit Chien. H. I, 23. 1126.

7h 33m 45s. 84° 30′.

7 — 7,3.

Date.	Angle.	Distance.	Obs.
	°	″	
1781,91	117,3	n.m.	H.
1823,13	127,8	n.m.	So.
26,18	130,7	1,40	H₂.
29,43	132,0	1,46	Σ.
30,04	123,0	1,41	H₂.
30,09	132,3	1,47	Σ.
32,10	133,4	1,35	Da.
33,22	132,9	1,4	Sm.
40,18	134,1	n.m.	Da.
41,26	136,9	1,73	Md.
42,21	136,4	1,25	id.
44,13	137,7>	1,88	id.
50,26	133,9	1,23	Σ.
51,19	138,2	1,50	Md.
52,23	140,8	1,64	id.
53,22	138,3	1,47	Ja.
54,19	138,8	1,53	Md.
55,24	141,1	1,46	id.
56,24	136,9<	1,31	Wr.
56,64	137,4	1,28	Se.
58,21	137,9	1,37	Ja.
59,19	139,8	1,28	Md.
59,91	140,0	1,27	Wr.
61,03	138,4	1,5	Po.
63,17	139,2	1,10	Ma.
66,09	144,1	0,99	Ta.
67,09	144,5	n.m.	id.
67,09	140,0	1,29	De.
67,21	138,4	1,15	Kr.
1872,24	144,2	1,24	Σ₂.
74,17	140,2	1,45	Ws.
74,17	143,6	1,41	Gl.
75,31	139,8	1,21	Sp.
76,22	139,9	1,59	Ws.

Système orbital en lent mouvement direct. C'est l'étoile H du groupe précédent, elle a été dédoublée par Herschel en 1781. Son mouvement propre me paraît nul, car depuis 1692 la variation de position est parallèle et contraire au déplacement de Procyon. Cependant on en a donné plusieurs évaluations (*voy.* mon Catalogue). Elles sont fort diverses d'ailleurs. Cette étoile est P. VII, 170.

Vers 1° au sud-est il y a une belle étoile orange de 7e½, qui n'est pas dans les catalogues d'étoiles rouges et orangées.

Télescope d'Herschel (177).

7h 34m 1s. 52° 16′.

7,2 blanche — 8 olive.

Date.	Angle.	Distance.	Obs.
1843,27	143,4	0,65	Md.
45,60	149,9	0,58	Σ₂.
46,32	147,9	0,44	id.
47,49	147,0	0,46	id.
52,22	143,6	0,55	Md.
68,65	127,5	0,5	De.
70,67	131,3	0,5	id.
73,79	138,9	0,64	Σ₂.
75,25	117,4	0,47	De.

Système orbital très-serré, en mouvement rétrograde. Mesures difficiles et divergentes. Cette étoile = W. VII, 936.

Licorne. H. IV, 96. 1132.

7h 36m 13s. 93° 14′.

8,1 — 8,7.

Date.	Angle.	Distance.	Obs.
1783,03	246,0	18,32	H.
1825,03	238,1	19,88	So.
25,08	238,5	19,32	Σ.
33,72	237,4	19,19	id.
36,19	237,2	19,41	id.
47,23	236,4	19,10	Md.
67,46	236,5	19,52	De.
74,18	235,7	20,6	Ws.
74,18	235,9	20,88	Gl.

Mouvement rectiligne.—Groupe de perspective.

Petit Chien. H. II, 39. 1134.

7h 37m 13s. 86° 13′.

8 jaune — 11.

Date.	Angle.	Distance.	Obs.
	°	″	
1782,09	144,8	cl. II.	H.
1832,16	146,8	10,10	Σ.
32,20	149,8	12±	H₂.
44,19	149,4	9,98	Md.
45,21	148,3	9,94	id.
47,22	145,5	10,17	id.
48,22	144,8	n.m.	id.
69,37	147,1	10,02	De.

La nature du mouvement ne peut être conclue.

κ Gémeaux. H_2 427. (179).

7h 37m 15s. 65° 19′.

4e orangée — 9e azur. var.

Date.	Angle.	Distance.	Obs.
1826,20	230±	5±	H₂.
28,27	229,6	6,19	Σ.
32,17	225,2	6,25	Da.
38,98	231,9	6,0	Sm.
41,20	232,7	6,18	Da.
43,24	229,0	5,66	Md.
44,27	231,8	6,26	Σ₂.
46,24	231,1	7,24	Md.
49,03	232,4	6,26	Σ₂.
51,21	232,3	5,8	Sm.
56,59	234,4	6,26	Σ₂.
66,59	233,1	6,22	Ta.
66,73	233,1	6,36	De.
68,70	237,0	6,24	Br.
68,75	236,1	6,26	Σ₂.
74,06	235,7	6,39	Du.
76,11	232?	n.m.	Gl.

Paraît en lent mouvement direct. B est variable ; elle était de 10e grandeur en 1826 et 1838, et de 8.5 en 1868. H_2 avait supposé qu'elle pouvait briller d'une lumière réfléchie. Mouvement propre de κ :

Æ — 0s,005 et D.P. + 0″,05.

β Gémeaux. Pollux.

7h 37m 59s. 61° 41′.

Mesure de ses voisines.

A = 2e jaune ; B = 11e ; C = 12,5 ; D = 10e.

AB. H. VI, 42.

Date.	Angle.	Distance.	Obs.
1781,90	65,5	116,7	H.
1825,10	66,4	132,3	So.

Date.	Angle.	Distance.	Obs.
	°	″	
1832,31	66,9	130,0	Sm.
77,08	72,1	175,0	Fl.

AC.

1781	C non vue par	H.
1825	C non vue par	So.
1832	vue par Da et Sm, mais non mesurée.	
1877,08	90,4 205,5	Fl.

AD. H. VI, 42.

1781,90	74,1	160,7	H.
1825,10	72,7	198,0	So.
32,31	73,6	202,7	Sm.
36,26	73,6	203,8	Σ.
50,71	74,4	213,5	Σ_2.
65,31	74,9	222,2	De.
77,08	75,2	228,9	Fl.

Si l'on excepte la position indiquée pour D en 1781 (qui est trop à l'est de 4°), le mouvement est rectiligne, parallèle et contraire au mouvement propre reconnu à Pollux. Les deux trajectoires des étoiles D et B s'accordent pour donner à Pollux un mouvement annuel de

Æ — 0″,655 et D.P. + 0″,055,

qui correspond aux déterminations directes les plus sûres. (*Voy.* mon Catalogue.)

L'étoile C, qui n'avait pas encore été mesurée, et que j'ai mesurée le 30 janvier 1877 en même temps que les deux autres, complète l'aspect de ce groupe télescopique, qui forme un triangle de trois délicates étoiles à l'est de Pollux. Cette étoile doit être variable, car elle n'a été vue ni par H ni par So en 1781 et 1825, tandis qu'en 1832 Sm la voyait aussi brillante que B. Actuellement, elle est moins brillante, mais cependant encore assez pour que la mesure ait pu être faite en plein clair de lune (mais en champ obscur).

Ce groupe de perspective a été inséré ici malgré la distance, à cause de son intérêt tout spécial pour le grand mouvement propre de Pollux.

Gémeaux. 1142.

$7^h 41^m 39^s$. 76° 17′.

7,6 jaunâtre — 10.

1827,29	277,1	24,22	Σ.
29,47	275,8	24,36	*id.*
1832,30	272,0	40??	H_2.
47,22	267,6	22,93	Md.
52,27	277,3?	23,21	*id.*
55,24	265,0	22,57	*id.*
63,41	262,0	22,83	De.
74,17	259,1	22,4±	Gl.
74,17	258,1	22,8	Ws.

Mouvement rectiligne. Groupe de perspective.

Girafe. 1136.

$7^h 41^m 40^s$. 24° 47′.

7,3 *jaune*. — 11.

1830,65	248,5	11,61	Σ.
44,32	244,7	10,31	Md
46,80	246,9	10,68	Σ_1.
58,10	242,7	9,44	Md.
67,49	243,1	9,67	De.
69,32	244,9	9,51	Σ_2.

La distance diminue. Mouvement rectiligne. Groupe de perspective.

Petit Chien. (182).

$7^h 46^m 24^s$. 86° 18′.

7 — 7,5.

1853,43	47,0	1,09	Σ_2.
67,00	39,8	1,23	De.

Mouvement rétrograde. La première mesure est le résultat de six observations et la seconde celui de trois. Sans doute système orbital.

Licorne. 1157.

$7^h 48^m 31^s$. 92° 28′.

8 = 8 : blanches.

1831,20	267,3	1,59	Σ.
56,47	256,4	1,30	Se.
57,91	254,4	1,20	De.
63,11	256,8	1,29	*id.*
65,27	254,5	1,41	Se.
72,16	257,1	1,0	Ws.
74,13	257,2	0,88	Gl.

Système orbital serré, en lent mouvement rétrograde, si l'on admet comme certaine la position de Σ.

Petit Chien. (185).

$7^h 51^m 4^s$. 88° 32′.

6,8 — 7.

Date.	Angle.	Distance.	Obs.
	°	″	
1844,26	15,3	all.	Σ_2.
44,30	23,6	0,33	*id.*
50,28	23,4	0,46	*id.*
61,25	all. en 198° :		*id.*
69,24	all. en 240° :		*id.*
70,24	simple.		*id.*
73,24	*id.*		*id.*

Nous avons ici un cas analogue à Atlas des Pléiades. L'accord des mesures de 1844 et 1850 ne permet guère de douter de la duplicité. Sans doute les deux composantes se sont-elles tout à fait rapprochées et s'occultent-elles actuellement. Mais nul autre que Σ_2 n'a observé cette étoile.

---

5 Cancer. 1171.

$7^h 53^m 51^s$. 66° 5′.

6,1 jaune — 10,7.

1828,95	338,6	2,80	Σ.
44,26	332,1	2,98	Md.
64,85	330,1	2,49	De.

Haute probabilité de système orbital en mouvement rétrograde.

Gémeaux (186).

$7^h 56^m 0^s$. 63° 23′.

7 — 7,5 : blanches.

1842	n.m.	0,6	Σ_2.
43,22	65,7	0,52	Md.
47,88	74,1	0,79	Σ_2.
51,33	81,0?	0,55	Md.
67,93	72,4	0,81	De.
71,07	78,7	0,65	Du.

Système orbital très-serré, en mouvement direct excessivement lent.

Petit Chien. 1175.

$7^h 56^m 6^s$. 85° 30′.

7,7 blanche — 8,8 bleuâtre.

1825,20	199,8	2,63	Σ.
29,24	202,3	2,20	*id.*
31,24	205,4	2,37	*id.*

Date.	Angle.	Distance.	Obs.
	°	"	
1831,80	206,7	1,5	H_2.
35,25	207,7	2,31	Σ.
44,21	208,7	n. m.	Md.
49,14	212,9	2,16	*id.*
51,19	214,8	2,39	*id.*
52,17	216,0	2,68	*id.*
53,24	214,5	n. m.	*id.*
55,26	214,4	2,32	*id.*
66,83	217,8	2,07	De.

Système orbital serré, en mouvement direct.

Gémeaux (187).

7h 56m 33s. 56° 37′.

7,3 = 7,3 : blanches.

Date.	Angle.	Distance.	Obs.
1843,26	307,2	0,35	Md.
44,02	306,9	0,47	$Σ_2$.
47,98	300,3	0,25	Md.
48,82	299,2	0,35	$Σ_2$.
51,33	300,0	0,2	Md.
55,28	250,4?	0,85	Se.
58,28	293,7	0,43	$Σ_2$.
68,32	286,3	all.	De.
71,31	285,6	0,52	$Σ_2$.
72,06	283,6	0,45	De.
74,86	281,6	0,45	*id.*
75,27	280,1	0,38	Sp.

Système orbital très-serré, en mouvement rétrograde. Observations difficiles et discordantes. La mesure de Se se rapporte peut-être à la double précédente (186) ± 180°.

Cancer 1179.

7h 58m 6s. 77° 35′.

8,5 = 8,5.

Date.	Angle.	Distance.	Obs.
1829,24	205,5	17,86	Σ.
30,22	204,8	17,96	*id.*
32,20	204,3	18,0	H_2
63,13	205,0	20,71	En
64,30	204,6	19,13	De.

Mouvement en distance. Rectiligne. On ne peut encore décider s'il n'y a pas là un système physique se mouvant dans le plan du rayon visuel : les deux composantes sont du même éclat. Toutefois grande probabilité d'un groupe de perspective.

Lynx 85. 1187.

8h 1m 55s. 57° 25′.

7 — 7,5 : blanches.

Date.	Angle.	Distance.	Obs.
	°	"	
1827,62	73,1	1,62	Σ.
29,50	71,1	1,61	*id.*
30,18	70,9	1,45	H_2
32,32	67,8	1,61	Σ.
37,69	68,7	1,62	Md.
42,32	66,8	1,64	*id.*
43,55	66,6	1,63	*id.*
51,17	61,9	1,81	*id.*
52,27	62,6	2,23>	*id.*
55,32	69,7	1,74	*id.*
56,30	59,0	1,60	De.
58,21	61,6	1,75	Se.
58,29	74,7?	1,81	Md.
59,14	59,1	1,20	*id.*
59,14	56,7	1,82	Wr.
60,28	55,5	1,83	*id.*
63,15	56,3	1,84	De.
65,49	58,5	2,03	En.
66,19	56,3	1,84	De.
71,25	53,7	1,75	Du.
72,28	53,9	2,05	Ws.
73,31	52,4	1,98	$Σ_2$.
74,13	52,8	1,92	Gl.
75,30	50,9	2,22	Sp.

Système orbital serré, en mouvement rétrograde rapide, 20° en 47 ans, 360° conduiraient à 847 ans.

ζ Cancer. II. III, 19. 1196.

8h 5m 20s. 73° 59′.

Triple.

A = 5,5 ; B = 6,2 ; C = 6,6 : jaunes.

AB.

Date.	Angle.	Distance.	Obs.
1781,91	3,5	n. m.	H.
1825,27	57,9	1,0	So.
26,22	57,6	1,14	Σ.
28,80	38,4	1,04	*id.*
30,45	35,6	1,01	H_2.
31,28	29,8	1,05	Σ.
31,30	30,8	1,09	Da.
32,25	27,5	1,5	H_2
32,28	27,5	1,15	Σ.
32,12	27,0	n. m.	Da.
32,40	28,3	1,3	Sm.
33,21	26,2	1,19	Da.
33,27	22,1	1,15	Σ.
35,31	20,2	1,14	*id.*
36,27	15,4	1,20	*id.*
36,68	16,1	n. m.	Da.
39,32	5,2	1,26	Sm.

Date.	Angle.	Distance.	Obs.
	°	"	
1840,15	6,1	1,25	Kr.
40,20	4,4	1,19	Da.
40,29	7,5	1,0	$Σ_2$.
41,16	0,9	1,18	Da.
41,31	1,0	1,05	Md.
42,26	358,9	1,07	*id.*
42,29	356,3	1,18	Da.
42,29	359,3	1,29	$Σ_2$.
43,11	355,1	1,2	Sm.
43,12	n. m.	1,27	Kr.
43,18	355,0	1,12	Da.
43,19	356,9	1,06	Md.
43,30	354,3	1,17	$Σ_2$.
44,28	350,3	1,16	*id.*
44,39	354,4	1,02	Md.
45,31	347,9	0,97	*id.*
45,83	349,4	1,02	Ja.
46,00	346,5	1,20	*id.*
46,29	344,8	0,97	$Σ_2$.
47,28	345,5	1,0	Sm.
47,33	342,2	0,96	$Σ_2$.
48,18	338,3	1,05	Da.
48,30	337,7	0,91	$Σ_2$.
49,29	334,2	1,11	Da.
49,32	336,1	0,80	$Σ_2$.
50,29	332,9	0,94	*id.*
51,18	333,5	1,1	Ft.
51,25	327,9	1,01	Da.
51,28	327,2	1,02	$Σ_2$.
52,16	329,0	1,00	Ft.
52,23	324,4	1,06	Da.
52,25	325,8	1,06	Md.
52,32	321,7	0,89	$Σ_2$.
53,17	322,7	0,9	Sm.
53,26	323,5	1,06	Md.
53,30	321,1	1,1	Ft.
53,30	319,8	0,97	$Σ_2$.
54,20	315,3	0,98	Da.
54,29	318,5	1,10	Md.
55,10	309,4	1,0	De.
55,19	312,3	1,07	Se.
55,26	310,6	1,06	Md.
55,31	310,3	0,91	$Σ_2$.
56,20	306,3	1,21	Ja.
56,24	309,4	1,12	Wr.
56,25	307,2	0,77	Se.
56,28	307,5	1,00	Md.
56,32	302,5	1,0	Da.
57,27	298,4	0,98	$Σ_2$.
57,29	303,9	0,78	Se.
57,29	304,5	0,96	Md.
57,88	299,7	1,14	Ja.
58,18	297,6	1,09	Md.
58,24	294,2	0,9	De.
58,28	295,5	0,98	$Σ_2$.
59,26	294,9	0,98	Md.
59,30	286,5	0,91	$Σ_2$.
60,27	281,3	0,84	*id.*

Date.	Angle.	Distance.	Obs.
	°	″	
1861,25	282,2	0,96	Md.
61,27	275,3	0,87	Σ_2.
62,31	268,0	0,74	*id.*
62,31	274,4	0,97	Md.
63,13	263,1	0,74	De.
63,25	267,3	0,95	Ba.
64,04	255,4	0,5	De.
64,30	253,4	0,72	Σ_2.
65,21	245,8	0,5	De.
65,23	245,3	0,64	Se.
65,30	243,4	0,6	Da.
66,25	237,7	0,52	De.
66,27	237,8	0,70	*id.*
66,28	234,6	0,40	Se.
66,38	231,5	0,72	Ta.
67,22	224,4	0,4	De.
68,20	210,9	0,4	*id.*
68,28	214,7	0,72	Σ_2.
69,32	198,4	0,50	*id.*
69,37	203,7	0,46	Du.
70,25	185,5	all.	De.
70,28	186,3	0,61	Σ_2.
70,30	188,3	0,41	Du
70,56	181,0	0,2	Gl.
71,19	175,3	all.	De.
71,20	177,7	all.	Br.
71,26	175,1	0,2	Gl.
71,29	178,2	0,53	Du.
71,31	171,3	0,57	Σ_2.
72,05	166,8	0,5	Gl.
72,16	175,0	all.	Br.
72,23	162,8	all.	De.
72,24	165,2	0,5	Ws.
72,31	163,0	0,59	Σ_2.
72,32	166,9	0,6	Kn.
72,33	163,3	0,66	Du.
72,35	157,6	0,4	Ma.
73,14	159,5	0,71	Br.
73,19	150,2	0,5	De.
73,22	150,9	0,55	Ws.
73,28	152,0	0,61	Σ_2.
73,63	149,3	0,6	Gl.
73,96	143,3	0,6	Bu.
74,13	160,2?	0,5	Gl.
74,18	141,3	0,58	Ws.
74,18	140,4	0,6	De
74,28	144,5	0,64	Σ_2
74,29	142,8	0,59	Bu.
75,14	130,1	0,74	De
75,26	130,4	0,69	Sp.
75,29	133,4	0,77	Ws.
75,33	129,5	0,57	Du.
76,14	119,4	0,77	De.
76,21	122,1	n.r.	Dk.
76,22	119,3	0,6	Gl
77,03	108,7	0,68	De.
77,18	108,2	0,82	Sp.

$\frac{AB}{2}$ et C.

Date.	Angle.	Distance.	Obs.
	°	″	
1820,29	161,2	n.m.	So.
21,07	160,1	n.m.	*id.*
22,14	158,2	n.m.	H_2
24,49	159,4	n.m.	*id.*
25,27	163,2	n.m.	So
26,26	159,0	5,40	Σ
28,99	156,3	5,54	*id.*
30,21	159,2	n.m.	H_2
31,28	153,2	5,67	Σ.
32,20	154,5	12??	H_2.
32,28	153,4	5,84	Σ.
33,27	152,2	5,82	*id.*
35,31	150,1	5,67	*id.*
36,27	148,9	5,63	*id.*
39,32	148,2	5,1	Sm.
40,29	150,5	5,31	Σ_2.
42,29	150,7	5,48	*id.*
43,11	147,2	5,0	Sm.
43,30	152,0	5,31	Σ_2.
44,28	151,3	5,42	*id.*
45,31	151,7	5,30	*id.*
46,29	147,8	n.m.	Ja.
46,29	150,6	5,39	Σ_2.
47,28	147,4	5,0	Sm.
47,33	149,6	5,42	Σ_2.
48,30	148,0	5,56	*id.*
49,32	147,0	5,56	*id.*
50,29	146,9	5,54	*id.*
51,28	144,0	5,73	*id.*
52,32	142,7	5,56	*id.*
53,30	140,4	5,56	*id.*
54,29	142,0	5,05	Md.
55,18	140,7	5,39	De.
55,26	140,3	5,10	Md.
55,31	140,3	5,54	Σ_2.
56,28	139,8	5,12	Md.
56,42	140,3	5,35	De.
57,27	139,6	5,51	Σ_2.
57,29	139,2	5,19	Md.
58,15	139,6	5,15	De.
58,18	140,6	4,75	Md.
58,28	140,5	5,50	Σ_2.
59,26	139,1	4,96	Md.
59,30	142,2	5,43	*id.*
60,27	142,0	5,42	*id.*
61,25	141,5	5,06	Md.
61,27	142,3	5,44	*id.*
61,30	141,8	5,41	Ma.
62,31	141,0	5,30	Σ_2.
62,31	139,2	5,35	Md.
63,05	140,6	5,48	De.
64,30	140,5	5,30	Σ_2
64,31	141,3	5,49	En.
65,17	139,7	5,47	De.
66,27	139,0	5,60	Σ_2.
66,27	138,1	5,56	*id.*
1867,26	137,8	5,58	De.
68,22	136,7	5,54	*id.*
68,28	136,1	5,69	Σ_2.
69,32	136,8	5,61	*id.*
70,21	134,2	5,61	De.
70,28	134,7	5,69	Σ_2.
71,19	132,7	5,54	Br.
71,31	134,4	5,61	Σ_2.
71,53	134,1	5,60	De
72,16	133,3	5,46	Br.
72,23	133,2	5,46	De.
72,31	133,5	5,64	Σ_2.
73,23	132,8	5,40	De.
73,28	135,0	5,40	Σ_2.
73,70	132,0	5,64	Ws.
74,09	132,7	5,57	De.
74,13	132,8	5,4	Gl.
74,28	133,9	5,43	Σ_2.
75,17	131,4	5,39	Gl.
75,17	131,4	5,40	De.
75,25	130,4	5,38	Sp.
75,27	131,6	5,63	Ws.
76,08	130,8	n.r.	Dk.
76,22	127,7	5,2	Gl
77,18	130,6	5,27	Sp
77,29	131,7	5,29	De.
77,32	131,2	n.r.	Dk.

AC.

Date.	Angle.	Distance.	Obs.
1756	205,4	3,3	T.M
1778	180,0	7,7	C.M
1781	181,7	8,0	H.
1800	159,0?	6,47	Pl
1802,11	171,8	n.m.	H.
25,27	157,6	n.m.	So.
26,32	154,4	5,30	Σ.
30,24	155,5	5,35	H_2.
31,28	148,6	5,40	Σ.
31,30	150,3	5,59	Da.
32,18	148,9	5,59	*id.*
32,23	149,4	5,4	Sm.
32,28	148,6	5,52	Σ.
32,87	147,1	5,44	Da.
33,27	147,6	5,47	Σ.
34,36	147,1	4,8	Sm.
35,27	145,1	5,35	Σ.
35,28	148,3	5,2	Sm.
36,27	144,1	5,23	Σ.
37,11	146,9	5,4	Sm.
41,07	145,6	4,97	Da.
41,31	147,9	5,01	Md.
42,20	146,3	4,68	*id.*
42,35	144,8	4,72	Kr.
43,19	146,9	4,76	Md.
43,22	146,7	4,95	Da.
43,33	146,0	4,81	Kr.
44,39	148,5	5,11	Md.
45,83	148,0	4,85	Ja.

Date.	Angle.	Distance.	Obs.
	°	"	
1846,00	147,5	4,85	Ja.
47,30	145,9	4,98	Md.
48,14	146,3	4,88	Da.
51,20	143,7	5,19	Md.
52,25	141,8	4,99	*id.*
52,49	143,7	4,8	Ft.
53,17	144,1	4,8	Sm.
53,22	143,2	5,23	Wr.
53,26	141,0	4,77	Md.
54,27	141,9	n. m.	Po.
55,19	141,2	4,93	Se.
56,20	141,2	4,95	Ja.
56,25	141,7	4,85	Se.
57,29	142,8	4,99	*id.*
57,88	141,9	4,94	Ja.
63,18	141,6	5,62	Ba.
65,23	142,9	5,47	Se.
66,28	140,7	5,62	*id.*
66,28	137,9	5,41	Kr.
67,08	141,0	5,53	Ta.
72,17	138,9	5,43	*id.*

Système ternaire très-remarquable : c'est le premier du ciel qui ait été déterminé. L'étoile B est repassée en 1840 au point où elle avait été mesurée en 1784. Elle se meut d'un mouvement très-rapide et la période est de 60 ans. J'en ai calculé l'orbite suivante en 1873 :

$$
\begin{aligned}
T &= 1869,9\\
\pi &= 192°8\\
e &= 0,365\\
i &= 23°,5\\
\Omega &= 107°,5\\
a &= 0'',90^{\text{S}},\\
P &= 60^{\text{ans}},45
\end{aligned}
$$

L'étoile C a été signalée pour la première fois en 1756 par Tobie Mayer, qui l'a mesurée 4 fois en Æ et 7 fois en ⓓ. Depuis cette époque elle a parcouru 68°. Le mouvement de cette troisième étoile est excessivement curieux. Loin d'être uniforme, il se compose de sortes d'épicycles successives. Si l'on trace le mouvement rapporté à A supposée fixe, on voit C s'arrêter en 1835, descendre, rétrograder jusqu'en 1845, reprendre un mouvement direct en s'élevant un peu, jusqu'en 1850, le continuer en descendant de nouveau jusqu'en 1856, rétrograder ensuite au-dessous de la ligne précédente jusqu'en 1861, où elle repasse au même point qu'en 1836, puis reprendre, en décrivant une courbe remontante, un mouvement direct jusqu'à notre époque, un maximum d'élévation de la courbe se montrant en 1870. Si l'on trace ce même mouvement rapporté à $\frac{AB}{2}$ supposé fixe, on voit la courbe s'arrêter en 1836, descendre et rétrograder jusqu'en 1845 aussi, reprendre un mouvement direct jusqu'en 1855, faire ici une très-légère rétrogradation jusqu'en 1861, où elle est alors éloignée à 7° de la position de 1836, puis reprendre son cours direct jusqu'à notre époque, en s'abaissant aussi depuis 1870. Il y a deux épicycles, comme dans le dessin précédent, mais ils sont plus petits et très-écartés l'un de l'autre, tandis que dans le premier cas ils se touchent. J'ai voulu aussi voir ce qui arriverait en rapportant le mouvement direct de C à B supposée fixe à son tour; dans ce cas, il y a encore un abaissement de la courbe et une sorte d'arrêt, de 1840 à 1845, et un autre de 1857 à 1865, mais ils sont bien moins prononcés. J'en ai conclu que les étoiles A et B n'ont pas la même masse, et que la moins brillante a une masse prépondérante : le centre de gravité de AB est plus près de B que de A, et le mouvement de C s'accomplit autour de ce centre de gravité.

Cette singulière figure de l'orbite de C, je l'ai trouvée en 1873, longuement analysée, et communiquée au mois de mars 1874 à plusieurs astronomes (notamment MM. Faye, Paul et Prosper Henry, Gonzalès, directeur de l'Observatoire de Bogota, alors à Paris), et j'avais écrit à M. Otto Struve pour lui demander communication de ses dernières mesures. M. Otto Struve ne m'a pas envoyé ces mesures, mais il a envoyé à la fin de l'année 1874 à l'Académie des Sciences (*voir* les *Comptes rendus* du 20 décembre), une note concluant à un mouvement irrégulier de C analogue à celui que j'avais reconnu (avec certaines différences, néanmoins, car M. O. S. émet l'idée d'un quatrième corps, invisible et perturbateur de C). J'ai, ce jour même, remis à l'Académie un pli cacheté constatant les résultats auxquels j'étais parvenu, indépendamment de l'astronome russe, et antérieurement à leur publication. D'après la troisième loi de Kepler, la révolution de C doit s'accomplir en 772 ans environ : elle est à la révolution de B à peu près dans le même rapport que celle de Jupiter avec celle de la Terre autour du Soleil.

Les observateurs n'ont pas toujours soin de spécifier si leurs mesures de C sont prises de A ou du milieu entre A et B, ce qui rend très-difficile la construction de l'orbite de C. J'ai même dû souvent inscrire comme prises entre $\frac{AB}{2}$ et C des mesures qui étaient indiquées comme prises entre A et C.

---

7 Navire. H_2 1421.

$8^h5^m49^s$. 136° 58'.

Multiple.

A = 2; B = 5; C = 8.

AB.

Date.	Angle.	Distance.	Obs.
	°	"	
1835,03	220,7	41,19	H_2.
35,18	219,6	41,12	*id.*
77,03	214,8	42,5	El.

AC.

Date.	Angle.	Distance.	Obs.
1835,10	151,6	62,40	H_2.
77,03	151,1	62,6	El.

D'autres étoiles plus éloignées forment un petit amas avec les trois précédentes. Un mouvement rétrograde est manifesté dans le couple AB. Sans doute optique.

Cancer. P. VIII. 13. 1202.

$8^h6^m59^s$. 78° 47'

8 rougeâtre — 10 pourpre.

Date.	Angle.	Distance.	Obs.
1827,19	340,2	2,37	Σ
30,22	335,4	2,20	*id.*
31,23	332,2	2,50	*id.*
32,27	338,0	2,5	Sm.
36,19	337,4	2,28	Σ.
44,21	333,6	2,58	Md.
48,21	332,2	2,36	*id.*
48,24	328,6	2,22	Da.
48,31	332,3	2,36	Md.
51,22	332,1	2,28	*id.*
52,27	329,3	2,53	*id.*
56,17	325,5	2,07	Se
61,25	133,2?	n. m.	Md.
63,12	327,4	2,50	De
65,28	331,9	2,10	Se.

Date.	Angle.	Distance.	Obs.
	°	″	
1873,19	328,2	2,34	Du.
73,23	326,6	2,10	Ws.
74,10	325,5	2,1±	Gl.
75,27	324,6	2,35	Σ₂.

Système orbital en lent mouvement rétrograde. Sm fait A = 7,5 blanche brillante, et B = 12 gris pâle. La position de Md en 1861 est sans doute renversée de 180°.

Petit Chien. 1213.

$8^h 11^m 32^s$. 83° 10′.

9 — 11,5.

1830,90	327,7	8,43	Σ.
1867,74	324,0	7,26	De.

Mouvement rétrograde et diminution de distance. Observations insuffisantes pour décider.

Licorne. 1216.

$8^h 15^m 15^s$. 91°13′.

7 — 7,5 : blanches.

1831,24	115,2	0,45	Σ.
37,60	130,3	0,46	Md.
53,25	148,3	n. m.	*id.*
55,25	152,1	0,57	*id.*
57,34	148,0	0,4	Se.
63,35	151,1	all.	De.
65,28	151,4	all.	Se.
73,21	169,3	0,4	Ws.
74,18	167,0	0,5	Gl.
75,27	166,2	all.	Ws.

Système orbital très-serré en mouvement direct rapide : 52° parcourus en 44 ans ; 360° conduiraient à 300 ans.

υ¹ Cancer. H. II, 41. 1224.

$8^h 19^m 32^s$. 65° 4′.

7.5 blanche — 8, var. d'éclat et de couleur.

Date.	Angle.	Distance.	Obs.
1783,07	57,2?	5,5	H.
1820,60	34,5	6,28	Σ.
22,12	37,8	6,05	So.
22,18	37,4	5,78	Σ.
25,26	37,5	6,74	So.
26,97	35,7	5,82	Σ.
30,18	38,4	6,47	H₁.
	°	″	
1830,76	37,3	5,84	Σ.
31,07	38,6	6,04	H₂.
31,17	37,9	6,0	Sm.
31,31	37,7	5,83	Σ.
31,67	38,4	6,10	Bs.
35,31	38,7	5,88	Σ.
37,26	38,6	5,70	Sm.
40,24	38,5	5,91	Σ.
40,88	38,3	6,24	Da.
42,32	39,5	5,93	Md
43,17	39,8	5,87	Da.
43,18	40,1 >	5,80	Sm.
44,03	39,1	5,83	Md.
45,98	39,4	5,60	*id.*
49,54	39,9	6,03	Da.
50,30	37,1 <	5,67	Σ₂.
51,15	40,2	5,73	Md.
52,25	40,6	5,99	Wr.
52,95	40,2	5,95	Md
54,16	40,2	6,06	Wr
54,89	40,0	5,81	De.
55,24	39,5	5,63	Md.
56,20	41,2 >	5,95	Se
56,27	40,7	5,59	Md.
57,29	38,3 <	5,76	*id.*
58,10	39,2	5,58	*id.*
61,33	39,5	6,20	*id.*
62,11	40,2	6,00	Ma.
62,29	41,0	6,02	Σ₂.
62,33	40,1	6,32	Md.
63,14	38,6 <	5,89	Ba.
65,41	41,0	5,95	En.
66,10	39,4	6,04	Ta.
66,24	40,0	5,65	Kr.
67,87	41,3	5,84	De.
69,38	40,5	6,13	Ta.
69,54	42,1	5,74	Du.
74,17	43,2	5,79	*id.*
74,18	41,2	5,9	Gl.
74,18	41,6	5,9	Ws.

Système physique en mouvement propre commun (Æ — 0″,023 ; D.P. + 0″065 : Σ) et en mouvement direct très-lent. L'angle de H est certainement erroné. L'éclat et la couleur de B sont variables ; en 1830 Σ a estimé une différence de 1 grandeur entre les deux, en 1869 Webb les a vues beaucoup plus différentes, en 1874 Du n'a remarqué que 0,4 ; de plus B paraît quelquefois plus jaune que A, quelquefois plus verte ou plus bleue, quelquefois tout à fait bleue.

Navire. H₂ 3678.

$8^h 19^m 33^s$. 130°36′.

7,8 — 8.

Date.	Angle.	Distance.	Obs.
	°	″	
1837,15	146,6	1	H₂.
38,08	147,5	0,83	*id*
58,20	134,9	1,45	Ja.

Système orbital serré, en mouvement rétrograde.

Cancer. 1230.

$8^h 21^m 37^s$. 72°45′.

8,3 — 10.

1829,18	194,1	28,00	Σ.
52,27	193,3	29,23	Md.
64,00	192,4	29,25	De.
74,18	192,9	30,60	Ws.
74,20	193,0	30,80	Gl.
77,32	192,8	30,82	Fl.

La distance augmente. Mouvement rectiligne. Groupe de perspective.

Grande Ourse. 1234.

$8^h 23^m 51^s$. 34° 14′.

7 jaune — 9.

1831,01	71,3	20,77	Σ.
31,02	70,2	21,09	H₁.
65,30	69,9	21,66	De.
77,83	69,0	21,75	Fl.

L'angle diminue et la distance paraît augmenter, B me paraît de 2 grandeur au-dessous de A (Σ écrit : 8,3). Je la trouve un peu inférieure à B 1358. Groupe de perspective.

Hydre. 1243.

$8^h 27^m 41^s$. 88° 0′.

8 — 10 : blanches.

1830,90	221,3	1,99	Σ.
37,27	224,4	1,91	Md
44,28	227,4	1,99	*id.*
52,26	228,1	1,70	*id*
55,25	227,6	1,89	*id.*
56,11	227,5	1,85	Se.
65,28	225,1	1,79	*id.*
67,19	225,3	1,84	De.

Très-grande probabilité de système orbital serré en mouvement direct excessivement lent.

Lynx. 1263.

$8^h 37^m 7^s$. 47°51′.

7 blanche — 7,5 rouge.

Date.	Angle.	Distance.	Obs.
1828,36	359°,0	4″,86	Σ.
29,46	4,1	5,43	*id.*
30,00	6,9	8,17	H_2.
31,07	4,8	7,11	*id.*
31,31	4,9	7,08	Σ.
32,33	7,3	7,46	*id.*
33,29	8,0	7,97	*id.*
34,36	8,4	8,93	*id.*
35,35	9,3	9,59	*id.*
36,42	10,3	10,34	*id.*
37,06	10,3	10,47	*id.*
38,34	11,8	11,63	*id.*
40,27	12,4	12,88	*id.*
41,33	13,2	14,28	Da.
41,42	14,4	12,57	Md.
42,34	14,3	n.m.	*id.*
42,69	15,5	14,59	Kr.
43,28	14,2	15,13	Md.
44,38	15,0	16,03	*id.*
45,31	14,9	16,66	$Σ_2$.
47,99	16,2	18,32	*id.*
49,32	16,1	19,28	*id.*
50,62	15,9	20,22	*id.*
52,15	16,6	20,84	Ft.
53,19	17,1	21,22	*id.*
54,13	17,1	22,47	Da.
54,22	16,4	22,50	Wr.
55,37	17,0	23,04	De.
56,24	17,4	24,18	So.
60,08	18,3	26,74	Wr
63,38	18,2	29,12	De.
64,30	16,8	29,72	Ma.
66,10	19,0	31,24	Ta.
70,03	21,6>	n.m.	*id.*
71,91	18,7	35,12	Eu.
72,30	19,4	35,58	$Σ_2$.
72,58	18,3	36,10	Ws.
74,22	19,0	34,9±	Gl.
75,29	19,6	37,4	Ws.
75,27	18,6	37,44	Sp.
77,34	18,9	38,89	Fl.

Lorsque Σ découvrit la duplicité de cette étoile en 1826, la distance était inférieure à 4″, et rapidement, sous les yeux mêmes de l'observateur, elle s'accrut avec une telle vitesse qu'en 1835 elle atteignait déjà 10″. Il calcula la première formule de son mouvement et recommanda de suivre cette étoile pour s'assurer si le système est optique ou physique. Il paraissait toutefois préférer le système physique : « Ut ex splendore et vicinitate probabilius videtur systema corporum attractione inter se nexorum. » Comme je l'ai montré en 1875 (Académie des Sciences, 15 mars), toutes les observations modernes confirment le mouvement *rectiligne*. Direction = 22°; valeur = 0″,708 dont

Æ + 0″,261 et D.P. — 0″,658.

La distance angulaire minima a eu lieu en 1822,08, à 1″,89. Mouvement rapide. Beau type des groupes de perspective.

Cette étoile est 17161 Lalande, observée en 1796, et non consignée comme double, quoique la distance ait été alors de 18″. (Dans Lalande, la grandeur 9,5 est singulièrement faible). 17157 s'en rapproche mieux comme grandeur, mais la distance polaire est trop faible de 23′.

ε Hydre. 1273.

$8^h 40^m 26^s$. 83°8′.

4e jaune — 7e,8 bleue.

Date.	Angle.	Distance.	Obs.
1825,23	192°,4	3″,31	Σ.
30,60	195,6	3,21	*id.*
31,13	195,3	4,34>	Da
31,29	196,0	3,14	Σ.
32,20	197,6	4,26>	Da.
34,20	199,2	3,65	Da.
35,28	198,4	3,17	Σ.
36,28	198,0	3,25	*id*
37,11	198,4	3,4	Sm.
37,23	197,9	n.m.	Da.
39,23	199,1	3,5	Sm.
40,30	200,8	3,39	Σ.
40,95	201,6	3,50	Da.
42,36	203,0	3,13	Kr.
42,64	203,0	3,32	Md.
43,14	203,2	3,6	Sm.
43,21	203,5	3,43	Da.
46,20	203,6	3,74	Ja.
48,14	205,7	3,43	Da.
48,79	204,2	3,10	Σ.
48,83	206,7	3,50	Da.
51,32	208,5	3,43	*id.*
52,27	208,0	3,69	Wr.
52,30	209,1	3,38	Md.
52,96	208,5	3,6	Ft.
53,24	209,1	3,33	Ja.
54,00	209,6	3,26	*id.*
54,28	208,9	3,51	Wr.
54,62	204,4<	3,04	Md.
55,59	211,0	3,45	De.
1856,19	210°,0	3″,33	Se.
56,25	208,3	3,28	Md.
57,29	212,7	3,21	Ja.
57,39	212,4	3,04	Md.
58,30	210,6	3,42	Wr
59,28	210,2	3,40	Md.
60,28	209,6	3,47	*id.*
61,25	213,3	3,15<	*id.*
61,27	213,2	3,06<	Po
62,33	211,5	3,48	*id.*
63,13	212,9	3,47	De.
63,17	200,9<	3,40	Ma.
65,27	215,6	3,48	Se.
65,18	216,8	3,41	En.
66,10	216.3	3,45	De.
66,11	213,8	3,87	Ta.
68,25	217,0	3,36	De.
70,26	210,1<	n.m.	Ma
70,28	218,5	3,28	De
70,28	218,9	3,50	$Σ_2$.
71,17	217,5	3,32	*id.*
71,23	216,1	3,48	Ma
73,24	217,8	3,45	De.
74,09	216,2	3,4	Gl.
74,18	216,7	3,33	Ws.
75,28	219,3	3,20	Du.
75,29	218,5	3,40	De.
75,29	217,9	3,31	Sp.
75,32	221,5	3,47	Wr.
76,18	218,8	n.r.	Dk.
76,23	218,5	3,5	Gl.

Couple charmant. Belles couleurs. Système orbital en mouvement direct. 26° parcourus en 51 ans : 360° conduiraient à 700 ans. Mouvement propre commun :

Æ — 0s,013, D.P. + 0″,04

A l'aide de la grande lunette de Washington, Hall a trouvé un deuxième compagnon à 190° ± et 12″ ± (1875).

Hydre. 1281.

$8^h 41^m 26^s$. 89°32′.

7,3 — 8,3.

Date.	Angle.	Distance.	Obs.
1825,24	332,7	23,81	Σ.
31,25	330,1	24,92	*id.*
32,14	329,7	24,91	*id.*
32,30	328,6	25±	H_2.
35,26	329,4	25,13	Σ.
47,23	326,7	27,15	Md
52,27	326,9	29,23	*id*
55,25	324,2	27,76	*id.*

Date.	Angle.	Distance.	Obs.
	°	"	
1864,50	323,8	29,47	Do.
77,31	321,9	31,10	Fl

La distance augmente. Mouvement rectiligne, dirigé vers 293°, avec une vitesse moyenne de 0",16, qui se traduit en

Æ — 0",14 et D.P. — 0",06.

Le mouvement paraît se ralentir; mais les différences sont probablement dues à des erreurs d'observation, et il est presque certain que nous avons là un groupe de perspective.

Grande Ourse. H. N, 144. 1280.

8h44m22s. 18°44'.

7,5 — 7,6 : jaunâtres.

Date.	Angle.	Distance.	Obs.
1802,74	vue, mais non mesurée.		H.
23,33	31,2	8,75?	So
31,90	34,0	7,43	Σ.
43,05	33,9	7,42	Md
56,27	36,2	6,67	De.
59,13	36,0	6,61	Wr.
64,71	37,5	6,51	*id.*
67,31	39,9	6,43	De.
73,83	40,1	6,05	Du.

Mouvement direct, lent. La distance paraît diminuer. Probablement orbitale.

Cancer. 1285.

8h44m31s. 68°40'.

9 — 9,5.

Date.	Angle.	Distance.	Obs.
1828,27	339,2	27,57	Σ.
29,29	339,8	26,14	*id.*
31,25	338,2	26,44	*id.*
31,32	338,3	25,91	*id.*
34,34	337,9	25,58	*id.*
36,28	338,9	26,20	*id.*
47,22	337,7	27,11?	Md.
52,28	338,3	n. m.	*id.*
69,17	338,3	25,83	De.
77,32	337,9	25,45	Fl.

La distance diminue lentement. On ne peut encore rien décider sur la nature du mouvement.

Cancer. 1287.

8h44m53s. 77°25'.

8,5 — 11.

Date.	Angle.	Distance.	Obs.
	°	"	
1830,60	109,4	1,41	Σ.
43,28	102,4	1,48	Md.
51,19	102,6	1,10	*id.*
63,20	95,0	1,86	De.

Haute probabilité de système orbital, serré, en mouvement rétrograde.

ι Gr. Ourse. H_2 2477 (196).

8h51m2s. 41°29'.

3,8 — 12.

Date.	Angle.	Distance.	Obs.
1831,71	348,8	n. m.	H_2.
39,12	348,0	12,0	Sm.
41,19	350,0	10,68	Ch.
43,78	352,0	10,70	Σ_2.
47,67	351,4	10,63	*id.*
51,28	350,0	10,55	*id.*
52,27	350,7	10,14	Md.
68,61	356,9	9,61	De.
71,80	356,9	9,78	*id.*

Système physique en mouvement propre commun rapide

Æ — 0s,047 et D.P. + 0",28

et en mouvement relatif direct très-lent. Le compagnon est sombre; H_2 pensait qu'il pouvait briller d'une lumière réfléchie. Le mouvement relatif des deux étoiles paraît rectiligne.

L'étoile voisine, 10 Grande Ourse, partage le même mouvement propre.

Lynx. 1296.

8h51m47s. 54°35'.

8,7 — 9,2 : blanches.

Date.	Angle.	Distance.	Obs.
1831,59	71,2	2,83	Σ.
44,27	72,6	2,67	Md.
71,26	76,6	2,39	Du

Mouvement direct, très-lent. Haute probabilité de système orbital.

Cancer. 1300.

8h54m38s. 74°15'.

9 — 9,5 : blanches.

Date.	Angle.	Distance.	Obs.
1830,19	210,0	4,10	Σ
32,20	211,0	2?	H_2
43,22	207,9	4,63	Md.

Date.	Angle.	Distance.	Obs.
	°	"	
1844,13	209,6	5,03	*id.*
56,58	204,2	4,67	Se.
65,27	204,5	4,98	*id.*
66,79	204,0	4,61	De.
70,28	202,4	4,79	Σ_2.
74,18	204,0	4,6	Gl.
74,18	203,4	4,6	Ws.

Mouvement rétrograde. Probabilité de système orbital

σ² Gr. Ourse. H. III, 54. 1306.

8h59m49s. 22°23'.

5 — 8,5 : jaunâtres.

Date.	Angle.	Distance.	Obs.
1782,42	Sud précédent.		H.
1783,29	270±	7,93	*id.*
1783,68	283,0	n. m.	*id.*
1819,84	267,1	6,31	Σ.
21,08	266,8	5,91	*id.*
31,40	264,3	4,61	*id.*
32,10	267,3	5,0	H_2.
32,14	263,5	4,58	Σ.
35,27	262,4	5,0	Sm.
36,42	262,0	4,61	Σ.
38,41	262,0	4,46	*id.*
41,20	262,8	4,47	Da.
41,45	260,2	4,73	Md.
42,38	261,2	n. m.	*id.*
42,49	261,6	4,36	Kr.
43,46	261,3	n. m.	Md.
44,31	263,3	4,48	*id.*
46,38	261,7	4,05	Σ.
51,28	258,2	3,93	Da.
51,39	256,5	3,70	Σ.
52,41	252,9	3,62	Md.
54,26	258,3	3,61	Wr.
54,84	256,0	3,48	Da.
55,64	258,3	3,75	De.
56,34	257,2	3,41	Se.
61,47	251,9	3,49	Md.
63,19	253,5	3,25	De.
65,81	252,7	3,22	*id.*
66,10	261,8?	3,51?	Ta.
70,18	248,7	2,93	De.
71,15	247,7	2,82	De.
71,39	258,1 >	2,76	Ta.
72,41	246,8	3,16	Σ_2.
72,78	247,7	3,08	Ws.
73,23	246,2	2,87	De.
74,18	247,2	2,9	Gl.
75,18	245,0	2,7	*id.*
75,21	245,2	2,68	De.
76,20	244,8	2,7	Gl.

Le diagramme des positions montre non pas une ligne concave vers A, ni même une ligne droite, mais une ligne convexe, comme s'il y avait une étoile obscure située au delà, vers l'ouest-nord-ouest. La position de 1783,68 est, il est vrai, dans le quart nord-ouest, mais en 1782,42, H indique le quart sud précédent, c'est-à-dire entre 180° et 270°, et en 1783,29, il a inscrit 270° pour la position, de sorte qu'on peut douter de l'exactitude de la mesure de 1783, 68, laquelle d'ailleurs ne peut pas s'accorder avec les autres positions.

Cependant, au lieu de supposer une cause perturbatrice, il est plus simple d'admettre certaines erreurs d'observations et un mouvement orbital dans un plan très-incliné sur notre rayon visuel. B partage le mouvement propre de A (Æ—0s,005, D. P. + 0",11) qui est presque perpendiculaire à la ligne du mouvement relatif, et par conséquent ne pourrait pas l'expliquer.

Donc, ou bien l'orbite apparente est très-allongée, ou bien il n'y a pas d'orbite et le mouvement de B est rectiligne, quoique le couple soit physique. Cas curieux.

Hydre. 1316.

9h 1m 56s. 96° 39.

Triple.

A = 7,5; B = 11; C = 10 : blanches.

AB.

Date.	Angle.	Distance.	Obs.
	°	"	
1831,69	147,5	6,77	Σ.
35,26	143,9	6,80	*id.*
45,19	142,2	6,55	Md.
48,24	141,7	6,36	*id.*
57,26	139,6	5,79	Se.
64,84	138,4	6,74	De.
65,19	138,9	6,94	Se.
74,17	139,7	6,18	Ws.

AC.

Date.	Angle.	Distance.	Obs.
1832,88	153,1	13,05	Σ.
48,24	155,8	12,09	Md.
55,25	155,3	n. m.	*id.*
57,26	156,2	11,28	Se.
64,84	158,7	10,08	De
65,19	153,9	10,05	Se.
74,17	157,8	9,5	Ws
74,18	155,0	9,4	Gl.
76,26	162,8	5,15	Ws.

Mouvement rétrograde pour B : diminution de distance pour C. (La mesure de Ws en 1876 n'est pas précisée, mais il semble qu'elle doive se rapporter plutôt à C qu'à B.) On ne peut encore rien décider sur la nature de ce système : B est sans doute orbitale et C optique.

Grande Ourse. 1313.

9h 2m 34s. 19° 32.

8,2 — 8,6 : blanches.

Date.	Angle.	Distance.	Obs.
	°	"	
1832,39	240,9	0,84	Σ
45,80	242,2	0,87	Σ_2.
51,79	240,8	0,84	*id.*
66,74	250,5	1,0	De.

Système orbital très-serré, en mouvement direct. (La mesure de Σ_2 en 1851 était renversée de 180°.)

Grande Ourse. 1321.

9h 6m 32s. 36° 46'.

7 — 7 : jaunes.

Date.	Angle.	Distance.	Obs.
1821,50	43,8	21,12	Σ.
24,46	45,8	20,80	So.
31,35	48,1	20,14	Σ.
31,40	51,5	20,0	H_2.
35,38	48,9	20,04	Σ.
36,42	48,7	19,70	*id.*
41,44	50,5	16,68 <	Md.
41,54	50,6	20,31	Da.
42,28	50,5	n. m.	Md.
46,29	51,4	20,09	Σ_2.
48,29	51,8	19,87	Da.
48,57	52,2	20,0	Σ_2.
51,09	53,0	19,47	Md.
52,42	53,0	19,23	*id.*
55,17	53,5	19,56	De.
58,38	54,9	19,91	Md.
61,47	52,3	19,38	*id.*
63,12	55,7	19,74	De.
63,25	53,4	19,33	Ma.
66,35	n. m.	20,23	Ta.
67,23	56,2	19,63	*id*
71,24	57,3	19,67	Du.
71,39	58,0	20,17	Ta.
72,18	55,0	19,92	*id.*
73,14	58,1	19,64	De.
74,22	57,0	20,0	Gl.
77,30	59,1	19,57	Ha.
77,38	58,9	19,65	Fl.

Mouvement rectiligne, dirigé vers 154°; valeur = 0",088 dont Æ + 0",038 et D. P. + 0",079. Les deux étoiles ont le même éclat. Il serait intéressant de vérifier directement leur mouvement propre, déjà supposé très grand (*voy.* mon Catalogue).

Hydre. 1329

9h 9m 37s. 90° 44.

8 — 8,1.

Date.	Angle.	Distance.	Obs.
	°	"	
1831,21	65,5	27,68	Σ.
34,26	65,7	27,19	*id.*
63,25	67,4	24,56	En.
64,76	67,3	23,73	De.
77,33	68,0	22,55	Fl.

La distance diminue. Mouvement rectiligne. Direction = 233°, vitesse = 0",119, dont Æ — 0",095 et D. P. + 0",072. Groupe de perspective.

Cancer. 3121.

9h 10m 43s. 60° 53'.

7,2 blanche — 7,5 jaune.

Date.	Angle.	Distance.	Obs.
1832,31	20,0	0,85	Σ.
40,28	246,1	all.	*id.*
40,32	238,3	*id.*	*id.*
40,35	232,8	*id.*	*id.*
44,26	190,2	*id.*	*id.*
44,30	5,0	1,25	*id.*
46,29	18,8	0,48	*id.*
47,34	210,7	0,45	*id.*
48,25	29,6	0,44	*id.*
49,32	34,4	0,41	*id.*
50,30	217,6	0,39	Σ_2.
51,26	52,0	0,25	*id.*
61,30	5,8	0,58	*id.*
63,11	14,8	0,7	De,
64,30	8,9	0,62	Σ_2.
66,22	19,6	0,68	Do.
67,26	21,3	0,7	Do.
68,25	21,8	0,7	*id.*
69,85	27,6	n. m.	*id.*
70,32	29,3	0,6	*id.*
70,33	206,9	0,65	Du.
70,44	210,4	0,5	Gl.
71,21	32,6	0,6	Do
71,27	208,2	0,75	Du.
72,23	210,5	all.	De.
72,09	209,3	0,68	Du.
73,38	213,9	all.	De.
73,70	214,5	0,5	Gl.
74,20	217,0	all.	*id.*
74,21	214,9	all.	Fe.
74,24	220	< 0,3	Fu.

Date.	Angle.	Distance.	Obs.
	°	"	
1875,31	251,9	all.	De.
75,20	225	0,2	Du
75,20	245,0	all.	id.
75,29	245,2	0,30	Sp.
77,18	279,9	0,35	id.

Curieux système binaire, très-serré, et presque couché sur le rayon visuel. Mouvement orbital très-rapide et qui ne se présente presque à nous que sous forme d'oscillation dans le sens 30° — 210°. Fritsche a calculé en 1874 le système d'éléments suivants :

$$\begin{aligned} \Omega &= 19^\circ 56', 4, \\ i &= 75.56.9, \\ \omega &= 143.17.2, \\ \varphi &= 20.18.8, \\ \mu &= 9.188, \\ \pi &= 52.23.0, \\ \log a &= 9,8429 \\ P &= 39^{\text{ans}}, 18. \end{aligned}$$

Mais il y a déjà plus de 40° de différence entre l'éphéméride et les observations, et Doberck calcule en ce moment une nouvelle orbite.

Cette étoile est Weisse, IX, 176.

Lynx. II. 1, 31. 1333.

$9^h 11^m 2^s$. 54°8'.

6,5 — 7 blanches.

Date	Angle	Distance	Obs.
1782,86	38,6	cl. I.	H.
1828,59	39,4	1,42	Σ.
31,12	40,5	1,38	H_2.
45,51	42,6	1,46	Md.
51,05	44,1 >	1,68	id.
52,39	43,1	1,50	id.
54,27	41,6	1,55	id.
56,32	43,6	1,43	Se.
56,35	40,8	1,45	Md.
59,27	39,2 <	1,44	Wr.
59,83	42,9	1,38	Md.
60,29	43,3	1,65	Σ_2.
65,19	43,4	1,78	Se.
65,55	45,3	1,65	En
66,46	43,0	1,51	De.
72,24	41,4 <	1,45	Du.

L'angle paraît augmenter sûrement, et il est probable que les mesures de Wr et Du sont un peu trop faibles. La proximité des deux composantes depuis le commencement des mesures, qui date de près d'un siècle, et leur éclat offrent de plus de nouveaux arguments en faveur de la binarité du système.

A = Lalande 18289.

---

38 Lynx. II. 1, 9. 1334.

$9^h 11^m 23^s$. 52°41'.

4 blanche — 6,7 jaune (Σ azur).

Date.	Angle.	Distance.	Obs.
	°	"	
1780,90	244,2	2,0 ±	H.
1820,80	239,2 <	2,80	Σ.
22,46	242,7	2,89	So.
29,17	240,2	2,70	Σ.
32,35	241,6	2,8	Sm.
32,40	239,2	2,5	H_2.
43,30	240,8	2,97	Md.
47,19	240,9	2,47	id.
51,05	241,3	2,71	id.
52,00	240,7	2,70	Σ_2.
52,39	240,7	2,93	Md.
54,30	241,7	2,62	id.
55,19	241,5	3,0	Da.
56,44	240,6	2,46	Md.
57,36	241,5	2,84	Se.
57,43	240,4	n. m.	Md.
59,16	238,3	2,91	Wr.
59,83	239,5	2,84	Md.
62,13	239,0	2,90	Ba.
63,19	236,6	2,88	Ma.
66,16	239,0	2,89	Ta.
66,56	239,1	2,80	De.
71,25	240,8	2,49	Du.
73,19	238,8	2,82	Ws.
74,18	238,6	2,92	Gl.
76,28	237,0	n. m.	Ws.

Système physique en mouvement propre commun :

Æ — 0s,007 ; D.P. + 0",04

et en mouvement relatif excessivement lent. Rétrograde.

Lynx 157. 1338.

$9^h 13^m 26^s$. 51°18.

6,7 — 7,2 : blanches.

Date	Angle	Distance	Obs.
1829,53	121,1	1,76	Σ.
30,25	119,7	2,51	H_2.
32,19	116,4	1,42	id.
34,00	122,4	1,91	Da.
38,10	127,1	1,70	Md.
41,23	125,9	1,75	Σ.
41,43	130,6	2,19	Md.
42,23	127,3	1,72	Da.

Date.	Angle.	Distance.	Obs.
	°	"	
1843,17	127,8	1,67	id.
43,42	130,3	1,66	Md.
48,17	131,8	1,67	Da.
50,12	132,0	1,70	id.
51,04	132,7	1,80	Md.
52,78	134,8	1,71	id.
54,20	134,6	1,65	Da.
54,24	137,0	1,92	Wr.
54,25	134,8	1,67	Md.
55,51	136,4	1,3	De.
56,31	137,2	1,64	Se.
59,83	140,5	1,61	Md.
63,28	140,9	1,60	De.
65,31	142,5	1,71	Kn.
65,47	143,5	2,00	En.
66,10	141,8	1,57	De.
66,67	143,4	1,66	Ta.
71,24	149,0	1,66	Du.
71,40	142,6 <	1,58	Ta.
72,18	141,2 <	n. m.	id.
72,31	149,8	1,72	Σ_2.
73,21	147,5	1,63	Ws.
74,18	147,0	1,7	Gl.
75,33	149,3	1,76	Sp.
75,60	150,3	1,69	Ws.
76,21	150,7	n. r.	Dk.
76,29	151,8	1,63	Du.

Système orbital serré en mouvement direct assez rapide : 31° en 47 ans ; 360° conduiraient à 545 ans.

Hydre. 1343.

$9^h 13^m 41^s$ 84°29'.

8,7 — 9,2 : blanches.

Date	Angle	Distance	Obs.
1836,22	271,1	10,22	Σ.
43,21	271,0	9,60	Md.
56,44	269,3	n. m.	id.
63,30	269,4	6,79	Fg.

La distance diminue certainement ; mais les observations sont insuffisantes pour décider de la nature du mouvement.

Grande Ourse. (200).

$9^h 16^m 38^s$. 37°55.

6,2 jaune — 8,2 cendrée.

Date	Angle	Distance	Obs.
1845,64	334,4	1,39	Md
47,09	335,2	1,42	Σ_2.
48,28	338,5?	1,56	Da.
51,34	337,2	1,52	Md.
60,25	333,7	n. m.	Da.

Date	Angle.	Distance.	Obs.
	°	"	
1867,60	338,3	1,35	De.
71,36	338,5	1,54	Du

Mouvement direct très-lent. Très-probablement système orbital serré.

Lion (201).

$9^h 16^m 49^s$. 61° 34'.

7,2 jaune d'or — 10,8.

Date	Angle	Distance	Obs.
1842	n. m.	0,8	Σ_2.
43,25	236,3	1,24	Md.
46,32	230,3	1,33	*id.*
47,41	229,9	1,47	*id.*
51,32	229,9	1,45	*id.*
52,43	233,5>	1,45	Σ_2.
67,72	229,2	1,49	De.
69,10	228,7	1,43	*id.*

Haute probabilité de système orbital serré, en lent mouvement rétrograde. Il y a plusieurs mesures de cette étoile qui ne concordent pas avec la réalité, ni pour l'angle ni pour la distance, car dans ces mesures la distance = 3",5 ± et l'angle varie de 50° à 30°. Elles doivent se rapporter à une autre, située sans doute dans le voisinage.

De plus, il y a une troisième étoile, de dixième grandeur, indiquée par Σ_2 en 1842 comme étant à 20", et dont il ne donne pas l'angle. En 1843, Md l'a mesurée, à 305°,5, mais sans en donner la distance. De n'a pu l'apercevoir en 1863 et 1866. Bu l'a revue en 1875, à 340°; mais il ne donne pas la distance; il estima la grandeur de 11,8.

Hydre 116. 1348.

$9^h 18^m 10^s$. 83° 7'.

7,5 — 8 : blanches.

Date	Angle	Distance	Obs.
1831,02	334,3	1,10	Σ.
40,38	331,3	1,27	Md.
43,19	330,8	1,35	*id.*
44,18	330,4	1,40	*id.*
45,16	330,4	1,36	*id.*
48,23	328,9	1,40	*id.*
51,23	328,7	1,26	*id.*
52,26	326,1	1,54	*id.*
54,20	329,9	1,48	*id.*
55,27	326,2<	1,41	*id.*
56,23	329,8	1,35	*id.*
1856,74	327,7	1,41	Se.
58,29	330,7	1,64	Md.
59,21	47,3?	1,62	*id.*
63,15	328,1	1,66	De.
66,30	327,6	1,66	Σ_2.
73,23	326,1	1,70	Ws.
74,18	326,0	1,6	Gl.
74,18	326,2	1,69	Ws.
75,70	325,2	1,7	Gl.
76,28	324,6	1,80	Ws.
77,19	323,2	1,70	Sp.
77,31	325,4	n. r.	Dk.

Système orbital serré, en lent mouvement rétrograde. La position de Sp était renversée de 180°. Celle de Md en 1859 n'est pas explicable.

ω Lion. H. I, 26. 1356.

$9^h 22^m 2^s$. 80° 25'.

6 — 7 : jaunes.

Date	Angle	Distance	Obs.
1782,87	110,9	1 ±	H.
1795,30	n. m.	*id.*	*id.*
1802,09	131,5	*id.*	*id.*
04,09	130,9	*id.*	*id.*
25,31	153,9	0,47	Σ
30,24	146,5	n. m.	H_2.
31,01	165,0	n. m.	Da.
32,11	160,0	0,5	Sm.
32,25	163,4	0,51	Σ.
33,29	172,8	0,45	*id.*
34,25	ronde.		Sm
35,34	173,9	0,30	Σ.
36,28	177,9	0,35	*id.*
38,33	180,0	all.	*id.*
39,33	355,0?	all.	Sm
40,29	247,6	0,49	Σ_2.
41,18	354,5?	all.	*id.*
42,27	300,6	all.	Da.
42,31	302,3	0,41	Σ_2.
42,35	194,0?	0,3	Md.
43,14	280,2	0,85>	*id.*
43,14	193,0?	0,3	Sm.
43,18	299,0	n. m.	Da
43,30	316,8	0,37	Σ_2.
44,29	320,9	0,48	Σ_2.
44,31	337,0>	0,33	Md.
45,31	321,1	0,44	Σ_2
46,28	330,0	n. m.	Md.
46,30	322,9	0,45	Σ_2.
47,24	338,4	n. m.	Md.
47,33	328,8	0,41	Σ_2.
48,32	332,1	0,43	*id.*
48,33	337,1	n. m.	Md
49,32	331,8	0,43	Σ_2.
1850,96	335,8	0,49	Σ_2.
51,24	342,5	n. m.	Md.
52,30	350,0	0,47	*id.*
52,66	339,1	0,46	Σ_2.
53,18	343,3	0,45	Ja.
53,36	346,5	0,35	Md.
53,96	350,0	0,4	Ja.
54,23	340,2	0,54	Da.
54,31	351,9	n. m.	Md
55,28	359,3	n. m.	*id.*
55,29	360,0	n. m.	Se.
55,33	348,7	0,47	Σ_2.
55,34	366,2	n. m.	Wi.
56,22	362,3	0,4	Ja.
56,30	358,8	n. m.	Wi
56,42	361,0	0,36	Md.
57,28	358,1	0,52	Σ_2.
57,29	all. vers 355°		Wr.
57,86	2,3	0,35	Se.
57,98	5,5	0,5	Ja.
58,10	4,6	0,4	Ja.
58,29	ronde.		Wr.
59,28	16,8	0,35	Md.
59,30	6,8	0,60	Σ_2.
60,28	10,2	0,59	*id.*
61,28	12,0	0,56	*id.*
62,32	18,6	all.	Md.
64,30	29,2	0,52	Σ_2.
65,26	30,0	ovale.	De
65,67	23,0	0,50	En
66,30	32,9	0,30	Se.
67,34	33,7	0,57	En.
68,12	25,7<	ovale.	De.
68,63	44,3	0,55	Σ_2.
70,15	52,4	ovale.	De.
70,28	53,6	0,58	Σ_2.
70,33	37,9<	0,27	Du.
71,13	51,5	ovale.	De.
71,30	56,7	0,57	Σ_2.
71,31	42,7	0,30	Du.
72,18	66,3>	0,48	Ws.
72,21	53,9	ovale.	De.
72,31	58,9	0,52	Σ_2.
73,23	56,0	ovale.	Ws.
73,29	57,0	*id.*	Gl.
73,43	60,2	*id.*	De.
73,96	63,3	0;59	Σ_2.
75,25	64,6	0,46	Da.
75,26	62,7	0,49	Sp.
75,31	66,8	0,43	Du
76,16	69,4	0,44	De.
76,20	63,7	0,40	Gl.
76,28	73,5	0,5	Ws.
77,22	75,1	0,51	Dk.
77,36	76,6	0,41	De

Système orbital excessivement serré (l'un des plus serrés du ciel, type devenu classique pour l'essai des puissantes lunettes). Fortes discordances dans l'estimation des grandeurs, des couleurs et de l'angle, car les deux composantes ne se séparent pas, à moins de conditions exceptionnelles. Le mouvement est direct et très-rapide. 326° parcourus en 95 ans : 360° conduisent à une période de 105 ans : il aura bientôt parcouru une révolution entière. Plusieurs orbites en ont été calculées ; celle de Mädler avait une période de 82 ans, et celle de Klinkerfues une de 133 ans. La dernière et la plus sûre est la suivante (Dk. 1877) :

$$\begin{aligned} \Omega &= 148^\circ 46' \\ \gamma &= 64.5 \\ \lambda &= 121.4 \\ e &= 0,536 \\ T &= 1841,81 \\ a &= 0'',890 \\ P &= 110^{ans},82. \end{aligned}$$

Mouvement propre commun, mais mal déterminé (*voy.* mon Catalogue).

Grande Ourse. 1358.

$9^h 23^m 9^s$. 44° 47'.

7.5 jaunâtre — 8,8.

Date.	Angle.	Distance.	Obs.
1831,68	152°,6	24″,42	Σ.
68,19	156,8	23,75	Pe.
77,85	158,4	23,57	Fl.

L'angle augmente et la distance diminue ; mais les observations sont insuffisantes pour décider de la nature du mouvement.

Cette étoile est l'australe de deux brillantes voisines : la boréale = 7e. Elles ne sont ni l'une ni l'autre dans Lalande, mais on les trouve dans les zones d'Argelander.

Le 13 novembre 1877, j'ai découvert une double nouvelle au nord de ce groupe

Æ = $9^h 23^m$; D. P. 44° 27'.

9 — 9,5. 240° et 35″.

Petit Lion. H. I, 32. 1374.

$9^h 33^m 56^s$. 57° 30'.

8 — 9

Date.	Angle.	Distance.	Obs.
1783,06	261,5	el. I.	H.
1828,34	271,7	3,31	Σ
1830,21	273°,5	3″,79	H_2
44,27	274,9	3,77	Md.
52,28	275,0	3,35	Wr.
55,30	277,7	3,54	*id.*
60,12	279,0	3,43	*id.*
66,46	280,9	3,37	De.
72,81	284,1	3,11	Du.

Système orbital en mouvement direct très-lent.

Sextant. P. IX, 161. 1377.

$9^h 37^m 14^s$. 86° 49'.

8 — 10.

Date.	Angle.	Distance.	Obs.
1825,25	144,4	3,13	Σ.
30,24	142,2	3,32	*id.*
36,41	140,6	3,37	Md
43,28	136,4	3,38	*id.*
44,30	140,9	3,76	*id.*
47,30	137,8	3,22	*id.*
51,26	139,3	n. m.	*id.*
52,26	137,3	3,86	*id.*
55,30	135,6	3,43	*id.*
56,20	129,4	3,11	Se.
56,27	136,1	n. m.	Md.
58,28	138,2	3,73	*id.*
67,84	140,4	3,58	De.
73,24	136,8	n. m.	Ws.

Haute probabilité de système orbital en mouvement rétrograde.

Cancer. 1385.

$9^h 43^m 23^s$. 72° 52'.

8,5 — 11,3.

Date.	Angle.	Distance.	Obs.
1829,94	0,2	1,23	Σ.
42,22	359,6	1,1	Md.
43,13	353,6	1,10	*id.*
44,26	15,2	n. m.	*id.*
51,19	3,9	1,05	*id.*
63,53	351,0	1,10	De.

Haute probabilité de système orbital en mouvement rétrograde. Observations très-difficiles.

φ Grande Ourse (208).

$9^h 43^m 57^s$. 35° 22'.

5 — 5,5.

Date.	Angle.	Distance.	Obs.
1842,39	4,2	0,42	Md.
43,11	8,0	0,48	$Σ_2$
43,36	5,6	0,50	Md.
45,38	9,3	0,42	*id.*
1846,01	13°,8	0″,45	Md.
47,41	16,8	0,3	*id.*
47,65	10,5	0,37	$Σ_2$.
51,39	27,2	0,31	Md.
52,12	16,2	0,34	$Σ_2$.
52,40	29,8	0,24	Md.
54,28	25,9	0,4	Da.
57,34	30,6	0,3	Se.
58,80	36,7	0,38	$Σ_2$.
61,74	47,9	0,37	*id.*
63,21	48,0	0,33	*id.*
65,42	48,4	0,26	*id.*
66,40	45,9	0,24	Kn.
69,40	45	all.	Du
70,41	82	all.	*id.*
72,42	77,6	0,23	$Σ_2$.
73,24	ronde.	—	Ws.
73,45	96,6	all.	$Σ_2$.
75,47	115,0	all.	*id.*

Système orbital très-serré, en mouvement direct très-rapide : 111° en 33 ans ; 360° conduiraient à 100 ans seulement. Mouvement propre commun, excessivement lent. Les deux étoiles sont actuellement en occultation. [Md voyait les deux composantes égales (5, 0), et ses angles sont renversés de 180°.]

Lion. 1389.

$9^h 45^m 31^s$. 62° 27'.

8,5 — 9,2.

Date.	Angle.	Distance.	Obs.
1830,61	329,2	1,67	Σ.
43,18	327,2	1,65	Md.
63,66	316,7	1,99	De.

Système orbital serré, en mouvement rétrograde.

Grande Ourse. 1386.

$9^h 45^m 35^s$. 20° 32'.

8,2 = 8,2.

Date.	Angle.	Distance.	Obs.
1831,10	302,3	1,5	H_2.
32,11	296,0	1,98	Σ.
42,70	293,1	1,85	Md.
45,90	295,8	2,01	$Σ_2$.
52,67	292,6	1,93	*id.*
54,21	295,5	2,11	*id.*
64,10	n. m.	1,6	Kn.
69,15	294,2	1,89	De.
70,12	291,4	2,04	Gl.
75,60	294,0	2,1	*id.*

Système orbital serré, en mouvement rétrograde. Cette étoile double est située dans la nébuleuse Messier 81.

---

8 Sextant. A. C. 5.

$9^h 46^m 34^s$. 97° 32′.

5,6 — 6,5.

Date.	Angle.	Distance.	Obs.
	°	″	
1854,22	50,5	0,55	Da.
60,34	38,2	0,50	id
72,19	ronde.		Ws.
73,26	173,8	all.	De.
75,30	169,0	all.	id.
77,30	ronde.		Bu

Double très-serrée, découverte par A. Clarck en 1854. Binaire. Mouvement rétrograde très-rapide: 241° en 21 ans; mais il peut y avoir erreur de 180° en 1873 et 1875. Le couple est actuellement en occultation.

Grande Ourse (210).

$9^h 55^m 5^s$. 43° 3′.

7,8 = 7,8.

1842	n. m.	I	Σ₂.
43,31	278,1	0,8	Md.
45,27	270,6	0,94	Σ₂.
45,43	269,5	0,7	Md.
46,32	272,0	0,8	id.
47,41	268,3	0,8	id.
48,38	267,7	0,75	id.
51,33	266,0	0,75	id.
68,57	267,2	0,81	De.
70,80	271,9?	0,84	Du.

Mouvement singulièrement lent pour un système aussi serré. Néanmoins, presque certainement orbital.

Grande Ourse. 1402.

$9^h 56^m 50^s$. 33° 56′.

6,8 jaune — 8 bleue.

1830,26	96,0	20,42	H₂
31,68	96,0	21,09	Σ.
63,00	98,3	23,03	De.
77,86	98,7	23,12	Fl.

L'accroissement de la distance ne paraît pas se continuer avec la même vitesse. Il n'est pas certain que ce soit un groupe de perspective. Une étoile de 8° grandeur au sud forme presque un angle droit avec A et B. La mesure avec A m'a donné 174° et 130″.

Lion. P. x, 23 (215).

$10^h 9^m 44^s$. 71° 40′.

6,5 blanche — 7,3 cendrée.

Date.	Angle.	Distance.	Obs.
	°	″	
1843,25	255,2	0,33	Md.
44,54	266,5	0,47	Σ₂.
48,32	258,6	0,46	id.
51,34	254,5	0,49	id.
52,26	260,1	0,35	id.
49,04	257,8	0,30	Md.
57,34	243,5	0,47	Se.
60,30	243,7	0,60	Σ₂.
67,20	233,6	0,74	De.
69,78	231,5	0,68	Σ₂.
71,22	231,2	0,60	De.
74,76	227,5	0,79	id.
75,32	223,4	0,63	Sp.
75,81	229,1	0,82	Σ₂.

Système orbital très-serré en mouvement rétrograde rapide.

ζ et 35 Lion. Σ App. I, 18.

$10^h 9^m 50^s$. 65° 55′.

3,8 jaune — 6 blanche.

1755	ΔR — 80″,2	Δ(D) + 303″	Brd.
1800	— 91,5	+ 302	Li.
1825	— 98,6	+ 301	Bs.
1836,42	343,1	314,44	Σ.
59,17	343,6	318,04	Se.
67,24	342,0	318,65	De.
77,49	341,4	318,81	Fl.

La mesure du compagnon de ζ du Lion est intéressante pour la détermination du mouvement propre et à cause de l'éclat de l'un et de l'autre. La distance augmente lentement et l'angle diminue. Ce déplacement indiquerait pour le mouvement propre de ζ une direction vers l'est ou une augmentation en R. Mais il est à peu près nul. (*Voy.* mon Catalogue.) C'est donc à 35 qu'il faut attribuer presque tout le déplacement. En réduisant ma mesure en ΔR et Δ(D) pour la comparer à la première, je trouve

	ΔR	Δ(D)
1755	— 80″,2	+ 303″
1877	— 111,38	+ 292
Mouvem. en 122 ans	— 31,18	— 11
Mouvement annuel.	— 0,255	— 0,090
Corr. de précession.	— 0,031	— 0,006
Mouvement conclu .	0,286	— 0,096

On a d'ailleurs comme calculs directs du mouvement de 35 :

	R	(D)
Argelander....	— 0″,267	+ 0″,007
Robinson.....	— 0,255	rien.
B. A. C......	— 0,210	— 0,01

Ainsi ζ n'a qu'un faible mouvement, mais 35 marche assez vite vers l'ouest. Groupe de perspective.

J'ai trouvé une troisième étoile, de 11ᵉ grandeur, plus rapprochée de ζ que 35, à 306°, formant sensiblement un angle droit avec A et B, et à 240″ environ de A. Elle ne supporte pas l'illumination du champ, et la mesure n'est qu'une simple estimation

---

39 Lion (523).

$10^h 10^m 39^s$. 66° 18′.

5,8 jaune d'or — (11,5 var.)

Date.	Angle.	Distance.	Obs.
	°	″	
1850,30	295,8	6,61	Σ₂.
51,28	294,5	6,68	id
52,18	294,8	6,90	id.
54,28	295,5	6±	Da.
61,24	298,8	6,96	Σ₂.
66,86	300,2	6,69	De.
73,23	298,8	7,14	Σ₂.

Système physique en mouvement propre commun :

R — 0″,44 ; D.P. + 0″,08 : Σ

et en lent mouvement orbital direct. Le compagnon varie de la 10° à la 13° grandeur.

Lion. 1423.

$10^h 12^m 37^s$. 68° 50′.

7,6 — 9,3 . jaunâtres.

1830,94	99,3	1,12	Σ.
56,28	76,8	0,40	Se.
65,23	76,8	1,27	De.

Système orbital serré, en mouvement rétrograde.

γ Lion. H. I, 28. **1424.**

$10^h 13^m 21^s$. 69° 33′.

2,5 jaune clair — 4 jaune foncé.

Date.	Angle.	Distance.	Obs.
	°	″	
1782,13	82,4	n. m.	H.
1783,29	84,6	*id.*	*id.*
1801,72	94,7	*id.*	*id.*
03,22	96,4	*id.*	*id.*
20,28	99,0	3,74	Σ.
22,24	98,6	3,24	H_2.
25,30	101,3	2,72	So
28,14	102,0	2,46	Σ.
28,34	101,1	n. m.	H_2.
29,88	104,8	n. m.	*id.*
30,28	102,4	3,03	*id.*
30,39	101,8	2,54	Da.
30,80	102,2	2,62	Bs.
31,33	102,9	2,53	Da.
31,34	103,2	2,48	Σ.
31,36	103,2	2,6	Sm.
32,31	103,0	2,65	Da.
32,75	103,5	2,50	Σ.
33,18	103,7	2,64	Da.
33,20	102,5	2,8	Sm.
33,22	104,2	2,65	H_2.
35,16	104,9	2,56	Σ.
36,42	104,9	2,5	Sm.
37,22	100,6<	3,26>	Ek.
39,23	106,0	2,6	Sm.
39,36	105,8	2,90	Ga.
40,15	107,6	2,89	Kr.
40,29	105,8	2,84	Da.
40,83	105,7	2,78	Σ_2
41,02	107,4	2,80	Σ_2.
41,23	106,2	2,83	Da.
41,26	105,1	2,78	Md.
41,35	105,2	2,96	Kr.
42,23	105,9	2,78	Md.
42,33	106,6	2,72	Da.
42,37	107,1	2,72	Kr.
43,18	107,2	2,8	Sm.
43,26	107,4	2,85	Da
43,33	109,7	2,97	Kr.
45,80	105,6	2,90	Ja.
45,89	107,4	n. m.	Hi.
46,27	107,1	2,78	Md.
46,85	107,9	2,75	Σ_2.
47,28	107,8	2,80	Da.
48,39	107,7	2,65	Md.
48,46	108,1	2,82	Da.
50,35	107,6	2,80	Σ_2.
50,91	108,1	2,84	Ft.
51,28	108,1	2,74	Md.
51,87	108,8	2,81	Da.
52,12	110,1>	2,81	Mi.
52,29	105,6<	3,16>	Wr.
53,21	108,4	3,00	Ft.
53,22	107,8	2,91	Ja
1853,82	108,9	2,81	Md.
53,96	108,4	3,07	Ja.
54,37	109,8	2,85	Da.
54,48	107,9	2,79<	Md.
54,76	108,9	2,97	De.
55,29	111,1>	3,07	Wi.
55,34	108,8	3,05	Wr.
55,35	108,1	3,05	Se.
56,19	109,9	3,13	De.
56,21	108,7	2,89	Md.
56,29	111,6>	2,87<	Wi.
56,79	109,6	2,93	Ja
56,95	110,3	2,97	Se.
57,76	109,0	3,09	Ja.
58,13	109,8	3,04	Σ_2.
58,38	108,7	2,94	Md.
58,87	108,1	3,05	Se.
59,34	109,0	2,92<	Md.
59,37	109,2	3,13	Da.
60,12	110,1	3,07	Wr.
60,37	110,3	3,10	Da.
61,09	110,0	2,96<	Md.
61,32	109,6	3,35	Au.
61,13	108,8	3,32	Po.
61,76	111,0	3,02	Σ_2.
62,35	107,3<	3,10	Ma
63,21	108,2	3,58>	Lu.
63,21	109,7	3,25	Ba.
63,28	109,3	2,86<	De.
64,31	112,9>	3,39	En.
64,50	110,1	3,01	Da.
65,04	110,3	3,18	Se.
65,34	110,3	3,20	De.
65,37	110,3	3,17	Da.
65,42	111,5	3,24	En.
66,20	111,4	3,17	Kn.
66,26	109,2	3,38	Ba
66,28	110,3	3,11	Kr.
66,90	110,4	2,99	De
67,34	110,0	3,16	Ma.
67,70	110,0	3,17	Ba.
68,36	111,5	3,21	Σ_2.
68,39	112,0	3,55>	Ma.
69,39	111,2	2,98	Du.
70,30	110,6	3,10	De.
70,32	110,4	3,98>	Ba.
70,38	111,9	3,10	Du.
71,20	112,8	3,0	Kn.
71,33	111,6	3,54	Ma.
71,39	108,6<	4,53>	Ba.
71,39	112,3	2,99	Du.
71,40	112,0	3,1	Gl.
72,19	112,6	3,36	Ws.
72,37	111,3	3,26	Σ_2.
72,44	112,4	3,14	Du.
73,30	110,9	n. m.	Gl.
73,25	111,3	3,29	De.
74,09	113,2	3,06	Du.
1874,12	112,6	3,7	Gl.
74,32	112,4	3,69>	Ma.
74,20	112,8	3,43	Ws.
75,27	111,6	3,15	De.
75,29	110,9	3,38	Sp.
75,30	112,3	3,29	Gl.
75,46	113,5	3,10	Du.
76,16	112,6	3,34	Do.
76,17	111,8	3,50	Ma.
76,20	111,9	3,29	Gl.
77,32	112,5	3,37	Kn.
77,36	111,7	3,64	Ha.
77,41	112,1	3,32	Fl.
77,42	112,8	3,30	De

Couple splendide. L'une des plus belles étoiles doubles de l'hémisphère boréal. Système orbital en mouvement direct très-lent : 30° parcourus en 94 ans ; 360° conduiraient à 1125 ans. Dk a calculé, en 1876, les éléments suivants, qui restent fort douteux, puisque l'arc parcouru n'est que de 30° :

$$
\begin{aligned}
T &= 1741,11 \\
\Omega &= 111°50' \\
\lambda &= 194.22 \\
\gamma &= 43.49 \\
e &= 0,7390 \\
a &= 2'',00 \\
P &= 402,6
\end{aligned}
$$

Étoile voisine de γ : C = 7°.

1691	Δ Æ — 30″		Fld.
1755	Δ Æ — 59″		T.M.
1777	Δ Æ — 67″	73.	C.M.
1782	295°,2	111	H.
1783	300,0	n. m.	*id.*
1825	294,8	196,5	Bs.
1856	293,6	215,0	Se.
1859	293,0	217,8	Se.
1861	293,5	217,1	Po.
1877	292,8	229,3	Fl.

Le mouvement de cette étoile est difficile à expliquer. L'énorme différence de distance entre la mesure de 1782 et celle de 1856 m'a engagé à rechercher d'autres observations et à la réobserver moi-même. J'ai trouvé 5 observat. de Flamsteed en 1691, 10 de T. Mayer en 1755 et 15 de C. Mayer en 1777. Elles ne sont pas très-précises, car elles ont été prises par différences d'ascension droite sans tenir compte de la déclinaison ; cependant elles ont leur valeur. J'ai retrouvé aussi des observations d'Herschel, Bessel, Secchi et Powell. Les différences en ascension droite ont été :

2ˢ	en 1691
4	1755
4,75	1777
12,71	1825
15,03	1877

Comparées à la dernière position, les distances ont été :

1877-1691 = 200″ ± ; μ = 1″,08
1877-1755 = 166″ ± ; μ = 1″,36
1877-1777 = 156″ ± ; μ = 1″,56
1877-1782 = 118″ ± ; μ = 1″,20
1877-1860 = 12″ ; μ = 0″,70

Ce résultat est très-surprenant ; mais je suis absolument sûr de la position de 1877. Elle est due à quatre séries d'observations, faites les 31 mai, 2, 8 et 11 juin, et représentant quatre séries de six mesures chacune, les séries concordant d'ailleurs fort exactement entre elles. Le dernier nombre (1877—1860) doit être le plus précis. En l'adoptant et en calculant les positions pour 1782, 1777, 1755 et 1691, on obtient :

1782 distance	= 163″
1777	159
1755	144
1691	130

Évidemment cette supposition est tout à fait inconciliable avec les observations.

Le mouvement est-il donc véritablement irrégulier? et C serait-elle une satellite de γ, à une pareille distance? C'est inimaginable.

Cette étoile n'est pas dans Lalande, ni dans le B.A.C., ni dans les principaux catalogues. On la trouve dans Bessel-Weisse (1825) avec une ΔÆ de 12ˢ,71 et une Δ☾ de 82″,5, nombres qui correspondent à 294°,8 et 196″,5, ce qui donne un autre chiffre encore :

1877-1825 = 32″,8 ; μ = 0″,62.

D'un autre côté, les divers documents s'accordent assez bien (*voy.* mon Catalogue) pour donner à γ un mouvement propre de

Æ + 0″,30 et D.P. + 0″,15 ;

résultante = 0″,34. Non-seulement ce mouvement est beaucoup plus petit que celui de C, mais encore il ne lui est pas parallèle. (Si le mouvement de C était parallèle au mouvement propre de γ, l'angle de position augmenterait au lieu de diminuer.)

Conclusion : C est une étoile remarquable pour son mouvement qui, si l'on en juge par l'ensemble des observations, est en moyenne de 1″,08, mais paraît varier, car actuellement il n'a certainement pas cette valeur. Peut-être est-ce le mouvement propre de γ qui varie.

Les observations de 1691 à 1777 se rapporteraient-elles à une autre étoile plus proche de γ? mais actuellement il n'y en a pas. Il y a un saut singulier entre l'observation de C. M et celle de H, à un intervalle de 5 ans seulement, saut qui serait plus considérable encore si nous augmentions la distance de H de 10″, comme on le fait généralement, parce qu'il ne tenait pas compte des diamètres. Cette correction de 121″ donnerait pour 1877-1782 : μ = 1″,14, chiffre moins discordant que le premier, mais qui est encore bien loin d'être d'accord avec les positions modernes. H a pris soin d'indiquer son angle de 300° comme « a very accurate mesure ».

Si l'on retranche le mouvement propre de γ du mouvement relatif de C, on trouve pour celui-ci 0″,74 ; direction = 285°.

Il y a encore un autre point douteux. Sm. qui a mesuré tant de compagnons éloignés, n'a pas mesuré celui-ci, quoiqu'il ait mesuré cinq fois γ de 1831 à 1843, et il a écrit : « There are two stars in a line with A in the *n. p.* quadrant. » C est évidemment l'une de ces étoiles. Il y en a une autre, D, de 8ᵉ grandeur, plus éloignée que C, et formant avec elle un angle de 328° ± à une distance d'environ le tiers de AC, et une autre, E, de 10ᵉ grandeur plus loin encore, à une distance un peu plus grande que celle de CD et un peu plus au nord : elles sont presque sur une même ligne avec C, mais D n'est pas du tout sur la même ligne que C relativement à A, et pour qu'elle s'y soit trouvée il y a 40 ans, il faut que le déplacement ait été plus grand que celui de A.

Cas curieux à examiner.

Lion 145. 1426.

10ʰ 14ᵐ 15ˢ. 82° 58′.

Triple.

A = 7,5 ; B = 8 ; C = 9,5 : jaunâtres.

AB.

Date.	Angle.	Distance.	Obs.
1832,26	256°,8	0″,62	Σ.
36,28	267,2	0,81	*id.*
42,25	262,1	0,55	Md.
42,30	257,7	0,73	Da.
48,30	263,2	0,62	Md.
54,16	263,3	0,88	Da.
56,25	271,8	0,65	Se.
68,29	263,7	0,88	Σ₂.
69,15	269,7	0,78	De.
74,21	m. i.	all.	Ws.
76,26	278,3	all.	*id.*
76,26	274,0	0,55	Dk.
76,30	277,0	0,72	Ha.

AC. H. II, 43.

1782,13	5,0	n.m.	H.
1823,10	9,8	6,72	So.
32,22	9,1	7,43	Σ.
36,28	8,5	7,29	*id.*
42,24	8,6	7,71	Md.
44,20	7,7	7,25	*id.*
52,33	9,4	n.m.	Da.
56,25	4,8?	7,68	Se.
67,17	9,7	7,57	De.
71,36	11,3	6,79	Ta.
74,22	11,0	7,0 ±	Gl.
76,28	10,8	8,02	Ws.

AB forment un couple très-serré en mouvement orbital direct. Observations difficiles. C paraît graviter aussi dans le même sens. Sans doute système ternaire.

Hall a découvert, en 1876, un 3ᵉ compagnon à 45° et 34″,34.

Lion (216).

10ʰ 16ᵐ 17ˢ. 74° 3′.

7,3 jaune clair — 10.

1842	n.m.	1,5	Σ₂.
43,26	164,1	1,91	Md.
45,62	167,9	2,06	Σ₂.
46,30	160,8	n.m.	*id.*
66,89	151,1	1,66	De.
72,57	146,4	1,66	*id.*

Système orbital serré, en lent mouvement rétrograde

Lion. 1429.

$10^{h}\,18^{m}\,22^{s}$. $64°\,46'$.

8,2 = 8,2 : blanches.

Date.	Angle.	Distance.	Obs.
	°	″	
1827,29	272,2	1,48	Σ.
32,30	270,0	1 ±	H_2.
33,26	267,4	1,58	Σ.
44,26	270,7	1,42	Md.
49,76	265,8	1,37	Da.
66,55	263,2	1,09	De.
73,24	263,3	0,95	Ws.
73,30	262,5	n. m.	Gl.
74,21	all.		Ws.
76,29	261,5	0,75	*id.*

Système orbital serré, en lent mouvement rétrograde.

Grande Ourse. P. x, 58. 1428.

$10^{h}\,18^{m}\,25^{s}$. $36°\,46'$.

7,6 — 8 : blanches.

Date.	Angle.	Distance.	Obs.
1830,60	83,7	4,10	H_2.
31,69	84,3	3,84	Σ.
32,49	85,0	3,6	Sm
44,21	86,7	3,99	Md.
58,00	85,5	3,69	De.
58,44	86,6	3,75	Se.
59,27	86,2	3,42	Wr.
69,23	85,9	3,57	De.
71,32	88,2	3,25	Du.

La distance diminue et l'angle augmente. Haute probabilité de système orbital en lent mouvement direct.

Sextant (218).

$10^{h}\,21^{m}\,20^{s}$. $85°\,50'$.

7,3 — 9,3.

Date.	Angle.	Distance.	Obs.
1843,28	58,4	0,84	Md.
46,30	56,1	0,96	*id.*
51,28	60,3	1,22	*id.*
55,12	63,0	1,21	Σ_2.
67,28	66,0	0,98	De.
72,27	66,6	1,12	*id.*

Système orbital serré en mouvement direct très-lent.

Lion. 1439.

$10^{h}\,23^{m}\,31^{s}$. $68°\,35'$.

8 — 8,5 : blanches.

Date.	Angle.	Distance.	Obs.
	°	″	
1829,26	131,4	2,02	Σ.
31,30	129,2	1 ±	H_2.
40,29	129,1	n. m.	Da.
42,30	128,6	2,01	Md
56,78	123,4	1,98	Se.
66,37	124,3	n. m.	Ta.
67,54	123,2	1,84	De.
68,29	123,9	1,89	Σ_2.
71,36	122,3	2,33	Ta.
74,22	121,0	2,0 ±	Gl.
75,29	121,7	1,89	Ws.

Système orbital en lent mouvement rétrograde.

δ Machine pneumatique.

H. N. 50. H_2 4321.

$10^{h}\,24^{m}\,4^{s}$. $120°\,0'$.

5 — 9.

Date.	Angle.	Distance.	Obs.
1787,20	230 ±	Cl n.	H.
1835,20	225 ±	10,00	H_2.
56,23	226,7	6,23	Ja.
76,24	204,2	n. m.	St.

Ce couple a été rarement et insuffisamment observé. Cependant l'angle paraît sûrement rétrograder. Quant à la distance, celles de H_2 sont en général trop peu précises pour que nous puissions rien conclure. A = B.A.C. 3598. — J'ai été surpris de trouver dans le Catalogue de H une étoile aussi australe. Cependant cet infatigable scrutateur du ciel est allé plus loin encore, malgré les brumes de l'Angleterre.

Sextant. 1445.

$10^{h}\,26^{m}\,3$[illegible]^{s}. $90°\,15'$.

9,2 — 11,7.

Date.	Angle.	Distance.	Obs.
1827,58	167,4	2,42	Σ.
44,29	160,9	3,41	Md.
64,87	159,4	2,95	De.

Très-grande probabilité de système orbital en lent mouvement rétrograde.

---

49 Lion. 1450.

$10^{h}\,28^{m}\,45^{s}$. $80°\,43'$.

6,2 blanche — 9 bleue.

Date.	Angle.	Distance.	Obs.
	°	″	
1825,31	161,0	2,43	Σ.
30,76	161,1	2,39	*id.*
33,50	161,1	2,37	*id.*
35,31	160,5	2,49	*id.*
37,47	159,5	2,54	Md.
38,37	158,1	2,5	Sm
40,32	155,5 <	2,55	Da.
42,29	158,9	2,59	Md.
43,29	156,4	2,69	*id.*
44,16	158,3	2,93	*id.*
51,26	158,4	2,73	*id.*
52,09	159,0	2,97	Σ_1.
52,26	158,6	2,75	Md.
54,20	158,6	2,53	*id.*
54,28	155,3 <	2,60	Da.
55,29	159,0	2,8	Sm
55,32	156,4	2,56	Md.
56,30	158,0	2,47	*id.*
56,74	157,1	2,30	Se.
58,31	157,7	2,54	Md.
59,34	158,4	2,70	*id.*
60,36	156,6	2,81	*id.*
62,32	156,0	2,82	*id.*
63,19	169,8 >	2,53	Ma
66,14	154,9	n. m.	Ta.
67,23	160,2 >	1,97	*id.*
68,81	156,7	2,36	De.
69,13	160,8 >	3,08?	Br.
70,29	158,3	2,38	Σ_2.
74,20	158,6	2,44	Fr.
74,20	156,0	2,54	Ws
74,70	156,6	2,28	Gl.
76,33	158,9 >	2,48	*id.*

Malgré la discordance des observations, nous pouvons conclure en faveur d'un système orbital en très-lent mouvement rétrograde. Les deux composantes sont animées d'un mouvement propre commun :

Æ — 0″,085 ; D. P. — 0″,013 : Σ

Sextant. 1457.

$10^{h}\,32^{m}\,28^{s}$. $83°\,38'$.

7,5 — 8,5 : blanches.

Date.	Angle.	Distance.	Obs.
1829,55	287,8	0,71	Σ.
37,53	299,5	0,75	*id.*
41,35	307,8 >	0,7	Md.
42,24	304,9	0,69	*id.*
44,22	309,4 >	0,80	*id.*
46,30	305,9	0,67	*id*

Date.	Angle.	Distance.	Obs.
	°	″	
1850,78	302,7	0,92	Da.
51,57	312,5>	0,84	Md.
52,29	311,2>	0,99	*id.*
53,32	310,2	0,97	*id.*
54,22	309,8	1,02	*id.*
55,32	312,6	0,91	*id.*
56,24	307,5	0,76	Se.
56,30	314,3>	n.m.	Md.
57,29	312,9>	0,6:	Wr.
58,30	304,5<	1,0	De
58,31	310,0	0,85	Md
59,29	310,8	0,95	*id.*
60,36	311,1	0,92	*id.*
62,32	315,4>	0,85	*id.*
63,20	309,8	0,91	*id.*
65,27	312,7	0,98	De.
66,32	312,8	0,73	*id.*
67,97	313,7	1,09	Σ_2.
72,28	312,3	0,81	Ws.
73,20	311,9	1,08	Gl.
75,37	312,0	1,18	Sp.
75,55	314,9	1,19	Ws.
76,31	316,7	n.r.	Dk.
77,22	314,6	n.r.	*id.*

Système orbital très-serré en mouvement direct. La distance augmente ; mais l'angle paraît stationnaire depuis vingt ans. Md, en 1859, le donne renversé de 180° dans quatre observations différentes.

Lion. P. x, 128. (224).

10h33m25s. 80°32′.

7,8 — 8,5.

1843,24	13,7	0,35	Md.
44,31	12,0	all.	Σ_2.
48,29	15,6	0,22	Md.
51,27	354,6	0,48	Σ_2.
57,34	13,6	all.	Se.
61,26	349,8	0,59	Σ_2.
67,32	339,3	0,5	De.
71,19	335,1	all.	*id.*
71,31	327,2	0,59	Σ_2.
72,31	336,8	0,55	*id.*
74,76	326,6	all.	De.

Système orbital très-serré, en rapide mouvement rétrograde.

Grande Ourse. 1465.

10h36m10s. 44°44′.

9 — 9,5 : blanches.

Date.	Angle.	Distance.	Obs.
	°	″	
1829,32	14,4	2,24	Σ.
44,32	7,3?	2,30	Md.
51,09	6,4	n.m.	*id.*
67,21	11,0	2,06	De.
71,48	10,0	2,30	Du.
74,26	5,0	2,0	Gl.

Mouvement rétrograde. Sans doute orbital.

Lion. 1472.

10h40m39s. 76°24′.

7,8 — 8,5.

1828,20	39,7	33,74	Σ.
29,27	39,4	33,74	*id.*
49,32	39,1	34,69	Σ_2.
63,16	40,5	35,97	En.
64,57	38,6	35,49	De.
77,50	38,3	36,12	

Mouvement rectiligne. La distance augmente lentement. Groupe de perspective.

Lion (228).

10h40m45s. 66°48′.

7,2 — 8.

1842	all.		Σ_2.
43,26	27,4	0,32	Md.
46,30	35,6	n.m.	*id.*
49,66	31,9	0,25	*id.*
51,34	30,4	0,25	Md.
51,71	16,1	0,49	Σ_2.
67,20	19,1	all.	De.
69,22	16,1	all.	*id.*
75,35	13,2	0,37	Sp.

Système orbital très-serré, en mouvement rétrograde assez rapide. ± 180°.

Grande Ourse (229).

10h41m9s. 48°15′.

6,7 — 7,3 : blanches.

1842	n.m.	0,8	Σ_2.
43,33	354,5	0,75	Md.

Date.	Angle.	Distance.	Obs.
	°	″	
1845,42	350,2	0,80	*id.*
46,55	347,0	0,68	Σ_2.
47,86	346,5	0,81	*id.*
49,27	347,3	0,92	Da.
59,84	344,2	0,78	Σ_2.
66,95	338,3	0,78	De.
70,37	334,9	0,71	*id.*
72,05	338,7	0,78	Du.

Système orbital très-serré, en lent mouvement rétrograde. L'angle de Md en 1843 était renversé de 180°. Cette étoile = Lal. 20767.

Lion. 1476.

10h43m12s. 93°23′.

7,? — 8 : blanches.

1831,00	351,9	2,27	H_1.
32,61	353,7	1,89	Σ.
38,33	354,1	2,10	*id.*
56,70	357,8	1,82	Se.
59,20	356,8	1,88	Wr.
71,30	358,0	2,27	Σ_2.
74,21	358,0	2,5	Gl.
74,21	359,2	2,39	Ws.
75,32	359,1	2,57	*id.*

Très-grande probabilité de système orbital en mouvement direct.

Grande Ourse. 1486.

10h47m52s. 37°15′.

7,5 jaune — 8,8.

1831,38	102,8	28,32	Σ.
1867,68	102,3	29,09	De.
77,75	102,3	29,41	Fl.

La distance augmente lentement. Groupe de perspective.

Lion (230).

10h48m4s. 68°35.

8 — 12.

1843,30	4,6	9,60	Md.
46,90	4,7	8,65	Σ.
67,30	11,4	8,31	De.
75,30	9,9	8,50	Σ_2.

Le mouvement paraît direct et la distance paraît diminuer. La grande différence d'éclat des deux composantes s'ajoute au mouvement rectiligne pour nous montrer là un groupe de perspective. Cependant le couple reste problématique. A = Lal. 20971.

---

54 Lion. H. III, 30. 1487.

10h 49m 7s. 64° 37′.

5 blanche — 7 grise.

Date.	Angle.	Distance.	Obs.
	°	″	
1781,64	99,2	6,41	H.
1802,10	100,7	n. m.	*id.*
21,68	98,3	7,02	So.
30,35	102,8	6,18	Σ.
32,26	102,5	6,5	Sm
39,33	102,7	6,2	*id.*
40,30	103,8	6,22	Da.
43,78	104,3	6,02	Md.
50,19	103,8	6,26	Da.
51,27	103,9	6,11	Md.
52,25	103,3	6,24	De.
53,85	103,0	6,34	Md.
54,27	102,5	6,34	Wr.
55,94	103,8	5,78	De.
56,59	104,3	6,33	Se.
60,34	104,6	6,40	$Σ_2$.
61,14	104,4	6,03	Md.
63,15	103,8	6,35	Ba.
66,45	104,8	6,32	Do.
67,23	103,6	6,28	Ta.
68,21	105,4	6,81	*id.*
69,27	106,1	5,90	Du.
70,32	103,5	7,05>	Ta.
74,21	104,6	6,5	Gl.
74,12	105,2	6,45	Ws.
75,32	104,5	6,25	Sp.
77,33	104,5	n. r.	Dk.
77,40	104,7	6,30	Fl.

Beau couple, d'une observation agréable. Paraît orbital, en mouvement direct excessivement lent. Mouvement propre de A très-faible :

Æ — 0s,002 ; D. P. 0″,00.

Lion. 1500.

10h 53m 55s. 92° 50′.

7 — 8 blanches.

Date.	Angle.	Distance.	Obs.
1825,22	330,9	1,07	Σ.
32,09	321,5	0,97	*id.*
41,20	317,1	0,91	Da.
42,24	322,9	1,06	Md.
	°	″	
1843,29	324,9	0,96	Mä.
44,29	320,3	1,13	*id.*
56,28	318,3	1,05	Se.
60,34	315,8	1,15	Da.
67,23	314,4	1,46	Ta.
67,27	317,5	1,43	Do.
71,31	317,3	1,53	$Σ_2$.
73,24	314,6	1,38	Ws.
74,22	314,2	1,42	Gl.
74,22	314,1	n. m.	Ws.
75,30	314,0	1,5	Gl.
75,37	313,2	1,41	Sp.
75,82	316,4	1,33	Ws.

Système orbital serré, en mouvement rétrograde.

Coupe. H. I, 77. St. 211.

10h 56m 12s. 105° 8′.

8 = 8.

Date.	Angle.	Distance.	Obs.
1783,08	5 ±	cl. 1.	H.
1783,18	7,6	n. m.	*id.*
1876,08	16,2	2,92	St.

Je trouve deux observations de ce couple par H., en 1783, et deux par St., en 1876, qui concordent assez entre elles pour accuser un mouvement direct. Il est surprenant que cette étoile n'ait pas été observée entre ces dates extrêmes.

Lion. P. x, 229. 1504.

10h 57m 48s. 85° 43′.

7,4 — 7,5 : blanches.

Date.	Angle.	Distance.	Obs.
1828,31	273,6	1,15	Σ
29,13	275,7	1,08	*id.*
36,29	280,0	1,3	Sm.
42,27	279,0	0,95	Md.
44,31	280,5	0,92	*id.*
46,20	278,8	1,15	*id.*
51,78	280,2	1,07	*id.*
58,35	282,5	1,23	*id*
60,00	283,7	1,20	*id.*
65,50	283,6	1,10	De.
71,31	280,1	1,23	$Σ_2$.
74,22	283,9	1,2	Gl.
74,24	284,6	1,16	Ws.
75,37	286,3	1,16	Sp
	°	″	
1875,30	285,0	1,1	Gl.
74,64	286,2	1,10	Ws.

Système orbital serré, en mouvement direct assez rapide. Mouvement propre mal déterminé (*voy.* mon Catalogue). Ce n'est pas P. x, 239, comme on l'écrit quelquefois (ex. : Md 1862), mais bien 229.

Grande Ourse. So. 621.

11h 3m 57s. 23° 20′.

7,5 = 7,5.

Date.	Angle.	Distance.	Obs.
1825,20	25,5	43,43	So.
74,20	37,7	57,02	De.
76,49	38,6	57,72	*id.*
77,50	38,8	57,84	Fl.

L'augmentation de distance entre l'observation de So et celle de De est très-remarquable. Mouvement rectiligne. Groupe de perspective, malgré l'égalité d'éclat des composantes. Ce couple écarté est immédiatement suivi par celui-ci, à 6′ au nord.

Grande Ourse. 1514.

11h 4m 7s. 23° 14′.

8,5 — 10.

Date.	Angle.	Distance.	Obs.
1832,92	334,9	1,15	Σ.
66,70	344,0	1,15	De.

Système orbital serré, en mouvement direct assez rapide.

Lion. P. xi, 9. 1517.

11h 7m 24s. 69° 13′.

7 — 7 ; jaune clair

Date.	Angle.	Distance.	Obs.
1829,70	287,8	1,05	Σ.
30,24	288,0	1,19	H_2.
31,07	289,3	0,81?	*id.*
33,31	288,6	1,2	Sm.
36,36	289,5	1,15	Σ.
40,30	288,9	1,09	Da.
44,27	288,2	0,7	Md.
45,31	282,7	0,92	$Σ_2$.
52,22	286,4	1,06	*id.*
54,17	283,6	0,91	Da
56,98	287,4	0,78	Se.
57,97	285,0	all.	De.
69,39	287,3	0,59	Du.

Date.	Angle.	Distance.	Obs.
	°	"	
1870,09	284,6	0,71	De.
72,40	288,8	0,64	Du.
72,40	284,4	n. m.	Ta.
74,22	283,5	0,6±	Gl.
75,20	286,8	0,58	Du.
75,39	284,0	0,67	Sp.
75,70	285,0	0,7	Gl.
75,81	285,6	0,75	Ws.
76,31	284,5	n. r.	Dk.
76,40	278,9	0,50	Ha.
77,26	284,8	n. r.	*id.*

Beau couple, serré, rappelant celui de η Couronne.

La distance diminue certainement. Système orbital très-serré et fortement incliné sur le plan de notre rayon visuel. L'angle paraît aussi diminuer lentement. Mouvement propre commun assez fort :

Æ — 0s,025; D.P. + 0",14.

Dragon. 1516.

$11^h 7^m 25^s$. 15°52'.

7 — 7,5 : blanches.

1790,21	298,6 :	29 ::	Ll
1823,92	n. m.	14,22	Σ.
1824,28	296,3	12,48	So.
31,40	301,0	12±	H_2.
31,55	298,7	9,93	Σ.
32,84	299,4	9,56	*id.*
33,26	300,0	9,85	H_2.
33,46	299,7	9,25	Σ.
34,43	301,0	8,95	*id.*
35,56	301,7	8,42	*id.*
36,64	302,6	8,13	*id.*
37,61	304,0	7,78	*id.*
40,45	307,8	6,30	*id.*
41,53	308,7	6,26	Md.
41,92	308,8	5,79	Σ.
43,65	312,6	5,23	Kr.
44,39	313,8	5,21	Md.
46,92	319,1	3,99	$Σ_2$.
48,93	323,8	3,24	*id.*
50,92	337,0	2,89	*id.*
54,26	6,8	2,49	Wr.
54,55	8,3	2,70	De.
55,15	16,1	2,81	*id.*
55,47	23,2	2,39	$Σ_2$.
56,14	25,7	2,65	De.
56,29	29,5	2,61	Se
58,29	44,2	2,87	De.
59,76	48,0	3,02	$Σ_2$.
60,21	56,5	3,25	Wr.
63,35	70,1	4,15	De.

Date.	Angle.	Distance.	Obs.
	°	"	
1864,44	71,4	4,43	Ma.
66,29	80,3	5,29	En
67,78	78,5	5,47	Du.
68,40	78,7	6,18	Ma.
69,51	82,9	6,41	Du
70,46	86,9	6,95	*id.*
71,49	87,3	7,26	*id.*
72,54	86,4	7,90	$Σ_2$.
72,77	89,1	7,70	Ws.
74,13	90,5	9,1	Gl.
75,28	89,6	8,81	Ws.
75,54	90,5	8,82	Du.
76,22	89,2	9,3	Gl.
77,37	91,0	9,51	Fl.

Groupe de perspective, très-remarquable. Type des mouvements rectilignes. Comme je l'ai montré en 1875 (*Académie des Sciences*, 15 mars), toutes les observations modernes confirment la présomption de Σ en faveur du mouvement rectiligne : il est dirigé vers 94°, avec une vitesse annuelle de 0",404, qui se décompose en Æ + 0",39 et D.P. + 0",11. Ce mouvement de B est précisément parallèle et de signe contraire au mouvement propre déterminé pour A d'après les observations méridiennes. L'écartement minimum des deux composantes est arrivé en 1855 à 2",60. Ainsi, quoique B soit peu différente de A comme éclat, elle est beaucoup plus éloignée de nous, puisque ces deux corps n'agissent pas l'un sur l'autre. Le mouvement de A forme un angle de 45° avec la résultante perspective de celui du Soleil dans l'espace. Elle est à tort inscrite comme binaire sur plusieurs catalogues (Chambers, 1868, Wilson, 1877, etc.).

En 1858, $Σ_2$ a mesuré une faible étoile de 12e grandeur, qui, mesurée depuis par Du, paraît se déplacer en mouvement direct et néanmoins participer au mouvement propre de A :

1858,86	291,6	8,01	$Σ_2$.
69,65	293,0	n. m.	Du.
75,54	299,4	7,48	*id.*

Si cette étoile ne partageait pas le mouvement de A, la relation mesurée en 1858 serait devenue, en 1875, 335°,8 et 1",10; elle forme donc avec A un système dont les observations futures nous démontreront la nature.

ξ Grande Ourse. II. 1, 2. 1523.

$11^h 11^m 48^s$. 57°47'.

4e jaune d'or — 5e cendrée.

Date.	Angle.	Distance.	Obs.
	°		
1781,96	143,8	n. m.	H
1802,09	97,5	n. m.	*id.*
04,08	92,6	n. m.	*id*
19,10	284,5	2",56	Σ.
21,78	264,7	1,92	*id.*
23,29	258,5	n. m.	H_2
25,22	244,5	2,44	So.
26,20	238,7	1,75	Σ.
27,27	228,3	1,72	*id.*
28,39	224,5	2,0	H_2.
29,35	213,6	1,67	Σ.
30,20	212,3	2,0	H_2.
30,86	203,1 <	1,85	Bs.
30,94	207,5	1,8	Sm.
31,25	201,1	1,90	H_2.
31,34	201,9	1,98	Da.
31,39	199,0	1,93	Bs.
31,44	203,8 >	1,71	Σ.
32,27	196,7	1,76	Da.
32,29	196,9	1,9	Sm.
32,41	195,9	1,75	Σ.
33,14	189,8	2,06	H_2.
33,23	189,8	1,98	Da.
33,34	190,6	2,1	Sm.
33,84	188,4	1,76	Σ.
34,40	184,1	1,87	*id.*
34,97	182,6	1,8	Sm.
35,37	180,2	1,9	*id.*
35,41	180,2	1,76	Σ.
36,28	171,4	1,92	Da.
36,33	170,9	1,8	Sm.
36,44	171,2	1,97	Σ.
37,28	165,5	1,8	Sm
37,47	165,3	1,93	Σ.
38,43	160,4	2,26	*id.*
38,48	160,7	2,1	Sm
39,23	156,9	2,0	*id.*
39,47	157,9	1,89	Ca.
40,25	152,2	2,08	Kr.
40,29	150,8	2,44	Da.
40,40	153,6 >	2,29	$Σ_2$.
41,21	148,0	2,40	Da.
41,29	150,2	2,44	Md.
41,40	150,9	2,23	$Σ_2$.
42,24	147,0	2,41	Md.
42,27	144,8	2,44	Da.
42,40	147,6	2,34	$Σ_2$.
42,50	145,1	2,7	Kr.
43,16	143,2	2,3	Sm.
43,28	142,2	2,48	Da.
43,39	143,7	2,37	Md.
43,48	141,9	2,71	Sl.
43,60	140,2	2,55	Kr.
44,34	140,4	2,45	$Σ_2$.

Date.	Angle.	Distance.	Obs.
	°	"	
1844,35	141,0	2,70	Md.
45,30	137,8	2,65	*id.*
45,46	138,2	2,51	Σ_2.
46,37	137,2	2,56	*id.*
46,40	134,4	2,45	Md.
47,32	131,5	2,66	Da.
47,35	132,5	2,68	Md.
47,41	130,0	2,66	Σ_2.
48,16	129,4	2,81	Da.
48,41	130,0	2,66	Σ_2.
48,45	129,1	2,90	Bo.
49,18	132,8	3,0	Sm.
49,30	126,6	3,01	Da
49,37	127,7	2,78	Σ_2
50,30	124,2	3,37>	Ja.
50,39	124,1	2,68	Σ_2.
50,44	125,0	2,65	Md.
51,19	123,1	2,83	Ft.
51,31	122,9	2,98	Da.
51,31	123,5	2,9	Sm.
51,41	123,0	2,80	Σ_2.
51,78	122,1	3,02	Md.
52,13	122,3	2,90	Mi.
52,20	119,8	2,92	Ft.
52,34	117,7<	2,90	Wr.
52,35	120,9	2,75	Md.
52,38	120,0	n. m.	Da.
52,40	120,6	2,76	Σ_2.
53,19	118,8	3,01	Mi.
53,20	119,5	3,01	Ja.
53,23	118,9	2,98	Ft.
53,32	118,8	2,94	Md.
53,40	119,0	2,89	Σ_2.
54,36	115,9	2,96	Da.
54,37	116,4	2,89	Md.
54,38	115,9	2,90	Σ_2.
54,88	115,0	3,20>	De.
55,29	114,3	2,95	Se.
55,44	115,7	2,87	Md.
55,44	115,2	2,85	Σ_2.
56,18	111,9	3,12	Ja.
56,26	113,9	3,13	Se.
56,34	112,3	3,18	De.
56,42	112,7	2,97	Md.
56,82	110,9	2,99	Ja.
57,36	109,7	3,11	Se.
57,43	109,7	2,75<	Md.
57,46	110,2	2,97	Σ_2.
58,00	108,2	2,90	Ja.
58,20	108,9	3,18>	De.
58,20	108,1	2,85	Wr.
58,39	108,9	2,97	Σ_2.
58,42	108,8	2,92	Md.
59,37	106,1	2,97	*id.*
59,57	104,9	2,84	Σ_2.
60,08	105,3	2,84	Wr
60,32	105,2	2,88	Da.
61,40	101,1	2,70	Σ_2.
1861,56	100,4	3,03	Au
62,35	99,9	2,90	Md.
62,39	99,3	2,63	Σ_2.
63,14	95,5	2,79	Ba
63,20	89,5<	2,62	Ma.
63,23	96,7	2,56	De.
63,46	95,8	2,55	Σ_2.
63,50	93,3	2,59	Ba
64,16	95,8	2,59	En.
64,42	94,2	2,33	Σ_2.
64,50	94,0	2,42	Da.
64,83	92,0	2,23	De.
65,12	91,4	2,44	En.
65,51	89,9	2,53	Se.
66,16	93,4>	2,70	Ta.
66,30	86,8	2,06	De.
66,31	86,5	2,26	Se.
66,40	85,4	2,12	Σ_2.
66,45	87,8	2,08	Kr.
67,31	82,2	1,90	Do.
67,47	81,1	1,91	Σ_2.
68,23	79,0	2,49>	Ta.
68,30	77,5	1,74	De.
68,39	77,0	1,77	Ma.
68,42	72,5	1,63	Σ_2.
69,40	68,7	1,29	Du.
70,18	59,2	1,32	Σ_2
70,24	57,7	1,39	De.
70,43	53,8	1,16	Du.
71,22	47,7	1,20	De.
71,40	45,7	1,12	Σ_2.
71,42	47,7	1,2	Gl.
71,39	39,2	1,04	Wk.
71,47	40,0	0,98	Du.
72,09	29,7	1,0	Kr.
72,05	30,7	1,1	Gl.
72,32	19,4	1,07	De.
72,35	19,7	1,18	Ws.
72,41	17,8	0,97	Σ_2.
72,46	16,5	0,91	Du.
72,48	15,4	0,98	Se.
73,27	0,0	0,90	Er.
73,33	358,9	0,97	De.
73,42	358,4	0,85	Du.
73,42	357,0	0,94	Lt.
73,43	358,4	0,96	Σ_2.
73,94	341,7	0,8	Er.
73,95	342,4	0,8	Bu.
74,13	338,5	1,0	Gl.
74,21	337,8	1,48	Fr.
74,20	336,7	0,92	Ws
74,35	333,6	1,02	Do
74,41	338,1	1,03	Σ_2.
74,45	335,1	0,93	Du
75,27	317,6	1,09	De.
75,31	317,5	1,31	Sp.
75,33	317,2	1,28	Ws
75,45	316,4	1,08	Du.
1876,19	304,2	1,1	Gl.
76,30	304,8	1,24	De.
76,36	305,5	1,38	Ws.
76,48	303,8	1,31	Du
77,26	294,9	1,42	De.
77,29	294,8	1,7	Dk.
77,29	294,1	1,68	Kn.
77,40	294,6	1 52	Ws.

Ce beau système binaire est le premier dont l'orbite ait été calculee, le premier qui ait démontré que la force de la gravitation s'étend au delà de notre système solaire et que ses lois régissent les autres univers comme elles régissent le nôtre. Cette première orbite d'étoile double a été calculée en 1828 par l'astronome français Savary (compatriote d'Arago), enlevé trop tôt à la science (1841), et publiée dans la *Connaissance des temps* pour 1830. Voici ces premiers éléments :

Angle entre l'intersection des deux plans et le grand axe apparent....	3° 42′ 6
Angle *id.* et le grand axe réel.........	48° 21′ 7
Inclinaison.........	59° 40′ 5
Demi grand axe....	3″,506
Excentricité........	0,4164
Constante des aires..	0,7364
Moyen mouvement..	0,1078
Durée de la révolution.............	58ans,2625

Un grand nombre d'astronomes ont calculé depuis 1830 la même orbite, sur les observations nouvelles, de plus en plus multipliées, de plus en plus complètes. En 1873, année du passage au péri-astre apparent, j'ai calculé l'orbite apparente, d'où j'ai ensuite tiré l'orbite absolue. Voici ces resultats :

Orbite apparente.

Demi-grand axe.........	2″,45
Excentricité............	0,823
Plus grande distance apparente.......	3″,13 à 116°,5
Époque *id.*	1854,5
Plus petite distance apparente.........	0″,96 à 358°,0
Époque *id.*	1873,4
Période..............	60ans,63.

Orbite absolue.

$$\Omega = 101°$$
$$i = 55$$
$$\pi = 317$$
$$T = 1875{,}50$$
$$e = 0{,}371$$
$$a = 2'',535$$
$$P = 60{,}63$$

On voit qu'elle a déjà parcouru plus d'une révolution entière depuis sa découverte.

Ce système est emporté dans l'espace par un mouvement propre rapide :

Æ — 0^s^,037 ; D.P. + 0″,59.

mouvement presque parallèle et contraire à celui du Soleil dans l'espace. Il serait du plus haut intérêt de déterminer la parallaxe de cette étoile, si toutefois elle est assez proche pour en offrir une sensible.

Lion 339. II.N,142. 1527.

$11^h 12^m 43^s$. 75°4′.

7 jaune clair — 8 bleue.

Date.	Angle.	Distance.	Obs.
	°	″	
1801,93	n. m.	< 4	H.
22,20	9,7	3,73	Σ.
24,60	10,4	4,93	So.
29,30	10,2	3,88	Σ.
40,60	10,2	4,00	Da.
44,27	10,4	4,10	Md.
54,27	11,5	3,90	Da.
55,70	11,6	3,93	Wr.
56,70	12,2	3,74	Se.
58,16	13,3	3,99	De.
66,25	13,7	3,65	*id.*
66,35	12,8	3,85	Ta.
67,24	15,3	3,25	*id.*
72,40	14,2	3,05	*id.*
73,24	13,9	3,90	Ws.
75,30	14,4	3,43	Du.

Haute probabilité de système orbital en mouv. direct très-lent.

A doit être variable :

So	1825,23	8^e^
Σ	1822,20	8^e^
Da	1840,60	8^e^
Wr	1856,36	7.5
Da	1854,27	7.2
Σ	1829,30	6,9
De	1866,25	6,8
Du	1875,32	6,5
Du	1875,34	6,0

Elle parait quelquefois très-blanche et quelquefois jaune ; B presente aussi certaines variations qui peuvent dependre du contraste de l'éclat et de la nuance de A.

Cette étoile = Lal. 21571.

Lion. 1534.

$11^h 15^m 33^s$. 71°9′.

8 jaune — 11.

Date.	Angle.	Distance.	Obs.
	°	″	
1827,28	343,3	4,56	Σ.
29,20	341,2	5,03	*id.*
31,24	339,3	5,13	*id.*
35,31	338,8	4,63	*id.*
44,29	338,1	4,21	Md.
48,35	334,3	5,12	*id.*
51,26	335,9	5,42	*id.*
52,30	333,1	4,99	*id.*
64,76	330,6	4,74	Le.
65,50	330,7	6,06	En
70,30	330,9	5,13	Σ_2.
74,13	330,2	4,2	Gl.
74,24	334,7	3,61 ?	Ws.
75,70	332,4	4,75	Gl.
76,35	334,5	n. m.	Ws.

Mouvement rétrograde très-lent. La différence de grandeur des composantes et la faiblesse de la variation de l'angle ne permettent de rien décider sur la nature du mouvement.

---

78 ι Lion. 1536.

$11^h 17^m 39^s$. 78°48′.

4e jaune — 8e bleuâtre.

Date.	Angle.	Distance.	Obs.
	°	″	
1827,81	97,0	2,29	Σ.
28,59	95,4	2,09	*id.*
30,62	93,0	2,00	*id.*
32,01	92,4	2,19	*id.*
33,34	90,5	2,17	*id.*
34,00	91,8	2,44	Da.
35,33	90,3	2,41	Σ.
36,40	90,5	2,4	Sm.
37,39	90,1	2,41	Σ
39,32	87,7	2,4	Sm
40,29	87,6	2,44	Da.
40,64	89,2	2,29	Σ.
40,98	90,6	2,41	Σ_2.
41,29	86,8	2,52	Da.
41,32	86,7	2,29	Md.
42,22	86,3	2,28	*id.*
42,27	85,3	2,46	Da.
42,34	85,0	2,49	Σ.
42,59	88,2	2,30	Kr.
43,27	85,3	2,63	Da.
43,38	86,0	2,5	Sm.
43,52	85,2	2,34	Md.
46,31	82,8	2,31	*id.*
47,35	81,3	2,35	*id.*
47,36	82,7	2,33	Σ.
1847,72	83,6	2,48	Da.
48,13	81,4	2,36	Md.
48,30	81,2	2,84	Ja.
49,29	81,6	2,64	Da
49,36	80,9	2,27	Σ.
50,11	82,6	2,34	Σ_2.
51,28	80,0	2,47	Md.
51,55	80,7	2,62	Da.
52,38	79,1	2,42	Md.
53,21	79,7	2,44	Ja.
53,29	81,3	2,5	Sm.
53,34	78,9	2,70	Md.
53,35	83,2>	2,71	Wr.
54,37	78,9	2,54	Md.
54,38	79,5	2,56	Da.
55,27	81,7	2,09	Ft.
56,26	76,4	2,57	Se.
56,37	76,1	2,48	Md.
57,22	78,3	2,57	De.
57,37	76,0	2,39	Md.
58,21	76,6	2,64	Ja.
58,34	76,7	2,6	De.
58,35	75,1	2,46	Md.
60,29	76,0	2,68	Da.
60,43	76,0	2,58	Md.
60,73	77,6	2,62	Σ_2.
61,18	74,5	n. m.	Po.
62,25	73,9	2,72	Ma.
63,23	76,7	2,51	De.
65,30	76,5	2,88	Se.
65,40	72,1	2,81	Ea.
65,70	76,8	2,92	En.
66,08	74,9	2,56	De.
66,16	75,6	2,95	Ta.
66,32	71,5	2,75	Kr.
66,39	72,0	2,67	Se.
67,27	72,8	2,75	Ma.
67,36	76,2>	2,73	Σ_2.
68,21	76,9>	3,06>	Ta.
68,40	72,8	2,84	Ma.
69,25	74,0	2,73	Er.
70,08	72,3	2,54	De.
71,27	75,9>	2,88	Ma.
71,32	72,0	2,5	Gl.
72,28	70,6	2,54	De
72,42	75,8>	2,68	Ta.
73,23	69,8	2,69	Ws.
73,23	70,1	2,66	De.
73,28	73,2	2,02	Fr.
74,13	68,0	2,70	Gl
74,22	69,8	2,71	Ws.
74,22	71,1	2,57	De.
75,20	70,1	2,54	Du.
75,31	70,6	2,49	De.
75,32	68,1	2,73	Sp.
75,36	67,6	3,08	Ma.
76,00	69,8	2,69	Ws.
76,19	69,1	2,75	Gl.

Date.	Angle.	Distance.	Obs.
	°	″	
1876,28	66,2	2,89	Dk.
76,40	69,8	2,77	Ha.
76,40	67,2	3,99>	Hv.
77,24	63,9<	2,84	Dk.
77,29	70,3>	2,87	Kn.
77,36	68,4	2,54	De.

Système probablement orbital en mouvement rétrograde peu rapide : 30° en 50 ans ; 360° conduiraient à 630 ans. Le diagramme montre dans le mouvement de B de fortes irrégularités, s'élevant à 0″,4, et des stations qui semblent indiquer des perturbations provenant d'une troisième étoile, invisible pour nous, mais proviennent sans doute de la difficulté des observations à cause de l'éclat de A et de la faible distance. Le mouvement propre de cette étoile est très-peu connu (*voy.* mon Catalogue), et nous ne pouvons pas affirmer qu'il soit commun aux deux composantes.

Problématique. Il n'est pas certain que le mouvement soit orbital, car il s'expliquerait aussi par une ligne droite dirigée vers 14° ; vitesse = 0″,026, dont

Æ + 0″,006 et D.P. — 0″,025.

Ce mouvement relatif ne peut pas être produit par le mouvement propre de A.

Les couleurs de B sont diversement estimées. En 1873, Fr. écrit : « La piccola è certamente ranciata. » Cette remarque m'a fait rechercher les principales notifications de couleurs ; j'ai trouvé :

		A	B
Σ	1832	3,0 jaune.	7,1 bleue.
Sm	1836	4,0 jaune pâle.	7,5 bleu clair.
Da	1841	5,0 jaune.	9,0 bleue.
id.	1842	4,0 jaune	8,0 pourpre.
id.	1843	4,0 jaune.	9,0 bleu somb.
id.	1847	4,0 jaune.	8,0 verte.
id.	1849	4,0 jaune.	7,0 lilas.
id.	1851	4,0 jaune.	8,0 bleu pâle.
Wr	1853	4,0 jaune.	7,0 bleue.
Se	1856	4,2 jaune.	8,5 bleue.
Da	1865	4,0 jaune.	8,0 pourp. pâle
De	1866	4,5 jaune clair.	7,5 olivâtre.
Fr	1873	4,0 jaune.	8,0 orangée.
Du	1875	4,6 jaune.	7,4 azur.

On peut conclure que l'étoile principale reste invariable d'éclat et de couleur, mais que la seconde varie de 7 à 9 et de chaque côté du bleu, du vert à l'orangé d'une part, et du bleu foncé au pourpre d'autre part. Il n'y a pas ici d'effet de contraste pour la variation, puisque A ne varie pas.

τ Lion. H. VI, 12. Σ app. I, 19.

$11^h 21^m 46^s$. — 86° 29′.

5 — 7.

Date.	Angle.	Distance.	Obs.
	°	″	
1782,28	165,3	90	H.
1800,00	169,5	95,6	Li.
23,30	169,8	95,2	So.
25,00	166,9	96,9	Bs.
34,94	169,6	94,7	Σ.
36,00	170,1	93,8	Rk.
59,21	252,2?	94,4	Se.
63,26	171,7	93,4	En.
68,91	171,9	93,7	De.
75,18	172,1	92,8	Ma.
77,42	172,2	92,2	Fl.

Mouvement rectiligne. J'ai augmenté la distance de H de 7″ pour la correction des diamètres ; mais elle devrait être plus forte encore. Sans doute groupe de perspective. Le mouvement propre de τ est

Æ — 0s,001 et D.P. + 0″,02.

Il est difficile de s'expliquer l'angle de Se.

B = W. B. (1) XI, 349.

---

57 Gr. Ourse. H. III, 86. 1543.

$11^h 22^m 37^s$. — 50° 1′.

6 blanche — 8 *violette*.

1783,10	14,4	n. m.	H.
1825,25	10,3	5,86	So.
31,91	10,7	5,37	Σ.
35,42	9,9	5,9	Sm.
44,86	7,9	5,41	Md.
46,32	8,3	5,5	Ja.
46,38	8,3	5,5	Sm.
48,34	7,2	5,43	Σ.
48,70	7,2	5,52	Da.
51,27	7,6	5,61	Md.
53,24	6,8	5,26	Ja.
57,28	6,0	5,38	Wr.
57,89	6,5	5,16	Se.
58,16	5,5	5,42	De.
58,43	9,5>	4,89	Md.
64,43	355,6<	4,72<	Ma.
66,13	6,7	5,41	Da.
70,46	5,5	5,75	$Σ_2$.
73,05	5,8	5,46	Du.
74,29	6,5	6,0±	Gl.
75,33	5,3	5,62	Sp.
75,80	6,7	5,60	Ws.
75,80	5,3	5,65	Gl.

Date.	Angle.	Distance.	Obs.
	°	″	
1877,40	2,4	5,47	Ha.
77,41	3,2	5,58	Fl.

Lent mouvement rétrograde. Système physique en mouvement propre commun. B doit être variable : en 1783 elle paraissait comme un point rouge sans grandeur sensible ; en 1825, So la marquait de 10e grandeur ; en 1831, Σ la notait 8e, Sm *id.* 1835, Da = 9 en 1848. Je la vois violette très-vive.

Grande Ourse. (234).

$11^h 24^m 21^s$. — 48° 2′.

7 — 7,8.

1843,33	179,6	0,25	Md.
44,66	177,5	0,43	$Σ_2$.
45,42	194,6	0,30	Md.
47,41	187,2	0,25	*id.*
48,66	188,9	0,37	$Σ_2$.
51,36	200,4	0,3	Md
52,09	200,3	0,31	$Σ_2$.
58,88	243	all.	*id.*
61,35	257	all.	*id.*
66,45	simple.		*id.*
70,46	282	all.	*id.*
77,26	307:	0,25:	De.

Système orbital très-serré, en mouvement direct très-rapide : 129° parcourus en 34 ans, ou près de 4° par an ; 360° conduiraient à une période de 95 ans seulement.

Le Catalogue de H_2 porte comme synonyme de la même étoile : So 126 ; mais ce ne peut être la même. L'observation de So (1822) donne 90° et 13″. Du reste Burnham a inspecté cette place du ciel et constaté que le couple 126 en est absent. Ce couple est Σ 1544, à 18° plus au nord.

Grande Ourse (235).

$11^h 25^m 31^s$. — 28° 15′.

6 — 7,8.

1843,61	282,7	0,53	Md.
44,90	293,0	0,60	$Σ_2$.
46,94	311,3	0,55	*id.*
49,89	318,6	0,52	*id.*
51,42	327,9	0,54	*id*
52,94	331,5	0,55	*id.*
56,51	348,8	0,53	*id.*

Date.	Angle.	Distance.	Obs.
1858,92	358°,7	0″,68	id.
61,74	15,6	0,68	id.
65,46	29,3	0,81	id.
68,59	38,2	0,84	De.
71,53	40,2	0,99	Σ_2.
77,26	55,5	1,07	De.
77,43	55,0	1,09	Ws.

Système orbital très-serré, en mouvement direct très-rapide : 132° parcourus en 34 ans, ou 4° par an ; 360° conduiraient à une période de 90 ans seulement. La distance augmente ; mais le mouvement est curviligne.

Cette étoile = B.A.C. 3918.

Lion. 1549.

11h 26m 18s. 65° 0′.

8,5 — 9,5.

1828,75	115,9	14,03	Σ.
44,29	115,4	13,47	Md.
67,25	115,5	13,33	De.
77,40	115,2	12,98	Fl.

La distance diminue lentement. Observations insuffisantes pour décider.

90 Lion. H. I, 27. 1552.

11h 28m 28s. 72° 32′.

Triple.

A = 5,8 blanche ; B = 7 bleuâtre ; C = 9

AB.

1782,28	208,8	n. m.	H.
1802,18	210,0>	n. m.	id.
22,27	208,9	4,45	So.
29,94	209,4	3,01	Σ.
32,40	207,3	3 ±	H_2.
34,54	210,9	3,13	Md.
35,38	209,1	3,5	Sm.
42,31	212,3>	3,14	Md.
43,39	211,9	3,21	id.
44,34	213,5>	3,54	id.
46,40	209,5	3,10	Wr.
48,32	208,9	3,10	id
51,19	211,8	3,24	Md.
51,30	210,8	3,03	Da.
52,30	213,0	3,00	Md.
54,20	211,2	3,39	id.
54,37	208,0<	3,18	Wr.
55,31	209,6	3,46	id.
56,36	211,3	2,89<	Md.
57,37	210,6	3,22	id.
60,38	209,1	3,62	id.
61,33	208,8<	3,28	Ma.
1861,43	210°,9	3″,09	Σ_2.
63,17	212,3	3,31	Ba.
65,33	214,1	3,55	Se.
66,23	212,1	3,17	De.
68,21	213,1	4,14>	Ta.
70,35	210,8	3,58	id.
74,24	211,7	3,2	Gl.
74,24	211,1	3,25	Ws.
75,33	211,2	3,31	id.
77,45	212,5	3,29	Fl.

AC.

1782,28	234,9	n. m.	H.
83,29	234,2	53,72	id.
1822,27	233,3	60,75	So.
35,38	233,9	58,8	Sm.
65,33	234,5	63,33	Se.
74,23	235,4	n. m.	Ws.
75,20	234,0	n. m.	Gl.
77,45	234,9	64,48	Fl.

AB paraissent former un système orbital en mouvement direct très-lent. L'étoile C se déplace suivant un mouvement rectiligne, et forme avec AB un groupe de perspective. Il est fâcheux que le mouvement propre de A ne soit pas directement déterminé.

Gr. Ourse. P. XI, III. 1555.

11h 29m 59s. 61° 33′.

Triple.

A = 6,0 ; B = 6,4 : blanc. ; C = 11, sombre.

AB.

1829,12	339,4	1,25	Σ.
30,26	338,0	n. m.	H_2.
32,24	340,3	1,45	Da
34,31	340,1	1,4	Sm
42,96	339,0	0,94	Md.
55,95	339,1<	1,81	Se.
56,09	338,6<	1,0	De.
59,35	342,8	1,14	Wr.
65,75	343,7	0,92	En.
67,39	342,6	0,69	Σ_2.
68,36	342,0	0,67	id.
70,06	345,9	0,78	Du.
70,08	341,6	0,82	De.
74,29	344,0	1,0 ±	Gl.
75,37	344,0	0,74	Sp.
75,64	343,1	0,75	Ws.
75,75	344,9	0,6	Gl.
76,30	344,3	0,82	id.
77,33	337,1 ?	0,72	Dk.

AC.

Date.	Angle.	Distance.	Obs.
1834,31	145°,0	17″,0	Sm.
71,31	145,4	21,11	De.

Le couple AB forme un système orbital serré, en mouvement direct excessivement lent. La troisième étoile forme avec ce couple un groupe de perspective ; la distance augmente.

Grande Ourse (237).

11h 32m 32s. 48° 11′.

7,5 — 9.

1843,33	294,1	0,60	Md.
45,42	291,4	0,67	id.
45,42	291,4	0,66	id.
45,82	287,0	0,74	Σ_2.
47,40	293,2>	0,64	Md.
51,36	296,2>	0,60	id.
61,68	274,9	0,92	Σ_2.
67,51	273,1	1,00	De.
71,01	272,3	1,05	id.
75,36	277,0	1,02	Sp.
77,43	273,1	1,03	Ws.

La distance augmente lentement et l'angle rétrograde. Plusieurs interversions de lecture de 180°. Très-grande probabilité de système orbital.

Dragon. 1588.

11h 36m 6s. 16° 58′.

8,5 — 8,7 : blanches.

1831,40	63,0	18	H_2
31,59	60,7	16,49	Σ.
64,27	57,7	15,27	De.
77,44	56,3	14,53	Fl.

L'angle et la distance diminuent. Observations insuffisantes pour conclure.

Grande Ourse. 1594.

11h 57m 21s. 47° 57′.

8,7 — 10,5.

Date.	Angle.	Distance.	Obs.
1831,93	165°,0	16″,95	Σ.
67,39	162,6	15,42	De.
71,23	161,8	16,1	Ws.
74,30	164,0	16,3	Gl.
75,83	161,2	13,31	Ws.

La distance paraît sûrement diminuer. De nouvelles observations précises seraient nécessaires. Ce couple a dans son voisinage l'étoile la plus remarquable du ciel entier par la rapidité de son mouvement propre : 1830 Groombridge, de 7e grandeur.

Æ = 11h 46m 5s ; D. P. = 51° 25′.

Dragon. 3123.

12h 0m 0s. 20° 38′.

6,5 = 6,5.

Date.	Angle.	Distance.	Obs.
	°	″	
1832,20	289,7	0,3 all.	Σ.
36,73	295,6	0,2 all.	
41,57	275,4	0,3 all.	Md.
42,78	291,3	0,2 all.	*id.*
62,95	simple		De.
67,70	simple		Σ_2.

Système très-serré : la distance a diminué, et les deux étoiles s'occultent depuis plus de vingt ans ; à moins que l'élongation observée ne soit qu'une illusion. Cette étoile = Arg.-Oeltz. 12330.

Dragon. 1602.

12h 1m 7s. 20° 16′.

7,5 — 9.

Date.	Angle.	Distance.	Obs.
1831,56	179,8	13,01	Σ.
31,60	180,5	15	H_2.
52,67	217,2	14,27	Md.
54,20	178,4	n. m.	*id.*
67,48	179,1	14,49	De.

La distance augmente. Observations insuffisantes pour décider de la nature du mouvement.

59 Vierge. 1604.

12h 3m 15s. 101° 11′.

Triple.

A = 6,5 jaune ; B = 9 pourpre ; C = 8 jaune.

AB.

Date.	Angle.	Distance.	Obs.
1831,95	93,3	11,98	Σ.
44,35	94,8	11,01	Md.
56,40	92,8	11,75	Se.
64,19	92,7	11,16	De.
69,85	91,6	11,46	Du.
77,40	91,5	11,60	Fl.

AC.

Date.	Angle.	Distance.	Obs.
1831,95	96,9	58,00	Σ.
56,40	95,2	50,38	Se.
64,19	94,8	47,85	De.
69,85	94,0	46,04	Du.
77,40	93,1	41,92	Fl.

Beau groupe, aligné presque sur la même ligne, de l'ouest à l'est. L'étoile C est en mouvement rectiligne et uniforme, dirigé vers 288°, avec une vitesse rapide de 0″,32, qui se décompose en

Æ — 0″,303 et D.P. — 0″,098.

Le minimum arrivera vers l'an 2020, à 11″,9. L'étoile B reste fixe en distance, mais l'angle diminue lentement. J'ai constaté, toutefois, le 28 mai 1877, qu'elle n'est pas encore descendue à 90°.

Lévriers. 1606.

12h 4m 44s. 49° 26′.

6,3 — 7,0 : blanches.

Date.	Angle.	Distance.	Obs.
	°	″	
1830,87	348,4	0,89	H_2.
31,48	348,6	1,39	Σ.
43,21	349,3	1,43	Md.
56,46	346,8	1,1	De.
57,36	344,7	1,23	Se.
66,42	345,8	1,12	Σ_2.
66,73	343,0	1,20	De.
69,38	344,4	1,21	Du.
74,21	341,4	1,08	Fr.

Lent mouvement rétrograde. Très-grande probabilité de système orbital serré.

Lévriers. 1607.

12h 5m 30s. 53° 15′.

7,8 — 8,3.

Date.	Angle.	Distance.	Obs.
1829,37	350,6	32,73	Σ.
30,34	349,8	33,98	H_2.
31,31	350,2	32,24	Σ.
32,28	350,1	33,75	*id.*
47,27	352,7	32,91	Md.
51,27	353,4	32,54	*id.*
65,05	355,4	31,26	De.
68,36	356,1	31,25	Σ_2.
74,30	357,0	32,0 ±	Gl.
75,80	356,8	31,3	*id.*
76,48	357,2	30,77	Ws.
78,26	358,1	30,69	Bu.

La nature du mouvement ne peut être conclue. Probablement rectiligne, et groupe de perspective. H_2 a remarqué une troisième étoile à 320° ± et 12″ ± que Bu vient de réobserver cette année à 310° et 19″.

Grande Ourse. So, 135. 1608.

12h 5m 31s. 35° 55′.

7,5 — 7,7 : jaunâtres.

Date.	Angle.	Distance.	Obs.
	°	″	
1823,00	223,[illegible]	12,10	So.
1830,34	224,7	11 ±	H_2.
31,07	225,3	11 ±	*id.*
32,04	223,9	10,59	Σ.
69,17	223,0	11,36	De.

La distance a augmenté entre les mesures sûres de Σ et De. Observations insuffisantes pour décider.

Vierge. 1621.

12h 9m 54s. 83° 42′.

8,8 — 10,3.

Date.	Angle.	Distance.	Obs.
	°	″	
1830,32	124,0	3,44	Σ
56,30	125,6	3,07	Se.
67,91	131,7	3,13	De.
74,30	140,0	n. m.	Gl.

Mouvement direct. Grande probabilité de système orbital.

Grande Ourse (249.)

12h 18m 4s. 35° 11′.

Triple.

A = 7 ; B = 8 ; C = 11.

AB.

Date.	Angle.	Distance.	Obs.
1843,44	330,5	0,40	Md
53,19	315,1	0,53	Σ_2.
68,04	311,1	0,5	De.
72,46	308,0	0,5	*id.*

$\frac{AB}{2}$ et C.

Date.	Angle.	Distance.	Obs.
1855,86	149,7	13,23	Σ_2.

Le couple AB forme un système orbital très-serré, en mouvement rétrograde assez rapide. Quant à l'étoile C, je n'ai trouvé aucune autre mesure et n'ai pu la mesurer moi-même.

Chevelure 68. 1639.

12h 18m 25s. 63° 45′.

6,7 — 8 : blanches.

Date.	Angle.	Distance.	Obs.
1828,86	290,1	1,18	Σ.
36,49	292,8	1,18	*id.*
43,33	293,7	0,98	Md.
44,30	295,0	1,10	*id.*
48,35	288,8	0,96	*id.*
56,90	285,8	0,86	Se.
70,31	275,8	0,73	Σ_2.
75,39	273,1	0,4	Sp.
76,33	273,4	0,39	De.

Très-haute probabilité de système orbital serré, en mouvement rétrograde. La distance diminue. Probablement très-incliné sur notre rayon visuel.

Lévriers. 1641.

$12^h 18^m 38^s$. 51°36′.

10 = 10.

Date.	Angle.	Distance.	Obs.
	°	″	
1830,40	53,4	4±	H_2.
31,38	50,4	6,14	Σ.
44,39	50,3	6,69	Md.
67,59	42,3	7,73	De.
78,26	39,2	8,91	Bu.

Mouvement rétrograde, rectiligne et probablement parallactique.

α Croix du Sud. H_2 5298.

$12^h 19^m 56^s$. 152°26′.

Triple.

A = 2; B = 2,4; C = 6.

AB.

1834,39	121,6	5,26	H_2.
35,20	121,0	5,75	*id.*
36,19	120,8	5,61	*id.*
37,18	120,0	5,55	*id.*
38,08	120,0	5,96	*id.*
47,10	120,4	5,74	Ja.
55,15	120,0	5,7	Po.
58,20	117,6	4,77	Ja.
61,18	118,5	4,98	Po.

AC.

C fixe à 200° et 90″.

Couple brillant, très-lumineux. Mouvement rétrograde et diminution de distance pour AB. La troisième étoile paraît rester fixe. Il est fâcheux que les observations deviennent si rares dans l'hémisphère austral. Mouvement propre de α

Æ — 0^s,009; D.P. + 0″,02

Chevelure. 1643.

$12^h 21^m 12^s$. 62°18′.

8 — 8,3.

Date.	Angle.	Distance.	Obs.
	°	″	
1830,36	71,2	1,95	Σ.
32,35	66,2	2,0	H_2.
44,39	65,4	1,76	Md.
51,27	60,3	1,93	*id.*
1852,32	61,8	n. m.	*id.*
53,24	56,5	2,29	*id.*
64,75	54,4	1,79	Do.
71,30	51,1	1,89	*id.*
74,20	51,0	n. m.	Bu.

Système orbital serré, en mouvement rétrograde.

Vierge. 1644.

$12^h 21^m 18^s$. 81°57′.

8,7 — 9,2 : blanches.

1827,55	248,6	21,82	Σ.
67,89	247,0	21,08	De.
70,31	247,0	20,88	$Σ_2$.

La distance diminue lentement. Mouvement rectiligne, et probabilité d'un groupe de perspective.

Chevelure (251).

$12^h 23^m 8^s$. 57°57′.

7,4 — 9,1.

1843,77	128,3	0,42	$Σ_2$.
49,86	132,0	0,33	*id.*
52,42	156,5	0,49	*id.*
67	simple		De.
75,40	75±	all.	Ha.

Système orbital très-serré, en mouvement direct rapide.

Vierge 191. 1647.

$12^h 24^m 28^s$. 79°37′.

7,5 — 7,8 : blanches.

Date.	Angle.	Distance.	Obs.
	°	″	
1828,36	198,1	1,25	Σ.
29,37	202,8	1,14	*id*
30,07	202,0	1,19	*id.*
30,34	198,6 <	n. m.	H_2.
32,84	204,3	1,20	Σ.
35,06	204,2	1,20	Md.
36,32	204,1	1,24	Σ.
40,31	207,0	1,28	Da.
50,66	211,7	1,23	*id.*
51,27	214,3 >	1,35	Md.
52,31	212,3	1,26	*id.*
54,38	209,4 <	n. m.	*id.*
55,81	214,2 >	1,2	De.
56,35	211,7	1,19	De.
56,36	210,0	1,31	*id.*
57,36	209,5	1,07	Md.
58,35	209,6	1,26	*id.*
63,24	212,9	1,39	De.
64,31	218,0 >	1,58	En.
1865,87	214,1	1,21	De.
67,76	217,6	1,61	$Σ_2$.
72,74	217,2	1,26	Do
73,82	215,2	1,28	Ws.
74,23	209,1 <	1,44	Fr.
74,34	215,7	1,2	Gl.
75,30	217,1	1,18	Ws.
75,31	216,2	1,30	Sp.
76,24	216,3	n. m.	Dk.
76,40	216,7	1,27	Ha.
77,23	214,4 <	1,55	Dk.

Système orbital serré, en mouvement direct. C'est bien 191 Vierge, et non 141, comme on l'écrit quelquefois (ex.: Sp. *Ast. Nach.*, 2133). Il y a une légère variation d'éclat dans les composantes, car elles paraissent quelquefois égales (ex. : Σ 1836, Da 1840), et quelquefois la différence surpasse une demi-grandeur (ex. : De 1863). Mesure assez difficile.

Cette étoile = Lal. 23382-83 et W-B, XII, 381.

γ Croix du Sud. H_2 5317.

$12^h 24^m 30^s$. 146°27′.

2 — 5.

1835	38,0	120	H_2.
1860	36,5	99	Po.

Observations insuffisantes pour décider. Même réflexion que pour α. Mouvement propre de γ :

Æ 0^s,00; D.P. + 0″,31.

Vierge. 1658.

$12^h 29^m 0^s$. 81°53′.

8,5 rouge — 10 bleue.

1830,64	341,5	2,02	Σ.
44,33	344,8	2,85	Md.
56,90	348,8	1,90	Se.
69,08	349,1	2,24	De.
70,31	350,6	2,37	$Σ_2$.
74,29	352,2	2,0	Ws.
74,34	352,0	2,1	Gl.
75,80	351,8	2,05	*id.*
77,26	349,3	n. r.	Dk.

Très-grande probabilité de système orbital en mouvement direct.

Vierge. 1659.

$12^h 29^m 32^s$. 101° 23'.

Triple.

A = 8 ; B = 8,1 ; C = 11 : très-blanches.

AB.

Date	Angle.	Distance.	Obs.
	°	″	
1831,30	352,5	26,88	Σ.
33,27	351,3	27,29	*id.*
44,34	350,7	n. m.	Md.
65,30	351,5	27,22	De.
67,59	351,6	27,24	*id*

AC.

Date	Angle.	Distance.	Obs.
1832,28	68,9	30,92	Σ.
65,30	68,8	33,96	De
67,59	69,2	34,31	*id.*

BC.

Date	Angle.	Distance.	Obs.
1832,28	115,6	36,23	Σ.
65,30	113,4	39,12	De.
67,59	113,2	39,01	*id.*

Changement de distance très-sensible entre les trois étoiles. Probablement groupe de perspective.

Vierge. 1661.

$12^h 29^m 57^s$. 77° 56'.

8,5 = 8,5 : blanches

Date	Angle	Distance	Obs.
1828,67	226,0	2,56	Σ.
43,33	228,2	2,63	Md.
44,24	221,1?	2,42	*id.*
56,85	227,3	2,62	Se.
66,84	234,4	2,41	De.
70,30	232,6	2,70	Σ_2.

Très-grande probabilité de système orbital en mouvement direct.

Chevelure. 1663.

$12^h 31^m 12^s$. 68° 8'.

7,8 — 8,7.

Date	Angle	Distance	Obs.
1830,38	117,5	0,81	Σ.
42,33	123,3	0,55	Md.
44,26	125,7	0,70	Σ_2.
44,32	119,7	0,64	Md.
52,22	112,4	0,91	Da.
57,34	118,0	0,40	Se.
68,55	110,7	0,77	De.
74,31	100,3	0,8	Ws.
74,36	100,8	1,0	Gl.
75,83	111,1?	0,7	Ws

Système orbital très-serré en lent mouvement rétrograde. Mesures très-divergentes.

Corbeau. 1664.

$12^h 32^m 6^s$. 100° 51'.

A = 7,2 jaune rouge — B = 8,7 bleue

Date.	Angle.	Distance.	Obs.
	°	″	
1830,23	271,6	17,10	Σ.
44,34	263,0	17,00	Md.
52,39	261,4	18,33	*id.*
54,36	258,5	18,68	*id.*
58,36	257,8	18,72	*id.*
59,35	257,0	18,85	*id.*
65,25	254,7	19,44	De.
74,26	253,2	n. m.	Gl.
74,36	252,7	n. m.	Ws.
75,86	252,0	20,61	*id.*

Mouvement rectiligne. Groupe de perspective. Wilson et Seabroke ont mesuré en 1875 deux autres compagnons, de 11e grandeur, à 306° et 290°. Ils ne donnent pas la distance; mais on peut la trouver approximativement en sachant que BC = 329° et CD = 269°.

γ Centaure. H_2 5370.

$12^h 34^m 55^s$. 138° 18'.

4 = 4.

Date	Angle	Distance	Obs.
1835,38	351,6	0,8	H_2.
36,38	357,4	0,8	*id.*
37,14	1,9	1,0	*id.*
56,20	20,6	0,7	Ja.
57,97	13,7	1,1	*id.*
60,68	12,8	n. m.	Po.
76,63	8,5	1,3	El.

Système orbital serré. Le mouvement semblait direct de 1835 à 1856, et depuis il paraît rétrograde; mais les étoiles étant du même éclat et brillantes, la mesure précise est difficile. Mouvement propre commun

Æ — 0s,,022 ; D. P. + 0″,03.

Corbeau 58. H. N, 38. 1669.

$12^h 35^m 3^s$. 102° 21'.

6 — 6,5.

Date	Angle	Distance	Obs.
1786 —	n. m.	cl. I.	H.
1828,66	298,9	5,44	Σ
30,26	301,4	6,50	H_2.
31,30	302,6	9,2?	*id.*
33,36	300,7	n. m.	Md.
35,50	298,9	5,4	Sm
36,41	300,9	n. m.	Md
37,31	302,3	7,38	H_2.
42,25	303,3	5,71	Md.
43,32	303,4	5,88	*id.*
Date.	Angle.	Distance.	Obs.
	°	″	
1844,34	301,8	5,93	Md.
52,39	304,8	5,77	*id.*
54,37	303,5	6,17	*id.*
56,36	303,7	6,06	*id.*
58,36	305,2	5,79	*id.*
59,35	305,2	5,85	*id.*
63,30	301,5?	5,95	Ma.
66,32	307,2	5,71	Se.

Mouvement direct très-lent. Les observations sont insuffisantes pour décider de sa nature.

γ Vierge. H. III, 18. 1670.

$12^h 35^m 36^s$. 90° 47'.

3,0 — 3,2 : légèrement variables.

Date	Angle	Distance	Obs.
1718,20	330,8	n. m.	Bd.
20,31	n. m.	7,49	Cs.
56,20	324,4	6,50	TM.
80,18	n. m.	7,33	H.
81,89	310,7	n. m.	*id.*
1802,08	298,4	n. m.	*id.*
03,37	300,8	n. m.	*id.*
19,40	n. m.	3,56	Σ.
20,28	284,8	n. m.	*id.*
22,00	283,1	2,86	*id.*
22,25	283,4	3,79	H_1.
23,19	n. m.	3,30	Am.
23,32	281,6	2,95	Σ.
25,32	276,9	3,26	So.
25,32	277,9	2,37	Σ.
28,35	270,3	n. m.	H_2.
28,38	271,5	2,07	Σ.
29,22	267,4	n. m.	H_2.
29,39	268,3	1,78	Σ.
30,24	262,8	2,22	H.
30,39	261,3	n. m.	Da.
30,59	262,1	1,59	Bs.
31,29	258,4	1,99	Da.
31,32	257,4	1,73	H_2.
31,36	260,9	1,49	Σ.
31,38	254,9	1,6	Sm.
32,26	250,2	1,21	H_2.
32,31	249,9	1,34	Da.
32,40	251,4	1,2	Sm.
32,52	253,5	1,26	Σ.
33,20	241,8	1,41	H_2.
33,36	240,1	1,14	Da.
33,37	245,5	1,05	Σ.
33,44	242,7	1,3	Sm.
34,20	228,8	1,0	*id.*
34,29	227,3	n. m.	Da.
34,37	223,1	1,51	H_2.
34,38	231,7	0,91	Σ.
34,39	225,5	0,8	Sm
34,54	214,9	all.	H_2.
34,84	213,6	all.	Σ.
35,11	201,1	all.	H_2.

Date.	Angle.	Distance.	Obs.	Date.	Angle.	Distance.	Obs.	Date.	Angle.	Distance.	Obs.
	°	"			°	"			°	"	
1835,38	195,5	0,5all.	Σ.	1851,40	356,0	3,04	Ft.	1862,41	346,0	3,97	Σ_2.
35,40	195,1	0,5all.	Sm.	51,42	352,8	2,88	Σ_2.	63,33	345,9	4,08	De.
36,06	ronde.	—	*id.*	51,96	356,4	3,30	Md.	63,40	345,2	4,13	Ba.
36,15	ronde.	—	*id.*	52,26	355,3	3,13	Ft.	64,41	345,5	4,28	Se.
36,25	ronde.	—	*id.*	52,32	355,3	3,02	Da.	64,42	345,0	4,06	Σ_2.
36,28	160,5	all.	Da	52,42	355,4	3,15	Ft.	64,44	345,4	4,10	Da.
36,35	169,7	all.	Sm.	52,42	355,5	3,2	Sm.	64,44	345,4	4,26	Kn.
36,41	151,6	0,3all.	Σ	52,43	353,2	3,00	Σ_2.	64,76	344,4	4,13	De.
37,21	85,4	0,6	Sm.	52,43	354,7	3,17	Md.	65,14	346,3	4,01	En
37,41	77,9	0,58	Σ.	52,48	359,7>	3,20	Ma.	65,42	344,0	4,37	Da.
37,46	75,8	all.	Ek.	53,24	354,7	3,11	Mi.	65,45	344,3	4,34	Kn.
38,08	57,8	all.	H_2.	53,27	354,7	n. m.	Po.	66,31	344,3	4,39	Se.
38,28	55,1	0,8	Sm.	53,32	354,6	3,18	Ft.	66,42	344,0	4,29	Σ_2
38,32	53,4	n. m.	Da.	53,35	353,9	3,2	Sm.	66,46	345,9	4,01	Kr.
38,40	51,9	0,86	Σ.	53,36	354,2	3,06	Da.	66,48	343,0	5,0	Ta.
38,43	50,6	0,76	Σ_2.	53,38	357,4	3,30	Md.	67,05	343,6	4,23	De.
39,31	34,6	1,13	Da.	53,39	354,2	3,25	*id.*	68,26	340,6	5,06	Ta.
39,35	35,5	1,29	Ga.	53,40	352,0	3,13	Σ_2.	68,28	343,5	4,31	De.
39,40	37,2	1,0	Sm.	53,91	353,0	3,06	Ja.	68,45	343,3	4,30	Σ_2.
40,26	27,9	1,30	Kr.	54,39	352,7	3,21	Da.	69,25	339,6<	5,34	Ta.
40,38	25,7	1,24	Da.	54,39	352,0	3,45	Md.	69,50	339,9<	4,74	Ma.
40,45	31,6	1,42	Σ_2	54,40	352,0	3,40	Wr.	69,98	341,8	4,32	Du.
41,34	20,0	1,58	Da.	54,91	352,3	3,31	De.	70,39	340,0	4,78	*id.*
41,35	20,1	1,73	Md.	55,33	351,2	3,36	Da.	70,45	343,7	4,45	Ta.
41,41	22,4	1,63	Σ_2.	55,39	352,5	3,37	Se.	70,72	342,2	4,63	De.
42,21	16,6	1,58	Md.	55,40	351,6	3,4	Sm.	71,35	340,9	4,55	Ma.
42,35	17,4	1,71	Ma.	55,44	351,3	3,27	Σ_2.	71,38	343,1	4,76	Ta.
42,38	15,0	1,73	Ba.	55,45	354,0	3,41	Md.	71,38	340,1	4,55	Kn
42,41	17,1	1,86	Σ_2.	55,46	351,2	3,31	Da.	71,43	342,7	4,43	Σ_2.
42,82	14,5	1,76	Kr.	56,10	350,5	3,45	Ja.	72,12	341,5	4,47	Du.
43,20	12,2	1,9	Sm	56,11	351,0	3,55	Do.	72,37	338,6	4,80	Ta.
43,39	13,3	2,08	Ma.	56,38	351,7	3,59	Md.	72,41	340,4	4,78	Ma.
43,41	12,1	1,83	Da.	56,40	350,4	3,61	De.	72,41	341,3	4,61	Σ_2.
44,34	2,5	2,20	Ma.	56,97	351,3	3,66	Wr.	72,86	340,8	4,59	De
45,34	5,4	2,10	Sm.	57,35	350,0	3,59	Da.	73,23	341,9	4,9	Ws
45,46	4,5	2,23	Σ_2.	57,39	350,8	3,74	Se.	73,41	339,7	4,65	Gl.
46,32	2,1	2,89	Ja.	57,42	350,6	3,5	Sm.	73,41	340,3	4,80	Ma.
46,39	6,3	2,25	Md	57,42	350,2	3,59	Md.	73,43	340,8	4,54	Σ_2.
46,39	2,9	2,35	Σ_2.	57,42	349,9	3,56	Da.	74,26	340,4	5,08	Gl.
46,90	3,8	2,45	Da.	57,44	350,2	3,63	Σ_2.	74,31	341,1	5,04	Ws.
47,35	2,5	2,40	*id.*	57,96	351,0	3,50	Ja.	74,33	338,5	5,23	Ma
47,42	3,0	2,37	Md	58,34	348,5	3,80	De.	74,41	340,4	4,87	Σ_2.
47,42	1,9	2,6	Sm	58,37	349,9	4,01	Md.	74,93	339,4	4,77	De.
47,42	2,5	2,40	Σ_2.	58,39	349,9	3,8	Sm	75,14	339,1	4,55	Du.
47,60	357,5	3,09	Mt.	58,40	352,0	3,62	Se.	75,29	339,7	5,09	Ma.
47,94	359,9	2,88	Ja	58,44	349,3	3,67	Σ_2.	75,30	340,0	4,97	Ws.
48,36	359,5	2,8	Sm.	58,45	348,8	3,68	Da.	75,37	339,6	4,91	Sp.
48,37	360,5	2,62	Da	58,47	350,4	3,40	Wr.	76,23	339,8	4,6	Gl.
48,43	359,1	2,55	Σ_2.	59,37	349,2	3,88	Md.	76,24	338,7	5,34	Dk.
48,45	359,6	2,60	Bo.	59,38	347,9	3,76	Σ_2.	76,38	340,1	5,30	St.
49,37	359,0	2,85	Da.	59,44	349,4	3,91	Se.	76,40	339,7	4,64	Hv.
49,42	357,0	2,92	Ma.	59,46	348,2	3,77	Da.	76,45	339,0	4,84	Sp.
50,36	356,7	2,95	Ft.	60,32	348,0	4,03	Md.	76,90	338,4	4,88	Be.
50,39	355,2	2,74	Σ_2.	60,46	349,1	4,05	Kn.	77,28	335,8	5,04	Dk.
50,48	359,7	2,94	Ma.	61,31	346,1	3,96	Fo.	77,29	338,5	4,84	Ka.
51,17	356,5	2,92	Wr.	61,42	347,3	3,90	Σ_2.	77,30	338,1	5,19	St.
51,36	356,3	3,04	Ma	62,03	346,5	3,95	Da.	77,41	340,1	5,15	Ha.
51,40	356,5	2,99	Da.	62,32	345,3	3,90	Fo.	77,43	338,4	4,96	Ft.

Aucune étoile double n'a peut-être été plus observée et plus étudiée que cet admirable système. Dès l'année 1718, elle était dédoublée par Bradley, et en 1720 Cassini la dédoublait aussi en observant attentivement son occultation par la Lune pour découvrir un effet possible de la réfraction d'une atmosphère lunaire. En regardant d'un œil dans la lunette et de l'autre dans le ciel, Brd trouva que la ligne des deux composantes était parallèle à une ligne passant par α et δ Vierge. Elle fut encore observée au siècle dernier par T. Mayer et par W. Herschel, et elle est devenue un objet de prédilection pour les astronomes.

En 1831, Sir John Herschel calcula la première orbite, dans laquelle la période était évaluée à 513 ans; mais, l'éphéméride ne concordant pas avec le calcul, il détermina en 1833 de nouveaux éléments, dans lesquels la période était de 629 ans. Le phénomène rare et intéressant du péri-astre apparent arriva en 1836, époque où les deux étoiles réunies s'occultèrent complètement pendant plusieurs mois. L'amiral Smyth suivit scrupuleusement le phénomène et calcula une nouvelle orbite. On aura une idée suffisante des différences en considérant simplement les périodes des diverses orbites calculées :

Sir John Herschel, 1re.	513	ans.
» 2e..	629	»
» 3e..	182	»
Amiral Smyth.... ...	148	»
Mädler..........	169	»
Fletcher..............	184	»
Adams..............	174	»
Hind..............	141	»
Jacob..............	133	ans.
Henderson	143	»
H. A. Smyth....	178	»
Thiele..............	196	»

En 1874, j'ai voulu déterminer des éléments définitifs sur l'ensemble de toutes les observations, d'après la méthode graphique, en tirant l'orbite absolue de l'orbite apparente, et je suis arrivé à ce résultat curieux et inattendu, que l'orbite n'est pas inclinée sur notre rayon visuel, ou l'est très-faiblement, de telle sorte que l'orbite absolue est la même que l'orbite apparente. Voici les éléments de mon orbite :

$$T = 1836,45$$
$$\pi = 140°,0$$
$$e = 0,8715$$
$$a = 3'',385$$
$$\mu = -2°3'26''$$
$$P = 175 \text{ ans}$$

La distance du péri-astre n'a été que de 0'',46 en 1836,45; la distance aphélie s'élève à 6'',31 en 1748,95 à 320°. L'inclinaison est nulle, ou si faible, que ☊ et λ restent indéterminés. — L'étude du mouvement elliptique de ce système fait soupçonner l'existence d'un corps perturbateur : la marche a été ralentie vers 1841 et accélérée vers 1870.

On voit que ce beau couple a presque parcouru une révolution entière depuis sa découverte.

Les deux composantes sont égales en éclat, de sorte que l'angle est très-souvent renversé de 180°. Cependant elles varient légèrement et périodiquement; peut-être tournent-elles lentement sur elles-mêmes. Mais, malgré un grand nombre de comparaisons, je n'ai encore pu déterminer leur période. De 1830 à 1845 A était plus faible; elle l'est redevenue en moyenne depuis 1860, car depuis cette époque, les angles sont généralement renversés de 180°.

Chevelure. 1678.

$12^h 39^m 25^s$. — 74°58'.

6,5 blanche — 7,3 jaune.

Date.	Angle.	Distance.	Obs.
1825,30	213°,4	33'',36	So.
28,29	212,5	32,74	Σ.
32,28	210,4	30±	H₂.
36,25	210,7	32,46	Σ.
45,29	208,2	32,01	Md.
51,27	207,7	32,39	*id.*
51,29	207,6	32,06	Da.
52,32	207,1	31,76	Md.
54,38	206,4	31,90	*id.*
55,57	206,0	32,09	*id.*
56,36	205,7	31,99	*id.*
58,35	205,5	32,46	Se.
58,36	204,8	32,75	Md.
60,35	204,4	31,07	Da
61,41	204,7	32,96	Md.
63,23	204,0	32,18	De.
66,43	201,9	35,06	Ma
69,94	202,7	32,41	Du.
73,82	201,7	32,3	Ws.
74,34	200,8	32,3	Gl.
77,35	200,3	32,14	Fl.

Mouvement rectiligne, dirigé vers 109 degrés; valeur annuelle, 0'',137, dont

Æ + 0'',129 et D.P. + 0'',048.

Tel est, sans doute, en sens contraire, le mouvement propre de A.

Vierge. P. XII, 196. 1682.

$12^h 45^m 8^s$. — 99°41'

6,5 topaze — 9,5 pourpre.

Date.	Angle.	Distance.	Obs.
1831,61	308°,8	33'',65	Σ.
34,41	307,9	33,5	Sm.
70 ..	....	...	De.
78,27	306,2	31,98	Bu.

Diminution de distance; mouvement rectiligne; couple optique. Mouvement propre de A

Æ = — 0'',12 et D.P. — 0,07.

35 Chevelure. 1687.

$12^h 47^m 23^s$. — 68°6'.

Triple.

A = 5,5 jaune; B = 8 bleuâtre; C = 8 *id.*

AB.

Date.	Angle.	Distance.	Obs.
1828,35	22,0	1,45	Σ.
29,99	25,3	1,43	*id.*
33,37	28,4	1,38	*id.*
34,38	30,0	1,0	Sm.
34,51	29,5	1,42	Md.
42,39	35,7	1,52	Bl.
43,32	42,0>	1,5	Sm
43,34	38,9	1,41	Da.
43,35	39,5	1,45	Bl.
44,34	39,2	1,32	Md.
47,28	44,2>	1,49	*id.*
47,57	40,4	1,32	Mt.
48,27	39,2	1,57	Da.
49,33	40,9	1,55	*id.*
51,00	43,1	1,23	Md.
52,32	43,9	1,24	*id.*
53,38	43,9	1,62	Da.
54,38	40,6	1,17	Md.
54,41	43,7	1,50	Da.
55,29	37,5<	1,29	Se.
55,45	44,5	1,33	Md.
56,39	42,2	1,26	*id.*
56,48	46,1	1,2	De.
56,49	41,4	1,31	Se.
56,82	47,8	1,39	Wr.
57,42	43,6	1,15	Md
57,45	44,6	1,59	Fa.
57,45	45,1	1,2	De.
58,11	43,9	1,2	*id.*

Date.	Angle.	Distance.	Obs.
	°	"	
1858,12	43,3	1,23	Md.
59,36	43,4	1,50	id.
60,34	47,7	1,44	Da.
61,38	54,6>	1,59	Md
63,26	50,3	1,30	De.
65,31	52,8	1,31	Kn.
65,91	51,5	1,46	Se.
65,94	53,2	1,23	De.
69,29	55,6	1,24	id.
70,41	52,3	1,21	Σ_1.
73,29	57,8	1,31	Ws.
73,68	56,0	1,35	De.
74,28	58,0	1,44	Ws.
74,34	59,1	1,32	Gl.
75,31	58,2	1,34	De.
75,32	61,3	1,07	Sp.
75,36	58,3	1,34	Ws.
76,34	66,0	n. m.	Dk.
76,36	62,8	1,40	Ws.
77,10	60,9	1,35	De.
77,24	63,0	1,40	Dk.

AC.

C fixe à 125° ± 1° et 28″.

AC restent fixes depuis leur découverte en 1783. Mais AB forment un système orbital serré, en mouvement direct assez rapide. Observations difficiles et grandes discordances. 40° en 49 ans. 360° conduiraient à 440 ans.

Vierge (256).

12h 50m 17s. 90° 18′.

7,2 — 7,7 blanches.

Date.	Angle.	Distance.	Obs.
1843,27	220,4	0,55	Md.
44,36	230,8	0,58	id.
45,43	227,4	0,55	id.
47,40	218,7<	0,30	id
48,70	237,2	0,66	Σ_2.
51,37	230,1	0,45	id.
67,37	242,1	0,50	De.
73,31	243,6	0,61	id.
75,36	244,1	0,71	Sp.
77,40	242,2	0,72	St.

Système orbital très-serré, en mouvement direct. Les observations de Md. sont renversées de 180°, ainsi que celle de Σ_2 en 1848.

Vierge. 1703.

12h 53m 7s. 81° 27′.

8 — 11.

Date.	Angle.	Distance.	Obs.
1829,27	283,1	22,65	Σ.
44,30	283,3	22,73	Md
1865,30	283,0	19,71	De.
78,26	281,0	18,84	Bu.

Je n'avais pu prendre la mesure de ce couple délicat, et Burnham a bien voulu la faire pendant la correction de ces épreuves. La distance diminue certainement. Très-probablement groupe de perspective.

Chevelure. 1707.

12h 55m 17s. 73° 29′.

8,5 — 10,0.

Date.	Angle.	Distance.	Obs.
1828,90	30,9	10,22	Σ.
44,24	30,3	10,76	Md.
65,30	33,0	9,22	De.
77,50	34,8	9,00	Fl.

La distance diminue. Très grande probabilité de groupe de perspective.

Vierge. 1711.

12h 56m 32s. 75° 53′.

8,7 — 9,5.

Date.	Angle.	Distance.	Obs.
1829,35	355,9	1,43	Σ.
43,31	355,8	1,25	Md.
63,24	348,4	1,28	De.
76,41	352,3?	1,13	Ws.

Système orbital serré en mouvement rétrograde très-lent.

Chevelure (260).

13h 1m 46s. 62° 25′.

8,4 = 8,4.

Date.	Angle.	Distance.	Obs.
1843,30	120,0	0,75	Md.
45,75	111,3	0,75	Σ_2.
46,28	107,0	0,50	Md.
70,70	114,4?	0,74	De.

Le mouvement parait rétrograde; mais les mesures de De, au nombre de 8, donnent un résultat contradictoire.

Chevelure 179. So 646. 1722.

13h 2m 36s. 73° 52′.

7,8 — 8,8.

Date.	Angle.	Distance.	Obs.
1825,38	342,8	4,09	o.
29,30	343,9	3,56	Σ.
43,77	340,8	3,44	Md.
56,40	339,8	3,30	Se.
68,40	336,8	3,36	Σ_2.
74,31	338,8	3,19	Ws.

L'angle et la distance diminuent lentement. Très-grande probabilité de système orbital.

---

42 Chevelure. 1728.

13h 4m 10s. 71° 50′

6 = 6.

Date.	Angle.	Distance.	Obs.
	°	"	
1827,28	10,9	0,57	Σ.
29,40	11,6	0,64	id.
32,38	ronde.		Sm.
33,37	simple.		id.
34,42	all.		id.
35,39	11,2	all.	id.
36,42	10,2	0,30	id.
37,40	10,8	0,39	id.
38,41	11,5	0,36	id.
39,41	10,0	all.	Sm.
39,42	12,2	0,59	Ga.
40,45	15,7	0,42	Σ.
40,74	18,5	0,42	Da.
41,41	14,5	0,37	Σ.
41,41	4,7	0,32	Md.
42,40	14,5	0,25	Σ.
42,45	15,6	n. m.	Md.
42,50	5,0	0,3	Sm
42,53	simple.		Da.
43,32	ronde.		Sm.
43,45	simple.		Da.
45,47	simple.		Σ_2.
46,40	246,7	all.	id
47,42	194,8	all.	id.
48,42	12,7	0,24	id.
49,42	8,6	0,34	id.
50,39	11,8	0,39	id.
51,42	6,6	0,41	id.
51,96	194,6	0,47	Md.
52,42	191,0	0,52	id.
52,43	10,9	0,48	Σ_2.
53,09	14,2	0,63	Da.
53,35	14,1	0 62	Md.
53,40	10,8	0,48	Σ_2.
54,38	14,1	0,51	id.
54,39	12,8	0,55	Da.
54,40	193,6	0,68	Md.
55,44	9,1	0,54	Σ_2.
55,38	198,8	0,57	Md.
56,40	192,8	0,59	id.
56,96	192,4	0,47	Se.
57,40	188,3	0,50	Md.
57,49	7,3	0,38	Σ_2.
58,39	192,5	0,3	So.
58,40	196,2	0,40	Md.
58,44	7,9	0,29	Σ_2
59,36	215,8	0,2 all.	Md.
59,38	39,8	all.	Σ_2.
60,34	183,5	0,2	Da.
60,80	203,3	all.	Md.

Date.	Angle.	Distance.	Obs.
1861,42	5°,6	0″,35	Σ_2.
62,40	10,0	0,46	*id.*
63,23	189,1	all.	De.
63,25	191,0	0,5	Da.
63,44	7,6	0,47	Σ_2.
64,42	10,6	0,42	*id.*
64,43	190,9	0.3 cont.	Se.
64,43	193,4	0,45 *id.*	Da.
65,53	193,9	0,25	Se
65,88	190,1	ovale.	De.
66,44	188,5	0,40	Σ_2.
67,47	193,0	0,36	*id.*
68,14	197,1	all.	De.
68,41	195,8	0,22	Σ_2.
69,24	191,6	all.	Ta.
69,47	195,0	all.	Σ_2.
70,44	simple.		*id.*
71,19	194,9	all.	De.
71,43	simple.	—	Σ_2.
72,42	20,0	all.	*id.*
73,36	simple.		Ws.
73,46	9,0	0,20	Σ_2.
74,41	9,2	0,30	*id.*
75,40	simple.	—	Gl.
75,43	12,2	0,39	Sp.
75,43	190,4	0,51 >	De.
75,53	11,5	0,32	Du.
75,83	189,4	0,5	Ws.
76,40	193,4	0,40	Ha.
76,45	13,1	0,47	Sp.
76,97	191,3	0,54	De

Système orbital très-serré et presque tout à fait couché sur le rayon visuel, de sorte qu'il n'y a qu'une oscillation de B de part et d'autre de A dans le sens 10° — 190°. Otto Struve en a calculé les éléments suivants :

Demi-grand axe........	0″,50
Excentricité...........	0,075
Plus grande élongation en 1827 et 1852-5.	
Moyen mouvement......	14°,12
Période...............	25ª,49

Ce système est emporté dans l'espace par un mouvement propre rapide :

Æ — 0″,433 ; D.P. — 0″,18 : Σ_2.

Lévriers (261).

13ʰ 6ᵐ 21ˢ. 57° 17′.

6,3 — 6,7 blanches.

Date.	Angle.	Distance.	Obs.
1842	n.m.	0,5	Σ_2.
43,80	359,2	0,64	*id.*
45,86	360,0	0,48	Md.
1847,17	356°,6	0″,55	Σ_2.
48,00	362,7	0,35	Md.
51,27	356,2	0,55	*id.*
57,76	352,6	0,91	Σ_2.
66,86	350,4	1,08	*id.*
66,99	350,7	1,00	De.
70,04	351,3	1,05	Du.
71,86	351,0	1,15	De.
75,35	349,6	1,16	Sp.
77,45	349,6	1,18	Ws.

Très-haute probabilité de système orbital très-incliné, en mouvement rétrograde. Mais l'augmentation de la distance laisse place à l'hypothèse d'un couple de perspective.

---

61 Vierge. II. vi, 90.

13ʰ 12ᵐ 10ˢ. 107° 38′.

4,5 — 10,5.

1783,00	345±	73,0	H.
1832,31	340,6	ΔÆ 2ˢ,8	Sm.
62,29	22,6	169,3	Kn.

Il y a sans doute une erreur de quadrant dans Sm; mais le déplacement provient certainement du grand mouvement propre de A, dont l'évaluation la plus sûre est (*voy.* mon Catalogue)

Æ — 0ˢ,075 ; D.P. + 1″,04.

Vierge 1734.

13ʰ 14ᵐ 36ˢ. 86° 26′.

7,2 — 7,9 : blanches.

1830,35	198,1	0,74	Σ.
41,37	200,0	1,1	Md.
42,46	202,5	0,85	*id.*
43,30	203,0	0,96	*id.*
51,35	196,1	0,96	*id.*
52,39	200,4	1,02	*id.*
56,35	198,5	0,82	Se.
56,36	199,3	n.m.	*id.*
74,32	192,6	1,1	Gl.
74,84	193,2	1,06	Ws.
75,37	193,2	1,24	Sp.

Mouvement rétrograde, d'une extrême lenteur. Probabilité de système orbital. Les couleurs paraissent variables. Se a remarqué B bleue, tandis que A restait blanche.

ζ Gr. Ourse. H. iii, 2. 1744.

13ʰ 19ᵐ 5ˢ. 34° 27′.

2,5 — 4 : blanches et très-brillantes.

Date.	Angle.	Distance.	Obs.
1755,00	143°,1	13″,9	Bd.
79,76	n.m.	12,3	H.
80,40	n.m.	14,0	*id.*
81,88	146,8	14,3	*id.*
1800,00	146,0	15,9	Pi.
02,75	141,2?	n.m.	H.
20,90	146,2	14,63	Σ
22,44	147,8	14,45	H_2.
30,44	147,8	14,21	*id.*
30,63	147,6	14,37	Σ.
30,85	147,0	14,6	Sm.
31,01	147,3	14,43	Bs.
32,00	147,7	14,43	Σ.
37,63	146,8	14,70	Ek.
38,62	147,2	14,65	Ga.
39,32	147,4	14,4	Sm.
39,59	n.m.	14,42	Md.
40,77	147,7	14,35	Σ.
41,55	147,7	14,58	Md.
42,80	148,2	14,53	*id.*
47,61	148,2	14,25	Σ.
48,49	148,0	14,16	Da.
51,18	148,1	14,22	Md.
51,86	148,4	14,20	*id.*
52,14	148,0	14,24	De.
53,32	148,3	14,10	Md.
54,56	148,6	14,15	*id.*
54,72	148,1	14,2	Sm.
55,30	148,1	14,6	Se.
56,07	148,2	14,13	Md.
57,34	147,8	14,49	Bo.
57,39	148,6	14,03	Md.
57,70	148,5	14,4	Se.
58,54	147,9	14,52	De.
61,99	148,8	14,12	Md.
62,44	146,8	13,90	Ma.
63,28	148,1	14,58	Ta.
64,33	148,4	14,51	En.
65,57	n.m.	15,07	Ta.
69,50	148,6	14,52	Du.
69,57	148,8	13,04	Ma.
71,39	148,1	13,90	Ta.
73,28	148,0	14,5	Ws.
74,22	147,9	14,7	Gl.
77,50	148,7	14,55	Fl.

Mizar. Couple admirable; l'un des plus brillants du ciel. Objet facile pour les instruments de moyenne puissance. Système physique en mouvement propre commun

Æ + 0ˢ,017 ; D.P. + 0″,04.

Le mouvement relatif est à peine indiqué, quoique nous ayons 122 années d'observation, et c'est le plus faible de ce Catalogue. 2° seulement par siècle peut-être. Direct. Cycle grandiose, qui peut dépasser 18 000 ans. Vaste et important système.

Alcor, de 5e grandeur, écartée à 11′30″ (à 71°,7), paraît avoir le même mouvement propre que Mizar. — Système stellaire? — La position de 1857,34 est le premier exemple de mesures automatiques : elle a été obtenue par la photographie (Bond, à Harvard College). C'est assurément là un résultat fort remarquable, qui faisait présumer de la photographie céleste plus qu'elle n'a tenu...; car il y a vingt ans de cela, et nous n'avons pas encore fait mieux.

De toutes les étoiles doubles, c'est la première comme découverte, car elle a été signalée par Riccioli, vers 1650, et Gottfried Kirch l'a observée le 7 sept. 1700. La première *mesure* est celle de Bradley en 1755. Remarque singulière : la lunette dont se servait Méchain, en 1792, à Barcelone, pour la détermination de la méridienne, était si mauvaise, qu'elle ne séparait pas les deux étoiles. En 1787, Flaugergue crut être le premier à la dédoubler, et il crut ensuite que l'écartement angulaire augmentait rapidement. Herschel aussi croyait, en 1803, pouvoir affirmer un mouv. retrog. de 5° en 20 ans; mais son observation de 1802 est évidemment erronée.

La plus ancienne mention d'Alcor est celle d'Abd-al-Rahman-al-Sufi, l'an 960 de notre ère. Ptolémée n'en parle pas. Elle était déjà où nous la voyons, « au-dessus d'Al-Anak ». Les Arabes l'appelaient al Suhâ (la petite négligée), et al Saïdak (l'épreuve); ils s'en servaient pour essayer la portée de la vue. On la nomme aussi le Cavalier.

Elle doit augmenter d'éclat de siècle en siècle, car les Grecs ne l'ont pas vue; les Arabes, sous leur beau ciel, ne la voyaient au x° siècle que comme un point d'épreuve, et aujourd'hui toutes les bonnes vues la distinguent sous notre ciel brumeux.

Entre Mizar et Alcor il y a une petite étoile de 8e grandeur, remarquée pour la première fois en 1691 par Einmart, astronome de Nuremberg. En 1723, un astronome allemand la prit pour une nouvelle planète (!), malgré sa position boréale, et la nomma Sidus Lovicianum, en honneur de son souverain Louis V, landgrave de Hesse-Darmstadt. Sa position est (Sm 1839)

102°,6, 8′45″.

Il y a encore d'autres petites étoiles dans le champ.

Vierge 1746.

13h 22m 12s. 79° 55′.

7,7 jaunâtre — 10,3.

Date.	Angle.	Distance.	Obs.
	°	″	
1829,64	250,8	29,62	Σ.
52,32	249,8	28,57	Md.
68,06	249,9	27,98	De.

La distance diminue. Très-grande probabilité d'un couple optique.

Bouvier (266).

13h 22m 33s. 73° 38′.

7,5 — 8 : blanches.

Date.	Angle.	Distance.	Obs.
1842,00	n. m.	1	Σ_2.
46,10	324,2	1,16	*id.*
47,34	325,3	n. m.	Da.
49,27	327,7	1,18	Md.
54,27	327,2	1,08	Da.
56,44	333,5	1,71	Se.
67,30	333,4	1,35	De.
73,44	335,5	1,36	*id.*
74,40	335,7	1,57	Σ_2.
77,46	336,2	1,24	Ws.

Système orbital serré en mouvement direct. Cette étoile = Lalande 24930.

Petite Ourse (267).

13h 23m 6s. 13° 24′.

8 = 8.

Date.	Angle.	Distance.	Obs.
1849,60	300,8	0,25	Σ_2.
52,69	12,0	0,45	Md.
66,32	simple.		De.
72,43	all. vers 315° ou 135		*id.*

Très-grande probabilité de système orbital excessivement serré.

Lévriers (269).

13h 27m 26s. 54° 28′.

6,5 — 7.

Date.	Angle.	Distance.	Obs.
	°	″	
1843,36	29,6	0,25	Md.
45,86	227,8	all.	Σ_2.
1846,29	42,7	0,25	Md.
47,41	35,1	0,18	*id.*
51,27	42,4	0,20	*id.*
53,43	226,2	0,30	*id.*
65	45 ou 225	all.	De.
66,85	249,9	0,33	Σ_2.
68	simple.		De.
72,50	257,1	all.	Σ_2.
76,40	130±	0,3	Bu.

Très-grande probabilité de système orbital excessivement serré. Mesures difficiles, et interversions.

Vierge. P. XIII, 127. 1757.

13h 28m 10s. 89° 42′.

8 blanche — 9 jaune.

Date.	Angle.	Distance.	Obs.
1825,37	10,0	1,60	Σ.
29,82	19,5	1,45	*id.*
31,78	21,0	1,54	*id.*
32,37	24,1	1,5	Sm
33,38	23,9	1,54	Σ.
35,37	25,5	1,67	*id.*
36,42	29,4	1,64	*id.*
37,87	30,4	1,66	Md.
38,48	31,0	1,7	Sm.
41,38	36,0	1,75	Md.
42,38	27,3	n. m.	*id.*
42,39	37,4	• 1,6	Da.
42,52	37,9	1,7	Sm.
43,45	38,8	n. m.	Da.
43,51	40,9	n. m.	Kr.
45,88	40,8	2,03	Md.
52,38	51,7	2,0	Sm.
53,09	52,2	2,06	Md.
54,37	50,2	2,16	*id.*
55,31	51,3	1,7	Da.
55,65	51,6	1,6	De.
56,32	51,8	1,5	*id.*
56,42	51,9	2,01	Wr
56,88	52,9	1,84	Se.
57,15	53,2	1,91	Md.
57,29	54,2	2,00	Wr.
58,08	52,8	1,76	Ja.
58,37	54,8	1,91	Md.
59,36	53,8	1,82	*id.*
60,34	54,3	2,20	Da.
63,32	59,0	2,00	De.
65,97	60,4	2,09	*id.*
67,27	44,0?	2,60	Ta.
69,23	63,4	2,59	Br.
69,24	46,9?	2,65	Ta.
69,25	63,0	2,08	De.
70,18	63,1	2,20	Cl.

Date.	Angle.	Distance.	Obs.
	°	″	
1870,37	64,1	2,00	Ta.
71,25	63,5	2,05	Gl.
72,37	67,3	n. r.	Ta.
74,22	65,4	1,98	*id.*
74,35	65,3	2,16	Ws.
75,31	66,6	2,00	Sp.
76,32	61,1	n. m.	Dk.
76,39	66,8	2,18	Ws.
77,23	64,7	2,33	Dk.

Probabilité de système orbital serré, en mouvement direct rapide, 55° parcourus en 52 ans; 360° conduiraient à 340 ans. — Cependant le mouvement observé est jusqu'à présent rectiligne et s'expliquerait aussi par une ligne droite dirigée vers 111°; valeur, 0″,037, dont

Æ + 0″,034 et D. P. + 0″,009.

Ce mouvement est de même sens que celui de l'étoile voisine ζ Vierge.

---

25 Chiens de chasse. 1768.

13h 32m 8s. 53° 6′.

6e blanche — 7e bleue.

Date.	Angle.	Distance.	Obs.
1827,28	82,4	1,13	Σ.
29,89	79,6	1,05	*id.*
31,51	76,5	1,07	*id.*
33,12	72,4	1,09	*id.*
36,50	71,8	1,07	*id.*
39,25	71,3	1,07	Md.
41,39	70,8	1,00	*id.*
42,35	67,7	0,99	Da.
43,52	70,5	0,71	Md.
51,28	56,5	0,39	*id.*
52,33	44,8	0,31	*id.*
53,32	36,2	0,35	*id.*
54,43	36,3	0,35	Da.
54,78	46,7	0,37	Md.
56,49	25,7	all.	Se.
57,59	all.	—	*id.*
58,65	26,7	0,2	Md.
60,36	12 ∓	0,15	Da.
62,95	180 ::	all.	De.
63,15	315 ::	all.	*id.*
63,50	simple.		*id.*
65,44	ronde.		Da.
69,40	all. en 178° ::		Du.
70,43	all. en 186 ::		*id.*
71,45	all. en 47 ::		*id.*
72,38	ronde.		Ws.
75,40	ronde.		Gl.
75,49	ronde.		Du.
76,45	161,4	0,42	Sp.

Système orbital très-serré, en mouvement rétrograde dans un plan très-incliné sur le rayon visuel. Depuis 20 ans, les deux étoiles s'occultent. Dk en a calculé récemment (1877) les éléments suivants :

$$
\begin{aligned}
\Omega &= 82°,0 \\
\lambda &= 202,0 \\
\gamma &= 51,5 \\
e &= 0,66 \\
P &= 124^{ans},50 \\
T &= 1862,98
\end{aligned}
$$

Cette étoile = Lalande 25193 et Rumker 4392. Elle a été observée par Flamsteed, mais non par Piazzi.

Petite Ourse. 1771.

13h 33m 32s. 19° 36′.

7,8 — 8 5.

Date.	Angle.	Distance.	Obs.
	°	″	
1829,81	69,9	1,81	Σ.
31,73	71,0	1,67	*id.*
45,56	74,6	1,76	Md.
52,67	73,5	1,82	*id.*
54,21	75,1	1,71	*id.*
67,19	73,4	1,76	De.

Probabilité de système orbital en lent mouvement direct.

---

1 Bouvier. 1772.

13h 34m 56s. 69° 26′.

6,2 — 9,1 : bleues.

Date.	Angle.	Distance.	Obs.
1826,00	140±	6,0	H_2.
28,30	150,4	4,71	Σ.
28,33	147,7	4,88	H_2.
31,00	146,8	5±	*id.*
32,00	145,0	6±	*id.*
32,23	147,1	4,9	Sm.
33,74	147,6	4,92	Σ.
44,34	149,2	4,79	Md.
48,35	144,8	5,22	*id.*
56,93	144,1	4,60	Se.
52,16	143,0	5,18	$Σ_2$.
62,44	140,3	4,63	Ma.
65,40	144,0	4,70	De.
77,42	137,9	4,68	Fl.

Ces deux étoiles sont bleues, surtout A, qui est saphir, et il y en a aussi deux autres dans le champ, l'un *np*, l'autre *sp*, qui sont bleues. — La nature du mouvement ne peut être conclue. Le mouvement propre n'est pas sûrement déterminé (*voy.* mon Catalogue).

---

84 o Vierge. H. II, 44. 1777.

13h 37m 2s. 85° 51′

5,8 *jaune* — 8,2 bleue var.

Date.	Angle.	Distance.	Obs.
	°	″	
1782,10	240,9	4″±	H.
1802,31	239,8	*id.*	*id*
21,30	234,1	4,25	Σ.
21,37	229,8?	3,91	H_2.
25,42	237,1	3,30	Σ.
28,77	235,4	3,39	*id.*
30,20	232,9	4,06	H_2.
31,19	232,9	3,7	Sm.
31,28	235,3	n. m.	H_2
32,00	231,8	2,5	*id.*
33,26	228,8	n. m.	*id.*
36,06	234,8	3,42	Md.
36,35	231,8	3,6	Sm.
39,37	233,4	3,5	*id.*
41,24	233,4	3,72	Da.
42,40	233,1	n. m.	Md.
43,31	234,5	3,51	*id.*
43,34	231,8	3,61	Da.
43,59	234,1	3,61	*id*
44,30	233,9	3,44	Md.
47,57	231,9	3,49	Mt.
51,56	232,5	3,50	Md.
52,22	234,0	3,67	Σ.
54,96	233,3	3,18	Md.
56,41	233,4	3,33	De.
57,03	231,6	3,26	Se.
58,28	230,8	3,35	Wr.
58,38	232,7	2,89	Md.
60,38	233,6	3,60	Da.
61,41	235,0	n. m.	Md.
65,35	231,9	3,79	En.
66,40	227,8	3,85	Ta.
67,80	235,0	3,50	De.
69,25	227,7	3,86	Ta.
71,32	231,7	3,52	Gl.
72,53	231,7	3,39	Du.
73,35	231,5	3,54	Ws.
74,32	232,5	3,22	*id.*
75,44	231,7	3,54	Sp.
76,34	232,3	n. m.	Dk.
76,46	230,0	3,60	Ws
77,45	229,4	3,58	Fl.

Système physique en mouvement propre commun

Æ — 0s,023; D. P. + 0″,05.

et en mouvement orbital très-lent. — Belles couleurs. B bleue variable jusqu'au pourpre. Mesures difficiles, à cause de l'obliquité de l'angle.

Le 13 avril 1875, j'ai découvert une étoile rouge orangée, à 14° au sud de ce couple, en observant Jupiter, qui est passé tout près d'elle le 18. C'est 25396

Lalande, de 7° grandeur dont la position pour 1880 est

Æ = 13h 40m 54s ; D. P. = 99° 7′.

Elle est d'une couleur plus marquée que ♅ et que ses satellites.

Vierge. 1781.

13h 40m 12s. 84° 17′.

7,2 — 8

Date.	Angle.	Distance.	Obs.
	°	″	
1830,31	240,5	1,36	Σ.
32,00	235,7	1,5	H_2.
42,31	238,7	1.20	Da.
43,34	242,2	1,09	Md.
56,39	246,6	1,00	Se.
58,07	249,8	1,2	De.
64,75	251,8	1,1	*id.*
65,35	249,6	n. m.	*id.*
67,42	253,6	1,08	*id.*
69,25	255,6	n. m.	Ta.
71,32	256,0	1,1	Gl.
75,37	259,5	1,21	Sp.
76,41	262,1	1,20	Ws.
77,37	256,3	1,03	Dk.

Système orbital serré en mouvement direct.

Cette étoile = Lalande 25380, et Weisse-Bessel, XIII, 670.

τ Bouvier. (270).

13h 41m 35s. 71° 57′.

4,8 jaune clair — 11,7.

Date.	Angle.	Distance.	Obs.
1825,00	345,0	20±	H_2.
43,28	347,5	10,35	Σ_2.
46,02	348,9	10,21	*id.*
48,42	349,4	10,10	Da.
49,84	348,8	9,86	Σ_2.
51,32	349,0	9,69	*id.*
54,28	349,3	9,36	Da.
67,36	348,9	9,04	De.
72,05	350,5	8,93	*id.*
73,36	349,9	n. m.	Ws.
75,40	350,9	9,43	Ha.
77,15	351,0	8,92	Bu.
78,24	351,4	8,91	*id.*

Mouvement rectiligne, dirigé vers 158°; vitesse = 0″,051, dont

Æ + 0″019 et D. P. + 0″,048.

Or le mouvement propre de τ parait être (*voy.* mon Catalogue)

Æ — 0″,49 et D. P. — 0″ 05.

mouvement dix fois plus rapide et dirigé surtout en Æ, tandis que le précédent est dirigé surtout en D. P. La petite étoile est donc entrainée par la grande. Système physique avec mouvement rectiligne.

Bouvier. 1785.

13h 43m 38s. 62° 25′.

7' blanche — 7,4 verte.

Date.	Angle.	Distance.	Obs.
	°	″	
1823,40	160,4	5,66	So.
30,12	164,4	3,49	Σ.
30,20	164,6	4,62	H_2.
31,34	166,2	4,0	*id.*
40,85	172,1	3,47	Md.
43,48	174,6	3,39	*id.*
44,88	174,9	3,47	*id.*
46,40	176,2	3,20	Wr.
51,28	178,7	3,48	Md.
55,66	183,7	3,03	*id.*
56,36	186,0	3,24	So.
58,38	185,1	3,16	De.
59,30	185,4	2,89	Wr.
61,59	191,1	3,52	Md.
63,27	190,7	2,69	De.
63,31	192,8	2,69	Ma.
64,47	193,5	2,88	En.
64,97	192,4	2,60	De.
65,42	193,8	2,87	En.
66,81	194,6	2,56	De.
68,34	196,8	2,52	*id.*
70,19	198,6	2,46	Du.
70,38	199,0	2,5	Gl.
70,81	199,6	2,43	De.
71,32	199,8	2,7	Gl.
71,35	199,1	2,49	Ma
71,38	199,2	2,5	Kn.
72,43	201,8	2,59	Du.
72,89	201,9	2,32	De.
73,32	202,2	2,45	Ws.
73,44	200,3	2,32	Li.
74,90	205,2	2,18	De.
75,24	206,4	2,39	Du.
75,33	205,4	2,34	Sp.
75,38	206,9	2,52	Ws.
76,41	208,4	2,28	*id.*
76,45	206,9	2,15	Sp.
76,85	208,5	2,14	De.
77,32	208,4	2,21	Dk.
77,47	208,8	2,14	Ws.

Très-haute probabilité de système orbital en mouvement direct rapide : 48° parcourus en 54 ans; 360° conduiraient à 400 ans. La marche des angles de position est beaucoup plus régulière que celle des distances. Mouvement propre commun rapide

Æ — 0″,50; D. P. + 0″,003.

Si l'on partait de la distance de 1823, une ligne droite satisferait presque aux observations; mais cette distance est certainement trop forte. Celle de 1830 est beaucoup plus sûre que les trois de So et H_2. Néanmoins le mouvement pourrait encore être rectiligne.

Il y a diverses estimations de couleur pour B.

Vierge. P. XIII, 238. 1788.

13h 48m 39s. 97° 28′.

6,5 — 7,4 : blanches.

Date.	Angle.	Distance.	Obs.
	°	″	
1825,39	51,7	2,76	So
30,27	49,6	2,57	H_2.
31,38	54,0	2,37	Σ.
31,44	50,6	2,68	H_2.
34,29	55,0	2,5	Sm.
44,35	60,4	2,49	Md
52,22	67,2	2,58	Σ_2.
54,38	61,0	2,44	Md.
56,39	62,6	2,46	Se.
58,37	63,3	2,47	Md.
62,32	64,2	2,38	Ma.
64,85	67,7	2,46	De.
71,32	69,6	2,58	Gl.
72,38	75,4>	2,55	Ws.
73,63	70,0	2,64	*id.*
75,40	70,0	2,45	Sp.
77,31	67,5	2,69	Dk.
77,39	70,2	2,62	St.

Système orbital en mouvement direct assez lent. Mouvement propre commun, tout en Æ (— 0″,137).

Vierge (273).

13h 50m 18s. 84° 10′.

7,5 — 8.

Date.	Angle.	Distance.	Obs.
1843,30	102,9	0,60	Md
45,33	104,6	0,7	*id.*
45,99	106,1	0,74	Σ_2.
46,30	107,7	0,80	Md.
47,36	109,3	0,84	*id.*
51,38	109,0	0,81	*id.*
56,44	104,9<	0,66	Se.
68,59	110,6	0,94	Da.

Système orbital très-serré, en lent mouvement direct.

Centaure. H_2 5845.

14h 0m 36s. 149° 9′.

8,5 = 8,5 : rouges écarlates.

Date.	Angle.	Distance.	Obs.
1835,4	64,4	12,0	H_2.
37,5	69,4	12,0	*id*

Couple d'un rouge écarlate. Ces mesures ne suffisent pas pour déterminer la nature du mouvement. Il est regrettable que les observations australes soient si négligées.

Bouvier 76. II. N, 115. 1804.

$14^h 2^m 39^s$. 68° 14'.

8 jaune — 9 bleue.

Date.	Angle.	Distance.	Obs.
	°	"	
1796,60	27,6	n.m.	H.
1825,35	20,3	4,89	So.
29,41	20,0	n.m.	H_2.
29,62	18,3	4,37	Σ.
31,41	18,5	4,11	H_2.
32,00	19,7	2?	id.
41,37	18,6	4,63	Da.
42,40	19,6	n.m.	id.
42,40	18,9	n.m.	Md.
43,32	19,5	4,16	Da
43,32	20,2	4,57	id.
44,34	20,6	4,59	id
48,43	19,9	4,37	Da.
65,51	18,4	4,58	Se.
66,39	19,2	4,35	De.
66,39	20,1	4,30	Ta.
67,37	21,3	4,13	id.
69,27	19,2	4,21	id.
71,32	19,7	4,5	Gl.
73,35	19,6	4,6	Ws.
74,32	19,9	4,20	id.

Haute probabilité de système orbital en lent mouvement rétrograde.

Cette étoile = Lalande 25939.

Bouvier (276).

$14^h 3^m 5^s$. 52° 41'.

Triple.

A = 8; B = 8,5; C = 10,7.

AB.

Date.	Angle.	Distance.	Obs.
1842,00	n.m.	0,5	$Σ_2$.
43,33	202,7	0,55	id.
45,65	196,1	0,58	id.
51,27	209,0	0,5	Md.
69,37	194,3	all.	De.

AC.

Date.	Angle.	Distance.	Obs.
1843,33	71,1	9,67	Md.
69,37	74,2	9,57	De.

Ce système serait intéressant à suivre attentivement. AB paraissent former un couple binaire très-serré, en mouvement rétrograde.

Cette étoile = Lalande 25979.

Bouvier. 1808.

$14^h 4^m 44^s$. 62° 50'.

8 — 9 : blanches.

Date.	Angle.	Distance.	Obs.
	°	"	
1832,31	68,8	2,82	Σ.
44,39	71,0	2,76	Md.
69,09	73,6	2,69	De.
71,32	76,1	2,54	Du.

Mouvement direct. Très-grande probabilité de système orbital.

Cette étoile = W. XIV. 60.

Bouvier. II. N, 98. 1813.

$14^h 7^m 24^s$. 84° 2'.

8,3 — 9 : blanches.

Date.	Angle.	Distance.	Obs.
1793,36	180,0	n.m.	H.
1823,34	190,7	6,06	H_2.
29,81	191,0	4,76	Σ.
31,0	192,5	4,5	H_2.
41,37	193,9	5,34	Md.
42,27	192,2	4,95	Da.
43,07	192,9	5,21	Md.
43,35	194,0	4,84	Da.
44,30	191,5	5,24	Md.
46,10	190,3	5,05	$Σ_2$.
46,25	194,7	n.m.	Md.
51,28	193,1	5,15	id.
55,30	192,9	4,92	De.
57,05	193,9	4,82	Se.
58,38	193,1	4,83	Md.
63,31	199,8>	4,86	Ma.
65,32	192,5	4,98	En.
66,40	193,2	4,67	Ta.
67,08	192,3	4,77	De.
67,37	193,0	n.m.	Ta.
69,38	192,4	4,88	Du.
71,32	192,7	5,2	Gl.
73,36	193,1	5,0	Ws.
76,40	193,1	4,91	Ha.

Le mouvement est à peine accusé depuis 1829, mais il existe certainement, et il n'y a pas d'erreur dans l'observation de H, car il a eu soin de spécifier que l'étoile était en 1793 « directly in the meridian ». Sans doute système orbital en mouvement direct excessivement lent.

Cette étoile = Lalande 26057 et Bessel, XIV, 89.

Bouvier (278).

$14^h 7^m 31^s$. 45° 15'.

7,5 — 7,7.

Date.	Angle.	Distance.	Obs.
	°	"	
1843,44	150,5	0,33	Md.
46,03	146,0	0,41	$Σ_2$.
46,29	129,5?	0,40	Md.
51,27	132,1	0,40	id.
54,00	145,1	0,45	$Σ_2$.
57,52	127,3	0,60	Se.
67,48	128,3	all.	De.
69,48	128,3	0,32	Du.
70,83	126,1	0,4	id.
75,48	124,2	0,53	$Σ_2$.

Système orbital très-serré, en lent mouvement rétrograde.

Grande Ourse. 1820.

$14^h 9^m 5^s$. 34° 7'

8,2 — 8,7 : jaunâtres.

Date.	Angle.	Distance.	Obs.
1831,95	46,6	2,40	Σ.
36,32	47,9	2,40	id.
45,47	52,0	2,50	Md
51,27	50,3<	2,17	id.
54,21	63,1>	2,35	id.
66,75	60,5	2,11	De.
71,45	63,2	2,27	Du.

Mouvement direct. Très-grande probabilité de système orbital.

κ Bouvier. II. III, 11. 1821.

$14^h 9^m 11^s$. 37° 39'

5 verdâtre — 7 bleuâtre.

Date.	Angle.	Distance.	Obs.
1779,75	240±	n.m.	H.
80,56	n.m.	12,08	id.
81,70	n.m.	14,33	id.
82,29	242,5	n.m.	id.
97,75	n.m.	11,09	id.
1802,66	240,7	n.m.	id.
22,62	238,7	13,14	So.
30,48	238,8	12,79	H_2.
30,93	237,9	12,5	Sm.
32,50	237,7	12,60	Σ.
37,70	237,7	12,50	id.
38,78	238,1	12,7	Sm.
43,42	237,0	12,76	Md
44,90	236,4	12,63	id.
52,37	237,0	12,65	id.
54,46	237,1	12,66	Wr.
55,37	236,3	12,49	Md.
55,46	238,6	12,75	Wr.
55,73	238,1	12,46	De.
61,57	237,3	12,66	Md.
67,74	237,5	12,81	De.
72,90	236,3	12,92	Du.
76,46	242,8	12,99	Ws.
77,86	236,1	12,88	Fl.

Mouvement rétrograde excessivement lent, dont la nature ne peut encore être décidée. Mouvement propre de $\varkappa$

Æ + 0ˢ,009 ; D.P. + 0″,02,

commun aux deux compagnons, car sans cela leur écartement se serait fort accru depuis cent ans. Les estimations de grandeur et de couleur de $\varkappa$ varient de 3,5 à 5,5 et du blanc au jaune et au vert.

Vierge. 1819.

14ʰ 9ᵐ 18ˢ. 86° 18′.

7 — 8 : blanches.

Date.	Angle.	Distance.	Obs.
	°	″	
1828,35	88,1	0,86	Σ.
30,39	84,9	0,98	*id.*
32,00	83,3	1,0	H₂.
32,42	81,7	1,10	Σ.
36,43	76,1	1,13	*id.*
41,35	65,2	0,95	Md.
41,38	63,7	1,03	Da.
42,39	60,6	1,08	Da.
42,40	63,2	0,87	Md.
43,24	62,8	n. m.	Kr.
43,34	61,9	1,02	Da.
44,35	61,9	0,83	Md.
45,39	57,1	1,04	*id.*
47,38	54,1	1,17	*id.*
51,30	49,6	1,27	*id.*
52,39	46,2	1,02	*id.*
53,42	45,3	1,09	*id.*
54,40	44,4	1,14	*id.*
56,39	43,7	0,93	Se.
57,82	41,6	1,1	De.
58,38	38,2	1,0	Ma.
59,45	39,4	1,0	Se.
63,01	32,4	1,29	De.
64,41	34,5	1,17	Se.
65,85	31,6	1,24	De.
67,28	31,9	1,94	Ta.
70,00	26,8	1,25	De.
70,36	26,2	1,23	Gl.
71,31	26,1	1,35	*id.*
72,39	24,8	1,19	Ws.
73,32	25,3	1,30	*id.*
74,26	21,3	1,21	De.
74,41	23,2	1,33	Ws.
75,36	21,6	1,47	Sp.
75,38	24,1	1,40	Ws.
76,41	23,2	1,37	*id.*
76,42	20,1	1,26	Ha.
77,33	17,2	n. m.	Dk.

Très-grande probabilité de système orbital serré en mouvement rétrograde très-rapide : 70° en 49ᵃⁿˢ : 360° conduiraient à 251 ans. Cependant un mouvement rectiligne s'accorderait presque avec les observations. Il y a plusieurs interversions d'angle de 180°, de sorte que l'une des deux étoiles peut être variable.

Cette étoile n'est pas dans Lalande ; elle est dans Bessel (XIV, 125).

Bouvier 121. 1825.

14ʰ 10ᵐ 59ˢ. 69° 19′.

6,5 blanche — 9 olive.

Date.	Angle.	Distance.	Obs.
	°	″	
1830,00	186,5	4,0	H₂.
30,66	185,7	3,45	Σ.
32,00	185,5	2,5	H₂.
41,52	184,5	4,05	Md.
42,40	184,3	n. m.	*id.*
43,31	183,8	3,89	*id.*
57,77	182,2	3,74	Se.
64,47	178,8	3,90	De.
71,22	180,1	4,2	Gl.
73,36	178,0	4,1	Ws.
73,74	177,9	3,84	De.
74,93	177,5	3,93	Ws.
77,39	174,7	3,74	Dk.

Les observations sont insuffisantes pour décider de la nature du mouvement. L'observation de Md en 1842 était renversée de 180°. Sans doute système orbital en lent mouvement rétrograde.

Dragon. 1830.

14ʰ 11ᵐ 52ˢ. 32° 46′.

6,5 blanche 9 bleue.

Date.	Angle.	Distance.	Obs.
1830,89	264,0	4,84	Σ.
38,19	267,6	5,12	Md.
45,48	271,3	5,40	*id.*
51,27	275,3	5,30	*id.*
52,69	276,2	5,48	*id.*
56,46	277,4	5,67	*id.*
58,72	276,9	5,71	*id.*
60,06	278,2	5,31	Se.
66,87	279,3	5,36	Fe.
71,32	286,4	5,7	Gl.
71,50	279,9	5,65	Du.
73,27	284,9	5,5	Ws.

Haute probabilité du système orbital en mouvement direct.

ι Bouvier. H. v, 9. 3124.

14ʰ 11ᵐ 56ˢ. 38° 5′.

Triple.

A = 4,5 jaune ; B, *id.* ; C = 8 blanche

Date.	Angle.	Distance.	Obs.
	°	″	
1836,19	AB all.	vers 150°	Σ.
36,28	» »	» 162	*id.*
36,30	» »	» 151	*id.*
36,58	» »	» 171	*id.*
38,18	» »	» 195	Sm.
74,42	» »	» 55	Ws.

AC.

Fixes à 33° ± 1° et 38″ ± 0″,5.

On n'a jamais pu dédoubler A, et les plus puissants instruments ne la montrent qu'allongée. Mais la protubérance tourne. C'est le plus serré de tous les systèmes, à moins que ce ne soit qu'une illusion d'optique, ce qui serait fort possible.

AC demeurent fixes jusqu'à présent, et forment un système physique emporté par un mouvement propre commun :

Æ — 0″,163 ; D.P. — 0″,087 (Σ).

Bouvier. 1834.

14ʰ 15ᵐ 54ˢ. 40° 56′

7 — 7,5.

1830,24	104,0	1,09	H₂.
31,20	113,7?	1,36	Σ.
31,37	108,3	1,20	H₂.
33,26	115,0?	n. m.	*id.*
40,51	111,8	1,14	Da.
43,23	113,9	1,37	Md.
48,50	112,7	1,04	Da.
49,48	111,1	1,10	*id.*
57,57	114,8	0,92	Se.
66,31	113,3	0,91	De.
66,49	110,9	0,87	Ta.
71,21	115,5	0,66	Du.
71,53	115,3	0,6	Gl.
74,52	113,7	0,6	Ws.

Couple serré, en mouvement direct très-probable. La distance diminue peu à peu. Ce doit être un système dont le plan passe par le Soleil. Cependant, comme le mouvement est rectiligne, ce pourrait être aussi un couple de perspective.

Cette étoile n'est pas dans Lalande ; elle est dans Argelander, zone 3, nᵒˢ 35 et 37.

Balance. P. xiv, 70. 1837.

$14^h 18^m 14^s$. 101° 7'.

7 blanche — 8.6 bleue.

Date.	Angle.	Distance.	Obs.
	°	"	
1829,83	326,9	1,50	Σ.
33,36	325,8	1,6	Sm.
37,48	321,5	1,3	H_2.
48,38	323,4	1,55	Md.
48,45	324,5	1,50	Mt.
56,47	312,3	1,40	Se.
62,37	348,8?	1,05	Ma.
65,07	314,1	1,34	De.
71,40	313,0	1,41	Gl.
72,44	311,2	1,43	Dů.
73,36	311,6	1,33	Ws.
75,87	309,8	1,26	Sp.
77,40	306,8	1,44	Σ_2.
77,42	307,0	1,45	St.

Système orbital serré, en mouvement rétrograde. Mouvement propre commun, assez fort en Æ (*voy.* mon Catalogue), mais dont les évaluations diffèrent.

Vierge. 1842.

$14^h 20^m 57^s$. 85° 46'.

8 6 — 8,8 : blanches.

Date	Angle	Distance	Obs.
1828,86	10,9	2,84	Σ.
30,34	9,4	0,96?	H_2.
34,18	11,9	3,06	Md.
44,35	13,8	2,90	*id.*
56,77	15,8	2,80	Se.
67,61	14,0	2,68	De.
71,40	13,7	2,9	Gl.
74,42	14,5	2,75	Ws.

Lent mouvement direct. Grande probabilité de système orbital.

φ Vierge. 1846.

$14^h 22^m 1^s$. 91° 41'.

5,2 jaune — 10 bleue.

Date	Angle	Distance	Obs.
1826,86	108,8	3,69	Σ.
31,60	108,8	3,75	*id.*
37,42	115,0±	5,0±	Sm.
44,35	111,3	3,70	Md.
48,36	110,9	3,83	*id.*
48,45	109,3	4,00	Mt.
52,22	107,5	4,34	Σ_2.
54,00	comp. invisible.		
67,11	112,0	4,09	De.
74,42	118,1	4,0	Ws.
74,53	114,0	3,7	Gl.
75,43	112,6	4,27	Ws.

B est une petite étoile bleue, trop faible pour l'illumination du champ et qui paraît variable. Webb l'a trouvée invisible en 1854. Sm l'estimait de 13ᵉ grandeur, ce qui correspond à 10,7 de Σ et à 11,2 de Arg. Il y a un mouvement direct presque certain. Mouvement propre de φ

Æ — 0",08; D. P. — 0",02;

paraît commun aux deux étoiles.

Vierge. 1847.

$14^h 22^m 14^s$. 99° 40'.

8,3 — 9,4.

Date.	Angle.	Distance.	Obs.
	°	"	
1829,81	248,4	18,73	Σ.
44,34	251,5	18,22	Md.
48,45	253,1	20,17	Mt.
65,36	256,0	21,67	De.
70,09	256,8	21,93	*id.*
77,40	257,8	22,56	Fl.
78,27	258,0	22,60	Bu.

Mouvement rectiligne, dirigé vers 294°; vitesse = 0",11, dont Æ — 0",101 et D. P. — 0",045. Groupe de perspective.

α du Centaure. H_2 6051.

$14^h 31^m 4^s$. 150° 20'.

1 — 2 blanches.

Date	Angle	Distance	Obs.
1709,00	comp. à l'ouest.		Fe.
52,20	218,7	20,51	Lc.
1822,00	209 6	28,75	Fa.
24,00	215,4	22,45	Rb.
26,01	213,2	22,45	Dl.
30,01	215,0	19,95	Jo.
31,00	215,9	22,56	Ty.
32,16	216,4	19,85	*id.*
33,00	217,5	18,67	H_2.
34,79	218,5	17,4	*id.*
36,30	219,6	16,52	*id.*
37,34	220,7	16,11	*id.*
40,00	223,2	14,74	Mc.
46,21	232,4	10,96	Ja.
46,87	234,3	9,82	*id.*
47,09	235,1	9,45	*id.*
48,02	238,0	8,05	*id.*
50,96	250,7	5,97	*id.*
51,05	251,2	5,90	*id.*
52,56	262,8	5,03	Mc.
53,05	267,6	4,55	Ja.
54,00	276,3	4,21	*id.*
54,63	283,5	n. m.	*id.*
55,05	289,0	n. m.	Po.
55,32	293,6	4,07	*id.*
55,75	298,0	4,0	*id.*
56,38	307,7	3,92	Ja.

Date.	Angle.	Distance.	Obs.
	°	"	
1857,29	320,0	4,01	*id.*
58,12	329,2	4,29	*id.*
59,38	340,0	5,12	Po.
60,11	345,3	5,68	*id.*
60,48	348,7	5,6	*id.*
61,05	351,0	6,08	*id.*
61,30	353,2	6,2	*id.*
61,58	354,3	6,29	*id.*
62,20	358,0	6,79	*id.*
63,03	1,4	7,2	*id.*
63,75	5,2	8,5	El.
64,11	5,7	7,85	Po.
64,72	n. m.	8,1	El.
68,18	n. m.	9,4	*id.*
70,00	20,4	10,24	Po.
70,74	22,3	10,46	Rs.
71,47	22,9	10,12	*id.*
72,47	25,3	9,73	*id.*
73,16	n. m.	8,3	El.
73,33	28,1	9,5	Rs.
74,15	30,5	8,0	El.
74,47	30,0	7,96	Rs.
74,85	34,2	n. m.	Ld.
76,41	47,0	4,35	Rs.
76,72	50,6	3,9	El.
77,14	64,4	3,3	Mll.
77,25	69,1	3,1	El.
77,54	76,1	2,23	Rs.
77,58	77,3	2,1	El.

Ce système est actuellement pour nous le plus intéressant du ciel entier, parce que l'étoile α du Centaure est, de toutes les distances stellaires mesurées jusqu'ici, la plus rapprochée de la Terre. Sa parallaxe égale 0",928, et sa distance, égale 222 300 demi-diamètres orbite ♁. De plus, c'est un couple admirable, composé d'une brillante étoile de 1ʳᵉ grandeur et d'une de 2ᵉ. Cette étoile fut dédoublée, pour la première fois, en 1709, par le P. Feuillée à Lima, et, remarque singulière, il nota les deux composantes seulement de 3ᵉ et 4ᵉ gr.; celle-ci était à l'ouest. Pendant son séjour au Cap de Bonne-Espérance, Sir John Herschel les nota de 1ʳᵉ et de 2ᵉ grandeur, et c'est ainsi qu'on les a généralement notées depuis.

(J'ai trouvé dans le catalogue de l'expéd. navale de Gilliss à Santiago, en 1850-52, trois séries d'observ., que je n'ai pas inscrites à cause de leur discordance :

	°	"
1850,47	296,0	7,4
1851,20	280,5	7,6
1852,50	282,0	6,5

Toutes les mesures d'étoiles doubles faites par cette mission sont des réductions graphiques d'observations méridiennes, obtenues en rapportant les différences d'Æ et de Ⓓ sur une grande échelle et en mesurant sur ces diagrammes les distances et les angles de position. Cette méthode est peu précise, comme on le voit, à moins qu'il ne s'agisse de grandes distances.)

L'orbite apparente de ce système est très-allongée, et certainement très-inclinée sur notre rayon visuel. Le grand axe est dirigé par 22° et 202°; la première *mesure*, celle de Lacaille, en 1752, correspond à celle de H_2 en 1834, ce qui donne un premier chiffre de période approximative de 82 ans. La remarque de Feuillée, en 1709, est un sujet de perplexité. Il assure que le compagnon était alors à l'ouest de α. Ce n'est pas là une mesure bien précise, puisque la position pouvait être depuis 180° jusqu'à 360°; mais enfin l'ouest c'est 270°. Or avec une période de 82 ans ± l'étoile ne pouvait pas être de ce côté, car en 1873 elle était au nord-nord-est. Elle est passée au nord en 1862, et elle était à l'ouest en 1853. Ce qu'il y a de plus étrange, c'est que Powell se sert de la position de Feuillée pour confirmer sa période de 76 ans, en disant qu'en 1862 "the companion crossed the meridian passing through the primary" et que

$$1862 - 1709 = 153^{\text{ans}} = 2 \text{ fois } 76^{a},5.$$

Or une étoile ne croise pas le méridien à l'ouest ni à l'est, mais au nord ou au sud. Il faudrait pour 1709 au moins l'angle de 1860, ce qui abaisse la période à 75 ans. Et pourtant la dernière orbite calculée, la plus approchée sans doute (Hind, 1877), donne 85 ans :

$$\begin{aligned} T &= 1874,85 \\ \Omega &= 21°,48',0 \\ \pi - \Omega &= 59.32,1 \\ \text{I} &= 82.18,4 \\ \varphi &= 41.51,5 \\ e &= 0,6673 \\ a &= 21''797 \\ P &= 85^{\text{ans}},042 \end{aligned}$$

Le compagnon est actuellement au péri-astre, et tout va bientôt se décider.

Ce magnifique système est emporté dans l'espace par un mouvement propre très-rapide

Æ — 0ˢ,470; D.P. — 0″,83.

La direction de ce mouvement forme un angle de 40° avec la perspective de la translation du Soleil dans l'espace (*voy.* mon Catalogue et ma carte).

La période et la parallaxe ci-dessus indiquent pour la masse de ce système 1,79 ⊙, et pour le demi-grand axe de l'orbite 23,49 (♃ = 19; ♅ = 30).

B a certainement augmenté d'éclat. Fe, Lc, Bb et Dl s'accordent pour l'estimer de 4° grandeur, et elle est au moins de 2ᵉ aujourd'hui.

Bouvier. 1863.

14ʰ33ᵐ57ˢ. 37°55′.

7 — 7,2 : blanches.

Date.	Angle.	Distance.	Obs
	°	″	
1830,14	109,7	0,65	Σ.
38,94	104,1	0,60	Md.
41,20	107,3	0,65	$Σ_2$.
41,56	101,6	0,6	Md.
43,32	101,4	0,55	*id.*
51,27	98,7	0,68	*id.*
52,67	97,6	0,77	*id.*
54,50	100,2	0,58	*id.*
56,03	97,3	all.	De.
58,69	91,2	0,67	Md.
59,52	101,5	0,77	Se.
64,37	95,2	all.	De.
65,80	108,1	0,76	En.
69,49	101,7	0,50	Du.
72,41	99,5	0,6	Ws.
72,50	94,6	0,88	$Σ_2$.
73,30	92,6	0,61	Ws.
74,36	93,4	0,5	Gl.
75,52	99,6	0,58	Du.

Système orbital très-serré, en mouvement rétrograde. Observations difficiles et discordantes.

π Bouvier. II. III, 8. 1864.

14ʰ35ᵐ5ˢ. 73°4′.

5 — 6 : très-blanches.

Date.	Angle.	Distance.	Obs.
	°	″	
1779,74	n. m.	5,47	H.
1781,82	96,5	6,17	*id.*
1803,17	97,6	n. m.	*id.*
22,05	97,9	6,89	So.
30,32	99,2	5,83	Σ.
33,19	99,5	6,28	Da.
43,33	100,2	5,89	Md.
1845,39	100,3	5,50	Da.
46,43	98,8	6,08	Po.
51,03	100,6	5,83	Ft.
51,91	99,5	5,95	Mi.
52,36	101,0	6,01	Md.
54,59	101,5	5,75	De.
56,08	100,8	5,85	Md.
56,79	100,9	5,97	Se.
57,34	100,6	6,14	Wr.
60,73	100,4	5,96	Md.
63,27	101,8	6,01	Ba.
66,45	100,6	5,73	Kr.
66,49	101,6	6,35	Ta.
67,94	101,5	5,74	De.
70,90	102,0	5,66	Du
73,37	101,1	6,01	Ws.
74,36	101,2	6,2	Gl.
74,42	102,4	5,91	Ws.
75,55	102,2	6,41	Ma.
77,31	101,0	6,16	Dk.
77,46	103,1	6,03	Ws.
77,47	103,3	6,11	Fl.

Mouvement direct excessivement lent. Couple lumineux. Très-grande probabilité de système orbital. Le mouvement propre de π est à peine sensible (*voy.* mon Catalogue).

ζ Bouvier. II. VI, 104. 1865.

14ʰ35ᵐ25ˢ. 75°45′.

4 — 4,5 : blanches, variables.

Date.	Angle.	Distance.	Obs.
1796,59	312,0	n. m.	H.
1815,35	n. m.	1,00	Am.
23,27	307,0	1,68	So.
30,34	312,6	1,58	H_2.
30,47	309,2	1,19	Σ.
31,18	310,7	1,29	Bs.
31,39	308,5	1,15	H_2.
32,34	307,5	1,33	Bs.
32,47	308,3	1,32	Da.
33,24	309,1	1,0	H_2.
33,30	311,2	1,20	Da.
33,39	309,9	1,3	Sm.
33,42	312,2	1,16	Σ.
34,38	309,8	1,4	*id.*
34,43	310,1	n. m.	Da.
38,45	308,6	1,3	Sm.
38,66	309,8	1,20	Ga.
41,16	310,4	1,24	$Σ_2$.
41,39	310,0	1,31	Md.
42,36	311,0	1,16	*id.*
42,43	307,3	1,2	Sm.
42,85	309,4	1,14	Md.
43,32	307,0	1,04	Da.
43,40	308,4	1,05	Md.

Date.	Angle.	Distance.	Obs.
	°	"	
1844,40	305,0	1,17	Σ.
45,26	309,7	1,19	Md.
46,19	307,0	1,2	Ja.
46,67	307,2	1,11	Mt
46,88	309,2	1,23	Md.
47,57	308,4	n.m.	Mt.
47,65	308,7	1,23	Md.
47,72	307,5	1,01	$Σ_2$.
48,11	306,5	1,08	Da.
48,36	310,0	1,21	Md.
48,43	306,6	1,03	Da.
51,75	305,8	1,1	Ft.
52,38	308,2	1,0	Sm.
52,54	307,8	1,04	Md.
53,31	307,2	1,19	Mi.
53,49	306,2	1,24	Ja.
55,44	306,6	1,35	Ta.
55,70	305,7	0,99	Se.
55,83	306,1	1,0	De.
55,94	306,7	1,23	Md.
57,43	305,1	1,34	*id.*
58,44	308,1	1,02	*id.*
59,34	304,7	1,18	Wr.
59,38	307,8	1,07	Md.
61,12	304,0	1,00	$Σ_2$
61,42	308,0	1,26	*id.*
62,63	306,5	1,24	*id.*
62,95	304,5	0,99	$Σ_2$.
64,50	306,0	0,87	En.
64,78	303,2	1,02	De.
66,49	307,2	1,10	Ta.
68,68	303,2	0,88	$Σ_2$
69,16	303,1	0,79	Du.
70,47	303,2	0,97	Kn.
71,37	303,1	0,78	*id.*
73,00	301,5	0,83	$Σ_2$.
73,36	300,2	0,88	Ws
74,33	302,1	0,80	Dk.
74,36	308,2	1,38	Gl.
74,42	301,6	0,95	Ws
75,40	299,4	0,91	Sp.
75,42	301,4	0,75	Du.
76,40	303,9	0,73	Ha.
76,50	298,5	0,88	Sp.
77,28	299,8	0,99	Dk.

Système orbital serré en mouvement rétrograde extrêmement lent. Ces étoiles manifestent une légère variabilité réciproque, analogue à celle des composantes de γ Vierge, qui change souvent l'angle de 180°.

La distance diminue, et un mouvement rectiligne dirigé vers 145°, avec une vitesse de 0",018 rendrait également compte du déplacement. Mais le rapprochement et l'égalité d'éclat des composantes rendent cette hypothèse peu probable. Le mouvement propre de ζ est très-faible, et paraît dirigé, non pas vers 325° ou vers le nord-ouest, mais juste vers l'est : Æ + 0^s,002.

Bouvier 260. 1867.

14^h 35^m 38^s. 58° 11'.

7 — 8 : blanches.

Date.	Angle.	Distance.	Obs.
	°	"	
1831,84	21,8	1,63	Σ.
36,50	20,8	1,40	*id.*
41,41	19,6	1,70	Md.
42,58	19,2	1,49	*id.*
49,41	18,5	1,34	Da.
52,18	20,1	1,41	$Σ_2$.
57,04	19,1	1,19	Se.
66,74	18,2	1,27	De.
73,36	16,6	1,30	Ws.
74,42	17,1	1,34	*id.*
74,54	18,5	1,5	Gl.
76,46	14,1	0,97	Ws.
76,46	15,8	1,25	Ha.

Système orbital serré, en très-lent mouvement rétrograde.

Bouvier (284).

14^h 36^m 5^s. 40° 45'.

7,3 — 11.

Date.	Angle.	Distance.	Obs.
1842,00	n.m.	7	$Σ_2$.
46,29	143,5	n.m.	Md.
48,19	106,3	6,98	$Σ_2$.
52,69	141,6	n.m.	Md.
66,69	102,3	6,79	De.
78,28	102,4	7,17	Bu.

Ce sont là certainement deux couples différents : O.Σ.283 et 284, les mesures de Md se rapportant au premier.

Bouvier. 1871.

14^h 37^m 27^s. 38° 5'.

7 — 7 : blanches.

Date.	Angle.	Distance.	Obs.
1829,10	283,2	1,82	Σ
30,47	279,0?	1,55	H_2.
36,18	283,0	1,80	Σ.
43,58	285,8	1,77	Md.
47,70	287,1	1,92	$Σ_2$.
52,67	286,5	1,82	Md.
57,11	287,2	n.m.	De.
57,57	287,9	1,68	Se
68,73	288,0	1,79	De.
71,42	289,8	1,61	Du.

Système orbital serré, en mouvement direct très-lent.

---

54 Hydre. H. III, 97. So 184.

14^h 39^m 4^s. 114° 56'.

5,5 — 9.

Date.	Angle.	Distance.	Obs.
	°	"	
1783,02	128,2	11,28	H.
1823,20	136,7	9,90	So.
56,45	130,7	8,56	Se.
76,39	129,8	9,68	St.

Diminution de distance. L'angle de So, d'où il avait conclu un changement de 8°, doit être erroné. Les distances de St sont souvent trop élevées.

ε Bouvier. H. I, 1. 1877.

14^h 39^m 45^s. 62° 25'.

3e *jaune* ; — 6,5 *bleue verte.*

Date.	Angle.	Distance.	Obs.
1779,68	297,0	cl. I.	H.
80,32	302,3	*id.*	*id.*
81,71	304,4	*id.*	*id.*
82,13	308,4	*id.*	*id.*
83,15	306,4	*id.*	*id.*
96,63	315,5	*id.*	*id.*
1802,34	318,0	*id.*	*id.*
03,23	313,5	*id.*	*id.*
15,34	n. m.	2,31	Am.
17,57	n. m.	2,50	*id*
19,35	324,1?	4,96?	Σ.
20,50	333,0??	3,93	H_2.
22,39	318,2	2,74	Σ.
22,55	323,0	3,93	H_2.
25,43	324,3	3,36	So.
28,41	323,2	3,81	H_2.
29,39	321,0	2,64	Σ.
30,22	321,5	3,5	H_2.
30,49	322,6	n.m.	Da.
31,36	321,6	n.m.	*id.*
31,46	321,6	3,2	Sm.
31,56	316,2 <	2,96	Bs.
32,40	322,8	n.m.	Sm.
33,53	323,8	3,8	*id.*
35,62	319,6	2,58	Σ.
36,00	321,9	2,72	Md.
37,44	321,3	3,37 >	Ek.
38,67	321,9	2,88	Ga.
38,68	321,2	2,9	Sm.
39,45	324,9	2,66	Ga.
40,05	320,0	2,80	Kr.
41,37	322,9	2,90	Md.
41,43	320,9	2,90	Da.
42,37	319,8	2,74	Kr.
43,92	323,9	2,70	Md.

Date.	Angle.	Distance.	Obs.
	°	"	
1844,30	323,6	2,70	*id.*
44,49	321,6	2,67	Σ_2.
46,28	323,3	3,50	Ja.
46,66	320,8	2,57	Mt.
47,07	324,4	2,54	Md.
48,19	322,2	2,67	Da.
48,54	322,1	2,8	Sm.
50,74	325,6	2,61	Md.
50,95	322,7	2,77	Ft.
52,10	325,6	2,62	Md.
52,94	321,2	2,83	Mt.
53,20	323,1	2,63	Ja.
54,41	325,8	2,58	Md.
54,52	323,0	2,69	Da.
54,69	322,8	2,78	De.
55,31	324,7	n.m.	Md.
55,33	323,4	2,57	Σ_2.
55,37	323,6	2,61	So.
55,53	323,6	2,64	Da.
56,31	327,6>	2,78	Md.
56,39	322,9	2,87	De.
56,50	322,9	2,59	Se.
57,03	326,1	2,64	Md.
57,42	320,0<	2,90	*id.*
57,44	327,8>	2,95	Wr.
58,34	322,9	2,86	Da.
58,46	325,0	2,72	Wr.
58,47	326,9	2,62	Md
59,38	326,5	2,78	*id.*
60,05	324,4	2,83	Da.
61,05	327,5	2,71	Md.
62,39	324,4	2,60	Ma.
63,53	323,5	2,79	Ta.
64,14	324,9	2,70	Σ_2.
64,85	324,7	2,72	De.
65,40	326,5	2,92	En.
65,48	325,5	2,92	Da.
65,49	324,7	3,29	Se.
66,37	323,6	2,86	Ta.
66,48	325,3	2,67	Kr.
67,34	324,0	2,7	Kn.
68,46	322,4	3,04	Br.
69,01	326,7	2,55	Du.
69,55	330,8	2,78	Ma.
69,62	321,4	2,87	Ta.
70,39	330,2	3,16	Ma.
70,46	324,9	3,09	Ta.
71,41	n.m.	3,35	*id.*
71,47	327,9	2,63	Du.
73,26	329,1	2,68	Σ_2.
73,36	326,9	3,0	Ws.
73,40	325,7	2,97	Ma.
74,42	327,2	2,78	*id.*
74,43	326,8	2,9	Ws.
74,54	327,0	2,9	Gl.
75,32	328,0	2,81	Ma.
75,39	327,1	3,19>	Ws.
75,41	328,3	2,80	Sp.
1875,55	327,7	2,63	Du.
76,42	324,6	n.m	Dk.
76,42	328,7	2,98	Ha.
76,49	327,6	2,75	Sp.
77,23	324,7	2,96	Dk.

Couple admirable, l'un des plus exquis du ciel comme coloration (jaune orangé et bleu marine), mais d'une observation assez difficile. Système orbital en mouvement direct très-lent : 30° à peine parcourus en un siècle. Il paraît se ralentir encore. Mesures ondoyantes. Le mouvement propre dans l'espace est très-lent aussi :

Æ — 0ˢ,005; D. P. — 0",01.

Balance. 1876.

14ʰ 40ᵐ 1ˢ. 96° 53'.

8 — 8,5 : blanches.

1832,33	51,7	1,18	Σ.
44,34	57,2	1,24	Md.
48,45	59,8	0,95	Mt
56,88	60,8	1,0	Se.
57,47	61,2	1,0	De.
63,39	65,9	1,2	*id.*
65,48	63,8	all.	Se.
72,38	68,6	1,17	Ws.
73,36	69,7	1,27	*id.*
74,42	56,0<	n. m.	*id.*
74,54	69,1	1,3	Gl.
77,40	67,0	1,33	St.

Système orbital serré, en mouvement direct.

Cette étoile = Lal. 26890.

Bouvier. 1879.

14ʰ 40ᵐ 24ˢ 79° 50'.

7,8 — 8,8 : jaun. s.

1827,80	67,8	1,17	Σ.
29,99	66,3	1,21	*id.*
42,42	59,2	0,79	Md.
63,51	simple.	—	De
65.31	all.	vers 45°	*id.*
77,40	30±	0.4	Bu.
77,44	39,1	0,37	Sp.
77,46	42.9	0,34	De.

La distance a certainement diminué. Probabilité de système orbital très-incliné; mais possibilité d'un couple optique.

Bouvier. P. xiv, 182. (285).

14ʰ 40ᵐ 59ˢ. 47° 3'.

7 — 7,6 : blanches.

Date.	Angle.	Distance.	Obs.
	°	"	
1843,32	72,6	0,45	Md.
45,80	72,2	0,61	Σ_2.
46,29	72,4	0,43	Md.
51,27	71,9	n.m.	*id.*
52,69	60,6	0.45	*id.*
52,74	57,9	0,50	Σ_2.
55,84	53,9	0,51	*id*
57,52	65,9	0,4	Se.
65,53	all.	vers 36°	De
76,30	all.	— 350°	Bu.

L'angle et la distance ont certainement diminué. Système orbital très-serré. Piazzi n'avait estimé cette étoile que de 9ᵉ gr.

Bouvier. 1883.

14ʰ 42ᵐ 56ˢ. 83° 33'.

7,5 = 7,5 : blanches.

1830,23	266,7?	1,20	H_2.
30,27	272,0	1,24	Σ.
31,37	271,2	n. m.	H_2.
32,00	270,0	1,25	*id.*
38,59	269,8	1,07	Md.
42,40	270,0	1,10	*id*
43,18	264,7	1,16	Σ_2.
43,37	267,8	0,91	Md.
54,43	265,0	1,03	*id.*
56,41	265,6	0,95	Se.
57,43	264,5	1,03	Md.
58,13	261,3	0,80	De.
58,41	262,7	1,15	Md
63,28	262,7	0,80	De.
66,43	260,3	1,00	Σ_2.
69,43	260.2	0,79	De
72,37	261,7	0,88	Ws.
73,36	261,9	0,95	*id.*
74,54	262,2	1,1	Gl.
75,42	259,6	0,81	Sp.

Système orbital serré, en mouvement rétrograde très-lent.

ξ Bouvier. H. II, 18. 1888.

14ʰ 45ᵐ 51ˢ. 70° 24'.

4,5 jaune — 6,5 rouge pourpre.

1780,66	n. m.	1½ D	H.
81,26	n. m.	3,23	*id.*
82,28	24,1	n. m.	*id.*

Date.	Angle.	Distance.	Obs.
1792,00	*in eodem verticali ad boream.*		Pl.
	°	″	
1792,30	355,7	n.m.	H.
95,22	354,9	n.m.	*id.*
1802,24	352,9	n.m.	*id.*
04,25	353,9	3,23	*id.*
19,40	345,0	n.m.	Σ.
21,20	342,3	9,25?	H_2.
22,63	340,9	8,70	So.
22,69	335,8	7,54	Σ.
23,30	n.m.	6,67	Am.
23,34	340,2	8,41	H_2.
25,37	337,0	7,78	So.
27,22	335	6	H_2.
28,54	336,0	n.m.	*id.*
29,46	334,2	7,21	Σ.
30,30	333,5	7,62	H_2.
31,40	331,2	7,30	Bs.
31,53	332,1	7,3	Sm.
32,40	331,1	7,14	Σ.
33,23	330,7	7,54	H_2.
34,44	330,4	7,54	Da.
35,46	329,0	7,07	Σ.
36,49	327,5	7,15	*id.*
37,31	327,0	6,79	En.
37,49	327,4	7,0	Sm.
38,22	326,7	6,97	Md.
38,47	327,1	6,85	Σ.
38,54	326,5	7,26	Ga.
39,41	325,8	7,07	*id.*
39,61	324,8	7,1	Sm.
40,26	325,1	6,70	Kr.
40,43	324,1	7,16	Da.
41,06	325,1	7,03	Σ_2.
41,42	323,4	7,27	Da.
41,43	324,7	7,10	Md.
41,65	322,1	6,72	Kr.
42,30	322,7	7,03	Da.
42,42	322,9	6,9	Sm.
43,33	322,7	6,70	Da.
43,58	323,8	6,91	Se.
43,68	322,2	6,64	Kr.
44,36	321,6	6,90	Md.
45,36	320,9	6,81	*id.*
45,37	322,3	6,12	Hi.
45,40	318,6	6,76	Wr.
46,29	320,4	6,69	Md.
46,46	319,2	6,75	Wr.
47,37	319,4	6,68	Md.
47,44	318,8	6,80	Da.
47,63	317,7	6,48	Mt.
47,82	319,4	6,53	Σ_2.
48,28	318,0	6,63	Md.
48,50	317,9	6,71	Da.
51,11	317,4	6,56	Fl.
51,49	314,2	6,31	Md.
52,30	316,6	6,51	Mi.
52,38	316,8	6,5	Sm.
1852,56	315,3	6,22	Md.
53,54	314,4	6,31	*id.*
53,54	313,4	6,23	Σ_2.
54,46	312,0	6,26	Da.
54,48	312,4	6,07	Md.
54,75	311,7	5,99	De.
55,38	311,7	6,07	Md.
56,37	310,3	5,94	Do.
56,39	312,4	5,89	Md.
56,55	311,7	6,00	Wi.
56,75	311,8	6,71	Lu.
56,88	310,0	6,02	Se.
57,40	311,2	5,76	Md.
57,42	310,0	5,90	Da.
58,13	308,5	5,85	Do.
58,38	307,8	5,93	Wr.
58,54	309,9	5,65	Md.
59,39	309,4	5,57	*id.*
61,29	305,0	5,52	Po.
61,50	307,1	5,79	Md.
61,57	305,0	5,78	Σ_2.
62,15	303,4	5,93	Au.
62,33	305,9	5,68	Ma.
62,47	304,1	5,59	Σ_2.
62,65	306,4	5,27	Md.
63,15	303,0	5,59	De.
63,28	302,4	5,79	Ta.
63,56	302,0	5,67	Σ_2.
64,46	303,4	5,32	En.
64,47	302,0	5,50	De.
64,91	301,6	5,44	*id.*
65,42	301,1	5,38	*id.*
65,54	301,4	5,48	En.
65,77	300,8	5,41	Se.
66,44	299,6	5,20	Kr.
66,50	298,5	5,42	Ta.
66,86	299,0	5,31	De.
68,36	297,5	5,05	*id.*
68,40	294,7	5,33	Ma.
69,02	295,4	5,09	Σ_2.
69,56	292,4	5,35	Ma.
69,61	298,8	5,42	Ta.
69,65	295,4	4,94	Du.
70,39	292,9	5,41	Ma.
70,46	295,8	4,66	Ta.
70,87	292,7	4,95	De.
71,35	292,8	4,93	Ma.
71,41	296,4	n.m.	Ta.
71,94	292,9	4,69	Du.
72,91	289,2	4,66	De.
73,19	286,7	4,62	Σ_2.
73,37	289,3	4,85	Ws.
73,39	286,3	4,93	Ma.
73,43	287,0	4,84	Lt.
74,22	289,2	5,0	Gl.
74,36	284,0	4,92	Ma.
74,40	287,4	4,62	De.
74,44	288,4	4,72	Ws.
1874,89	286,3	4,54	De.
75,34	286,5	4,77	Ma.
75,36	285,4	4,60	Gl.
75,38	286,3	n.m.	No.
75,40	284,3	4,40	Sp.
75,51	286,6	4,33	Du.
76,34	284,8	4,31	Dk.
76,40	283,4	4,64	Ha.
76,56	284,3	4,19	Du.
76,92	283,0	4,37	De.
77,24	282,9	4,12	Dk.
77,44	282,7	4,28	Fl.
77,46	283,0	4,46	Ws.

Beau couple, très-coloré. Système orbital remarquable en mouvement rétrograde rapide : 101° parcourus en 95 ans : 360° conduiraient à 340 ans ; période sans doute moindre, car le mouvement s'accélère et la distance diminue rapidement. Il n'y a pas encore une moitié de l'orbite apparente de dessinée ; mais cette orbite paraît très-excentrique, et au péri-astre apparent B passera très-près de A au sud.

Les premières observations indiquent des distances difficiles à interpréter, car dans la première H note la valeur comme étant 1 diamètre $\frac{1}{2}$ de A ; dans la seconde il donne une mesure micrométrique, et en 1804 une simple indication que H_1 lit : « farther off than formerly » et Dawes « further than π Bootis. »

H_2 et Md en ont calculé depuis longtemps des éléments qui diffèrent beaucoup l'un de l'autre. La meilleure orbite est celle de Dk 1877 :

$$\begin{aligned} \Omega &= 26^\circ,22' \\ \lambda &= 117,46 \\ \gamma &= 36,55 \\ e &= 0,7081 \\ P &= 127^{ans},35 \\ T &= 1770,69 \\ a &= 4'',86 \end{aligned}$$

Ce système rapide est emporté dans l'espace par le mouvement propre :

Æ + 0ˢ,010 ; D.P. + 0″,12.

Bouvier (287).

$14^h 47^m 6^s$. $44^\circ 34'$.

7,5 — 7,7 : jaunes.

Date.	Angle.	Distance.	Obs.
1843,32	273,8	0,45	Md.
46,29	276,0	0,40	*id.*

Date.	Angle.	Distance.	Obs.
	°	″	
1849,13	277,6	0,40	Σ_2.
51,27	277,8	n. m.	Md.
52,69	287,6	0,3	*id.*
67,23	300,4	0,64	De.
68,56	299,0	0,74	Σ_2.
70,71	298,5	0,5	De.

Système orbital très-serré en mouvement direct rapide.

Bouvier (288).

14h 47m 46s. 73° 49′.

6,3 — 7,2 : blanches.

1842,00	all.	—	Σ_2.
43,30	224,1	0,30	Md.
45,35	228,0	0,68	Σ_2.
45,39	218,8	0,35	Md.
46,30	220,3	0,4	*id.*
47,34	211,4	0,6	Da.
47,36	220,0	0,4	Md.
48,96	222,5	0,53	Σ_2.
51,40	210,7	0,49	Md.
63,44	204,5	1,12	Σ_2.
66,72	200,4	1,21	De.
72,17	199,4	1,26	*id.*
73,40	197,2	1,36	Ws.
74,44	198,2	1,26	*id.*
75,45	196,0	1,30	Sp.
75,46	195,8	1,40	Ws.

Probabilité de système orbital serré en mouvement rétrograde. Cependant la distance augmente régulièrement, et le mouvement peut être rectiligne et parallactique.

Cette étoile = Arg. 16°, n° 2705.

Balance. P. XIV. 212. So 190.

14h 50m 27s. 110° 52′.

5,5 — 6,5 : *jaunes.*

1791,39	270±	cl. IV	H.
1800,00	*præcedit* 0s,7 *parumper ad austrum.*		Pi.
1823,32	270,1	10,82	So.
33,44	272,6	10,3	Sm.
36,66	277,4	12,08	H_2.
56,37	284,0	13,34	Ja.
62,41	283,9	13,51	Ma.
62,58	285,1	n. m	Da
74,60	288,6	n. m	Bu.
77,40	290,0	14,98	St.
77,51	290,3	15,01	Fl.
78,28	291,3	15,62	Bu

Couple remarquable. Quoique vague, l'observation de Pi paraît plus exacte que celle de H : en 1800, l'angle devait être vers 245° et en 1791 vers 240°. Le mouvement de B est dirigé vers 33° avec une vitesse de 0″,17. Le mouvement propre de A est très-rapide :

vitesse = 2″,02
Æ + 0s,066 ; D.P. + 1″,72
direction = 148°.

Le mouvement de B étant rectiligne jusqu'à présent, nous avons ici un système analogue à celui de la 61e du Cygne : deux étoiles emportées par un mouvement propre commun très-rapide, et se déplaçant en ligne droite l'une relativement à l'autre.

Les 2 étoiles sont très-jaunes.

Sm a mesuré, en 1833, une troisième étoile, de 16e grandeur (= 11 de Σ et 13 de Arg.) à 320° et 20″. Elle n'a pas été mesurée depuis, et je ne suis pas parvenu à la voir.

Bouvier. (289).

14h 50m 56s. 57° 14′.

6,3 — 9,8.

Date.	Angle.	Distance.	Obs
	°	″	
1846,34	120,3	4,50	Σ_2.
67,54	115,6	4,44	De.
72,17	112,3	4,75	*id.*
75,46	118,3?	4,66	Σ_2.

Lent mouvement rétrograde. On ne peut rien décider sur sa nature. Les deux dernières mesures sont incertaines, n'étant le résultat que d'une seule soirée d'observation.

Bouvier. 1893.

14h 51m 10s. 60° 2′.

8,5 — 10,5.

1831,49	261,3	21,30	Σ
32,29	261,4	21,82	*id.*
34,43	259,7	21,42	*id.*
44,41	257,9	19,36 <	Md.
45,49	256,7	20,76	*id.*
52,51	255,9	20,13	*id.*
55,33	256,1	20,08	*id.*
64,76	252,3	20,14	De.

La nature du mouvement ne peut encore être conclue ; mais très-grande probabilité de couple optique.

Bouvier 342. 1901.

14h 55m 59s. 58° 9′.

7,7 — 9,5.

Date.	Angle.	Distance.	Obs.
	°	″	
1831,49	203,7	30,34	Σ.
52,33	202,1	29,20	Md.
65,00	200,9	28,07	De.

L'angle et la distance diminuent. Très-grande probabilité d'un groupe de perspective. Il y a aussi une observation de H_2 en 1830, dont la mesure de distance (20″) n'a aucune précision.

π Loup. H_2. 6210.

14h 56m 56s. 136° 35′.

5 = 5.

1835,36	112,8	0,80	H_2.
36,18	109,7	0,67	*id.*
37,33	108,6	0,67	*id.*
48,12	106,2	1,20	Ja.

Très-haute probabilité de système orbital serré, en mouvement rétrograde. Il est regrettable que les étoiles australes soient si négligées.

---

44 *i* Bouvier. H. I, 15. 1909.

14h 59m 51s. 41° 52′.

5,3 blanche — 6 cendrée.

1781,62	60,0?	< 2	H.
1802,25	62,9?	n. m.	*id.*
19,43	228,0	1,5	Σ.
21,33	229,1	2,28	H_2.
26,79	231,0	2,23	Σ.
29,20	233,6	2,55	*id.*
30,44	231,1	2,71	Da.
30,53	234,6	2,99	H_2.
30,82	233,8	2,9	Sm.
31,34	233,0	2,97	Da.
31,42	234,7	3,1	Sm.
32,56	235,3	3,12	Da.
32,95	234,5	2,96	Σ.
33,25	235,0	3,06	H_2.
33,39	235,6	3,28	Da.
34,55	235,1	3,3	Sm.
34,59	235,7	3,44	Da.
35,51	235,2	3,17	Σ.
36,58	235,9	3,76	Da.
36,71	234,9	3,6	Sm.
37,75	236,0	3,39	Σ.
39,62	235,3	3,5	Sm.
40,58	235,7	3,86	Da

Date.	Angle.	Distance.	Obs.
	°	″	
1840,76	238,6	3,86	Σ_2
41,31	235,7	3,92	Bi.
41,46	237,0	4,07	Md.
41,48	236,0	4,0	Da.
41,65	235,2	3,58	Kr.
42,40	235,6	3,84	Da.
42,58	235,9	3,7	Sm.
42,71	235,9	3,79	Da.
42,78	237,2	3,91	Md.
43,75	236,0	3,74	Kr.
46,18	236,5	4,23	Ja.
46,80	237,0	4,20	Bi.
47,09	238,0	4,26	Hi.
47,32	236,1	3,89	Md.
47,45	236,2	4,1	Sm.
47,57	238,3	3,74	Mt.
48,36	236,3	4,23	Σ_2.
48,49	237,7	4,21	Da.
49,48	237,3	4,36	*id.*
51,27	237,1	4,0	Sm.
51,47	237,9	4,27	Ft.
51,52	236,7	4,50	Da.
51,87	238,1	4,19	Md.
52,65	238,0	4,26	*id.*
53,28	240,2	4,35	Mt.
53,64	237,4	4,26	Md.
54,46	238,4	4,58	Wr.
54,64	238,1	4,37	Se.
54,69	239,7	4,45	De.
54,74	237,8	4,58	Da.
55,52	237,9	4,17	Md.
55,75	239,3	4,59	De.
56,40	238,8	4,55	Se.
56,81	237,2	4,68	Σ_2.
58,69	236,9	4,68	Md.
61,29	238,8	5,04	Po.
61,57	238,4	4,55	Md.
62,42	238,0	4,61	Ma.
63,31	239,5	4,76	De.
63,44	238,3	4,79	Σ_2
64,67	240,6	4,50	En.
65,29	239,1	4,70	*id.*
65,60	240,1	4,6	Ft.
66,49	237,3	4,72	Ta.
66,58	239,3	4,93	Se.
68,39	239,8	4,80	De.
68,64	239,3	4,78	Du.
69,38	240,2	4,70	*id.*
69,55	237,1	4,74	Ma
69,62	239,5	n.m.	Ta.
70,30	240,0	4,69	Gl.
70,35	239,9	4,89	De.
70,45	240,5	4,82	Du
71,10	239,0	4,86	Gl.
71,41	239,4	4,37	Ta.
71,52	241,6	4,69	Du.
71,57	239,8	5,3	Ws.
72,52	241,3	4,92	Du.

Date.	Angle.	Distance.	Obs.
	°	″	
1873,25	240,6	5,3	Ws
74,22	239,9	4,50	Gl.
75,28	240,0	5,06	Ma.
75,41	239,6	4,90	Sp.
75,51	242,4	4,68	Du.
75,69	238,0	4,46	Gl.
76,27	240,4	4,82	Dk.
76,47	240,5	5,03	Ha.
77,29	238,0	5,04	Dk
77,46	241,8	4,71	Fl.

Miniature de Castor. Beau couple, extrêmement curieux par sa position, car, quoique le mouvement s'effectue presque suivant une ligne droite, il ne peut être dû au mouvement propre de A, et de plus il n'est pas uniforme. Nous sommes en ce moment à une époque critique : depuis 1863 l'étoile stationne au même point, à 240° ± 2°, montre que la distance n'augmentera plus, et que l'étoile va redescendre en décrivant l'autre côté de son orbite. Le diagramme de l'orbite apparente montre avec évidence que le plan de cette orbite est tellement incliné qu'il passe presque exactement par notre rayon visuel, et que B ne fait qu'osciller de part et d'autre de A autour de la ligne moyenne 60° — 240°. Les deux étoiles ont dû s'occulter au commencement de ce siècle, phénomène qui se renouvellera de l'autre côté de la courbe, vers 1945. Si l'oscillation est symétrique de part et d'autre de A, la période doit être d'environ 280 ans; les observations de l'autre section sont insuffisantes pour décider. Le mouvement propre de ce système remarquable est égal à (*voy.* mon Catalogue)

Æ — 0ˢ,045; D.P. — 0″,03.

Voici les derniers éléments calculés (Dk, 1876) :

$$T = 1783,01$$
$$\omega = 1°,3$$
$$\Omega = 65,5$$
$$i = 70,1$$
$$e = 0,71$$
$$\mu = +1°,23$$
$$a = 3'',093$$
$$P = 261^{\text{ans}},12$$

D'après ces éléments, l'angle de 1802 a dû être 242°,9.

Bouvier. 1908.

$15^h 0^m 6^s$. 55°4′.

8 — 9 : blanches.

Date.	Angle.	Distance.	Obs.
	°	″	
1832,54	137,2	1,46	Σ.
42,71	142,0	1,70	Md.
68,70	141,4	1,44	De.
74,47	143,8	1,26	Ws.

Très-grande probabilité de système orbital serré, en lent mouvement direct.

Bouvier. P. XIV, 279. 1910.

$15^h 1^m 46^s$. 80° 19′.

7 = 7 : jaunâtres.

Date.	Angle.	Distance.	Obs.
1823,33	205,5	3,98	Σ.
23,42	209,2	4,78>	So.
29,09	210,1	4,29	H_1.
32,08	209,2	3,80	Σ.
35,39	209,7	4,0	Sm.
43,98	212,2	4,1	Md.
45,78	209,1	3,91	Po.
47,71	211,6	4,48	Mt.
51,00	210,5	4,23	Σ_2.
52,43	211,5	4,21	Md.
55,92	211,1	4,19	*id.*
56,05	211,3	4,22	De.
56,40	209,9	4,11	Se.
58,33	211,4	4,09	Wr.
61,41	212,4	4,33	Md.
66,32	211,5	4,08	De.
71,38	211,1	4,00	Du.
74,44	211,4	4,3	Ws.
74,44	212,7	4,2	Gl.
75,41	211,3	4,39	W
77,43	212,9	4,27	Fl.

Mouvement direct excessivement lent. Très-haute probabilité de système orbital.

Bouvier. 1926.

$15^h 10^m 23^s$. 51° 15′.

6,1 jaune — 8,4 bleue.

Date.	Angle.	Distance.	Obs.
1830,60	260,6	1,59	Σ.
42,69	261,0	1,46	Md.
67,48	255,8?	1,42	De.
71,42	264,9	1,37	Du.
72,51	264,9	1,17	*id.*

La distance diminue régulièrement. Peut-être couple optique, malgré la faible distance angulaire des composantes; mais très-grande probabilité de système orbital.

Bouvier. (295).

15h 10m 25s. 52° 44'.

8 — 9,3.

Date.	Angle.	Distance.	Obs.
	°	"	
1842,00	n. m.	1,0	Σ₂.
43,33	114,9	0,77	Md.
46,28	111,9	0,75	id.
46,38	128,4?	0,74	Σ₂.
47,32	115,6	0,6	Md.
66,84	122,9	0,85	De.
72,40	122,6	0,98	id.

Très-grande probabilité de système orbital très-serré, en mouvement direct.

Balance. 1925.

15h 10m 28s. 97° 50'.

7,5 blanche — 8,2 violette.

1831,69	6,7	4,18	Σ.
48,49	7,3	4,19	Mt.
56,28	11,1	4,70	Se.
68,40	10,4	4,44	De.
77,40	10,0	4,87	St.

Haute probabilité de système orbital en mouvement direct excessivement lent.

Bouvier. 1934.

15h 13m 11s. 45° 46'.

8,4 — 9.

1830,88	45,1	5,30	Σ.
31,41	44,7	6,19	H₂.
43,59	42,8	5,94	Md.
51,59	40,1	6,00	id.
53,76	41,7	5,71	id.
54,71	39,3	6,07	id.
64,88	38,1	6,05	De.
68,52	37,2	6,23	Σ₂.
73,29	35,3	6,0	Ws.
74,43	35,5	6,2	id.
74,49	36,2	6,27	Gl.
77,44	35,8	6,32	Ws

Haute probabilité de système orbital en mouvement rétrograde.

Couronne boréale ι. 1932.

15h 13m 12s. 62° 44'.

6 — 6,5 : blanches.

Date.	Angle.	Distance.	Obs.
1830,28	273,8	1,62	Σ.
30,29	268,4	1,53	H₂.
31,37	267,3	1,31	id.
33,39	271,2	1,44	Da
	°	"	
1839,52	278,5	1,54	Md.
41,46	279,3	1,65	Σ₂.
42,42	278,6	1,50	Md.
43,96	280,4	1,49	id.
48,49	281,1	1,46	Da.
51,49	280,6	1,40	Σ₂.
51,88	283,7	1,45	Md
52,16	283,6	1,43	id.
54,40	284,1	1,36	Da.
56,40	285,4	1,15	Se.
57,27	287,5	1,32	Md.
58,54	287,1	1,32	id.
57,53	286,6	1,2	De.
60,70	289,4	1,34	id.
63,28	290,2	1,18	Fe.
63,78	288,8	1,35	Kn.
64,48	293,1	1,57	En.
69,61	293,9	1,12	De.
70,29	297,1	1,06	Du.
73,36	296,8	1,21	Ws.
74,47	299,0	1,08	id.
74,49	298,9	1,2	Gl.
75,39	300,2	1,29	Ws.
75,43	298,6	1,16	Sp.
75,51	299,3	0,96	Du.
77,37	303,5	n.m.	Dk.
77,47	301,5	1,07	Ws.

Système serré, en mouvement direct rapide : 30° parcourus en 47 ans; 360° conduiraient à 560 ans. Mouvement propre malheureusement encore indéterminé. La distance diminue et la ligne est presque droite, ce qui laisse supposer la possibilité d'un couple optique, mais très-improbable à cause de la proximité et de la similitude d'éclat des deux composantes. L'angle est parfois renversé de 180°; exemple : Sp 1875.

Balance. 3092.

15h 16m 26s. 91° 6'.

8,1 — 9,1 : jaunes.

1829,36	135,5	33,38	Σ.
65,35	138,6	31,15	De.
78,35	139,9	30,68	Bu.

La distance diminue sûrement. Groupe de perspective. Cette étoile = Lal. 28015.

ζ Couronne bor. H. I. 16. 1937.

15h 18m 14s. 59° 17'.

5,5 — 6 : jaunes.

Date.	Angle.	Distance.	Obs.
1781,69	30,7	1"±	H.
1802,68	179,7	id.	«
	°	"	
1817,57	n. m.	0,67	Am
23,27	25,9	1,58	H₂.
26,77	35,3	1,08	Σ.
29,55	43,2	0,96	id.
30,33	44,5	0,82	H₂.
31,34	50,8	n. m.	Da.
31,47	52,7	n. m.	H₂.
31,63	50,6	0,88	Σ.
32,50	57,1	1,0	H₂.
32,55	56,7	n. m.	Da.
32,63	57,2	0,8	Sm.
32,76	56,9	0,79	Σ.
33,39	63,5	n. m.	Da.
33,57	61,9	0,8	Sm.
34,60	68,1	0,6	id.
34,84	69,2	0,70	Σ.
35,41	74,3	0,73	id.
35,65	75,2	0,6	Sm.
36,52	88,8	0,56	Σ.
36,59	89,2	0,5	Sm.
37,47	95,4	0,39	Σ.
37,68	102,3	0,5	Sm.
38,19	109,9	0,5	id.
38,44	107,0	0,37	Σ.
38,64	109,8	0,7	Ga
39,59	119,8	0,5	Da.
39,67	120,1	0,5	Sm.
39,83	132,5	0,58	Σ.
40,52	138,1	0,51	id.
40,62	135,9	0,5	Da
41,50	149,7	0,52	Σ₂.
41,54	150,3	0,59	Md
41,65	149,4	0,49	Da.
42,26	157,6	0,55	Md.
42,58	156,6	0,5	Da.
42,58	151,3	0,5	Sm.
42,60	159,1	0,57	Σ.
42,69	163,5	0,55	Md.
43,37	166,9	0,58	id.
43,63	171,6	0,60	id.
44,71	175,5	0,48	Σ₂.
45,61	180,1	0,60	id.
46,61	195,7	0,61	id.
46,66	195,7	0,70	Mt.
46,69	188,5	0,3	Sm.
47,08	190,6	n. m.	Bi.
47,24	199,6	0,63	Da.
47,32	199,9	0,69	Md.
47,64	203,9	0,56	Σ₂.
47,78	205,3	0,60	Md
48,18	205,7	0,63	id.
48,34	204,4	0,65	Da.
48,47	207,4	0,65	id.
48,71	209,8	0,58	Σ₂.
49,44	218,3	0,60	Da.
49,65	220,3	0,69	Σ₂.
50,52	230,8	0,49	id.
50,56	235,0	0,7	Ft.

Date.	Angle.	Distance.	Obs.
	°	″	
1850,70	228,8	0,42	Md.
51,42	238,1	0,55	Da.
51,56	241,8	0,48	Σ_2.
51,68	235,4	0,37	Md.
52,43	246,8	0,5	Sm.
52,52	250,1	0,5	Da.
52,62	261,2	0,44	Σ_2.
52,65	250,7	0,27:	Md.
53,20	257,9	0,4	Ja.
53,35	267,8	0,27	Md.
53,56	280,9	0,32	Σ_2.
53,64	273,3	0,44	Da.
54,04	285,3	0,5	Ja.
54,42	301,5	0,47	Da.
54,66	313,2	0,33	Σ_2.
54,73	317,1	0,26	Md.
55,39	327,7	0,5	Ja.
55,40	325,6	0,32	Se.
55,51	322,5	0,45	Da.
55,62	330,2	0,40	Σ_2.
55,73	330,2	n.m.	Md.
56,37	341,7	0,45	Da.
56,59	344,4	0,47	Se.
56,62	342,6	0,47.	Σ_2.
57,39	347,2	0,48	Md.
57,45	350,8	0,60	Da.
57,48	351,0	0,58	Se.
57,62	351,8	0,65	Σ_2.
57,95	355,8	0,6	Ja.
58,51	359,2	0,53	Se.
58,52	360,8	n.m.	De.
58,54	359,6	0,76	Σ_2.
58,61	6,2>	0,69	Md.
59,38	5,0	0,70	*id.*
59,48	4,5	0,53	Se.
59,61	5,8	0,79	Σ_2.
59,62	5,5	0,72	Da
60,35	8,4	0,87	*id.*
61,58	15,8	0,90	Σ_2.
62,77	22,5	0,92	*id.*
63,03	19,0	0,81	De.
63,54	23,6	1,10	Σ_2.
64,43	24,2	0,7	De.
64,60	27,8	1,13	Σ_2.
65,44	27,5	1,07	Da.
65,49	27,4	1,03	De.
65,73	30,7	1,14	Σ_2.
66,40	32,4	1,40	Ta.
66,44	30,1	1,04	De.
66,54	33,1	1,12	Se.
66,66	35,4	1,13	Σ_2.
67,33	35,9	1,07	Kn.
67,50	33,2	1,04	De.
67,52	31,5	n.m.	Ta.
68,39	36,5	1,06	*id.*
68,56	41,3	1,05	Σ_2.
69,52	42,7	0,97	*id.*
69,62	44,7	n.m.	Ta.
1870,46	44,1	1,29	Ta.
70,47	46,8	1,13	Kn.
70,52	46,1	1,01	Σ_2.
71,41	47,7	n m.	Ta.
71,45	47,7	1,08	De.
71,54	45,7	0,99	Kn.
71,58	52,7	0,93	Σ_2.
71,87	48,7	1,15	Ws.
72,29	47,8	1,29	Ta.
72,44	50,9	1,03	De.
72,48	51,7	0,92	Fr.
72,59	55,4	0,91	Σ_2.
73,34	64,2>	0,90	Br.
73,41	55,9	1,08	Ws.
73,44	56,1	1,00	De.
73,54	57,4	0,82	Σ_2
74,39	58,6	0,99	Gl
74,42	59,6	0,98	Da.
74,45	58,4	0,93	Ws.
74,61	64,7	0,84	Σ_2.
75,41	66,7	0,86	De.
75,42	66,1	0,91	Sp.
76,24	70,7	0,63	Dk.
76,40	70,5	0,77	Ha.
76,46	74,8	0,84	De.
76,51	72,3	0,79	Sp.
77,30	82,0	0,65	Dk.
77,36	70,3<	0,94	Ws.
77,48	81,2	0,78	De.

Système orbital brillant et très-serré, en mouvement direct très-rapide, l'un des plus rapides du ciel. L'orbite a déjà été parcourue plusieurs fois depuis le commencement des observations. J'ai déterminé l'orbite apparente suivante en 1874, sur l'ensemble des observations :

	″
Demi-grand axe.......	0,865
Excentricité..........	0,8615
Plus petite dist. appar. à 287° en 1850,95....	0,364
Plus grande dist. appar. à 34° en 1866,50.....	1,092
Moyen mouv. annuel..	8°57′40
Période	40^{ans},17

De cette orbite apparente, j'ai conclu l'orbite absolue suivante :

$$\begin{aligned} \Omega &= 22°,2 \\ I &= 60,4 \\ \pi &= 224,1 \\ T &= 1849,9 \\ e &= 0,287 \\ a &= 0'',985 \\ P &= 40^{ans},17 \end{aligned}$$

Ce système est emporté dans l'espace par un mouvement propre assez rapide :

Æ + 0^s,011 ; D.P. + 0″,19.

Il serait extrêmement intéressant de déterminer la parallaxe de cette étoile double, si toutefois elle est assez rapprochée de nous pour en offrir une sensible.

Légère fluctuation d'éclat. En 1876, B était plus faible que A

μ^2 Bouvier. H. I, 17. 1938.

15^h 19^m 58^s. 52° 13′.

6,5 — 8 : blanches.

Date.	Angle.	Distance.	Obs.
	°	″	
1782,68	357,2	1±	H
1802,66	346,2	*id.*	*id.*
21,78	332,3	n.m.	H_1
22,21	330,7	n.m.	Σ.
23,41	333,7	1,65	So.
25,46	333,5	1,42	H_2.
26,35	330,0	n.m.	*id.*
26,71	327,0	1,38	Σ.
29,73	324,0	1,24	*id.*
30,24	324,1	0,85	H_2.
32,31	321,4	1,3	Sm.
32,56	322,7	1,04	H_2.
33,39	320,0	1,15	Da.
33,85	319,7	1,19	Σ.
34,56.	319,9	1,2	Sm.
35,55	318,6	1,10	Σ.
35,65	309,1<	n.m.	Md.
36,46	310,1<	n.m.	*id.*
36,65	315,1	1,06	Σ.
36,68	315,4	1,03	*id.*
37,29	314,8	1,0	Sm.
37,37	314,9	0,9	Da.
37,70	315,0	0,9	Σ.
39,32	310,6	0,9	Sm.
40,39	306,0	0,83	Da.
40,46	313,8>	0,98	Σ_2.
41,47	308,7	0,82	Md.
41,57	181,8?	1,32?	*id.*
41,66	303,2	0,86	Da.
41,67	303,3	n.m.	Kr.
42,23	303,5	0,85	Σ_2.
42,35	n.m.	0,82	Kr.
42,40	305,2	0,72	Md.
42,40	301,0	0,85	Da.
42,52	306,1	0,8	Sm.
42,66	304,9	0,78	Md.
43,54	301,6	0,76	*id.*
43,67	295,8	n.m.	Kr.
46,68	287,1	0,56	Σ_2.
47,08	281,3	n.m.	Hi.
47,30	286,5	0,65	Da.
47,38	287,8	0,48	Md.
48,38	282,4	0,82	*id.*
48,52	280,0	0,65	Da.
70,38	44,0	1,04	De.

Date.	Angle.	Distance.	Obs.
	°	"	
1849,44	276,2	0,68	*id.*
50,46	272,7	0,53	Σ_2.
50,70	276,7	0,40	Md.
51,28	265,0	0,32	*id*
51,42	266,5	0,52	Da.
51,48	262,7	0,44	Σ_2.
51,78	263,2	0,34	Md.
52,52	262,2	0,55	Da.
52,61	261,2	0,42	Md.
52,65	268,2	0,49	Σ_2.
53,23	265,1	0,45	Ja.
53,49	256,2	0,35	Md.
53,60	255,0	0,5	Sm.
53,71	254,6	0,5	Da.
54,05	255,7	0,5	Ja.
54,41	249,3	0,47	Da.
54,65	247,6	0,43	Σ_2.
55,53	256,9>	0,42	Md.
55,37	246,7	0,47	Σ_2.
56,57	241,9	0,50	*id.*
56,97	234,0	0,50	Se.
57,38	239,2	0,35	Md.
57,45	231,3	0,48	Se.
57,47	232,3	0,45	Da.
57,65	237,5	0,48	Σ_2.
58,56	227,6	0,48	*id.*
58,57	236,3	0,33	Md.
59,38	226,4	0,43	*id.*
59,63	219,5	0,49	Σ_2.
61,61	205,5	0,52	*id.*
63,22	197,7	0,5	Do.
63,63	195,8	0,75	Ro.
64,41	193,6	0,5	Kn.
65,13	186,3	0,5	De.
65,46	190,1	0,48	Da.
65,78	187,5	0,57	En.
66,25	196,9>	0,85	Ta.
66,58	180,3	0,30	Se.
66,74	175,6	0,63	Σ_2.
66,94	178,7	0,5	Do.
67,57	179,3	0,70	En.
68,38	174,5	0,5	Da.
68,56	165,8	0,56	Σ_2.
69,49	171,1	0,53	Du.
70,51	164,1	0,59	*id.*
70,52	164,6	0,60	Σ_2.
70,91	163,6	0,66	Do.
71,52	160,0	0,66	Du.
71,74	168,0>	n. m.	Ta.
72,44	155,0	0,6	Do.
72,52	157,9	0,56	Du.
72,60	156,6	0,70	Σ_2.
72,70	150,0	0,5	Kn.
72,89	153,1	0,75	Do.
73,25	151,0	0,45	Ws.
73,42	151,0	0,75	Do.
73,48	152,3	0,48	Gl.
74,44	147,8	0,81	Do.

Date.	Angle.	Distance	s.
	°	"	
1874,24	150,7	0,55	Gl.
74,45	149,1	0,65	Ws.
75,41	141,9	0,69	De.
75,47	143,3	0,64	Sp.
75,52	146,7	0,80	Du.
76,35	143,8	n.m.	Dk.
76,40	145,4	0,73	Ha.
76,46	138,2	0,70	De.
77,36	131,6	0,56	Dk.
77,42	136,9	0,71	Do.
77,48	145,3>	0,73	Ws.
78,26	129,4	0,70	Dk.

μ^1 et μ^2.

4 — 7 : blanches.

Date	Angle	Distance	Obs.
1781,80	170,4	128:	H.
1800,00	171,5	112,0	Pi.
21,35	170,4	108,9	So.
21,78	172,6	108,73	Σ.
22,67	171,9	109,16	*id.*
32,31	171,8	109,0	Sm.
34,84	171,9	108,43	Σ.
40,95	171,1	108,77	Σ_2.
41,98	171,9	108,80	*id.*
46,29	171,8	108,90	Md.
47,69	171,6	108,68	Σ_2.
50,46	171,7	108,81	*id.*
51,47	171,5	108,69	*id.*
53,46	172,0	108,39	Md.
56,77	171,7	108,59	Σ_2.
61,60	171,6	108,40	*id.*
63,25	171,6	108,5	Do.
64,41	171,5	108,22	Kn.
66,53	171,5	108,46	Ma.
71,52	171,7	108,15	Du.
77,69	171,6	108,65	Fl.

Système stellaire du plus haut intérêt : μ^2 forme un système orbital en mouvement rétrograde rapide : 221° parcourus en 96 ans ; 360° conduiraient à 156 ans (période sans doute plus longue). Dernières orbites calculées (Doberck) :

	1875	1878
T =	1863,51	1863,51
☊ =	182° 59′	173° 42′
λ =	17.41	20.0
γ =	44.26	39.57
e =	0,6174	0,5974
a =	1″,50	1″,47
P =	290^ans^,07	280^ans^,29

Le fait le plus important est que μ^1 et μ^2 sont animées d'un mouvement propre commun, quoique éloignées l'une de l'autre à 1′48″. En effet, depuis les mesures de So et Σ en 1821 leur position relative n'a pas varié, et il est évident que les distances de H et Pi sont trop fortes. Depuis 56 ans, les deux étoiles μ^1 et μ^2 (ou pour mieux dire les trois) se sont avancées de 105″ dans l'espace : leur mouvement propre =

Æ — 0″,16 ; D.P. — 0″,10 ;
total = 0″,188.

On peut considérer ce groupe comme l'un des premiers types bien constatés des *systèmes stellaires*. Il est probable que le couple tourne autour de μ^1, comme la Terre et la Lune autour du Soleil, dans une période qui embrasse des milliers d'années. Si la masse de μ^1 était égale à celle des deux composantes de μ^2, le mouvement orbital ne serait que de — 0°,003 par an, ou — 0°,17 pour nos 56 années d'observations précises. Il ne paraît pas plus rapide. Ce cycle immense ne demande peut-être pas moins de cent vingt mille ans pour s'accomplir !

Balance. 1944.

15^h^ 21^m^ 47^s^. 83° 29′.

7,5 — 8 : blanches.

Date.	Angle.	Distance.	Obs.
	°	"	
1832,40	341,6	1,34	Σ.
39,00	339,3	1,35	Md.
42,42	339,2	1,30	*id.*
43,33	338,1	1,34	*id.*
49,74	336,3	1,27	Σ_2.
54,46	336,9	n. m.	Md.
56,40	335,7	1,18	Se.
57,39	331,4	1,33	Md.
65,52	335,6	1,00	*id.*
71,39	335,3	1,10	De.
75,45	334,9	1,09	Ws.

Système orbital serré, en mouvement rétrograde très-lent.

Hercule. (296.)

15^h^ 22^m^ 17^s^. 45° 34′.

7,5 — 9.

Date	Angle	Distance	Obs.
1843,33	323,1	1,57	Md.
45,53	327,9	1,52	Σ_2.
46,80	328,9	1,82	Md.
48,52	325,2	1,60	Da.
51,71	329,1	1,73	Md.
52,10	321,2	1,44	Σ_2

Date.	Angle.	Distance.	Obs.
	°	″	
1866,70	319,6	1,52	De.
72,29	317,4	1,64	Σ₂.
73,77	316,6	1,47	Ws.
74,28	316,4	1,57	De.
75,49	315,9	1,40	Ws.
77,45	315,5	1,34	*id.*

Mouvement rétrograde. Très-grande probabilité de système orbital.

Cette étoile = Lal. 28230.

Serpent. 1945.

15h 22m 18s. 74° 53′.

Triple.

A = 8,8 ; B = 9,5 ; C = 9,5.

Date.	Angle.	Distance.	Obs.
AB			
1830,35	273,2	30,70	Σ.
44,35	276,9	30,60	Md.
52,55	277,7	30,89	*id.*
67,18	282,6	30,82	De.
BC			
1830,35	280,4	8,75	Σ.
44,35	283,2	8,73	Md.
52,32	282,2	9,35	*id.*
67,18	281,9	8,66	De.

L'angle augmente entre A et B, tandis que B et C paraissent rester stationnaires jusqu'à présent. A et B forment sans doute un groupe de perspective.

δ Serpent. H. I, 42. 1954.

15h 29m 4s. 79° 3′.

4 — 5 cendrées.

Date.	Angle.	Distance.	Obs.
1782,99	227,2	<2,0	H.
1802,10	208,5	n. m.	*id.*
19,70	202,3	3,42	Σ.
20,12	199,0	n. m.	H₂.
21,33	199,4	3,05	So.
22,68	201,2	2,44	Σ.
25,46	200,2	3,27	So.
29,50	198,4	3,29	H₂.
31,43	196,5	2,9	Sm.
31,50	197,1	2,66	Σ.
32,31	198,5	3,05	H₂.
32,35	198,9	2,92	Da.
33,07	197,3	2,66	Σ.
36,30	196,9	2,57	*id.*
38.38	197,3	2,7	Sm.
41,06	195,7	2,97	Da.
41,32	197,5	3,47>	Md.
41,65	196,8	2,76	Kr.
42,35	196,2	2,8	Sm.
1842,37	196,1	3,04	Md.
43,44	195,9	2,85	Da.
43,66	197,8	2,92	Kr.
45,27	194,2	3,03	Hi.
47,70	193,4	2,15<	Mt.
48,52	194,9	3,01	Da.
49,44	194,1	3,09	Da.
50,46	197,1	n. m.	Md.
51,32	196,5	3,0	Sm.
52,34	194,3	3,28	Md.
52,58	194,3	3,03	Da.
54,20	196,0	3,15	De.
54,55	193,1	3,13	Md.
55,89	195,5	3,07	Se.
56,52	193,0	3,23	De.
56,68	193,2	3,18	Md.
57,40	193,1	3,37	Wr.
57,52	193,1	3,09	Da.
57,56	193,7	3,18	*id.*
58,21	192,2	3,26	De.
59,38	193,4	3,22	Md.
59,74	192,4	3,04	Da.
61,53	192,1	3,24	Md
62,33	190,3	2,96<	Ma.
63,43	192,2	3,20	De.
64,42	190,7	3,31	Ea.
65,39	191,5	3,38	Da.
65,40	189,8	3,42	Kn.
65,51	190,8	3,21	Ta.
65,52	190,4	3,35	Se.
65,55	191,2	3,24	Da
65,62	193,9	3,15	Kr.
66,46	189,8	3,43	Kn.
68,40	188,4<	3,33	Ma.
68,67	191,4	3,06	Du
69,36	193,5	3,23	Ta
69,55	189,5	3,41	Ma.
69,89	191,4	3,18	Du.
70,21	189,5	3.13	Σ₂.
70,39	190,1	3,28	Ma.
71,22	193,0	2,9	Gl.
71,40	191,2	3,26	Ma.
71,42	190,7	2,96	Ta
72,29	194,6>	2,63<	*id.*
72,39	190,4	3,18	Ma.
73,36	191,5	3,51	Ws.
73,39	189,5	3,30	Ma.
74,41	190,5	3,64>	*id.*
74,50	192,0>	3,17	Ws.
75,43	190,9	3,50	Ma.
75,51	190,0	3,41	Ws.
75,56	189,9	3,02	Du.
75,61	189,6	3,28	Sp.
76,30	186,9	3,37	Dk.
76,40	190,0	3,49	Ha.

Système orbital en mouvement rétrograde peu rapide : 38° en 94 ans; 360° conduiraient à 900 ans. L'étoile semble stationnaire à 190° depuis 1864, tandis qu'anciennement la vitesse angulaire était de 1° par an : l'orbite absolue doit donc être très-allongée, et l'étoile est dans les régions de son aphélie vrai. Mouvement propre commun, faible :

Æ — 0″,06 ; D. P. — 0″,05.

L'une au moins des deux étoiles est variable, car l'angle est souvent renversé de 180°.

Couronne boréale (297).

15h 29m 40s. 64° 35′.

7,5 — 11,5.

Date.	Angle.	Distance.	Obs.
	°	″	
1845,30	147,3	13,58	Σ₂.
46,40	147,1	13,06	*id.*
50,40	146,1	12,53	*id.*
67,00	147,7	10,23	De.

La diminution de la distance est certaine. Très-grande probabilité de mouvement rectiligne et de couple optique.

Serpent. 1957.

15h 30m 13s. 76° 42′

8,2 — 9,8.

Date.	Angle.	Distance.	Obs.
1828,85	164,6	1,47	Σ.
33,35	161,7	1,35	*id.*
42,42	158,4	1,37	Md
43,40	157,6	1,25	*id.*
57,39	156,3	n. m.	*id.*
61,55	153,6	1,48	*id.*
63,51	155,7	1,53	De.
71,49	152,5	1,4	Gl.
73,38	155,1	1,24	Ws.
74,50	152,0	1,5	*id.*
75,51	161,5?	1,40	Ws.
76,48	156,6	1,5	*id.*

Très-grande probabilité de système orbital serré, en mouvement rétrograde.

Hercule. 1961.

15h 30m 21s. 46° 3′.

8,9 — 9,2.

Date.	Angle.	Distance.	Obs.
1830,65	56,0	21,55	Σ.
31,43	56,2	n. m.	H₂.
47,30	52,4	21,63	Md.
51,27	52,1	21,18	*id.*

Date.	Angle.	Distance.	Obs.
	°	"	
1853,76	49,4	n.m.	*id.*
66,77	47,8	22,23	De.
77,77	44,5	22,43	Fl.
78,29	44,6	22,38	Bu.

Mouvement rectiligne, dirigé vers 332°; vitesse = 0",089, dont Æ — 0",042 et D. P. — 0",078.

Groupe de perspective.

Bouvier (298).

15h31m42s. 49°47'.

7 — 7,4 : blanches.

Date.	Angle.	Distance.	Obs.
1842,00	n.m.	1,2	Σ₂.
43,35	179,5	1,12	Md.
46,28	186,5	1,42	*id.*
46,49	183,8	1,19	Σ₂.
47,33	185,7	1,29	*id.*
47,33	188,6	1,51	Md.
48,68	185,8	1,23	Da.
51,74	191,8	1,40	Md.
58,83	195,2	1,18	Σ₂.
66,44	208,9	0,99	De.
68,52	212,5	0,84	Σ₂.
69,46	214,1	0,58	Du.
70,45	226,2	n.m.	De.
72,58	235,8	0,58	Σ₂.
73,44	233,0	0,45	Ws.
75,52	264,3	0,53	Σ₂.
75,66	265,5	0,37	De.
76,40	280,9	0,3	*id.*
77,44	295,2	0,3	*id.*
78,25	308,7	0,23	Bu.

Système orbital serré, en mouvement direct très-rapide : 130° en 35 ans; 360° conduiraient à 97 ans seulement. La distance diminue rapidement aussi. Système très-incliné.

Il y a une troisième étoile, de septième grandeur, mesurée par Ws à 328°, sans indication de distance.

ζ Couronne bor. II. ii, 8. 1965.

15h34m52s. 52°59'.

4,5 blanche — 6 verte.

Date.	Angle.	Distance.	Obs.
1781,27	295,8	6,25	H.
1802,25	295,5	n.m.	*id.*
19,62	299,9	n.m.	Σ.
22,30	300,9	7,17	So.
26,00	300,0	6,0	H₂.
29,70	300,9	6,0	Σ.
1830,68	300,7	6,18	Bs.
31,61	301,2	6,4	Sm.
32,57	300,5	6,2	H₂.
37,44	302,4	6,53	Ek.
38,59	301,1	6,21	Ga.
39,50	300,9	6,5	Sm.
40,26	301,5	5,92	Kr.
41,47	302,2	6,07	Md.
42,40	301,1	n.m.	*id.*
42,57	301,2	6,1	Sm.
43,37	301,8	6,14	Md.
43,63	300,8	6,21	Da
44,37	302,4	6,33	Md.
45,43	299,5	6,00	Wr.
46,43	301,3	6,14	*id.*
47,32	302,0	6,24	Md
47,70	301,1	6,16	Mt.
47,99	301,3	6,18	Da.
48,45	301,4	6,20	*id.*
51,41	303,2	5,99	Md.
52,47	302,1	6,01	*id.*
52,53	301,0	6,13	Se.
53,30	302,6	6,27	Md.
53,35	301,2	n.m.	Po.
54,58	302,1	6,05	Σ₂.
54,65	301,3	5,90	Md.
55,77	302,3	6,08	*id.*
56,17	303,4	6,66>	Lu.
56,49	301,7	6,21	Wr.
57,46	302,2	n.m.	Md.
58,50	302,5	5,68	*id.*
61,32	302,8	6,13	*id.*
62,33	299,7	5,93	Ma.
68,70	302,2	6,21	De.
69,52	301,5	6,60	Ta.
69,57	296,4<	6,31	Ma.
70,50	302,2	6,42	Ta.
71,36	302,0	6,38	Gl.
71,42	305,2	6,68	Ta.
76,25	300,8	6,60	Dk.
76,44	301,6	6,29	Ha.
76,64	326,3?	6,32	Hv.

Mouvement direct excessivement lent. Rectiligne jusqu'à présent. Le mouvement propre de ζ n'est pas encore sûrement déterminé.

L'angle de Harvard College en 1876 est singulier; il est pourtant le résultat de trois nuits concordantes.

Balance. 3095.

15h36m15s. 104°48'.

8,1 — 9,8 : blanches.

Date.	Angle.	Distance.	Obs.
1831,35	349,7	2,85	Σ.
65,41	336,9	2,75	Se.
69,36	337,5	2,84	De.

Observations insuffisantes pour décider de la nature du mouvement. Très-probablement orbital. Rétrograde. Cette étoile = W. xv, 705.

18 π¹ Pet. Ourse. II. iv, 90. 1972.

15h36m28s. 9°9'.

6 — 7 : jaunes.

Date.	Angle.	Distance.	Obs.
	°	"	
1783,50	86,8	28,00	H.
1823,45	83,3	31,10	Sh
32,60	83,0	30,15	Σ.
41,47	83,4	n.m.	Md.
52,79	82,1	30,78	*id.*
65,84	82,1	30,59	De.

Lente diminution de l'angle et lent accroissement de la distance. Pour ce couple voisin du pôle, la variation annuelle de l'angle par la précession s'élève à — 1'.75.

γ Couronne boréale. 1967.

15h37m42s. 63°20'.

4 jaune — 7 pourpre.

Date.	Angle.	Distance.	Obs.
1826,75	111,0	0,72	Σ.
28,98	110,7	0,54	*id.*
32,66	103,9	0,40	*id.*
33,70	105,8	0,40	*id.*
33,00	simple.	....	H₂.
35 à 38	simple.	....	Σ.
34,66	ronde.	....	Sm.
39,69	225,0	0,3 all.	*id.*
40,50	all.	....	Σ.
40,87	233,7	all.	Da.
41,44	333,0	0,19 all.	Md.
42,58	all.	—	Sm.
42,80	272,0	0,47	Md
43,30	292,5	0,41	Σ₂.
43,45	288,9	0,5	Da
44,39	286,3	n.m.	Md.
45,47	293,3	0,43	*id.*
45,61	296,0	0,44	Σ₂.
46,56	294,1	0,42	Md.
46,72	292,5	0,40	Mt.
47,08	300,0>	n.m.	Hi.
47,29	292,6	0,44	Σ₂.
47,42	295,2	0,39	Md.
48,37	295,0	0,5	Sm.
48,39	297,0	0,39	Md.
49,63	289,4	0,51	Σ₂.
50,60	290,6	0,46	Md.
51,50	282,2	0,53	Σ₂
51,70	292,2	0,40	Md

Date.	Angle.	Distance.	Obs.
	°	"	
1852,07	285,1	0,57	Da.
52,59	296,4	0,46	Md.
53,01	287,9	0,66	Σ_2.
53,20	294,3	0,5	Ja.
53,32	284,5	0,40	Md.
54,40	284,3	0,69	Da.
54,76	291,1	0,4	Md.
55,73	292,4	n.m.	*id.*
56,37	295,4	0,67	Wi.
56,59	289,0	0,45	Se.
56,62	283,8	0,47	Σ_2.
57,39	286,5	0,32	Md.
57,52	289,3	0,36	Se.
57,52	281,0	0,5	Da.
58,51	280,5	all.	De.
58,58	284,0	0,33	Md.
58,97	284,7	0,46	Σ_2.
59,36	282,6	0,45	Da.
59,38	290,4	all.	Md.
61,59	287,7	0,42	Σ_2.
62,56	292,9	all.	De.
63,64	290,5	0,41	Σ_2.
64,46	294±	all.	Se.
65,51	280,0	*id.*	En.
65,52	278±	*id.*	Se.
66,55	ronde.	—	*id.*
66,62	286,0	0,42	Σ_2.
67,08	199,4	all.	Wi.
67,31	205,7	*id.*	Sr.
67,51	261,6	0,21	En.
68,02	260,2	0,36	Σ_2.
68,68	259,9	n.m.	Du.
69,36	280,4	all.	Ta
71,00	252,0	*id.*	Σ_2.
72,45	190::	*id.*	Ws.
73,38	195::	*id.*	*id.*
75,98	simple.	—	Sp.
76,32	simple.	—	Fl.

Système orbital très-serré et très-rapide, se mouvant dans le plan du rayon visuel, sur une ligne moyenne tracée par 110° et 290°; occultation de 1833 à 1838, à un minimum de distance de 0",20; plus grande elongation orientale vers 1826; *id.* occidentale vers 1853; nouvelle occultation depuis 1873 à un minimum de 0",12. A cette orbite apparente correspond une orbite dont les éléments doivent peu différer des suivants, calculés par Dk en 1877 :

$$\Omega = 110°24'$$
$$\gamma = 85.12$$
$$\lambda = 233.30$$
$$e = 0,350$$
$$P = 95^{ans},50$$
$$T = 1843,70$$
$$a = 0'',70$$

Mouvement propre commun, assez faible =

Æ — 0ˢ,007; D.P. — 0",09.

Piazzi a noté par erreur γ de 6ᵉ grandeur. Elle ne paraît pas variable, comme on l'a supposé.

Le 28 avril 1876, observant cette étoile dans un télescope de 20 centimètres, sans pouvoir la dédoubler, j'ai découvert, juste à l'est, à 18 secondes de temps environ, une étoile triple, dont les composantes sont respectivement de 10ᵉ, 11ᵉ et 12ᵉ ½ grandeur. Les positions étaient :

AB 33°,5 16",39
AC 146°,7 45",48

Couronne boréale. 1983.

15ʰ46ᵐ13ˢ. 54°9'.

8,7 — 10,8.

Date.	Angle.	Distance.	Obs.
	°	"	
1830,60	77,0	17,44	Σ.
1867,88	73,1	16,31	De.

Ces deux séries de mesures étant sûres, on peut conclure à un mouvement rétrograde et à une diminution de la distance.

18 π² Petite Ourse. 1989.

15ʰ46ᵐ13ˢ. 9°38'.

6,8 — 8.3 : blanches.

Date.	Angle.	Distance.	Obs.
1832,68	24,1	0,71	Σ.
36,76	23,9	0,53	*id.*
40,90	28,1	0,70	Σ_2.
41,55	29,7	0,66	*id.*
41,46	23,0	0,85	Md.
58,59	21,1	0,60	Se.
65,00	simple.	—	De.
70,00	*id.*	—	*id.*

La distance a certainement diminué. Très-haute probabilité d'un système orbital très-serré se mouvant dans le plan du rayon visuel.

Dragon. 1984.

15ʰ48ᵐ1ˢ. 36°44'.

6,2 — 8,5 : blanches.

Date.	Angle.	Distance.	Obs.
1830,20	270,3	n.m.	H_2.
30,72	273,8	6,53	Σ.
43,72	274,9	6,49	Md.
1851,27	276,1	6,38	*id.*
52,33	275,9	6,39	*id.*
57,61	276,6	6,39	Se
67,65	275,2	6,46	D
70,90	276,2	6,42	Du.

Mouvement direct très-lent. Probabilité de système orbital.

Serpent. H. II, 85. 1985.

15ʰ49ᵐ42ˢ. 91°48'.

7 — 7,5 : jaunes.

Date.	Angle.	Distance.	Obs.
1783,32	316,1	cl. II.	H.
1823,42	325,3	6,88>	So.
30,23	326,5	7,19>	H_2.
31,95	326,6	5,42	Σ
41,47	327,0	6,20	Md.
43,44	326,2	5,78	*id.*
43,35	327,5	5,96	*id.*
46,42	327,1	n.m.	Da.
48,54	325,5	5,39	Mt.
54,47	328,1	5,74	Md.
55,76	328,5	5,63	De.
56,96	328,5	5,48	Se.
58,42	330,1	5,61	Wr.
61,44	330,0	5,70	Σ_2.
64,43	325,6<	5,33	Ma.
65,44	330,8	5,98	En.
65,48	327,7	5,93	Se
66,76	330,6	5,72	De.
69,36	329,0	6,77>	Ta.
71,12	331,1	5,66	Du.
76,46	334,6	6,10	Ws.
77,50	332,4	5,62	St.

Haute probabilité de système orbital en mouvement direct très-lent.

Serpent. 1988.

15ʰ51ᵐ7ˢ. 77°10'.

7 — 7,5 : blanches.

Date.	Angle.	Distance.	Obs.
1830,05	263,3	2,91	Σ.
43,55	265,0	2,97	Md.
44,35	265,2	3,05	*id.*
56,41	263,3	2,88	Se.
57,49	266,0	3,12	De.
65,43	261,9	2,99	Ma.
65,48	259,3	2,91	De.
70,90	266,2?	2,46	Du.
76,38	262,3	3,04	Ws.

Très-grande probabilité de système orbital en mouvement rétrograde très-lent.

Hercule. 1991.

15h53m21s. 48° 1'.

8 — 9 : blanches.

Date.	Angle.	Distance.	Obs.
	°	"	
1829,66	203,8	3,02	Σ.
31,65	202,1	3,08	*id.*
31,00	197,2	2,5	H_2.
33,34	200,4	3,25	Md.
43,61	202,8	3,39	*id.*
43,62	202,8	3,38	Da.
57,67	193,4	2,65	Se.
65,54	197,9	3,49	*id.*
69,67	198,0	3,00	De.
71,25	199,5	3,17	Du.

Même conclusion que pour le couple précédent.

Serpent. H. v, 126. 1993.

15h54m22s. 72° 17'.

8,2 = 8,2.

Date.	Angle.	Distance.	Obs.
1783,60	217,9	37,92	H.
1823,40	216,6	34,92	So.
31,76	217,7	33,96	Σ.
40,80	218,3	33,39	Σ_2.
65,43	217,9	31,52	De.

Il n'y a pas de changement dans l'angle; mais la distance diminue régulièrement. Groupe de perspective. — Légère fluctuation d'éclat.

Serpent. (303).

15h55m17s. 76°23'.

7,1 — 7,7.

Date.	Angle.	Distance.	Obs.
1842,00	n.m.	0,6	Σ_2.
43,46	110,6	0,51	Md.
46,78	111,4	0,60	Σ_2.
47,35	116,6	0,60	Md
51,40	119,9	0,72	*id.*
57,57	119,2	0,4	Se.
65,44	126,6	0,75	Σ_2
67,20	127,8	0,77	De.
71,53	127,3	0,74	*id.*
75,45	134,4	0,77	Σ_2.
76,52	131,2	0,85	Sp

Système orbital très-serré, en mouvement direct assez rapide. Cette étoile = Lal., 29160.

ξ Scorpion. H. I, 33. 1998.

15h57m46s. 101° 2'.

Triple.

A = 5 ; B = 5,2 jaunes ; C = 7,5 bleuâtre.

Date.	Angle	Distance.	Obs.
	AB.		
	°	"	
1782,36	187,9	<2	H.
1825,47	356,0	1,15	Σ
25,49	351,9	1,36	So.
30,27	1,5	1,49	H_2.
31,38	9,2>	1,32	*id.*
32,46	4,4	1,21	Σ.
33,39	6,2	1,15	Da.
33,91	5,9	1,21	Σ.
34,42	6,6	1,14	Sm.
34,51	7,0	1,17	Ba.
35,00	7,7	1,23	Σ.
35,40	10,1>	1,41	H_2.
35,48	11,0>	n.m.	Md.
35,55	8,7	1,18	Σ.
36,49	9,5	n.m.	Da.
36,49	8,1	1,16	Σ.
36,50	11,0	n.m.	Md.
37,51	12,5	1,09	Σ.
38,60	13,3	1,11	Sm.
39,61	16,7	1,28	Da.
40,56	18,6	1,19	*id.*
40,57	22,2>	1,09	Σ_2.
41,48	16,7<	1,28	Md.
41,57	19,0	1,20	Da.
41,57	25,9	0,97	Σ_2.
42,42	20,4	1,05	Md.
42,46	21,6	n.m.	Da.
42,56	23,5	1,2	Sm.
42,60	n.m.	1,25	Kr.
43,25	20,3	n.m.	*id.*
43,40	22,0	1,17	Md.
43,42	24,1	1,09	Da.
44,39	23,5	1,17	Md.
46,47	24,8	0,97	Ja.
46,48	24,8	0,97	Mt.
46,49	24,9	1,0	Sm.
48,54	30,5	1,19	Da.
52,98	46,5	0,93	Ja.
53,53	46,3	n.m.	De.
55,31	50,5	n.m.	De.
55,55	53,6	0,47	Se.
56,20	65,5	0,63	Ja.
56,33	57,1	n.m.	De.
56,49	70,0	0,36	Se.
56,58	69,7	0,51	Σ_2
57,00	all.	—	Se
57,95	90,6	0,4	Ja.
58,00	simple.	—	Se.
63,22	131,1	all.	De.
64,45	147,8	0,21	Se.
64,95	152,0	all.	De.

Date	Angle.	Distance.	Obs.
	°	"	
1865,51	155,5	0,35	Se.
65,54	156,9	0,5	Da.
65,55	166,9>	0,49	En.
66,50	156,6	0,55	De.
66,52	161,0	0,40	Se.
67,45	160,7	0,68	De.
68,40	165,0	0,90	*id.*
68,48	166,5	1,00	Kn.
68,57	168,9	0,38<	Se.
69,51	172,6	0,80	Du.
69,52	168,2	0,88	De.
70,40	169,8	0,89	*id.*
70,54	173,3	0,85	Du.
71,41	173,1	1,07	De.
71,49	174,0	1,0	Gl.
71,60	174,8	0,85<	Du.
72,45	177,3	0,95	Ws.
72,46	176,9	1,12	Kn.
72,50	175,8	1,10	Fr.
72,46	175,8	1,11	De.
72,53	177,4	0,92<	Du.
73,36	180,4>	1,04	Ws.
73,42	176,5	1,19	De.
73,68	176,5	1,1	Gl.
74,44	183,1>	1,19	Ws.
74,49	178,7	1,05	De.
75,44	180,5	1,10	*id.*
75,51	180,0	1,33>	Ws.
75,51	182,0	1,18	Sp.
75,53	180,2	1,03<	Gl.
75,56	181,9	1,20	Du.
76,44	185,6	1,04<	St.
76,45	181,8	1,21	De.
76,52	183,9	1,14	Ha.
76,52	184,1	1,20	Sp.
76,62	186,5	n.m.	Dk.
77,42	179,5<	n.m.	*id.*
77,43	183,3	1,20	De.
77,46	184,9	1,27	Ws.
77,46	184,3	1,26	St.

$\frac{AB}{2}$ et C. H II, 20.

Date	Angle.	Distance.	Obs.
1782,26(AC)	88,6	6,38	H
1822,46(AC)	78,4	6,77	H_2.
23,33	81,3	6,85	Σ.
25,48	78,6	6,75	*id.*
25,50(BC)	81,0	6,96	So.
25,50(AC)	72,5	n.m.	*id.*
28,40	78,6	6,95	H_2.
32,46	76,2	6,70	Σ.
34,35	77,1	6,82	*id.*
34,42	76,1	7,2	Sm.
35,00	75,4	7,02	Σ.
36,49	74,7	7,07	*id.*
38,60	74,2	7,2	Sm.
40,56(AC)	69,5	7,43	Da.
41,47	74,7	6,75	Md.

Date.	Angle.	Distance.	Obs.
	°	″	
1842,42	72,8	n.m.	*id.*
43,39	73,3	6,53	Kr.
46,48	74,7	7,16	Mt.
46,49(AC)	68,1	7,0	Sm.
52,22	74,7	6,99	Σ_2.
55,54	70,5	7,50	Se.
55,68	71,6	7,11	Do.
56,20	69,5	7,0	Ja.
56,34	71,1	7,16	De.
56,58	71,8	7,45	Σ_2.
57,80	71,2	7,0	Ja.
61,42	72,1	6,93	Md.
61,43	69,8	7,18	Σ_2.
62,52	70,5	7,09	De.
63,14	70,5	7,15	*id.*
64,48	68,9	7,41	En.
65,38	71,0	7,1	Do.
65,45	69,7	7,1	Se.
65,49	68,8	6,91	Kr.
66,47	70,6	7,19	De.
66,51	70,2	6,98	Kr.
67,45	70,4	7,03	De
68,54	69,4	7,03	*id.*
69,48	69,8	7,20	Du.
69,53	69,4	7,21	De.
70,96	70,3	6,97	*id.*
71,37	70,1	6,74	*id.*
71,42	69,8	6,25	Ta.
71,77	72,1	7,13	Fu.
72,45	72,0	7,09	Ws.
72,48	69,0	7,19	De.
72,50 BC?	63,7	7,63	Fr.
73,36(AC)	71,7	6,80	Ws.
73,44	69,5	7,04	De.
73,45 BC?	65,2	7,30	Li.
74,44	66,1	7,05	Ws
74,45(AC)	73,4	6,8	Gl.
74,48	69,7	7,2	De.
75,44	68,3	7,03	*id.*
75,51	66,9	7,08	Sp.
76,44	66,3	7,69	St.
76,47	65,4	n.m.	Dk.
76,50	67,8	7,30	Ha.
76,52	67,4	7,27	Sp.
76,99	68,0	7,15	De.
77,46(AC)	73,4	6,38	Ws.
77,51	67,1	7,32	St.
77,61	66,4	n.m.	Dk.
77,63	67,6	7,22	Fl.

ξ du Scorpion est nommée par erreur 51 Balance par presque tous les astronomes depuis Flamsteed. A et B forment un système orbital en mouvement direct rapide, dont le plan est très-incliné sur notre rayon visuel et dont l'orbite apparente est allongée suivant un grand axe mené par 10° et 190°. B va repasser par le point où H l'a mesurée en 1782; sa période est donc de près de cent ans. Le mouvement a été très-rapide de 1856 à 1863, et le rapprochement a été tel que les deux étoiles se sont occultées. Elles sont à peu près du même éclat, quelquefois B a surpassé A (notamment lors de la première mesure, en 1782, qui était renversée de 180°). Légères fluctuations d'éclat. Plusieurs systèmes d'éléments ont été calculés; le plus sûr est le dernier (Doberck, 1877) :

$$\Omega = 12^\circ 15'$$
$$\gamma = 68,42$$
$$\lambda = 89,16$$
$$e = 0,0768$$
$$T = 1859,62$$
$$a = 1'',26$$
$$P = 95^{\text{ans}},90$$

Le mouvement observé sur la 3ᵉ étoile est extrêmement difficile à interpréter. La lecture des angles de position montre un mouvement rétrograde de 21° depuis 1782, assez régulier, puisqu'il donne 10° pour les 43 premières années et 11° pour les 52 dernières. Mais la plupart des mesures se rapportent non pas à la position de C relativement à A, mais à cette position relativement au centre de figure entre A et B. Or ce centre se déplace dans l'espace conformément à la translation orbitale de B; il a marché du sud au nord de 1782 à 1830, du nord au sud de 1830 à 1875, et retourne actuellement vers le nord. J'ai donc rapporté les positions de C au centre de figure mobile, et il se trouve que tout le déplacement angulaire observé depuis 1825 se limite dans une même région, autour de 73° de A. Les observateurs n'ont pas toujours eu soin d'indiquer si leurs mesures sont prises de $\frac{AB}{2}$ ou de A (plusieurs peuvent même l'avoir été de B, à cause de la ressemblance des deux étoiles). En s'en tenant aux observations modernes, on pourrait donc admettre que le mouvement de C n'est pas rétrograde, mais seulement insensible, et que ses fluctuations proviennent d'un déplacement en épicycle analogue à celui que nous avons reconnu à ζ du Cancer (*voir* p. 49), mais vu plus obliquement.

Cependant il est difficile de rejeter la mesure d'Herschel, car deux fois il a noté l'étoile à la même position. Cette position doit avoir été prise de A, car en partant de $\frac{AB}{2}$ elle serait encore plus élevée, et de B plus élevée encore. Si l'étoile B avait été réellement à 7°,9, comme H l'indiquait, et si la mesure de C avait été prise de cette étoile, l'angle s'accorderait mieux avec les positions modernes. Mais il est impossible que l'étoile soit restée à 7° depuis 1782 jusqu'en 1835, comme on le croyait encore à cette dernière date, et il est difficile d'admettre qu'elle ait parcouru une révolution complète entre ces deux années, car de 1835 à 1888 elle n'en aura certainement pas accompli une nouvelle.

Cette 3ᵉ étoile C fait-elle partie du système? Nous pourrions le décider tout de suite si nous connaissions le mouvement propre de ξ. Par un surcroît de difficulté, ce mouvement est loin d'être sûrement déterminé (*voy.* mon Catal.). On l'adopte comme étant de 12″ par siècle en Æ. L'étoile C se serait éloignée de AB de toute cette quantité si elle est étrangère et fixe au fond du ciel. Quel que soit le mouv. propre de AB, il est très-probable que C le partage, mais peut-être avec une différence qui la fait rétrograder.

Nous sommes donc en face d'un cas très-problématique.

Si l'observation d'Herschel est exacte, l'étoile a rétrogradé;

Si elle n'a pas rétrogradé, la double observ. de H est erronée;

Si elle a rétrogradé, ce mouvement peut provenir des mouvements propres, et C peut ne pas faire partie du système;

Mais elle peut aussi faire partie du système, et c'est ce qu'il y a de plus probable, à cause de sa proximité, et de l'influence que le centre de gravité paraît avoir exercée depuis 1825 sur sa position. Peut-être, malgré son moindre éclat, est-elle elle-même le foyer autour duquel gravite le système AB, système rétrograde, comme celui des satellites d'Uranus relativement au Soleil. D'autre part, si l'on supposait que A fût le foyer du système ternaire et que le rayon vecteur de C fût 7 fois celui de B, on aurait pour la révolution de C près de 18 siècles, ce qui donnerait encore un mouvement angulaire de 20° par siècle.

Il serait prématuré de conclure. Attendons.

Je n'ai pu trouver aucune autre observation du siècle dernier; elles auraient peut-être tranché la question. Ni Flamsteed, ni Bradley, ni les deux Mayer, ni Piazzi n'ont décrit cette embarrassante 3ᵉ étoile. Piazzi, le seul qui en parle, se contente d'écrire à la note de XV, 245 : « Videtur triplex ».

Ajoutons encore qu'il y a tout près de là, à 3ˢ,7 à l'est et à 4′38″ au sud, un autre couple, (= H. II, 21 = Σ 2199) dont les composantes (gr. = 7,4 et 8,1) restent fixes à 102° et 10″. Peut-être ce second système est-il lui-même associé au premier. On a pour sa distance directe :

1847,37	169°,4	280″,30	Ja.

C parait varier légèrement, de 7 à 8, dans l'extrémité bleue du spectre; A et B de 4,3 à 5,5, dans le jaune.

Dragon. 2006.

15ʰ 58ᵐ 1ˢ. 30° 45′.

Triple.

A = 7,5 jaune ; B = 9,2 ; C = 7,7 blanche.

Date.	Angle.	Distance.	Obs.
	AB.		
	°	″	
1828,73	203,5	1,69	Σ.
31,59	202,0	1,46	*id.*
32,52	208,1	1,68	*id.*
42,81	201,7	n.m.	Md.
43,62	200,7	1,44	*id.*
45,60	197,4	1,80	*id.*
47,28	197,1	1,41	*id.*
51,27	199,3	1,76	*id.*
52,33	199,9	1,73	*id.*
68,94	197,4	1,65	De.
	AC.		
1828,73	224,0	43,72	Σ.
32,52	223,5	43,36	*id.*
43,62	223,0	n.m.	Md.
68,47	221,1	44,31	De.

Haute probabilité de système ternaire : AB paraissent former un couple orbital serré en mouvement rétrograde très-lent. C est aussi en mouvement rétrograde.

Serpent. 2007.

16ʰ 0ᵐ 27ˢ. 76° 21′.

6,5 — 8.

Date.	Angle.	Distance.	Obs.
	°	″	
1830,14	328,2	31,97	Σ.
1843,45	328,5	33,05	Md.
65,21	326,6	33,35	De

La distance augmente certainement. L'observation de Md n'est pas aussi sûre que les deux autres.

κ¹ Hercule. H. v, 8. 2010.

16ʰ 2ᵐ 39ˢ. 72° 38′.

5 — 6 jaunes.

Date.	Angle.	Distance.	Obs.
1703,31	14,6	56?	Fd.
82,14	7,6	35,0	H.
1800,00	12,5	32,7	Pi.
21,39	9,6	31,17	So.
22,69	9,5	31,45	Σ.
26,35	10,0	40,0?	H_2.
30,46	9,4	31,55	*id.*
31,52	9,7	31,20	Σ
35,45	9,7	31,4	Sm.
36,33	9,7	31,02	Σ
39,63	n.m.	30,45	Md.
40,88	9,4	31,15	Σ.
41,27	9,7	31,95	Md.
42,54	9,6	31,12	*id.*
43,32	9,3	30,99	*id.*
47,69	10,1	30,71	$Σ_2$.
48,38	9,3	30,73	Md
52,12	10,2	30,69	$Σ_2$.
57,38	9,2	30,6	Sm.
57,60	12,0	30,40	Se.
58,12	9,9	30,59	De.
61,41	9,8	29,56	Ma.
64,70	10,4	30,59	En.
64,76	9,6	31,60	Ma.
67,12	9,9	30,37	De.
67,58	10,5	30,41	$Σ_2$.
69,61	10,2	30,50	Du.
69,61	8,7	31,25	Ma.
72,91	10,7	30,18	$Σ_2$
76,46	10,4	30,75	Wa
77,35	10,0	29,83	Lk.
77,48	9,5	29,86	Fl.

La distance diminue lentement. Le mouvement propre n'est pas assez sûrement déterminé pour que l'on puisse décider s'il y a là un système stellaire.

La distance de H_2 en 1826 est peu approchée. H a estimé B bleue; Sm l'appelle « pale garnet ». Sa couleur parait variable.

La distance de 1703 est certainement exagérée.

ν Scorpion. H. v, 6.

16ʰ 5ᵐ 1ˢ. 109° 9′.

Quadruple.

A = 4 ; B = [illegible] ; C = 7 ; D = 8.

Date.	Angle.	Distance.	Obs.
	AB. (Bu, 120.		
	°	″	
1874,46	0,7	0,4	Bu.
75,94	359,9	0,73	De.
76,01	1,1	0,64	Sp.
77,50	0,6	0,79	De.
77,51	8,9	0,59	St.
78,24	0,8	0,80	Bu.
	AC.		
1776,00	320±	44±	C.M.
80,33	n.m.	40 à 60	H.
81,39	n.m.	38±	*id.*
82,29	334,8	n.m.	*id.*
1800,00	341,0	41,80	Pi.
21,37	338,2	40,81	So.
31,50	338,5	40,0	Sm
36,50	336,6	60,0?	H_2
46,55	338,9	43,00	Mt.
47,70	336,5	40,57	Ja.
51,38	336,8	40,8	Sm.
55,50	331,3	49,58	Se.
57,39	337,7	41,09	Wr.
74,49	336,9	40,78	De.
75,43	336,5	40,77	*id.*
77,51	336,0	40,68	Fl.
	CD.		
1846,58	39,0	1,11	Mt
47,40	42,2	1,80	Ja.
48,03	45,4	1,60	*id.*
51,38	45,0	1,5	Sm.
57,44	48,7	n.m.	Wr.
74,49	48,4	1,89	De.
75,42	47,9	1,89	*id.*
75,99	45,9	1,94	Sp.
77,40	47,4	1,86	De.

Nous avons sous les yeux l'un des plus beaux systèmes quadruples du ciel. Cette curieuse étoile a été dédoublée pour la première fois, il y a plus d'un siècle, par C. M. En 1846, le compagnon a été dédoublé à son tour par Mt, et en 1874 seulement l'étoile principale a été dédoublée par Bu, puis, sur son invitation, immédiatement mesurée par Nw et De; c'est la moyenne de leurs trois mesures que j'ai inscrite. Jusqu'à présent, B n'est vue que comme allongement de A. Mais elle commence à s'écarter.

Les deux couples AB et CD forment certainement deux systèmes binaires serrés, reliés entre eux par une destinée commune. Miniature de ε Lyre. Système quaternaire.

Cette étoile multiple ne fait pas partie du Catalogue de Σ.

Mouvement propre très-faible (*voy.* mon Catalogue).

Serpent. 2017.

$16^h 6^m 37^s$. 75° 8′.

7,7 jaune — 8,4.

Date.	Angle.	Distance.	Obs.
	°	″	
1831,42	249,7	25,03	Σ.
67,65	251,2	25,95	De.

Il n'y a aucune autre observation. Mais celles-ci sont assez sûres pour affirmer le mouvement. Sans doute groupe de perspective.

49 Serpent. H. I, 82. 2021.

$16^h 7^m 42^s$. 76° 9′

7 blanche — 7,5 jaunâtre.

Date	Angle.	Distance.	Obs.
1783,18	291,6	<2	H.
1802,39	302,9	*id.*	*id.*
04,25	305,6	*id.*	*id.*
20,10	316,6	n.m.	Σ
22,87	313,7	4,21	H_2.
23,28	311,9	4,2	*id.*
25,41	318,2	3,50	So.
29,48	315,5	3,20	Σ.
30,05	317,7	3,01	H_2.
31,40	314,8	3,17	Da.
32,43	317,8	3,7	Sm.
32,70	316,7	3,20	Σ.
36,32	316,7	3,28	*id.*
39,29	318,1	3,3	Sm.
41,32	319,2	3,87	Md.
41,38	318,0	3,43	Da.
42,40	320,5	3,40	Md.
43,70	319,8	3,33	*id.*
44,38	318,6	3,37	*id.*
45,26	318,9	3,23	Hi.
47,58	319,1	4,34	Mt.
49,44	321,3	n.m.	Da.
51,40	322,2	3,39	Md.
51,66	322,9	3,25	Ft.
52,04	321,9	n.m.	Md.
54,58	323,0	3,2	Sm.
54,62	322,4	3,52	Md.
54,63	321,2	3,67	De.
55,49	322,7	3,65	Wr.
56,01	322,3	3,46	Se.
57,39	324,7	3,37	Md.
58,42	323,7	3,58	*id.*
59,38	323,7	3,70	*id.*
1860,67	324,7	3,71	*id.*
62,37	323,7	3,53	Ma.
64,80	324,6	3,53	De.
65,48	325,8	3,80	Se.
65,51	325,7	3,76	En
65,22	326,4	3,66	$Σ_2$.
66,32	n. m.	3,92	Ta.
68,43	324,2	4,02	Ma.
68,46	329,1	3,60	Br.
69,57	325,8	3,69	Ta.
70,39	327,0	3,81	Ma.
70,65	327,9	3,52	Du.
71,37	325,4	3,59	Ma.
71,42	327,2	3,94	Ha.
72,29	327,6	4,27	*id.*
72,45	324,9	3,88	Ma.
72,45	327,7	3,73	Ws.
72,49	328,3	3,74	Fr.
72,98	330,3	3,64	$Σ_2$
73,37	328,2	3,85	Ws.
73,39	326,5	3,66	Ma.
74,43	326,0	3,80	*id.*
75,48	327,6	3,69	Sp.
75,51	329,4	3,44	Ws.
75,60	328,5	3,9	Gl.
75,63	329,7	3,94	De.
76,25	327,5	3,90	Dk.
76,40	328,8	3,81	Ha.
76,48	327,0	3,56	Ws.

Système orbital en lent mouvement direct : 37° parcourus en 93 ans; 360° conduiraient à 900 ans. Mouvement propre commun, assez fort, d'après Σ :

Æ + 0″,152; D. P. — 0″,369.

Les angles de Ws et Sp, en 1875, étaient renversés de 180°.

Couronne. 2022.

$16^h 7^m 48^s$. 63° 2′.

6 — 10 : blanches.

Date	Angle	Distance	Obs.
1830,56	129,5	2,77	Σ.
44,36	131,2	2,89	Md.
58,09	136,5	2,40	Se.
65,52	136,0	3,26	*id.*
65,90	134,1	2,67	De.
68,50	138,7	2,78	$Σ_2$.

Couple probablement orbital en mouvement direct. L'étoile nouvelle de 1866, T Couronne, aujourd'hui de 9ᵉ grandeur ½, est tout près de cette position, à l'ouest : Æ $15^h 54^m 29^s$; D.P. 63°45′.

Serpent. 2023.

$16^h 8^m 35^s$. 84° 10′.

8 — 9 : jaunes.

Date.	Angle.	Distance.	Obs
	°	″	
1832,41	236,0	1,55	Σ.
39,74	232,7	1,51	Md.
42,42	231,0	1,50	*id*
51,40	229,1	1,41	*id.*
52,63	229,5	1,85	*id.*
56,42	231,7	1,65	Se.
65,54	229,8	1,77	*id.*
66,36	231,5	1,76	De

Lent mouvement rétrograde. Très-haute probabilité de système orbital.

Hercule. 2026.

$16^h 10^m 5^s$. 82° 19′.

8,5 — 9,5 : jaunâtres.

Date	Angle	Distance	Obs.
1830,94	345,9	2,54	Σ.
38,05	342,0	2,4	Md.
44,35	337,8	2,22	*id.*
52,63	334,4	2,11	*id.*
56,56	330,1	1,85	Se.
65,39	326,1	1,50	De.
65,53	325,7	0,97	Se.
69,89	324,6	1,40	De.
72,45	318,9	1,4	Ws.
73,46	315,7	1,5	*id.*
75,51	321,0>	1,40	*id.*
75,60	316,0	1,3	Gl.

Mouvement rétrograde et diminution de distance. Système très-probablement orbital. Cependant, malgré la proximité des composantes, il pourrait être optique, car il n'y a pas de très-grands écarts entre les positions et un mouvement rectiligne.

Cette étoile = W. XVI, 161.

σ Couronne. H. I, 3. 2032

$16^h 10^m 11^s$. 55°50′

6 — 7 ; jaune et verdâtre.

AB.

Date	Angle	Distance	Obs.
1781,79	347,5	<2,0	H.
1802,59	11,4	*id.*	*id.*
19,62	50,0	n.m.	Σ.
21,30	65,2	n.m.	H_2.
22,83	71,6	1,45	*id.*
23,47	72,9	n.m.	*id.*
25,44	77,5	1,48	So.
26,77	89,0	1,3	Σ.
27,02	89,3	1,31	*id.*

Date.	Angle.	Distance.	Obs.
	°	″	
1828,20	96,5	n. m.	Σ.
28,50	92,6	n. m.	H$_2$.
30,11	104,9	1,22	Σ.
30,27	105,5	1,22	H$_2$.
30,52	107,3	n. m.	Da
30,76	107,6	1,3	Sm.
31,35	111,5	1,57	Da.
31,36	108,8	1,38	H$_2$.
32,37	114,9	1,4	Sm.
32,52	113,6	1,07	H$_2$
32,55	115,4	n. m.	Da.
32,99	118,8	1,30	Σ.
33,26	119,9	1,33	H$_2$.
33,36	120,6	1,30	Da.
33,58	120,7	1,2	Sm.
34,55	125,6	n. m.	Da.
35,50	130,9	1,4	Sm.
35,50	130,5	1,31	Σ.
36,47	138,5	n. m.	Md.
36,71	135,7	1,46	Σ.
37,47	136,8	n. m.	Da.
37,55	140,0	1,42	Σ.
38,45	143,4	1,48	*id.*
39,52	147,8	1,55	Ga.
39,53	144,3	1,60	Da.
39,67	145,1	1,6	Sm.
40,57	147,8	1,66	Da.
40,82	150,2	1,54	Σ_2.
41,48	150,3	1,66	Da.
41,56	148,8	1,57	Kr.
41,56	152,3	1,60	Md.
42,31	156,4	1,81	*id.*
42,37	153,3	n. m.	Da.
42,73	157,6	1,87	Md.
43,35	155,9	1,8	Sm.
43,47	156,5	1,77	Da.
43,51	157,3	1,89	Md.
43,68	156,3	1,66	Kr.
44,40	160,6	2,05	Md.
45,51	163,1	2,03	*id.*
46,32	162,8	n. m.	Hi.
46,36	162,4	2,25	Ja.
46,46	165,1	2,07	Md
46,60	162,4	2,0	Sm.
47,02	168,7	1,74	Σ_2.
47,44	166,6	2,16	Md.
47,44	166,0	1,89	Da.
47,70	166,7	1,33 <	Mt.
48,41	168,4	2,40	Md.
48,53	168,6	2,00	Da.
49,45	170,1	2,09	*id*
49,49	172,0	1,95	Σ_2
50,52	168,9	1,99	*id.*
50,70	173,0	2,23	Md.
51,22	174,4	2,32	Ft.
51,25	174,5	2,34	Md.
51,42	173,8	2,26	Da.
51,63	173,4	2,06	Σ_2.

Date.	Angle.	Distance.	Obs.
	°	″	
1851,76	176,2	2,44	Md.
52,25	176,8	2,20	Da.
52,31	176,4	2,38	Mt.
52,60	177,5	2,39	Md.
52,63	173,3	2,06	Σ_2.
53,14	177,9	2,18	Ja.
53,35	175,2	2,22	Wr.
53,38	177,7	2,46	Md.
53,63	177,9	2,39	Da.
53,66	175,6	2,17	Σ_2.
53,77	178,7	2,65	Md.
54,05	177,9	2,25	Ja.
54,56	178,5	2,26	Da.,
54,66	179,0	2,24	Σ_2.
54,67	178,6	2,22	Wr.
54,70	179,4	2,51	Md.
54,86	179,8	2,37	De.
55,48	180,1	2,43	Da.
55,54	181,6	2,49	Wi.
55.61	180,8	2,31	Se.
55,61	179,1	2,29	Σ_2.
55,78	181,8	2,64	Md.
56,39	182,8	2,52	Wi.
56,42	181,8	2,69	De.
56,43	182,4	2,45	Se.
56,53	181,7	2,57	De.
56.57	179,9	2,46	Σ_2.
56,58	182,6	2,52	Md.
56,73	181,2	2,53	Ja
57,39	183,3	2,46	Md.
57,61	183,6	2,43	Se.
57,66	183,1	2,53	Ja.
58,01	181,9	2,51	Σ_2.
58,20	184,0	2,57	Ja.
58,29	183,2	2,66	De.
58,54	183,6	2,64	Md.
59,34	184,9	2,70	Wr.
59,39	185,9	2,63	Md.
59,94	186,1	2,62	Σ_2.
60,36	185,5	2,71	Da.
61,05	188,0	2,85	Md.
61,58	187,4	2,69	Σ_2.
62,76	189,1	2,77	*id.*
63,09	190,1	2,76	De.
63.60	188,2	2,77	Σ_2.
64,45	190,5	3,11	En.
64,95	191,2	2,79	De.
65,36	191,9	2,94	Σ_2.
65,38	191,5	3,08	Da.
65,72	189,1	n. m.	Ta.
65,81	192,4	2,98	Se.
66,43	189,2	3,73 >	Ta.
66,63	190,0	3,00	Σ_2
66,68	193,9	2,86	Kr.
66.92	193,2	2,89	De.
67,34	194,7	3,0	Kn.
68.42	194,8	3,07	Du.
68,55	194,0	3,11	Br.

Date.	Angle.	Distance.	Obs.
	°	″	
1868,58	194,7	2,98	Σ_2.
68,88	195,7	2,99	De.
68,93	194,5	3,61	Ta.
69,63	195,0	3,00	Du.
70,95	197,1	3,09	De.
71,35	196,5	3,15	Du.
71,54	195,4	3,23	Kn.
71,86	197,4	3,32	Ta.
72,28	196,6	n. m.	Co
72,57	195,3	3,26	Σ_2.
72,58	197,7	3,25	Ws.
72,96	198,1	3,12	De.
73,40	196,7	n. m.	Co.
73,42	198,4	3,14	Ws.
73,56	197,6	3,14	Σ_2
73.68	198,9	3,4	Gl.
74,33	198,9	n. m.	Co.
74,44	200,5	3,55	Ma.
74,48	198,8	3,31	De.
74,61	199,8	3,41	Σ_2.
75,40	199,5	3,25	De
75,46	198,6	3,34	Sp.
75,50	200,6	3,47	Ws.
75,54	199,7	3,29	Du.
75,65	200,6	3,74	No.
76,29	199,3	n. m.	Dk.
76,40	200,0	3,49	Ha.
76,48	200,6	3,28	Gl.
77,03	201,0	3,40	De.
77,33	199,6	3,58	Dk.
77,46	202,2	3,68	Ws.

AC. (538).

6 — 13.

Date.	Angle.	Distance.	Obs.
1832,60	244,9	20 ±	H$_2$.
54,40	231,6	20,41	Σ_2.
76,40	221,7	15,92	Ha.

AD.

6 — 10.

Date.	Angle.	Distance.	Obs.
1781,00	65±?	24±	H.
1825,53	90,6	42,17	So.
28,40	89,2	44,24	H$_2$.
30,76	90,0	43,3	Sm.
32,37	88,7	44,1	*id.*
36,50	89,3	44,0	*id.*
36,69	88,8	43,75	Σ.
37,66	88,6	44,17	*id.*
39,67	88,9	44,2	Sm.
40,58	88,6	44,88	Σ.
50,26	87,9	47,52	Σ_2.
51,69	87,7	47,98	*id.*
52,00	90,0	46,3	Sm.
53,32	90,1	47,83	Md.
62,00	88,4	51,0	De.
72,53	88,2	52,6	Ws.

Date.	Angle.	Distance.	Obs.
	°	″	
1873,42	87,9	n.m.	*id.*
75,46	88,0	n.m.	Gl.
76,48	87,9	54,18	Ws.
77,46	87,6	54,15	Fl.

AB forment un système binaire en mouvement direct rapide. 214° parcourus en 96 ans; 360° conduiraient à 160 ans. La plus grande vitesse angulaire s'est manifestée en 1829, et depuis cette époque elle va en se ralentissant, en même temps que la distance augmente, de sorte que la période doit de beaucoup dépasser le chiffre précédent. On a obtenu successivement pour cette période :

Smyth..........	560 ans.
Madler..........	608
Hind............	737
Powell..........	240
Jacob............	195
Klinkerfuss......	420
Doberck.........	846

Cette dernière période, calculée en 1875, comporte les éléments suivants :

$$
\begin{aligned}
T &= 1826{,}93\\
\Omega &= 16°27'\\
i &= 73.51\\
\lambda &= 31.56\\
e &= 0{,}7515\\
a &= 5'',885\\
P &= 845{,}86
\end{aligned}
$$

C'est l'une des orbites qui ont le plus exercé la sagacité des astronomes, et celle qui a donné les plus grandes divergences de résultats.

Certaines observations sont renversées de 180°; peut-être l'une des deux étoiles varie-t-elle?

Il y a derrière ce système, fixes au fond du ciel, deux petites étoiles, l'une de 10° grandeur, l'autre de 13°, devant lesquelles le système passe. La première est le compagnon D mesuré depuis le temps de H. La seconde est excessivement faible; elle a été remarquée par H_2 « in the *Sp* quadrant, at about 20″ », et mesurée par Σ_2, en 1854, à 231° et 20″. Le mouvement relatif de ces deux étoiles est dirigé vers 86° avec une vitesse de 0″,32 qui est précisément égale et de signe contraire au mouvement propre reconnu à σ. On a donc là un type bien caractérisé des groupes de perspective.

L'observation de H en 1781 est particulière; mais ce n'était qu'une estimation. L'angle de position a dû être alors de 91°, et la distance de 26″. La distance de H s'accorde suffisamment; mais l'angle ne peut pas appartenir à cette étoile; il ne peut pas appartenir non plus à l'étoile de 13° grandeur.

γ Hercule. H. V, 19. [516].

16h 16m 38s. 70°34′.

3,5 blanche — 9,5 lilas.

Date	Angle.	Distance.	Obs.
	°	″	
1780,68	n.m.	30±	H.
82,54	250,5	41±	*id.*
83,09	n.m.	37±	*id*
1821,12	243,6	40,44	Σ.
21,85	243,8	37,74	So.
31,48	242,3	38,7	Sm.
40,52	242,7	40,20	Σ_2.
52,22	241,8	40,41	*id.*
72,97	238,7	40,47	Do.
77,80	237,8	40,51	Fl.

Mouvement rectiligne, dirigé vers 151°, avec une vitesse de 0″,09, dont +0″,04 en Æ et +0″08 en D. P. Mouvement égal et contraire au mouvement propre reconnu à γ. — Groupe de perspective.

Ophiuchus. 2041.

16h 19m 20s. 88°29′.

7 — 10.

1831,46	4,4	3,06	Σ.
45,08	3,5	2,83	Md.
51,67	1,1	2,77	Σ_2.
65,81	1,9	2,61	De.
68,03	1,5	2,58	*id.*

La distance paraît diminuer régulièrement, et l'angle montre également un lent mouvement rétrograde.

Cette étoile = O.Σ.308.

99 Dragon. 2054.

16h 22m 12s. 28°2′.

6 — 7 : jaunâtres.

1832,22	7,4	0,90	Σ.
35,76	6,1	0,96	*id.*
41,44	6,9	1,09	Σ_2.
43,53	3,4	1,06	Md.
52,33	2,0	1,16	*id.*
55,63	2,0	1,01	Σ_2.
1857,74	2,2	0,95	Se
59,40	2,8	0,92	Md.
67,85	2,9	1,12	De.
72,61	0,7	1,07	Σ_2.

Très-haute probabilité de système binaire serré en mouvement rétrograde. Il y a en 1830 une observation de H_2 à 351°,5, qui est certainement erronée.

Hercule (311).

16h 22m 35s. 68°50′.

7,8 — 10,3.

1842,00	n.m.	12±	Σ_2.
43,30	182,3	14,28	Md.
45,86	183,5	13,56	Σ_2.
50,45	183,5	13,94	Md.
52,46	183,5	12,81	Σ_2.
52,61	183,4	n.m.	Md.
66,60	186,6	10,73	De.
68,67	189,0	10,40	Σ_2.
71,54	188,3	10,17	De.
73,47	188,1	10,15	Σ_2.
77,46	189,0	8,00	Ws.

La distance diminue certainement, et l'angle augmente lentement. Mouvement rectiligne. Probablement groupe de perspective.

Hercule 71. 2052.

16h 23m 37s. 71°20′.

6,7 — 7,1.

1822,69	109,3	2,66	Σ.
23,43	109,2	3,24	So.
29,52	109,7	2,98	Σ.
30,27	107,9	2,86	H_2.
42,45	109,8	2,80	Md.
51,89	108,1	3,05	Σ_2.
54,69	105,4	3,14	De.
56,49	104,2	2,95	Se.
58,44	104,8	2,62	Wr.
64,75	96,2<	2,75	Ma.
65,53	104,1	3,16	En.
65,55	103,2	2,99	De.
68,99	103,1	2,75	Se.
70,46	103,0	2,46	Du.
74,50	103,0	2,65	Gl.
74,60	103,3	2,63	Ws.
76,31	101,0	2,61	Sp.

Système orbital en mouvement rétrograde très-lent. Mouvement propre commun rapide :

Æ — 0″,33; D.P. — 0″,36 : Σ.

λ Ophiuchus. H. I, 83. 2055.

$16^h 24^m 52^s$. — 87°45′.

4ᵉ blanche — 6 cendrée, variable.

Date.	Angle.	Distance.	Obs.
	°	″	
1783,35	75,5?	< 1,0	H.
1802,38	69,3?	*id.*	*id.*
25,51	331,8	0,84	Σ.
28,51	342,1	0,81	*id.*
29,62	343,2	0,72	H_2.
31,33	342,3	all.	Da.
31,37	337,7	n. m.	H_2.
31,90	349,5	1,04	Σ.
32,57	347,5	1,07	H_2.
33,33	347,9	1,01	*id.*
34,42	350,6	0,99	Σ.
34,48	351,2	1,0	Sm
34,55	349,6	0,93	Da.
35,55	352,5	0,99	Σ.
36,50	353,4	1,01	*id.*
36,51	352,9	1,1	Sm.
37,59	356,8	1,03	Σ.
37,68	354,9	1,18	Da.
39,67	356,5	1,0	Sm.
40,54	358,3	1,07	Da.
41,09	363,8>	0,99	$Σ_2$.
41,54	359,4	1,14	Da.
41,59	2,8	1,29	Md.
41,67	3,2	1,23	Kr
42,38	1,6	1,11	Md.
42,50	1,4	1,1	Sm.
42,58	359,4	1,11	Da.
43,39	4,4	1,12	Md.
43,41	1,0	1,09	Da.
43,71	7,7	1,37	Kr
44,39	5,8	1,06	Md.
46,20	3,4	1,0	Ja.
46,52	8,9	1,07	$Σ_2$.
47,43	10,4>	1,18	Md.
47,62	5,2	1,20	Mt.
48,47	8,9	1,24	Da.
49,46	9,0	1,26	*id.*
50,58	13,0	1,05	Md.
51,36	12,7	1,2	Ft.
51,40	14,8	1,26	Md.
52,57	15,9	1,06	*id.*
52,67	12,6	1,21	Ja.
53,22	11,8	1,27	$Σ_2$.
53,25	15,5	1,2	Sm.
54,06	15,2	1,36	Ja.
54,14	14,0	1,31	Da.
54,63	17,8	1,10	Md.
55,58	18,0	1,37	c.
56,08	14,7	1,2	De.
56,44	15,6	1,37	Ja.
56,59	18,2	1,37	Se.
56,73	17,6	1,29	Md.
57,04	15,4	1,2	De.
57,51	19,9	1,33	Se.
1857,58	15,7	1,29	Wr.
58,09	15,9	1,2	Ja.
58,12	16,9	1,39	Wr.
58,59	18,1	1,36	$Σ_2$.
58,62	19,8	1,27	Md.
60,36	19,6	n. m.	Da.
62,93	19,6	1,44	De.
63,57	20,7	1,16	Ta.
64,45	23,4	1,78	En.
64,58	22,2	1,26	Se.
65,49	25,2	1,52	De.
66,41	22,8	n. m.	Ta.
66,51	24,8	1,41	Kr.
66,95	26,5	1,51	De.
68,44	7,3?	1,44	Ma.
68,95	27,6	1,52	De.
69,34	26,6	1,48	Du.
70,44	28,2	1,6	Gl.
70,52	26,8	1,41	Ta.
71,00	28,7	1,54	De.
71,10	27,7	1,49	Du.
71,47	28,4	1,6	Gl.
71,50	32,3	1,49	Ma.
71,58	31,2	1,50	$Σ_2$.
72,45	28,9	1,56	Ws.
72,87	30,2	1,65	De.
73,42	30,3	1,62	Ws.
73,68	30,0	1,5	Gl.
74,56	32,2	1,59	De.
74,62	33,4	1,29	Gl.
74,62	33,6	1,31	Ws.
74,67	33,6	1,77	Nw.
75,18	33,9	1,62	De.
75,49	32,8	1,45	Sp.
75,52	33,4	1,54	Ws.
75,56	33,0	1,48	Du.
76,50	33,5	1,52	Ha.
76,51	30,5	1,45	Dk.
76,59	32,9	1,44	Sp.
77,07	36,0	1,62	De.
77,43	32,3	1,56	Dk.

Beau couple. Système orbital serré, en mouvement direct assez lent. 1877 — 1825 = 62° ou 1°,24 par an ; 360° conduiraient à 290 ans. Il a dû exister une erreur de transcription dans les observations de H. Il semble qu'on pourrait augmenter celle de 1802 de 180° ; mais dans cette supposition la différence entre 1783 et 1802 serait de 173°,8 pour 19 ans, ou 9° par an, tandis que de 1802 à 1825 l'angle n'aurait changé que de 82°,5, ou dans le rapport de 3°,57 par an. Dans les *Philosophical Transactions for* 1804, les angles sont inscrits :

1783 : 14°30′ *nf* (= 75°,5)
1802 : 20°41′ *nf* (= 69°,3)

Si au lieu de *nf* c'était *np*, on aurait :

1783 : 284°,5
1802 : 290°,7

qui s'accorderaient beaucoup mieux avec la suite des observations. Nous aurions ainsi, de 1783 à 1825, 48° en 42 ans ou 1°,14 par an. 110° pour 94 ans indiqueraient 300 ans pour la période entière.

Mouvement propre commun, assez faible et très-controversé. Il paraît être (*voy.* mon Catalogue) :

Æ : nul ; D.P. + 0″,05.

Derniers éléments (Dk 1877) :

$$\Omega = 157°.21'$$
$$\lambda = 94.16$$
$$\gamma = 44.44$$
$$e = 0,4930$$
$$P = 233^{ans},89$$
$$T = 1803,91$$

Ophiuchus. 3105.

$16^h 25^m 28^s$. — 96°47′.

7,7 = 7,7 : jaunâtres.

Date.	Angle.	Distance.	Obs.
	°	″	
1830,91	59,4	0,41	Σ.
1870,05	53,2	0,50	De.

Ces deux séries suffisent pour montrer le mouvement rétrograde de ce couple très-serré.

Hercule. (313).

$16^h 28^m 35^s$. — 49°39′.

7,2 — 7,8.

Date	Angle	Distance	Obs.
1843,32	158,6	0,82	Md
46,30	155,9	0,80	*id*
47,47	162,2	0,80	$Σ_2$.
52,00	156,1	0,90	Md
69,86	153,3	0,90	De.

Système orbital très-serré, en lent mouvement rétrograde.

Hercule. 2080.

$16^h 34^m 26^s$. — 51°26′.

8,15 jaune — 11,8.

Date	Angle	Distance	Obs.
1830,39	[illegible]9,3	5,61	Σ
44,36	27,9	n. m.	Md
68,60	[illegible]	4,42	De

La distance a certainement diminué. On ne peut rien conclure sur la nature du mouvement.

ζ Hercule. H. I, 36. 2084.

16h 36m 47s. 58° 11'.

3e jaune — 6e rougeâtre.

Date.	Angle.	Distance.	Obs.
	°	"	
1782,55	69,3	<1,0	H.
1795,80	all.	—	*id.*
1802,74	219 ::	all.	*id.*
26,63	23,4	0,91	Σ.
28,73	352,6	0,65	*id.*
29 à 32	ronde.	—	*id.*
32,75	220,5	0,81	*id.*
34,45	203,5	0,90	*id.*
35,45	196,9	1,09	*id.*
35,68	190,0	0,5	Sm.
36,60	186,2	1,09	Σ.
36,73	176,3	0,7	Sm.
37,47	175,5	1,10	Σ.
38,44	168,6	1,03	*id.*
38,65	169,0	1,2	Sm.
39,67	160,4	1,16	Σ.
39,76	161,9	1,22	Da.
40,66	150,7	1,23	*id.*
40,66	159,9	1,29	Σ.
41,44	149,3	1,12	Md.
41,60	149,0	1,25	Σ.
41,65	143,0	1,24	Da.
42,40	141,6	0,92	Md.
42,55	140,1	1,42	Kr.
42,57	136,9	1,2	Sm.
42,58	138,5	1,07	Da.
42,64	144,8	1,25	Σ.
42,75	141,4	0,98	Md.
43,58	130,3	0,92	*id.*
43,64	129,9	1,30	Da.
43,71	130,0	0,94	Md.
44,29	124,0	1,05	*id.*
44,71	125,0	1,12	$Σ_2$.
45,27	119,1	1,25	Da.
45,64	121,3	1,24	Md.
46,89	112,2	n.m.	Da.
47,18	108,4	1,41	$Σ_2$.
47,47	104,7	1,30	Md.
47,53	108,0	1,63	Da.
47,68	111,4	1,42	$Σ_2$.
47,71	109,2	1,09	Mt.
48,39	108,5	1,0	Sm.
48,41	98,8	1,08	Md.
48,61	102,2	1,54	Da.
48,76	104,3	1,54	$Σ_2$.
49,48	99,2	1,71	Da.
49,74	98,5	1,49	$Σ_2$.
50,53	93,8	1,52	*id.*
1850,54	91,7	1,4	Ft.
50,55	91,4	1,26	Md.
51,23	84,8	1,29	*id.*
51,51	89,3	1,3	Ft.
51,62	88,4	1,47	$Σ_2$.
51,80	86,9	1,59	Da.
51,88	84,7	1,18	Md.
52,53	83,8	1,3	Sm.
52,63	84,2	1,52	$Σ_2$.
52,64	84,0	1,24	Ft.
52,73	82,5	1,57	Da.
53,15	81,2	1,58	Ja
53,33	78,6	1,40	Mi.
53,39	77,3	1,23	Md.
53,40	80,1	1,66	Da.
53,59	80,0	1,48	$Σ_2$.
53,82	74,4	1,19	Md.
54,06	78,0	1,52	Ja.
54,45	75,3	1,55	Da.
54,66	76,8	1,56	$Σ_2$.
54,68	72,3	1,33	Md.
55,53	69,7	1,41	Se.
55,62	70,8	1,55	$Σ_2$.
55,66	73,2	1,45	Wr.
55,68	69,5	1,59	Da.
56,25	66,2	1,60	Ja
56,52	64,2	1,2	Fe.
56,53	64,1	1,41	Se.
56,62	64,7	1,49	$Σ_2$.
57,39	60,0	1,07	Md.
57,46	60,2	1,60	Wr
57,59	59,5	1,29	Se.
57,63	58,4	1,49	$Σ_2$.
57,86	57,0	1,46	Ja
58,25	53,4	1,1	De.
58,48	54,6	1,06	Se.
58,62	51,0	1,48	$Σ_2$.
58,66	48,6	1,20	Md.
59,39	41,2	1,11	*id.*
59,52	43,2	1,06	Se.
59,61	45,8	1,34	Da.
59,63	42,4	1,30	$Σ_2$.
59,98	35,2	1,33	Md.
60,74	32,5	1,38	$Σ_2$.
61,57	17,1	1,05	*id.*
62,53	1,7	0,8	De.
62,74	341,1	1,0	$Σ_2$.
63,49	342,4	n.m.	De.
63 à 66	ronde.	—	—
66,70	235,1	0,86	Da.
66,74	228,6	0,94	$Σ_2$.
66,81	229,2	0,83	Da.
66,99	225,1	0,98	*id.*
67,52	225,6	0,8	Br.
67,72	221,4	1,03	Du.
68,42	210,6	0,94	De.
68,48	206,5	0,99	Kn.
68,59	203,7	1,23	$Σ_2$.
68,67	213,3	1,05	Du.
69,58	200,9	1,09	De.
69,62	203,1	1,06	Du.
70,49	190,8	1,10	D
70,59	193,6	1,21	Du.
71,49	199,4>	n.m.	Tc.
71,50	180,8	1,27	De.
71,52	179,6	1,34	$Σ_2$.
71,60	183,7	1,19	Du.
72,48	173,9	1,34	De.
72,58	177,2	1,22	Du.
72,60	168,8	1,14	$Σ_2$.
73,46	166,7	0,95	Ws.
73,52	169,9	1,23	$Σ_2$.
73,52	162,5	1,39	De.
73,70	166,3	1,40	Du.
74,53	157,0	1,36	De.
74,57	155,6	0,78	Gl.
74,59	156,4	1,08	Ws.
74,62	162,9	1,40	$Σ_2$.
74,65	154,9	1,35	Du.
74,66	156,5	1,23	Nw.
75,52	149,1	1,41	De.
75,55	147,2	1,21	Sp.
75,58	150,3	n.m.	Ws.
75,61	147,4	1,28	Du.
76,50	143,3	1,31	Ha.
76,54	138,1	1,17	Sp.
76,54	139,6	1,37	De.
77,53	133,8	1,36	*id.*
77,58	134,0	1,24	Ha.

Système orbital serré, en mouvement rétrograde très-rapide, l'un des plus rapides du ciel. Période $= 34^{ans},58$. C'est le premier exemple que l'on ait eu de l'occultation d'une étoile par une autre, observée en octobre 1795 par H, « phenomenon, écrit-il lui-même, equally remarkable, whether owing to solar parallax, proper motion, or motion in an orbit whose plane is nearly coincident with the visual ray. » De 1829 à 1832, Σ observa la même occultation, et de 1863 à 1866 le même fait fut réobservé par plusieurs astronomes. Lorsque le compagnon émerge du disque de ζ, il n'apparaît d'abord que sous la forme d'une protubérance rouge allongeant l'étoile principale, qui paraît oblongue.

Un grand nombre d'orbites ont été calculées pour ce couple; les périodes trouvées varient depuis 14 ans (Struve, 1836) jusqu'à 37 ans (Fletcher, 1865).

En 1874, j'ai construit l'orbite apparente sur l'ensemble de toutes les observations, et j'ai trouvé les éléments suivants :

Orbite apparente.

Demi-grand axe........	1",19
Excentricité.....	0,603
Plus petite dist. appar. à 298° en 1864,35 ...	0,59
Plus grande dist. appar. à 76° en 1854,40.... .	1",53
Période........	34^a,58

L'étoile secondaire n'est pas véritablement occultée par la primaire, mais elle disparaît, éclipsée par l'éclat, pendant la période où sa distance descend à 0",66 et au-dessous, pendant 3 ans environ, à chaque révolution. De l'orbite apparente qui précède, j'ai conclu l'orbite absolue suivante :

$$
\begin{aligned}
☊ &= 26°13 \\
i &= 51,11 \\
\pi &= 287,10 \\
T &= 1864,90 \\
e &= 0,405 \\
a &= 1'',36 \\
P &= 34^{ans},58
\end{aligned}
$$

Ce système remarquable est emporté dans l'espace par un mouvement propre rapide :

Æ — 0^s,034 ; D. P. — 0",45.

Hercule. 2089.

$16^h 38^m 23^s$. 64° 38'

8 — 11,5.

Date.	Angle.	Distance.	Obs.
	°	"	
1830,57	61,0	2,30	Σ.
44,35	62,9	3,09	Md.
68,29	67,3	2,41	Du.

Mouvement direct. Probabilité de système orbital.

Hercule. Dc. 2091².

$16^h 40^m 17^s$. 46° 18'.

8,1 — 8,2 : blanches.

1869,74	132,7	0,91	Dc.
71,49	130,3	0,96	*id.*
76,54	118,1	0,64	*id.*
77,44	114,0	0,5	Sp.
77,45	115,0	0,69	Dc.

Ce couple, découvert par Dc en septembre 1869, non loin de Σ 2091, manifeste un mouvement rétrograde rapide, et forme un système orbital très-serré digne d'attention.

Hercule. 2097.

$16^h 40^m 28^s$. 54° 3'.

8 — 8,5 : blanches.

Date.	Angle.	Distance.	Obs.
	°	"	
1829,63	89,9	2,14	Σ
43,36	86,9	2,14	Md.
44,35	85,6	1,93	*id.*
65,54	84,3	2,15	Se.
67,28	86,4	2,01	Do.

Très-grande probabilité de système orbital en mouvement rétrograde très-lent.

---

19 Ophiuch. H. IV, 123. 2096.

$16^h 41^m 7^s$. 87° 43'.

6 — 9,3.

1783,19	93,1	20,45	H.
1831,54	92,6	22,31	Σ.
32,44	92,6	22,23	*id.*
34,36	92,9	21,8	Sm.
45,45	92,1	21,45	Md.
48,41	91,6	21,90	*id.*
52,62	92,0	21,91	*id.*
65,59	91,9	22,33	De.
74,51	90,5	23,0	Gl.

L'angle diminue lentement, tandis que la distance paraît augmenter. Mouvement rectiligne et très-grande probabilité d'un groupe de perspective. A = P. XVI, 180. Son mouvement propre paraît être

Æ + 0^s,004 ; D. P. nul.

---

21 Ophiuchus. (315.)

$16^h 45^m 20^s$. 88° 35'.

6.5 — 8 : blanches.

Date.	Angle.	Distance.	Obs.
	°	"	
1842,60	174,2	0,82	$Σ_2$.
44,49	173,3	0,87	*id.*
45,11	175,8	0,63	Md
46,38	173,8	0,84	$Σ_2$.
47,35	168,6	0,6	Md
54,46	164,6	0,71	$Σ_2$.
57,50	160,0?	all.	Se.
65,60	167,6	1,33	Da.
67,38	162,6	0,86	De
72,13	164,7	0,93	*id.*
73,47	162,1	1,01	$Σ_2$
1875,57	167,5	1,22	Ws.
75,57	166,2	1,00	Sp.
76,53	161,0	0,75	Ws.
76,59	165,7	0,98	Sp.

Système orbital serré, en mouvement rétrograde très-lent. L'observation de 1857 est singulière ; la distance aurait diminué puis augmenté ; elle est le résultat de deux séries concordantes. Le mouvement propre paraît nul

---

Ophiuchus. 2106.

$16^h 45^m 23^s$. 80° 24'.

6,5 jaunâtre — 8 bleuâtre.

1827,31	337,5	1,02	Σ.
42,42	335,9	0,80	Md.
43,55	331,1	0,8	*id.*
44,35	331,8	0,9	*id.*
56,45	328,4	0,84	Se.
63,53	321,3	0,5	De.
71,83	322,8	0,67	$Σ_2$.
73,46	309,7 <	0,5	Ws.
74,40	310,9 <	0,5	Gl.
75,57	329,8 >	0,4	Ws
78,38	323,7	0,64	Bn.

Système orbital très-serré, en mouvement rétrograde. La distance diminue.

Hercule 167. 2107

$16^h 47^m 5^s$. 61° 9'.

6,5 jaune — 8,5 bleue-sombre.

1829,01	148,6	1,13	Σ.
36,54	156,4	1,26	*id.*
37,74	159,2	1,05	*id.*
40,95	162,1	1,27	Da.
41,04	162,4	1,07	$Σ_2$.
41,55	163,3	1,0	Md.
41,68	n. m.	1,27	Kr.
42,40	162,7	1,03	Md.
42,81	162,9	n. m.	Kr.
43,38	165,6	0,91	Md.
44,28	165,5	0,81	*id.*
46,41	166,9	0,88	*id.*
47,35	168,4	0,83	*id.*
48,43	170,1	1,23	Da.
51,20	174,7	0,89	Md.
51,24	169,5	0,80	$Σ_2$.
51,77	176,0	0,88	*id.*
52,61	176,7	0,81	*id.*
53,48	180,1	0,75	*id.*
54,46	177,2	1,03	Da.
54,72	178,2	0,86	Md

Date	Angle.	Distance.	Obs.
	°	″	
1856,54	178,4	1,0	Fe.
56,60	175,4	0,97	Se.
57,18	174,2	0,93	Σ_2
58,28	181,8	0,74	Md.
59,38	177,9<	0,74	*id*
61,56	183,4	0,81	*id.*
63,00	189,3	0,93	De.
63,02	183,1	0,91	Σ_2.
64,43	190,0	0,6	En.
65,08	189,3	0,93	De.
65,48	193,8	0,94	En
65,59	191,2	0,42	Se.
67,11	189,5	1,08	De.
68,88	194,6	0,91	*id.*
70,84	199,5	0,92	*id.*
71,12	201,7	0,5	Gl.
72,49	210,0>	0,77	Ws.
72,91	205,5	0,8	De.
73,48	207,5	0,7	Ws.
74,25	210,3	0,73	Σ_2.
74,64	208,4	0,7	Ws.
74,64	208,2	0,81	Gl.
75,03	210,6	0,74	De.
75,58	215,5	0,5	Ws.
75,61	212,3	0,96	Du
75,77	207,4	0,84	Sp.
76,49	210,8	0,80	De.
77,54	213,5	0,65	*id.*

Système orbital serré en mouvement direct rapide : 65° en 48 ans ; 360° conduiraient à 268 ans. Période probablement moindre, car la vitesse augmente, et la distance diminue.

Hercule. (317).

16h 49m 18s. 45° 24′.

7,2 jaune — 11,8.

Date	Angle.	Distance.	Obs.
1843,65	234,1	15,39	Md.
45,73	235,6	15,86	Σ_2.
47,35	235,2	15,34	Md.
47,69	235,0	15,61	Σ_2
51,75	232,2	n.m.	Md.
52,69	232,9	n.m.	Σ_2.
71,74	226,4	16,91	*id.*

Lent mouvement rétrograde dû au mouvement propre de A, évalué par Σ, à Æ — 0″025 et D. P. — 0″096. Groupe de perspective.

Cette étoile = Lal. 30818.

Ophiuchus. 3107.

16h 52m 52s. 85° 54′.

8,2 — 8,5 : blanches.

Date.	Angle.	Distance.	Obs.
	°	″	
1831,87	112,3	1,6	Σ.
41,68	n.m.	1,27	Kr.
42,43	92,0?	n.m.	Md.
42,81	162,9?	n.m.	Kr.
59,51	104,0	0,13	Se.
64,53	104,4	1,32	De.
74,52	103,4	1,55	Ws.
75,70	104,0	1,4	Gl.

Probabilité de système orbital serré en mouvement rétrograde très-lent. Les deux observations de 1842 sont singulières et ne se rapportent sans doute pas à la même étoile. Il y a aussi, sous la désignation AC, une observation de Ws. en 1875 à 42° et sans mesure de distance. Je n'ai pu vérifier ce groupe.

Cette étoile = W. XVI, 977.

Hercule (321).

16h 54m 0s. 75° 31′.

8 = 8 : jaunes.

Date	Angle	Distance	Obs.
1843,29	14,9	0,37	Md.
48,82	1,7?	0,51	Σ_2.
52,61	18,0	0,3	Md
57,59	4,6	all.	Se.
66,45	5,2	all.	De.
68,40	5,7	all.	*id.*

Très-haute probabilité de mouvement rétrograde très-lent, pour ce système très-serré.

---

20 Dragon. H. I, 19. 2118.

16h 55m 49s. 24° 47′.

6,5 — 7 : blanches.

Date.	Angle.	Distance.	Obs.
	°	″	
1781,76	245±	<1,0	H.
83,26	251,5	*id.*	*id.*
1830,32	242,6	0,63	H_2.
31,37	246,1	0,70	*id.*
32,30	246,4	0,85	Σ.
32,41	245,0	0,8	Sm.
34,57	252,0	n.m.	Da.
36,75	247,0	0,71	Σ.
39,72	243,7	0,7	Sm
40,77	242,9	n.m.	Da
41,24	245,3	0,77	Σ_2
1843,32	248,4	0,8	Md.
47,71	243,3	n.m.	Mt.
47,97	244,6	0,65	*id.*
54,80	241,6	0,41	Σ_2.
54,81	241,6	0,61	Da.
57,35	240,1	0,37	Se.
59,67	235,7	0,58	Σ_2.
62,50	simple.	—	De.
63,49	simple.	—	*id.*
72,42	238,0	0,27	Σ_2.
74,73	224,0	contact.	Nw.
76,68	simple.	—	Du.
77,13	all. vers 49°		De.

L'identité de ce couple m'a été difficile à établir. En 1781, H. découvrant cette étoile double l'a inscrite ainsi : « *h* Draconis, near F. I, 19 ». Elle aurait dû être inscrite, selon Sm : « near *h* Draconis, F. I, 19 ». De plus, il indique les composantes comme « considerably inequal », tandis qu'elles ont toujours été vues depuis comme presque égales, et parfois même absolument égales. Le couple observé par H a pour position, rapportée à 1880,

Æ = 16h 55m 49s et D. P. = 24° 47′ ;

c'est bien l'étoile 20 Dragon, *h*², B.A.C. 5745.

Mais, en observant cette étoile en 1832, et en l'appelant aussi 20 Dragon, Σ lui donne pour position (rapportée également à 1880) :

Σ 2118. Æ : 16h 55m.20s D.P. 24°.41′,

ce qui n'est pas la position de 20 Dragon, mais celle de 19*h*¹, située tout à côté. Maintenant, où est l'erreur de Σ ? Laquelle des deux étoiles a-t-il observée ? Sans doute 20, mais en inscrivant la position de 19.

En 1832 et 1839, Sm a observé 20 et n'a pas remarqué que 19 fût double. Il en est de même de Da et de Se. La série des observations s'accorde assez bien, du reste, et l'on voit surtout que la distance a diminué peu à peu, et que les deux composantes s'éclipsent depuis 1862. Mais un nouvel embarras se présente ici.

En 1873, Wilson et Seabroke n'ont pu faire l'observation, car la ligne est restée en blanc sur leur catalogue ; en 1874, ils ont vu l'étoile dédoublée et lui ont donné la valeur

1874,70 303°,2 0″,4.

La même année, Gledhill a fait deux observations inscrites ainsi :

1874,66	302,4	0,48
1874,69	303,8	0,5

Ces trois observations s'accordent; mais elles n'appartiennent sans doute pas à 20 Dragon, car la position indiquée est

Æ 16h55m20s et D.P. 24°.41′.

C'est celle de 19. Cette étoile-ci est-elle devenue double pendant que l'autre devenait simple? Les observations de Dunèr nous montrent d'autre part, en 1870 et 1871, l'étoile 19 Dragon parfois allongée vers un angle estimé à 39° en 1870, et à 0° en 1871, tandis qu'en 1876, 20 reste toujours parfaitement ronde.

Malgré ces difficultés, nous concluons en faveur de

Σ 2118 = 20 Dragon.

C'est à propos de l'observation de cette étoile difficile que H avait suggéré l'idée trop vraie que « l'observateur aussi bien que l'instrument doit être resté exposé assez longtemps à ciel ouvert pour acquérir la même température ».

On a pour la relation entre 19 et 20 Dragon :

1877,60 153°,4 388″,82 Do.

Ophiuchus. P. XVI, 270. 2114.

16h56m12s. 81°23′.

6 blanche — 7,2 bleuâtre.

Date.	Angle.	Distance.	Obs.
	°	″	
1830,97	135,7	1,34	Σ
31,37	132,9	1,91	H_2.
32,41	137,0	1,5	Sm.
32,41	134,0	0,84	H_2.
40,01	141,6	1,23	Md.
41,81	145,2	1,20	$Σ_2$.
43,64	142,8	1,19	Md.
44,35	139,9	1,25	id.
47,63	143,4	1,4	Da.
47,70	146,9	0,83	Mt.
51,81	141,7	1,42	Md.
52,62	143,9	1,16	id.
53,35	142,7	1,25	id.
55,63	142,9	1,18	id.
56,08	146,3	1,1	De.
56,84	145,2	1,46	So.
59,30	147,3	1,31	Wr.
61,52	150,7	[illegible]	[illegible]
1861,56	148,2	1,10	Md.
63,39	147,5	1,30	Do.
65,59	147,3	1,41	Se.
69,79	149,6	1,24	Du.
72,00	155,2	1,44	$Σ_2$.
74,04	152,0	1,2	Ws.
74,68	152,7	1,4	Gl.
75,58	151,5	1,17	Sp.

Système orbital serré, en mouvement direct.

Hercule 210. H. III, 89. 2120.

17h0m0s. 61°44′.

7 jaune — 9 bleue olive.

Date.	Angle.	Distance.	Obs.
	°	″	
1783,20	42,0	11,88	H.
1829,60	11,4	3,83	Σ.
33,25	3,8	3,44	id.
35,29	1,8	3,21	id.
36,55	0,2	3,10	id.
37,74	359,3	3,00	id.
40,59	347,0	2,96	Da.
41,12	345,8	2,83	$Σ_2$.
41,45	347,1	2,80	Md.
42,30	345,5	2,73	id.
42,53	342,4	2,74	Da.
42,93	342,8	2,56	Kr.
43,54	338,4	3,00	Da.
43,82	341,4	2,62	Md.
46,54	331,1	2,44	id.
47,50	327,4	2,49	id.
47,57	324,6	2,19	$Σ_2$.
48,46	324,2	2,43	Md.
48,55	322,7	2,31	Da.
50,00	314,6	2,25	$Σ_2$.
50,72	318,1	2,43	Md.
51,23	313,5	2,32	id.
51,74	313,3	2,37	id.
51,97	306,9	2,19	$Σ_2$.
52,60	309,8	2,35	Md.
53,50	306,8	2,37	id.
55,10	296,5	2,30	$Σ_2$.
55,62	298,1	2,58	Wr.
55,64	298,2	2,52	Md.
56,56	292,7	2,85	Da
56,76	290,4	2,49	Se.
57,12	290,7	2,50	$Σ_2$.
58,28	290,8	2,37	Md.
59,39	287,4	2,65	id.
60,97	283,9	2,88	id.
61,63	281,5	2,97	$Σ_2$.
63,04	276,8	3,01	Do.
65,09	272,9	2,98	id.
65,36	268,7	3,41	En.
65,51	270,6	n. m.	Ta
65,59	269,8	3,65	Se.
1866,40	272,9	3,56	id.
66,41	272,9	3,52	Ta.
67,16	269,3	3,26	De.
67,70	269,2	3,48	$Σ_2$.
68,32	273,1>	3,58	Ta.
68,93	266,5	3,48	Do.
70,40	260,1	3,92	Ma.
70,95	263,3	3,77	Do.
71,14	265,1	3,53	Du.
71,36	263,3	3,7	Gl.
71,51	263,3	3,87	Kn.
71,51	270,5>	2,97<	Ta
72,48	262,9	3,78	Ws.
72,97	260,5	4,02	Do.
73,50	261,7	3,65	Ws.
73,66	260,8	4,22	$Σ_2$.
74,47	253,4<	4,25	Ma.
74,62	258,5	4,2	Ws.
74,68	258,5	4,0	Gl.
75,00	258,1	4,21	De.
75,53	259,1	4,37	Du.
75,54	257,9	4,16	Sp.
76,50	256,6	4,59	Ha.
76,51	257,3	4,19	Dk.
77,01	255,9	4,52	Do.
77,64	256,5	4,32	Fl.

Il est difficile de se prononcer sur la nature du mouvement de cette étoile. En 1875 (voy. *Comptes rendus* du 15 mars), je la signalai comme exemple des cas où l'interprétation peut être en faveur du mouvement rectiligne comme du mouvement orbital. « L'hypothèse d'un mouvement rectiligne, disais-je, satisfait aux observations; mais on pourrait aussi faire passer par les positions de B l'arc d'ellipse AB (dessiné sur la figure) et supposer que le plan de l'orbite passe par le Soleil. » Un mois après, le journal anglais *Nature* ayant appelé l'attention sur ce groupe, je l'étudiai de nouveau, et trouvai une observation de Herschel en 1783, inscrite ci-dessus, qui se trouve correspondre avec l'ellipse allongée que j'avais trouvée, et je soutins dans ce journal la probabilité du système physique. C'est encore ce que je pense aujourd'hui. Si le couple était optique, la position aurait dû être en 1783 : 35° et 10″,4e. Il serait extrêmement important d'avoir des positions absolues de A permettant de déterminer son mouvement propre. C'est Lalande 31134.

Hercule (323).

$17^h 1^m 44^s$. 42° 52'.

7,7 jaune clair — 11.

Date.	Angle.	Distance.	Obs.
	°	"	
1845,71	104,9	5,50	Md.
48,44	111,3	6,91	Σ₂.
49,40	101,6	5,50	*id.*
52,69	98,4	5,5	*id.*
50,50	n. m.	6,9	Σ₂.
66,88	103,4	7,52	De.
71,63	104,6	7,91	*id.*
74,74	106,9	7,85	*id.*

La distance augmente lentement. Les 3 mesures de Md étaient renversées de 180°. Probabilité d'un couple optique. Cette étoile = Radc. 3657.

μ Dragon. H. II, 13. 2130.

$17^h 2^m 51^s$. 35° 22'.

5 = 5 : blanches.

Date.	Angle.	Distance.	Obs.
1781,73	232,4	4,35	H.
1803,45	220,1	n. m.	*id.*
19,74	210,0	4,19	Σ.
21,38	208,3	3,91	So.
21,80	210,8	4,62	Σ.
25,52	209,0	4,33	So.
28,42	205,2	n. m.	H₂.
28,52	208,1	3,34	Σ.
29,73	205,0	4,28	H₂.
30,31	204,1	n. m.	*id.*
30,79	206,7	3,6	Sm.
31,44	203,7	3,24	Da.
32,22	205,1	3,23	Σ.
34,07	203,6	3,18	*id.*
34,56	202,8	3,28	Da.
35,39	203,1	3,15	Σ.
36,79	202,8	3,27	*id.*
39,53	200,3	3,3	Sm.
40,62	198,7	3,09	Da.
41,05	201,7	3,11	Σ.
41,65	198,4	2,98	Kr.
43,36	197,2	3,17	Md.
43,88	199,3	2,95	Kr.
47,51	191,6	3,0	Sm.
47,63	190,9	2,90	Mt
48,52	193,0	3,09	Da.
51,75	190,1	3,09	Ft.
51,89	191,8	3,07	Md.
52,25	188,0	2,97	Mi.
52,63	190,6	3,02	Md.
53,57	190,7	2,98	*id.*
54,26	188,3	3,04	De.
54,48	190,7	3,0	Sm.
54,68	188,4	2,93	Wr
54,70	188,1	2,88	Da.
1855,40	191,0	2,80	Wi.
54,78	188,3	2,80	Md.
56,63	187,3	2,93	Da.
57,39	186,5	2,84	Md
57,51	188,4	2,75	Se.
58,23	185,1	2,78	Σ₂.
58,70	187,1	3,05	Md.
59,39	185,0	2,81	*id.*
59,73	185,5	2,83	Da.
60,87	184,8	2,83	Md.
62,41	n. m.	2,84	Ma.
63,14	182,4	2,63	De.
64,76	181,3	2,66	*id.*
65,04	182,7	3,12	En.
65,91	180,7	2,57	De.
65,99	181,8	2,72	Se.
66,40	175,2 <	3,01 >	Ta.
66,75	179,7	2,66	Kr.
67,37	175,5 <	2,91	Ma.
68,36	179,6	2,69	Du.
68,41	177,8	3,06 >	Ta.
69,69	178,0	3,08 >	*id.*
69,76	173,2 <	2,81	Ma.
71,29	178,5	2,62	Σ₂.
71,51	176,3	2,62	Ta.
71,80	176,8	2,65	En.
72,49	177,8	2,82	Ma.
73,39	174,2	2,50	De.
73,50	173,7	2,81	Ws.
74,62	172,3	2,85	*id.*
74,68	172,4	2,91	Gl.
75,07	172,4	2,49	De.
75,57	171,8	2,64	Ws.
75,65	172,5	2,62	Du.
76,54	171,0	2,68	Dk
76,58	171,9	2,53	Ws.
77,42	169,7	2,64	Ha.
77,64	169,9	2,49	Dk.

Le mouvement de cette étoile est très-bizarre. On peut tracer une courbe régulière partant de 1781 sur 1852 et prenant la moyenne de toutes les positions jusqu'à notre époque; mais les mesures de 1819 à 1830 restent en dehors de cette courbe. On peut également faire passer par l'ensemble des positions une ligne droite dont la direction est 69°; mais la vitesse n'est pas uniforme. On voit que ce cas offre une certaine analogie avec celui de 210 Hercule, et il y a, comme dans cet exemple, plus de probabilité en faveur d'un mouvement orbital que d'un mouvement rectiligne. La probabilité d'un système binaire s'accroît encore par l'égalité d'éclat des composantes. Comme celles du couple γ Vierge, elles varient alternativement d'éclat; est-ce l'effet de taches sur ces soleils ou d'éclipses partielles par des planètes ou des astéroïdes de leur système?

Elles paraissent même variables toutes deux, car μ du Dragon est notée de 4e grandeur par Ptolémée, Tycho, Piazzi; de 5e brillante par Argelander, Mædler, Heis; de 5e par Sufi, Ulugh Beigh, Struve; et de 6e par Dawes.

La mesure de H plaide en faveur du mouvement orbital. Dans tous les cas, le système est physique, car le mouvement propre de μ est suffisamment déterminé (*voy.* mon Catalogue) à

Æ — 0",12; D.P. — 0",07;

la direction de ce mouvement n'a aucun rapport avec celle du mouvement relatif. Nous avons donc ici un système physique animé d'un mouvement propre commun, et dont le mouvement relatif pourrait être rectiligne comme dans la 61e du Cygne, mais est très-probablement orbital. 62° en 96 ans conduiraient à 562 ans pour la période.

On appelle quelquefois cette étoile *Arrakis*, mot qui dérive de l'arabe *Al-Râkis*, le Danseur. Elle est à la tête du Dragon et est suivie par le quadrilatère γ, β, ν, ξ, au milieu duquel est une étoile de 6e grandeur (22566 Lalande) nommée *Al-Ruba*, le petit Chameau, par les Arabes, dont Ptolémée ne parle pas et que Piazzi n'a pas observée, de sorte qu'elle doit aussi être variable. Lalande l'a marquée de 7e grandeur, Arg. et Heis la note 6e brillante. Elle n'est ni dans Tycho ni dans Flamsteed.

Hercule. 2135.

$17^h 6^m 58^s$. 68° 38'.

7 jaune — 8,5 bleuâtre.

Date.	Angle.	Distance.	Obs.
	°	"	
1829,45	166,1	6,70	Σ.
43,12	167,1	6,61	Md.
50,69	168,9	6,82	*id.*
55,61	171,1?	6,95	Wr.
56,98	170,5	6,86	Se.
65,38	169,5	7,03	*id.*
67,56	171,7	6,85	De.
71,34	171,7	6,79	Du.

Mouvement direct très-lent. Probabilité de système orbital.

---

36 A Ophiuchus. H² 6946.

$17^h 7^m 59^s$. 116° 25′.

4,5 rougeâtre — 6,5 jaune.

Date.	Angle.	Distance.	Obs.
	°	″	
1822,52	227,3	5,55	H₂.
24,86	228,5	n. m.	So.
25,17	228,4	5,20	*id.*
31,57	226,1	5,2	Sm.
35,19	223,5	4,87	H₂.
35,33	221,4	5,0	Sm.
39,28	219,5	5,3	*id.*
41,59	219,3	4,78	Da.
42,46	216,6	4,9	Sm.
46,21	216,1	4,66	Ja.
47,62	215,8	4,27	Mt.
50,62	214,9	4,49	Ja.
54,07	214,4	4,23	*id.*
54,69	213,0	4,44	Wr.
56,58	212,9	4,50	Se.
57,30	213,8	4,6	m.
57,56	211,3	4,29	So.
58,42	213,3	4,45	Wr.
61,06	210,0	4,6	Po.
62,40	212,4	4,22	De.
62,43	212,8	4,22	Ma.
66,72	208,6	4,25	Se.
68,49	209,0	4,41	Ma.
69,51	208,2	4,69	*id.*
71,51	210,6	5,0	Ta.
72,49	206,0	4,21	Ma.
72,52	204,5	n. m.	Ws.
74,66	208,4	3,7	Gl.
73,73	209,1	3,93	Ma.
75,58	203,6	4,25	Sp.
76,54	204,4	5,18	St.
76,99	203,2	4,51	Ha.
77,52	203,1	4,28	Fl.

Système extrêmement curieux, et de la plus haute importance. Ce couple est animé d'un mouvement propre commun très-rapide. L'étoile A marche avec la vitesse et dans la direction suivantes :

Æ — $0^s,029$; D. P. + 1″,20 ;
Résultante = 1″,27.

Tout en suivant ce mouvement, B se déplace relativement à A suivant une ligne restée droite jusqu'à présent, mais qui pourrait être courbe, car l'arc parcouru depuis la première mesure micrométrique en 1822 n'est que de 24°, et peut se confondre avec sa tangente, les observations étant assez discordantes. Nous avons peut-être encore là un cas analogue à celui de la 61° du Cygne. Le mouvement de A est dirigé vers 202°, et celui de B vers 85°.

Mais le fait le plus important, c'est que, comme l'a remarqué pour la première fois Bessel (*Fundamenta Astronomiæ*, p. 235), le mouvement propre de ce couple est le même que celui de l'étoile 30 Scorpion, de 7° grandeur, éloignée à 14′, sur un angle de 70°. Voici, en effet, les différences observées depuis l'époque de Flamsteed entre 36 A Ophiuchus et 30 Scorpion :

	Δ Æ	Δ D	
	′ ″	′ ″	
1690	+ 13.32, 4	+ 2.56, 0	Fld.
1755	—	+ 3. 2, 7	Brd.
1756	+ 13.13, 1	—	T. M.
1800	+ 13. 7, 0	+ 3. 4, 2	Pi.
1831	+ 13.11, 4	+ 3. 3, 6	Sm.
1839	+ 13.10, 6	+ 3. 4, 4	*id.*
	s		
1860 ..	+ 52,52	+ 3. 6,05	Grw.
1864 ..	+ 52,47	+ 3. 7,24	*id.*
1877 .	+ 52,38	+ 3. 8,95	Fl.

La différence en Æ diminue légèrement, et la différence en D augmente lentement. Le mouvement propre conclu des observations de Greenwich pour les trois étoiles est :

	Æ	D. P.
A....	$-0^s,029$	+ 1″,20
B....	$-0,043$	+ 1″,05
30....	$-0,042$	+ 1″,17

Si l'on prend pour le déplacement du couple $\frac{AB}{2}$ on a :

36 Ophiuchus. -0^s036 + 1″, 12
30 Scorpion. . -0^s042 + 1″, 17

C'est là un système stellaire certain et admirable. Il était intéressant de savoir si d'autres astres voisins ne partagent pas le même mouvement. Or trois étoiles se trouvent dans les conditions requises pour cet examen. L'une, de 7° ½ grandeur, que nous appellerons C, brille à 199 secondes à l'ouest-nord-ouest ; elle est accompagnée au sud d'une petite étoile D de 10° grandeur. Une troisième, E, très-petite, de 11° grandeur à peine, se trouve juste sur la ligne idéale menée de 36 Ophiuchus à 30 Scorpion, à peu près aux deux tiers de la distance de la première à la seconde.

J'ai examiné attentivement cette année les positions de ces trois étoiles, et j'en ai pris des mesures micrométriques réitérées ; puis j'ai pu les comparer à une ancienne observation de C faite par Piazzi en 1800, à une seconde faite par Smyth en 1831, et à un diagramme tracé par ce dernier observateur en 1835.

En 1835, l'étoile C se trouvait à 290° et 194″ de 36 Ophiuchus ; l'étoile D n'a pas été mesurée, mais seulement placée graphiquement ; l'étoile E a été spécialement indiquée, comme se trouvant « nearly between 36 and 30, a little to the southward of a line joining them ».

De 1835 à 1877, les deux étoiles 36 Ophiuchus et 30 Scorpion se sont déplacées dans l'espace de 53 secondes, suivant une direction formant un angle de 48° avec la ligne menée d'une étoile à l'autre. Si l'on suppose que les étoiles C et E n'appartiennent pas à ce système et restent relativement fixes au fond du ciel, elles auraient dû se déplacer de la même quantité en sens contraire, et actuellement l'étoile C devrait se trouver à 307° et 198″, et l'étoile E devrait être fort au-dessous de la ligne de jonction, à plus de 40″ au nord. J'ai trouvé pour l'étoile C 306°,4 et 199″. Le petit compagnon D a gardé la même position relativement à C, et s'est déplacé avec lui de la même quantité. Ce double déplacement confirme le mouvement propre signalé plus haut.

Mais, au contraire, l'étoile E, qui par l'exiguïté de son éclat semblait *a priori* devoir être incomparablement plus éloignée dans l'espace et indépendante du système, n'a pas subi le déplacement de perspective indiqué plus haut. Elle est encore actuellement sur la ligne menée entre les deux étoiles, et même un peu au-dessus, comme en 1835. Elle est environ aux deux tiers de 36 à 30, plus rapprochée de celle-ci que le diagramme de l'amiral Smyth ne l'indique, et si elle avait marché, ce serait vers 30 Scorpion et non parallèlement au mouvement propre. Comme il n'y a pas eu de mesure de distance prise, il est probable que la position de Smyth n'est pas absolument précise quant à la distance, tandis que sa remarque de la situation sur sa ligne de jonction et un peu au-dessus peut nous servir de base de comparaison.

Ainsi, dans ce groupe de six étoiles, quatre sont animées du même mouvement propre, et deux (l'étoile C et son compagnon) sont étrangères au système et relativement immobiles. Des étoiles très-petites peuvent donc être aussi rapprochées de nous que des étoiles très-brillantes.

Les deux composantes de l'étoile double 36 Ophiuchus ne gardent pas constamment le même éclat. Ainsi, tandis que de 1831 à 1842 l'amiral Smyth a noté la plus boréale de $4^{\circ}\frac{1}{2}$ et la plus australe de $6^{\circ}\frac{1}{2}$, j'ai trouvé le 31 juillet dernier la boréale un peu moins brillante que l'australe, estimant celle-ci de 6° et la boréale de $6^{\circ}\frac{1}{2}$. Du 10 au 20 août, elles paraissaient égales. Il est donc certain que l'étoile boréale, au moins, varie sur une échelle de 2 grand. environ.

J'appellerai également l'attention des astronomes sur l'étoile 5858 B.A.C., située dans cette même région du ciel, et qui paraît avoir un mouv. propre considérable, de même valeur que celui des étoiles précédentes, et presque de même direction, si l'on en juge par les observations de Jacob en 1853, comparées avec celles de Piazzi en 1800.

La perspective de la translation du Soleil entre pour une part évidente dans la direction de ces mouvements (*voy.* ma Carte générale des mouvements propres.)

δ Hercule. II. v, 1. 3127.

$17^h 10^m 6^s$. 65° 1'.

3,5 blanche — 8,2 bleue claire.

Date.	Angle.	Distance.	Obs.
	°	"	
1779,76	n.m.	34,69	H.
80,53	n.m.	33,75	*id.*
81,80	162,5	34,22	*id.*
1821,37	172,2	28,87	So.
21,85	171,6	27,84	Σ
25,50	173,5	26,26	So.
29,77	173,7	26,11	Σ.
30,71	173,9	26,0	Sm.
31,67	174,1	25,63	Σ.
32,78	174,0	25,38	*id.*
35,62	174,3	24,99	*id.*
37,74	174,4	24,58	*id.*
1836,58	174,8	24,88	*id.*
37,49	174,9	24,7	m.
39,62	175,1	24,5	*id.*
41,35	175,9	24,06	Σ.
41,53	175,1	24,17	Md.
41,67	174,9	23,89	Kr.
42,60	176,0	23,92	Σ_2.
43,97	175,9	23,42	Kr
45,68	175,9	23,36	Σ_1.
46,60	176,0	23,34	Ja.
46,71	176,3	23,18	Σ_2.
47,32	177,1	23,24	Md.
49,73	177,9	22,44	Σ_2.
51,67	177,3	22,32	Ft.
54,69	176,9	22,03	Md.
56,22	177,1	21,55	Ja.
56,26	178,0	21,62	De.
57,20	178,1	21,70	Se
57,94	178,2	21,28	Ja.
58,61	178,1	21,33	Md.
61,48	179,2	20,71	Σ_2.
62,38	178,0	20,02	Ma.
62,74	180,8	20,98	Md.
63,14	179,4	20,50	De.
64,42	179,9	20,34	En.
65,48	179,6	20,18	De.
66,72	179,6	20,18	Kn.
65,94	180,2	19,95	De.
69,02	180,5	19,57	*id.*
70,32	182,0	19,50	Gl.
70,80	181,0	19,17	Du.
70,97	181,3	19,25	De.
71,47	181,1	19,35	Gl.
71,60	180,3	19,70	Kn.
72,51	180,9	19,27	Ws.
72,91	182,1	18,80	Σ_2.
73,00	181,5	18,95	De.
73,50	181,7	18,8	Ws.
73,68	181,1	19,0	Gl.
74,44	181,0	20,07	Ma.
75,04	181,7	18,62	De.
75,60	181,0	19,3	Gl.
76,62	181,7	n.m.	Dk.
77,01	182,2	18,29	De.
77,90	181,6	18,23	Fl.

Mouvement rectiligne, dirigé vers 64°, vitesse = 0",172, dont

$$\text{Æ} - 0'',075 \text{ et D.P.} - 0'',155.$$

Le mouvement propre de δ =

$$\text{Æ} - 0'',10 ; \quad \text{D.P.} + 0'',12$$

et se trouve presque perpendiculaire au déplacement de B, offrant d'ailleurs presque la même vitesse. Il est d'abord assez difficile de se décider, d'autant plus que les composantes sont très-inégales. Il n'a fait qu'une seule observation de l'angle de position de cette étoile. Dans l'hypothèse d'un mouvement rectiligne, l'angle eût été de 169°; l'angle de 162°, au contraire, s'accorderait avec un mouvement orbital et placerait B à l'extrémité de l'ellipse. D'un autre côté, le mouvement paraît se ralentir un peu. Cependant, malgré tout, il y a plus de probabilité en faveur d'un groupe de perspective qu'en faveur d'un système physique. Il faudrait encore un siècle d'observations pour voir se courber la ligne, si elle est orbitale.

Tout pesé, distance angulaire, forme du mouvement depuis les mesures précises, et différence d'éclat des étoiles, il y a la plus grande probabilité — et presque certitude — d'un groupe de perspective.

Hercule 2145.

$17^h 11^m 46^s$. 63° 18'.

8 jaunâtre — 9,5.

Date.	Angle.	Distance.	Obs.
	°	"	
1830,99	174,2	9,79	Σ.
43,63	177,1	10,56	Md.
51,69	176,9	11,29	*id.*
52,33	178,0	11,26	*id.*
54,78	176,8	11,12	*id.*
58,72	178,8	n.m.	*id.*
63,41	178,2	11,32	De.
76,47	178,8	12,93	Ws
77,45	179,1	12,64	Fl.

Mouvement rectiligne, dirigé vers 185°, c'est-à-dire presque tout à fait vers le sud. Vitesse = 0",06. Probabilité d'un groupe de perspective.

Hercule. 2153.

$17^h 14^m 50^s$. 40° 34'.

8,5 — 9,2.

Date.	Angle.	Distance.	Obs.
1828,74	282,5	1,68	Σ.
33,92	288,1	2,10	*id.*
44,67	276,6	2,11	Md.
51,74	275,2	n.m.	*id.*
54,78	275,2	1,91	*id.*
58,89	276,5	1,59	Se.
66,48	271,1	1,92	De.
66,84	270,0	1,96	Se.
71,20	274,0	1,85	Du.

Très-haute probabilité de système orbital serré, en lent mouvement rétrograde.

Ophiuchus. 2156.

$17^h 17^m 47^s$. 90°43′.

8,3 — 9 : jaunâtres.

Date.	Angle.	Distance.	Obs.
	°	″	
1829,53	31,8	3,54	Σ.
31,42	32,6	3,14	*id.*
39,60	34,4	3,41	Md.
43,52	36,3	3,40	Md.
44,41	36,0	3,65	*id.*
48,43	35,9	3,62	*id.*
48,61	34,7	3,00	Mt.
56,54	37,0	3,42	So.
68,21	36,9	3,30	Da.
74,57	35,1	3,37	Gl.
74,59	35,4	3,31	Ws.

Lent mouvement direct. Grande probabilité de système orbital.

Ophiuchus. P. XVII, 94. 2160.

$17^h 19^m 9^s$. 74°17′.

5,5 très-blanche — 10.

Date.	Angle.	Distance.	Obs.
1829,60	61,9	4,15	Σ.
31,49	62,2	3,92	*id.*
35,52	65,0	5,0	Sm.
42,71	64,6	3,29	Md.
47,59	62,5	3,66	Mt.
52,61	64,4	3,70	Md.
56,99	63,5	3,98	Se.
66,02	66,1	3,68	De.
73,51	65,7	3,95	Ws.
74,70	66,7	3,97	Gl.

Lent mouvement direct. Probabilité de système orbital.

A est suivie par une étoile rouge, de même grandeur à peu près, à 16ˢ,5,

---

ρ Hercule. H. II, 3. 2161.

$17^h 19^m 32^s$. 52°44′.

4 blanche — 5,5 verte.

Date.	Angle.	Distance.	Obs.
	°	″	
1781,79	300,4	3,0	H.
1800,00	*minor præcedit*		Pi.
02,17	301,2	n. m.	H.
21,38	307,9	4,46	So.
22,18	306,0	n. m.	Σ.
26,35	315>	3	H_2.
28,70	307,6	4,52	*id.*
30,35	307,2	3,60	Σ.
30,63	308,5	3,86	Da.
31,60	308,5	3,6	Sm.
34,87	308,4	3,72	Md.
39,74	308,9	3,7	Sm.
40,83	308,9	3,77	Da.
41,46	310,6	3,70	Md.
1841,46	310,6	4,05	Ja.
43,98	310,0	3,82	Md.
45,51	309,2	3,87	Wr.
46,09	307,9	3,81	Po.
46,51	310,2	4,05	Ja.
46,51	310,2	3,74	Md.
46,55	307,0	3,78	Wr.
47,61	309,1	3,8	Sm.
47,67	310,4	3,74	Md.
47,71	309,4	4,91	Mt.
47,95	309,0	3,78	Da.
48,45	310,5	3,68	Md.
49,08	310,4	3,73	$Σ_2$.
52,13	311,1	3,62	Md.
53,39	310,5	3,5	Sm.
53,77	308,9	3,78	Da.
53,91	309,7	3,51	Ee.
55,65	309,7	3,84	Wr.
55,77	309,1	3,91	Bo.
56,60	309,7	3,83	So
57,39	310,3	n.m.	Md.
60,88	310,3	3,63	*id.*
62,30	309,5	3,61	Da.
62,37	309,1	3,61	Ma.
65,51	311,5	3,81	En.
66,39	306,6<	3,83	Ta.
66,68	311,0	3,67	Kr.
68,46	310,4	4,02	Ma.
68,54	308,2	4,02	Ta.
68,59	311,7	3,71	Du.
68,69	310,9	3,75	Br.
68,70	310,6	3,63	Do.
69,68	306,2<	3,60	Ma.
70,58	310,1	3,92	*id.*
71,37	311,2	3,74	*id.*
72,49	310,0	3,80	*id.*
74,70	312,0	4,00	Gl.
74,70	312,8	3,94	Ma
75,54	312,6	3,66	Sp.
75,74	311,2	4,05	Ma.
76,48	312,6	3,85	Ws.
77,54	311,1	3,87	Dk.

Système orbital en mouvement direct très-lent. B est d'un vert cuivreux transparent, quelquefois très-pâle. Mouvement propre commun, très-lent :

Æ — 0ˢ,002 ; D.P. — 0″,02.

Les mesures de H_2 sont souvent d'une inexactitude surprenante : ex. : celle de 1826, faite avec un télescope de vingt pieds. Et pourtant ce jour-là il inscrit en marge : « beautifully defined. »

A = P. XVII, 105.

Hercule. 2163.

$17^h 19^m 34^s$. 47°44′.

9,5 — 9,6.

Date.	Angle.	Distance.	Obs.
	°	″	
1830,02	103,5	1,51	Σ.
58,90	97,8	1,46	So.
66,48	95,0	1,5	Do.
78,30	97,2	1,58	Bu.

Système orbital serré, en lent mouvement rétrograde.

Hercule 281. 2165.

$17^h 21^m 35^s$. 60°27′.

7,5 — 8,5 : blanches.

Date.	Angle.	Distance.	Obs.
1832,16	45,7	6,71	Σ.
40,61	46,4	6,75	Md
44,83	47,3	6,78	*id.*
51,94	48,4	6,80	*id.*
57,48	49,6	7,0	Wr.
57,62	50,0	7,20	So.
59,75	47,3	7,09	Md.
64,57	51,2	7,10	De.
72,23	52,9	7,19	Du.
73,50	51,5	7,7	Ws.
74,63	53,7	7,6	*id.*
74,71	53,5	7,68	Gl.
75,57	52,5	7,42	Ws.
76,58	52,6	7,54	*id.*
77,54	50,7	n.m.	Dk.
77,77	53,8	7,71	Fl.

Probabilité de système orbital en lent mouvement direct, et très-incliné. Cependant, comme la distance augmente régulièrement et que le déplacement est presque rectiligne, le couple peut être optique. Indéterminé.

Ophiuchus, 221. 2171.

$17^h 22^m 40^s$. 99°54′.

7,8 — 8 : blanches.

Date.	Angle.	Distance.	Obs.
1830,53	75,7	1,62	Σ.
37,35	72,1	1,59	Md.
41,55	71,9	1,68	$Σ_2$.
42,29	73,7	1,2	Md.
43,41	70,1	1,54	*id.*
48,58	68,1	1,41	Mt.
56,47	70,0	1,52	So.
68,14	69,1	1,58	De.

Système orbital serré, en lent mouvement rétrograde.

Ophiuchus 221. **2173.**

$17^h 24^m 13^s$. 90° 58'.

6 = 6 : *jaunes d'or.*

Date.	Angle.	Distance.	Obs.
	°	"	
1829,56	147,2	0,62	Σ.
30,86	141,6	0,52	*id.*
31,10	141,5	0,67	*id.*
36,69	simple		*id.*
37,70	simple ou all.		*id.*
40,47	347,1	0,5all.	Da.
40,64	358,9	0,61	Σ₂.
41,36	352,3	0,68	Md.
41,61	352,2	0,67	Σ₂.
41,64	347,4	0,71	Da.
42,46	354,9	n. m.	Kr.
42,51	349,9	0,75	Md.
42,60	342,1	0,72	Da.
43,30	343,1	0,74	Σ₂.
43,54	341,2	0,9	Da.
43,65	345,2	n. m.	Kr.
43,71	n. m.	0,68	*id.*
43,72	346,6	0,77	Md.
44,71	337,5 <	0,70	Σ₂.
45,55	342,4	0,97	Md.
46,46	339,4	1,07	*id.*
46,47	336,1	0,85	Σ₂.
47,47	339,2	1,16	Md.
48,45	339,4	1,11	Da.
48,58	340,4	1,23	Mt
51,32	334,1	1,26	Md.
51,60	330,7	1,07	Σ₂.
52,24	334,8	1,21	Md.
53,12	331,2	1,04	Σ₂.
54,66	330,5	1,37	Md.
56,43	329,8	0,97	Se.
56,90	326,0	0,94	Σ₂.
57,43	326,9	0,88	Se.
57,68	325,8	1,03	Σ₂.
58,56	325,9	0,84	Se.
58,61	325,0	0,25 <	Wr.
58,62	328,3	0,88	Md.
59,33	324,2	0,71	Σ₂.
61,63	315,2	0,48	*in.*
64,45	340,0	0,6	En.
66,32	180,7	0,47	Σ₂.
67,79	174,5	0,65	Du.
68,18	161,3	0,65	Σ₂.
68,66	169,3	0,65	Du.
69,30	158,4	0,62	De.
69,63	161,1	0,66	Du.
70,35	156,5	0,85	Gl
70,67	159,7	0,77	Du.
70,84	156,2	0,88	De.
71,64	156,5	0,84	Du.
72,15	155,8	0,90	Σ₂.
72,97	151,9	0,92	De.
73,51	154,1	1,00	Ws.
73,67	152,6	1,06	Du
1874,57	151,3	0,85	Gl.
74,59	151,3	0,90	Ws.
74,62	149,3	0,77	Σ₂.
74,66	148,8	1,08	Nw.
75,00	148,8	0,82	De.
75,57	147,8	1,0	Ws.
75,58	146,5	0,83	Sp.
75,67	148,7	0,87	Du.
76,51	149,1	0,78	Ha.
76,60	143,8	0,83	Sp.
76,63	148,6	0,72	Du.
76,66	149,7	n.m.	Dk.
77,04	143,7	0,66	De.
77,19	141,6	0,55	St
77,68	153,5	0,67	Dk.

Système orbital très-serré et très-rapide, se mouvant presque dans le plan du rayon visuel, sur une ligne menée par 155° et 335°. L'inclinaison est au moins de 80°. Les deux étoiles se sont occultées vers 1836; un autre minimum de distance est arrivé en 1866 et un prochain se prépare pour 1888. Plus grande élongation vers 1859, idem en 1873. La période doit être d'environ 46 ans. Dunèr a fait sur cette étoile un beau travail dont le résultat ne peut être sûr à cause de l'inclinaison. Mesures difficiles. Les deux étoiles sont presque égales, et même B a surpassé A de 1856 à 1862. Les angles sont très-souvent renversés de 180°. Les deux observations de Se en 1856 et 1857 étaient rapportées à Σ 2175 ; mais elles appartiennent évidemment à celle-ci : elles étaient aussi renversées de 180°.

Belles couleurs.

Exemple d'occultation optique d'une étoile par une autre, comme dans le cas de γ Vierge, ζ Hercule, γ Couronne, 15ᵉ du Lynx, etc.

Ophiuchus. 2185.

$17^h 28^m 55^s$. 83°. 53'.

7 blanche — 10.

1830,49	5,5	27,50	Σ.
1869,84	5,4	27,61	De.

Pas de mouvement dans ce couple; mais une étoile voisine manifeste un mouvement rapide :

AC (c = 7,5).

1864,51	190,2	97,09	De.
74,02	193,3	93,63	*id.*
77,10	194,3	92,73	*id.*

Lalande a observé A (= 32023), mais il n'a pas observé C.

Hercule. P. XVII, 163. 2190.

$17^h 30^m 52^s$. 68° 56'.

6 blanche — 9,5.

Date.	Angle.	Distance.	Obs.
	°	"	
1829,66	33,2	10,17	Σ.
31,50	18,4?	10	H₂.
43,73	33,7	10,17	Md.
63,39	23,0	10,18	De.
72,40	23,4	9,63	Kn.
76,53	24,9	10,58	Ws.

Mouvement rétrograde, dont la nature ne peut être conclue.

Hercule 315. **2192.**

$17^h 35^m 24^s$. 60° 42'.

7,3 jaune — 10,2.

1833,45	88,4	10,42	Σ.
43,72	85,7	10,09	Md.
52,53	80,4	10,50	*id.*
64,72	76,2	10,23	De
74,60	73,4	10,42	Gl.
75,09	72,9	10,47	Ws.

Même conclusion que pour le couple précédent.

Dragon. 2199.

$17^h 36^m 24^s$. 34° 11'.

7 blanche — 7,5 jaunâtre.

1830,94	116,4	1,67	Σ.
38,98	113,3	1,56	Md.
43,82	111,4	1,50	*id.*
48,70	111,3	1,67	Σ₂.
52,37	107,2	1,52	Md.
57,13	106,6	1,53	*id.*
57,64	106,9	1,56	Se.
58,44	104,2	1,4	De.
59,39	103,7	1,62	Md.
60,87	102,8	1,62	*id.*
61,89	103,9	1,56	*id.*
63,06	101,4	1,65	De.
71,38	102,0	1,38	Du.
72,52	101,2	1,60	Σ₂.
73,81	100,0	1,48	Ws.
74,76	100,8	1,49	Gl.
75,58	100,4	1,73	Ws

Système orbital serré, en lent mouvement rétrograde.

Hercule. 2203.

$17^h37^m27^s$. 48° 17'.

7,5 — 7,8 : blanches.

Date.	Angle.	Distance.	Obs.
	°	″	
1830,13	333,5	0,72	Σ.
41,13	335,9	0,80	$Σ_2$.
43,31	336,9	0,78	Md
54,51	332,2	0,85	$Σ_2$.
55,29	328,3	n. m.	*id.*
57,18	329,3	0,63	Se.
68,76	327,5	0,76	De.
70,52	330,3	0,70	Du
72,61	327,6	0,77	$Σ_2$.
74,73	325,8	0,89	Nw
75,59	327,8	0,75	Sp.

Système orbital très-serré, en lent mouvement rétrograde.

Dragon. 2218.

$17^h39^m32^s$. 26° 16'.

6,5 blanche — 7,7 cendrée.

Date.	Angle.	Distance.	Obs.
1831,36	359,9	2,78	H_2.
32,72	356,7	2,50	Σ.
35,70	356,7	2,5	Sm.
36,78	355,1	2,47	Σ.
44,63	354,5	2,54	Md.
57,53	353,3	2,30	Se.
58,00	353,0	2,5	De.
59,35	353,1	2,29	Wr.
66,85	358,5?	2,60?	Se.
68,41	351,6	2,22	De.
72,34	352,1	2,08	Du.

Très-haute probabilité de système orbital en lent mouvement rétrograde. La distance paraît légèrement diminuer.

Petite Ourse. (340).

$17^h40^m21^s$. 2° 58'.

7,0 — 8,5.

Date.	Angle.	Distance.	Obs.
1847,46	237,2	31,50	$Σ_2$
1867,19	234,9	31,54	De.

A cette distance, et pour deux étoiles de cette grandeur, la mesure de l'angle est précise ; chacune de ces 4 mesures est le résultat de 3 séries d'observations. Mais à cette proximité du pôle, la précession ayant diminué l'angle de 2°,06, le mouvement rétrograde n'est qu'apparent. La précession de ce couple est négative et très-élevée, — 22ˢ,73.

Ophiuchus. 2205.

$17^h40^m23^s$. 72° 15'.

8 — 8,5 : blanches.

Date.	Angle.	Distance.	Obs.
	°	″	
1830,87	291,0	2,52	Σ.
39,28	293,4	2,49	Md.
42,72	294,1	2,28	*id.*
44,32	294,9	2,48	*id.*
57,23	297,3	2,16	Se.
69,31	301,6	2,19	De.

Très-haute probabilité de système orbital en lent mouvement direct.

Hercule. 2215.

$17^h41^m46^s$. 72° 16'.

6 blanche — 8 cendrée.

Date.	Angle.	Distance.	Obs.
1831,53	310,6	0,75	Σ.
35,99	307,8	0,82	*id.*
41,56	311,6	0,86	$Σ_2$
42,48	311,2	0,75	Md.
55,92	304,6	0,67	De.
56,52	306,0	n. m.	*id*
68,45	307,0	0,74	Du
68,75	302,8	0,82	D..
70,54	304,6	0,77	$Σ_2$.
74,66	296,5	0,91	Nw
75,54	300,7	0,70	Sp.
77,55	306,6>	n. m.	Dk.

Système orbital très-serré, en mouvement rétrograde très-lent. Cette étoile = B-W. XVII, 1314. Elle suit la précédente, sur le même parallèle.

μ Hercule. II. IV, 41. 2220.

$17^h41^m40^s$. 62° 12'.

Triple.

A = 3,6 jaune clair ; B = 9,4 bleue ; C = 10 bleue.

AB.

Date.	Angle.	Distance.	Obs.
1781,77	240±	18±	H.
1825,50	240,8	29,30	So.
31,60	241,4	29,88	Σ.
36,51	241,9	30,17	*id.*
37,67	241,8	30,1	Sm.
43,66	241,2	29,88	Md.
44,42	241,6	30,14	*id.*
51,88	243,8	30,31	$Σ_2$.
51,89	242,9	30,27	Md.
56,36	242,8	30,29	*id.*
57,73	242,9	30,8	Sm.
57,85	243,4	31,19	Se.
59,40	242,9	n. m.	Md
1859,76	243,2	31,35	Da.
60,87	242,6	n. m.	*id.*
61,42	242,5	n. m.	*id.*
61,46	244,0	31,78	Ma.
61,56	244,4	31,25	$Σ_2$.
64,49	244,4	31,50	En.
64,86	243,2	30,65	De.
65,43	243,9	31,33	Kn.
66,68	243,8	30,71	$Σ_2$.
70,01	244,3	31,16	*id.*
72,51	245,0	31,1	Ws.
75,68	244,1	31,13	Ha.
76,70	242,2	30,98	Hv.
77,75	245,1	31,15	Fl.

BC (A. C. 7.)

Date.	Angle.	Distance.	Obs.
1857,50	59,3	1,82	Da.
57,85	71,7	1,74	Se.
59,70	60,4	2,05	Da.
60,30	67,7	1,64	$Σ_2$.
62,83	78,5	1,50	*id.*
64,43	77,6	1,81	Da.
64,49	67,5	1,7	En.
65,43	80,6	1,84	Kn.
65,44	82,0	1,20	De.
68,50	n. m.	0,7	Da.
68,50	98,7	0,88	De.
66,68	89,5	1,1	$Σ_2$.
71,51	100,9 :	0,6	Gl.
71,52	156,8	0,62	$Σ_2$.
73,50	90,0 :	0,6	Ws.
73,50	185,5	0,63	$Σ_2$.
73,67	simple.		De.
74,48	202,4	0,76	Nw.
74,65	100,5?	0,4?	Gl.
75,70	220,6	1,18?	Ha.
76,58	223,4	0,72	*id.*
76,68	216,0	0,83	De.
77,54	229,7	0,87	*id.*
77,60	232,8	0,85	Ha.
77,62	229,9	0,88	De.
78,34	233,1	1,04	Bu.

H a inscrit en regard de sa distance : « pretty exact estimation ». Cependant elle n'a pu être aussi faible. Il doit y avoir là une erreur de transcription pour 28″.

Le mouvement propre de μ peut être fixé (*voyez* mon Catalogue) à

$$Æ - 0'',37 ; \quad D. P. + 0'',73.$$

Ce qui donne, en arc de grand cercle, 82″ par siècle. B partage ce mouvement, autrement elle se serait déplacée d'une quantité presque équivalente depuis l'observation de H. Cependant elle n'est pas absolument fixe relativement à μ, car sa distance augmente lentement, et elle marche vers 286° avec la faible vitesse de 5″ seulement par siècle.

La petite étoile C. découverte il y a 20 ans seulement, partage aussi le mouvement propre de μ, car autrement elle se serait déplacée de 16″ depuis. Partage-t-elle également le mouvement relatif de B? Oui, car dans le cas contraire, depuis 1857, elle aurait marché vers 106° sans se rapprocher de B.

Elle s'est d'abord rapprochée de B suivant une ligne presque droite; mais elle forme certainement avec elle un système orbital en mouvement direct rapide, dont le plan passe presque par notre rayon visuel. Nous pouvons aussi penser qu'en 1830 elle était plus proche de B qu'en 1857, car car autrement elle n'aurait pas échappé à Σ. 174° en 21 ans conduiraient à 43 ans seulement pour la période entière.

Nous avons donc là un *système stellaire* analogue à ceux de μ Bouvier et de 30 Scorpion.

Le point de l'espace vers lequel le système solaire se dirige n'est pas fort éloigné de ce groupe.

Comme B précède A en Æ, sa désignation devrait être μ^1, et l'étoile principale devrait s'appeler μ^2. Mais on serait surtout porté à intervertir l'ordre à cause de la grande différence d'éclat. Pour éviter toute équivoque, nous croyons utile de ne mettre aucun exposant, d'autant plus que B n'est que de 9e grandeur.

Ophiuchus. P. XVII, 260 (**337**).

17h44m49s. 82°43′

7,5 — 7,8 : blanches.

Date.	Angle.	Distance.	Obs.
	°	″	
1842	n. m.	0,7	Σ_2.
43,37	307,6	0,47	Md.
49,67	304,6	0,56	Σ_2.
57,05	298,1	0,42	Se.
67,32	294,9	all.	De
69,45	295,2	all.	*id.*
70,44	293,8	0,39	Du.

Système orbital très-serré. L'angle décroit et la distance diminue.

Ophiuchus (**338.**)

17h46m31s. 74°39′.

6,6 — 6,9 : jaunes d'or.

Date.	Angle.	Distance.	Obs.
	°	″	
1843,37	43,0	0,58	Md
1845,21	44,3	0,68	Σ_2
52,30	39,0	0,65	*id.*
55,63	36,1	0,70	*id.*
57,05	33,0	0,60	Se.
67,33	26,0	0,57	De.
72,16	25,1	0,60	*id.*
72,56	27,8	0,82	Σ_2.
74,72	25,3	0,85	Nw.
77,46	26,0	0,85	Ws

Système orbital très-serré, en mouvement rétrograde. Les angles de Se et Nw étaient renversés de 180°.

Hercule. A. C. 9.

17h49m55s. 60°10′.

8,4 — 8,7 : blanches.

Date.	Angle.	Distance.	Obs.
1857,52	231,2	1,12	Da.
57,85	231,7	1,09	Se.
71,75	235,4	0,86	Du.
74,40	230,9	0,97	De.
75,61	237,4	0,91	Sp.

Malgré la difficulté des mesures, nous pouvons conclure en faveur d'un couple orbital serré, en mouvement direct.

Cette étoile est Lalande 32 856.

Hercule. 2253.

17h52m56s. 75°22′.

7,5 jaune — 10,2

Date.	Angle.	Distance.	Obs.
1829,53	80,4	18,06	Σ..
43,76	80,2	16,49	Md.
52,16	78,9	16,51	*id.*
65,09	80,3	16,52	De.

On pourrait croire à une erreur dans la distance de Σ; mais son chiffre est le résultat de deux soirées concordantes. Cette distance a donc certainement diminué. Très-grande probabilité d'un groupe de perspective.

τ Ophiuchus. H. I, 88. **2262.**

17h56m33s. 98°11′.

5 — 6 : blanches.

Date.	Angle.	Distance.	Obs.
	°	″	
1783,34	331,6	all.	H.
1802,74	360±	all.	*id*
04,44	360±	all.	*id.*
25,67	simple:	—	Σ.
27,28	146,0	all.	*id.*
1832,55	ronde.	—	Sm.
35,68	192,9	0,35	Σ.
36,62	199,9	0,44	*id.*
37,70	200,8	0,35	*id.*
38,58	214,0	0,5	Sm.
40,51	223,1	0,94	Σ_1.
40,68	221,5	0,88	Da.
41,53	217,3	0,75	Md.
41,61	224,8	0,87	Σ_1.
41,66	225,7	0,79	Da.
42,52	227,0	0,9	Sm.
42,57	225,6	0,77	Md.
42,64	226,9	n. m.	Da.
43,11	224,6	0,80	Kr.
43,54	228,8	0,80	Md.
44,34	229,8	0,79	*id.*
43,61	228,9	0,95	Kr.
45,65	232,4	0,87	Σ_1.
46,22	239,5	1,00	Ja.
46,69	230,7	0,96	Σ_1.
46,51	229,4	0,78	M..
48,10	229,7	1,18	*id.*
48,66	232,7	1,01	Da.
51,66	239,4	1,0	Ft.
52,65	239,5	1,1	Ja.
52,66	239,6	1,23	Σ_1.
52,66	238,6	1,27	Md.
53,79	238,3	1,17	*id.*
54,67	238,0	1,22	Da.
54,70	236,1	1,20	Σ_1.
54,71	238,2	1,09	Md.
55,34	238,8	1,1	Sm.
55,55	236,9<	1,27	Se.
56,62	242,6>	1,29	Wi.
57,24	240,7	1,20	Se.
57,55	239,6	1,26	*id.*
57,67	240,2	1,44	Σ_1.
58,20	243,6	1,41	Ja.
58,64	240,0	1,44	Md.
58,71	240,9	1,47	Σ_1.
60,77	245,8>	1,30	Se.
61,60	244,0	1,29	Md.
61,63	242,9	1,43	Σ_1.
63,05	244,6	1,40	De.
63,57	246,5	1,19	Kn.
65,47	245,6	1,41	De.
65,52	249,4>	1,40	Kr.
65,57	243,1	1,23	Ta.
65,72	244,1	1,51	Σ_1.
66,43	246,2	1,65	Ta.
66,62	243,3	1,75	Σ_1.*
66,72	247,6	1,60	Se.
67,06	246,1	1,44	De.
68,59	246,4	n. m.	Ta.
69,05	247,0	1,41	De.
69,56	248,4	n. m.	Ta.
69,64	248,2	1,41	Du.
70,50	250,2	1,63	Ma.

Date.	Angle.	Distance	Obs.
	°	″	
1870,71	250,7	1,26	Du.
71,00	247,6	1,48	De.
71,66	251,0	1,31	Du.
72,58	248,1	1,69	Σ_2.
73,06	248,4	1,60	De.
73,52	250,8	1,70	Ws.
73,74	253,6>	1,46	Ma.
74,63	249,4	1,64	Ws.
74,67	251,1	1,63	Σ_2.
74,80	248,5	1,66	Gl.
75,12	248,8	1,61	De.
75,60	248,9	1,61	Sp.
76,60	247,6	1,73	*id.*
76,60	249,9	1,71	Ws.
76,60	251,1	1,72	Ha.
76,61	248,9	1,71	St.
76,62	250,6	2,05	*id.*
76,67	248,1	1,78	Hv
76,95	249,8	1,68	De.
77,53	251,4	n. m.	Dk
77,55	248,9	1,53	Ha.
77,61	250,5	1,90	St.

Système orbital serré, en mouvement direct rapide. Lorsque H la découvrit, au mois d'avril 1783, cette étoile etait « the closest of all double stars ». Elle n'était qu'allongée, même avec le grossissement 932 : « One half of the small star, if not three-quarters seems to be behind the large star. » On voit que la distance augmente régulièrement depuis près de cent ans. La période, estimée successivement à 130 et 185 ans, doit dépasser 200. Sm a mesuré en 1842 et 1838 un deuxième compagnon, de 10° grandeur, à 115° et 83″, que l'on n'a pas réobservé depuis. Mouvement propre de τ faible :

Æ + 0s,001 ; D. P. + 0″,01.

Derniers éléments (Dk 1877) :

$\Omega = 65°.26'$
$\lambda = 41.24$
$\gamma = 58.42$
$e = 0,6055$
$P = 217^{ans},87$
$T = 1821,91$

Dragon. 2271.

$17^h 57^m 41^s$. 37°9′.

7,6 — 8 : blanches.

1829,71	259,5	1,70	H_2.
31,48	262,3	1,88	Σ.
42,72	263,6	2,36	Md.
59,72	266,1	2,53	Se.

Date.	Angle.	Distance.	Obs.
	°	″	
1866,85	271,1>	2,43	*id.*
69,03	264,8	2,23	De
69,45	266,9	2,06	Du.
72,80	265,9	2,39	Σ_2.

Très-grande probabilité de système orbital en lent mouvement direct.

Hercule. 2267.

$17^h 57^m 48^s$. 49°49′.

8 — 8,5 : blanches.

1830,66	234,2	1,41	Σ.
39,07	236,8	1,48	Md.
42,68	239,5	1,48	*id.*
43,35	237,0	1,08	*id.*
49,34	240,3	1,51	Σ_2
51,72	238,1	1,32	Md.
52,33	237,2	1,42	*id*
53,38	241,7	1,25	*id.*
57,64	240,0	1,46	Se.
59,88	243,5	1,40	Md.
61,74	234,4?	n. m.	*id.*
66,32	239,7	1,11	De.
75,63	242,6	1,00	Sp.
76,60	241,1	1,09	Ws.

Système orbital serré, en lent mouvement direct. L'angle de Md en 1843 était renversé de 180°.

Hercule. So. 699. 2268.

$17^h 58^m 20^s$. 64°38′.

8 jaunâtre — 9 blanche.

1825,55	216,7	18,74	So.
29,70	218,2	18,13	Σ.
43,75	214,8	18,88	Md.
52,16	214,8	18,99	*id.*
66,52	214,0	19,32	De.

La distance augmente lentement. Très-grande probabilité d'un groupe de perspective.

Télescope austral. H². 5014.

$17^h 59^m 0^s$. 133°24′.

6,5 = 6,5.

1836,73	69,2	0,75	H_2.
57,28	135,1	0,55	Ja.

Système orbital très-serré, en mouvement direct rapide. Il est regrettable que les observations de l'hémisphère austral soient si rares.

Hercule. 2275.

$17^h 59^m 19^s$. 50°39′.

9 = 9.

Date.	Angle.	Distance.	Obs.
	°	″	
1832,20	127,9	1,08	Σ.
43,33	126,8	0,8	Md.
59,89	141,1	0,45	Se.
66,19	130?	all.	De.

La distance a considérablement diminué. Très-grande probabilité de système orbital serré se mouvant dans le plan du Soleil.

---

70 Ophiuchus. H. II, 4. 2272.

$17^h 59^m 23^s$. 87°28′.

4,5 jaune — 6 rose.

1779,76	90,0	3,6	H.
80,49	n. m.	4,4	*id.*
81,73	99,2	n. m.	*id.*
1802,25	336,1	n. m.	*id.*
04,41	319,0	n. m.	*id.*
18,62	n. m.	5,34	Σ.
19,63	168,7	4,55	*id*
20,77	160,2	n. m.	*id*
21,31	156,2	3,68	H_2.
21,74	157,6	3,79	Σ.
22,42	154,8	4,85	H_2.
22,64	153,8	3,76	Σ.
23,35	153,6	n. m.	H_2.
25,57	148,2	3,98	So.
27,02	145,1	4,37	Σ.
27,51	142	5	H_2.
28,58	140,6	5,37	So.
28,71	140,2	4,78	Σ.
29,59	138,1	5,09	*id.*
30,36	138,1	5,95	H_2.
30,50	135,8	5,47	Bs.
30,57	137,3	5,53	Da.
30,76	136,4	5,43	Sm.
30,84	135,7	5,31	Σ.
31,52	136,1	5,97	H_2.
31,53	133,9	5,68	Bs.
31,68	134,7	5,41	Σ.
32,55	134,0	5,73	Da.
32,57	135,5	5,49	H_2.
32,69	133,0	5,79	Bs.
32,75	134,0	5,55	Σ.
33,42	132,8	6,14	Da.
33,59	132,5	5,98	Sm

Date.	Angle.	Distance.	Obs.
	°	"	
1834,47	131,1	5,85	Σ.
34,57	130,6	6,13	Da.
34,61	130,8	6,13	Bs.
35,56	130,6	5,97	Sh.
35,60	130,8	6,11	[illegible]
36,52	129,6	6,34	Ga.
36,52	129,5	6,34	Bs.
36,65	129,3	6,97	H_2.
36,66	129,5	6,14	Σ.
36,81	128,6	6,19	Sm.
37,13	127,7	6,47	Da.
37,47	128,2	6,72	Ek.
37,52	128,9	6,44	Bs.
37,64	127,5	6,26	Sm.
37,72	128,0	6,15	Σ.
38,48	126,9	6,70	Ga.
38,51	126,5	6,25	Sm.
38,57	126,6	6,64	Ek.
39,53	125,2	6,78	Ga.
39,65	125,9	6,55	Da.
39,88	125,3	6,33	$Σ_2$
40,59	124,9	6,63	Da.
41,30	125,4	6,40	Md.
41,44	125,4	6,45	*id.*
41,65	123,5	6,50	Kr.
41,68	123,4	6,63	Da.
42,53	123,6	6,72	*id.*
42,53	124,6	6,25	Md.
42,55	122,4	6,64	Sm.
42,62	122,0	6,50	Kr.
42,67	124,7	6,25	Md.
42,70	124,7	6,60	$Σ_2$
43,47	122,0	6,72	Da
43,53	121,1	6,7	En.
44,36	120,7	6,84	*id.*
44,52	122,0	6,48	Md.
45,43	120,8	6,77	H_2.
45,48	121,1	6,56	$Σ_2$.
45,54	120,8	6,58	Md.
46,22	120,5	6,83	Ja.
46,46	120,1	6,14	Hl.
46,58	119,8	6,65	Md.
47,25	120,5	6,56	$Σ_2$.
47,48	119,7	6,8	Sm.
47,55	120,7	5,53	Mt.
48,12	118,8	6,80	Da.
48,50	118,2	6,83	Md.
49,39	118,1	6,64	$Σ_2$.
50,64	116,7	6,94	Md.
50,66	117,0	6,46	Ft.
51,47	115,4	6,67	Md.
51,58	116,1	6,38	Ft.
51,64	116,2	6,51	Mi.
51,67	115,1	6,50	$Σ_2$.
51,74	115,5	6,67	Md.
52,44	114,9	6,5	Sm.
52,63	116,0	6,36	Ft.
52,67	114,9	6,53	$Σ_2$.

Date.	Angle.	Distance.	Obs.
	°	"	
1852,71	115,2	4,67	Mi.
52,73	114,7	6,56	Md.
52,75	114,0	6,73	Ja.
53,60	114,7	6,49	Da
53,76	113,3	6,56	Md.
53,79	113,6	6,45	$Σ_2$.
54,08	113,6	6,36	Ja.
54,27	114,6	6,33	De.
54,68	113,3	6,31	Md.
54,73	113,7	6,34	Da.
55,45	111,6	6,25	Se.
55,66	112,0	6,48	$Σ_2$.
55,67	112,9	6,48	Da.
56,12	111,9	6,45	$Σ_2$.
56,37	111,4	6,39	Ja.
56,50	111,5	6,32	Md.
56,63	111,7	6,40	De.
56,74	111,8	6,35	$Σ_2$.
57,13	110,6	6,46	Ja.
57,42	112,3	6,36	Ft.
57,57	110,2	6,42	Da.
57,67	110,1	6,15	Wr.
57,69	110,9	6,39	$Σ_2$.
58,12	109,7	6,10	Ja.
58,40	108,4	6,08	Ws.
58,63	108,9	5,94	Md.
58,72	109,9	6,20	$Σ_2$.
59,68	108,6	6,18	*id.*
59,72	109,3	6,24	Da.
59,75	109,0	6,61	Au.
60,61	106,3	6,07	Se.
60,74	107,9	6,49	Au.
61,46	107,0	5,89	Ma
61,97	106,0	5,85	Md.
62,40	105,7	5,85	$Σ_2$.
62,72	105,2	5,70	Md.
63,06	105,0	5,67	De
63,51	104,1	5,28	Se.
63,55	104,5	5,76	Ta.
64,48	104,8	5,42	En.
65,01	103,0	5,42	De.
65,53	104,5	5,30	Ta.
65,62	100,6	5,31	Kr.
65,76	102,2	5,26	$Σ_2$.
66,50	102,0	5,28	Ta.
66,61	101,1	5,27	Se.
66,66	100,6	5,28	$Σ_2$.
67,01	101,0	5,17	De.
67,44	99,8	5,13	Kn.
68,54	98,4	4,98	Kn.
68,58	100,0	5,11	Ma.
68,64	101,2	5,41	Ta.
68,72	97,6	4,84	Du.
68,72	99,1	4,69	$Σ_2$.
68,90	98,0	4,92	Br.
69,08	97,7	4,77	De.
69,61	100,3	5,31 >	Ta.
69,69	96,9	4,59	Du

Date.	Angle.	Distance.	Obs
	°	"	
1870,39	93,2	4,58	Ba.
70,51	94,6	4,56	De.
70,52	94,4	4,63	Ta.
70,55	95,6	4,78	Ma.
71,00	94,9	4,30	Kn.
71,49	94,9	4,42	Ma.
71,53	92,6	4,27	De.
71,55	96,7 >	4,36	Ta.
71,59	94,9	4,30	Kn.
71,72	92,6	4,20	Du.
72,49	91,5	4,35	Fr.
72,49	90,8	4,28	Ma.
72,49	90,7	4,08	De.
72,52	91,2	4,29	Ws.
72,60	93,6	4,08	$Σ_2$.
73,51	88,8	3,89	De.
73,51	89,5	3,90	Gl.
73,57	88,6	4,0	Ws.
73,61	89,0	4,22	Ma.
74,56	86,1	3,67	De.
74,69	87,5	3,79	$Σ_2$
74,73	87,5	3,92	Gl.
75,52	83,7	3,48	*id.*
75,62	85,1	3,49	Ws.
75,62	84,2	3,44	Sp.
75,68	84,8	3,84	Ma.
76,52	78,9	3,46	Dk.
76,54	80,9	3,32	De.
76,59	81,3	3,34	Sp.
76,61	80,5	3,37	Ws.
76,62	81,5	3,15	Du.
76,63	80,9	3,56	Ha.
76,66	80,8	3,72	Hv
77,51	78,1	3,22	Fl.
77,51	77,5	3,06	Do
77,52	77,6	n. m.	Dk.
77,54	75,9	3,36	Ha.
77,68	78,5	3,12	St.

Magnifique système orbital, en mouvement très-rapide, et l'un des plus sûrement déterminés : un siècle d'observations assidues. En 1874, j'en ai déterminé l'orbite apparente, dont voici les éléments :

Demi-grand axe appar.	4",86
Excentricité.........	0,908
Distance min. à 223°,4 en 1811...........	1",69
Distance max. à 118°,0 en 1849..........	6",67
Période............	92^{ans},77

La durée de la révolution est d'autant plus sûre, que de toutes les positions antérieures à 1822, celle de 1779 est précisément celle qui est la plus correcte et digne de la plus grande confiance : par une heureuse circonstance, la petite étoile se trouvait juste à l'est de la principale, à 90° de l'arc de déclinaison pris comme origine du mouvement; or elle est précisément repassée par le même point en 1872. La correction de précession n'est que de 32′.

Des différentes orbites calculées précédemment, la période la plus courte est celle d'Encke: 73 ans; la plus longue celle de Jacob : 112 ans.

De l'orbite apparente j'ai conclu l'orbite absolue suivante :

$$T = 1807,9$$
$$\pi = 293°,5$$
$$\Omega = 122°,0$$
$$i = 62°,1$$
$$e = 0,3859$$
$$a = 4,88$$
$$P = 92^{ans},77$$

La parallaxe adoptée de cette étoile double (0″,168) correspond à une distance de la Terre égale à 1400000 fois celle du Soleil. A cet immense éloignement, le rayon de l'orbite terrestre étant réduit à l'angle précédent, le demi-grand axe, de 4″,88, représente donc 1075 millions de lieues. C'est un peu moins que la distance de Neptune au Soleil. La vitesse de l'étoile sur son orbite est de 191830 lieues par jour, ou 8880 mètres par seconde. Le rapport entre la masse du Soleil et celle de 70 Ophiuchus est donc de $(156,55)^2$ à $(92,77)^2$, ou comme 2,85 à 1; d'où j'ai conclu que *la masse du système d'Ophiuchus est près de trois fois supérieure à celle du Soleil* et de Neptune réunis, ou sensiblement à celle du Soleil seul.

Cet intéressant système binaire est emporté dans l'espace par un mouvement propre annuel que les meilleures évaluations (*voy.* mon Catalogue) portent à

$$Æ + 0″,216 \text{ et } D.P. + 1″,07.$$

Ce déplacement de plus de 1″ par an représente au moins 246 millions de lieues par an pour la translation commune des deux soleils jumeaux à travers l'immensité. Cette marche est dirigée juste à l'opposite de celle du Soleil, de sorte qu'elle pourrait bien être due en grande partie à notre propre déplacement séculaire dans l'espace.

(La lettre *p*, que l'on a l'habitude d'ajouter au n° 70 de Flamsteed, ne vient pas de Bayer. Elle est dans le manuscrit de Flamsteed et provient sans doute d'une indication temporaire, qui a été imprimée par inadvertance. Il vaut mieux la supprimer.)

Hercule 401. 2277.

$18^h 0^m 1^s$. 41°32′.

6,3 — 8,2 : blanches.

Date.	Angle.	Distance.	Obs.
	°	″	
1830,06	117,9	27,59	Σ.
44,90	118,6	26,94	Md.
57,70	119,9	27,71	De.
67,74	119,8	27,16	*id.*
71,49	120,3	26,98	Du.

L'angle augmente régulièrement. Groupe de perspective.

---

72 Ophiuchus. (342).

$18^h 1^m 39^s$. 80°27′.

4 — 7.

1842,50	160	1,3	Σ_2
45,74	208,7	0,35	Md.
46,60	166,3	1,59	Σ_2.
47,60	170,7	1,2	*id.*
47,75	206,6	0,27	Md.
48	simple	—	Σ_2.
48	simple	—	Da.
50	simple	—	Σ_2.
54	simple	—	Da.
56	simple	—	Se.
57,57	345,9	all.	*id.*
57,71	simple	—	*id.*
59,61	3,7	0,61	*id.*
64	simple	—	De.
73	simple	—	Ws.
74	simple	—	Nw.
75	simple	—	Ha.
76	simple	—	Sp.
77	simple	—	Bu

Singulier système. La seconde étoile a disparu en 1848, et pourtant, d'après les mesures de Σ_2, la distance n'aurait pas dû être inférieure à 1″. Les deux mesures de Md se rapportent-elles bien à ce même couple? Secchi l'a revue en 1857 et en 1859, où elle était « *bene separata* ». Est-ce une étoile variable? Serait-ce un astre subissant des phases? Le mouvement propre de 72 est très-lent. Les mesures ne sont peut-être que des illusions d'optique.

Hercule. (524.)

$18^h 2^m 13^s$. 70°22′.

7 — 8,3.

Date.	Angle.	Distance.	Obs.
	°	″	
1853,36	86,5	0,37	Σ_2.
1870,82	68,8	all.	De.

Système orbital très-serré, en mouvement rétrograde.

---

73 Ophiuchus. H. I, 87. 2281.

$18^h 3^m 36^s$. 86° 1′.

6ᵉ blanche — 7ᵉ,2 bleuâtre.

1783,32	267,2	cl. I.	H.
1802,38	264,3	*id.*	*id.*
22,46	257,6	n. m.	H_2.
22,93	n. m.	1,99	So.
31,05	259,7	1,54	Σ.
34,60	260,5	1,7	Sm.
37,72	259,8	1,45	Σ.
38,74	259,9	1,5	Sm.
40,81	257,8	1,35	Md.
41,54	254,9	1,30	*id.*
41,58	255,5	1,41	Da.
42,39	255,0	1,4	Sm.
42,70	256,1	1,43	Md.
43,62	257,2	1,55	Da.
44,35	258,9	1,06	Md.
47,55	253,0	1,27	Mt.
49,48	255,0	1,38	Da.
51,21	254,5	1,30	Md.
51,37	256,2	1,5	Ft.
51,71	254,6	1,28	Md.
54,60	253,9	1,47	Wr.
54,68	252,0	1,32	Md.
55,55	255,1	1,36	Se.
55,66	254,1	1,20	Md.
55,69	253,9	1,2	De.
56,55	254,0	1,34	Se.
56,81	253,7	1,25	Md.
57,55	252,0	1,21	Se.
58,65	252,7	1,27	Md
59,81	248,7	1,20	*id.*
61,89	252,8	1,17	*id.*
64,48	247,8	1,91	En.
65,54	250,7	1,51	Ta.
65,80	247,7	1,21	Σ_2.
65,92	252,3	1,47	So.
66,46	248,0	1,46	Ta.
67,67	253,2	1,18	De.
68,72	247,7	1,13	Σ_2.
71,07	253,9	0,92	Du.
73,04	255,0	1,33	Ws.
73,77	247,3	1,11	Σ_2
74,73	254,4	1,06	Gl.
75,61	250,4	0,93	Sp.

Date.	Angle.	Distance.	Obs.
	°	"	
1876,10	254,0	1,14	Ws.
76,61	250,0	1,05	Ek.
77,74	251,7	1,17	De.

Système orbital serré, en lent mouvement rétrograde. Il remarque que les plus forts grossissements étaient nécessaires pour opérer la division en 1783; la distance a donc augmenté. Elle commence à diminuer; mais l'angle parait stationner depuis 1847 à 252° ± 2°. Très-longue période.

Particularité assez curieuse, les mesures de Σ_2, une de Md, celle de En, et une de Ta s'accordent pour placer l'angle à 247°, avec une différence constante de 5° comparativement aux autres mesures. Si c'est une équation personnelle, elle est singulièrement partagée.

Taureau Poniat. 2286.

18h 4m 17s. 89° 29'.

7,5 très-blanche — 10.

1831,68	322,0	2,42	Σ.
44,44	321,5	2,65	Md.
65,64	315,1	2,53	De.

Haute probabilité de système orbital en mouvement rétrograde.

Hercule 417. 2289.

18h 4m 48s. 73° 33'.

6,5 — jaune — 7 *bleue.*

1829,96	243,1	1,20	Σ.
30,67	241,6	1,26	H_2.
40,11	240,1	1,01	Md.
43,49	239,1	0,95	*id.*
52,63	239,0	1,15	*id.*
56,79	235,4	1,03	*id.*
57,08	236,1	1,06	Se.
57,64	236,1	1,00	De.
59,81	232,4	1,05	Md.
60,86	234,2	1,07	*id.*
61,99	232,8	1,08	*id.*
62,95	234,3	1,24	De.
65,63	235,3	1,24	Se.
65,66	235,8	1,17	En.
68,10	237,4	1,17	De.
70,59	234,9	1,05	Du.
73,54	235,8	1,03	Ws.
74,64	238,1	1,14	*id.*
74,69	237,6	1,15	Gl.
75,63	237,2	1,12	Ws.
76,58	234,9	1,36	*id.*

Système orbital serré, en lent mouvement rétrograde.

Hercule. 2291.

18h 5m 53s. 56° 0'.

9 = 9 : blanches.

Date.	Angle.	Distance.	Obs.
	°	"	
1830,73	339,2	25,12	Σ.
43,58	338,5	n. m.	Md.
68,02	339,2	25,90	De.

Les mesures de Σ et De suffisent pour montrer une lente augmentation de la distance. Grande probabilité d'un groupe de perspective. Légères fluctuations d'éclat et interversions.

Ophiuchus. 2294.

18h 8m 25s. 89° 52'.

7,4 — 7,7 : blanches.

1831,00	91,9	1,06	Σ.
41,50	87,8	1,04	Σ_2.
42,40	89,8	0,84	Md.
43,60	90,3	0,80	*id.*
56,85	93,4	0,66	Se.
66,21	87,8	0,7	De
69,20	84,5	0,75	Σ_2.
72,56	84,9	0,66	Σ_2.
76,11	89,2	0,37	Sp.

La distance a certainement diminué. Nous avons sans doute i i un petit système orbital très-incliné sur notre rayon visuel.

Petite Ourse. (349).

18h 12m 15s. 6° 6'.

7,5 — 8.

1843,33	91,5	0,40	Md.
46,72	95,3	0,62	Σ_2.
67,62	103,5	all.	De
73,57	103,9	all.	*id.*

Système orbital très-serré, en mouvement direct. La précession de cette étoile est négative.

15e Écu Sobieski. 2303.

18h 13m 34s. 98° 3'.

7 jaune — 9e bleue.

Date.	Angle.	Distance.	Obs.
	°	"	
1825,20	213,0	n. m.	So.
31,20	216,4	3,22	Σ.
37,15	219,4	3,31	Md.
43,64	220,6	3,52	*id.*
48,62	219,9	3,22	Mt.
50,75	225,7	n. m.	Md.
51,77	223,3	3,50	*id.*
55,64	222,9	3,56	Wr.
57,59	222,1	2,79	Se.
58,60	227,0	n. m.	Wr.
67,85	223,7	3,00	De.
77,51	222,4	2,79	St.

Mouvement direct. Très-haute probabilité de système orbital.

η Serpent. H.vi, 14. ΣApp.II, 8.

18h 15m 7s. 92° 55'.

3,3 jaune d'or — 12.

1781,80	99,1	81	H.
1835,61	76,9	110,9	Sm.
36,46	77,2	112,7	Σ.
66,50	69,7	134,2	De.
72,52	68,8	139,0	*id.*
77,55	67,1	142,8	Fl.

Observation difficile, à cause de la petitesse du compagnon.

Mouvement rectiligne, très-rapide, dirigé vers 36°, avec une vitesse de 0",89, qui se décompose en

Æ + 0",52 et D.P. — 0",73.

C'est la même direction, mais la vitesse est un peu moindre que le mouvement propre reconnu à η (*voy.* mon Catalogue).

Écu de Sobieski. 2306.

18h 15m 22s. 105° 9'.

Triple.

A = 7,2; B = 8,3; C = 8,7.

AB.

B fixe à 220° ± 1° et 12",6 ± 0",3.

BC.

1848,60	63,8	0,56	Mt
65,18	64,3	0,80	De.
77,50	64,0	1,02	St.

La distance de B à C augmente lentement; c'est prouvé par l'accord de ces trois observations, et aussi par le fait négatif que Σ n'a pas dédoublé B en 1830. Si la distance avait été telle qu'aujourd'hui, il n'aurait pu, dans ses différentes mesures du couple AB, s'empêcher de dédoubler B, qui l'a été indépendamment par Mt en 1848 et par De en 1865. Probabilité de système ternaire.

Hercule. 2310.

18h 15m 37s. 67° 15'.

7 très-blanche — 10.

Date.	Angle.	Distance.	Obs.
	°	"	
1829,71	233,7	5,07	Σ
32,91	233,9	4,79	id.
38,14	234,1	4,96	Md
43,62	234,5	4,99	id.
44,43	236,9	5,13	id.
48,45	236,4	4,76	id.
52,62	236,6	4,90	id.
57,08	235,5	5,26	Se.
66,06	237,2	4,98	De.
74,64	238,1	5,1	Ws.
74,85	237,7	5,24	Gl.
75,62	237,6	5,25	Ws.

Mouvement direct, très-lent, sur la nature duquel nous ne pouvons rien conclure.

Taureau de Poniat. 2311.

18h 16m 38s. 78° 37'.

8,9 — 9,9.

Date.	Angle.	Distance.	Obs.
1830,30	170,7	8,65	Σ.
43,71	169,0	n.m.	Md.
50,71	165,9	8,45	id.
65,50	165,1	6,72	De.
67,77	164,9	6,69	id.

L'angle décroît et la distance diminue. On ne peut encore rien décider sur la nature du mouvement.

Serpent. A. C. 11.

18h 18m 43s. 91° 39'.

7 — 7,2.

Date.	Angle.	Distance.	Obs.
1854,70	178,1	0,42	Ba.
59,60	175,0	0,3	Se.
65,60	172,0	0,30	id.
73,36	173,5	0,39	De.
75,65	172,0	0,33	Sp.

Malgré la difficulté des mesures, nous pouvons conclure en faveur d'un couple orbital très-serré en lent mouvement rétrograde.

Cette étoile est Lalande 33959.

Hercule 452. 2315.

18h 20m 13s. 62° 41'.

7 — 8 : blanches.

Date.	Angle.	Distance.	Obs.
	°	"	
1830,74	281,2	0,61	Σ.
41,71	276,9	0,54	Md.
43,43	272,2	0,45	id.
45,45	270,9	0,30	id.
52,02	267,4	0,26	id.
54,71	255,9	all.	id.
57,05	260,7	all.	Se.
58 —	simple.		Md.
59,84	237,6?	0,3	id.
65,63	267,0	all.	Se.
65,80	260,4	0,56	Σ₂.
74,67	250,3	0,38	Nw.
75,90	247,0	0,38	Sp.
78,45	251,7	0,31	Bu.

Système orbital très-serré, en mouvement rétrograde assez rapide. La distance a certainement diminué de 1830 à 1858; puis elle paraît avoir augmenté.

Hercule. 2318.

18h 20m 37s. 64° 4'.

7,9 — 10 : jaunes.

Date.	Angle.	Distance.	Obs.
1829,74	257,2	12,85	Σ.
43,74	256,8	20,03?	Md.
65,07	255,7	20,66	De.
66,70	255,3	20,85	Hv.
78,44	254,9	20,81	Bu.

Mouvement en distance, très-prononcé. Le chiffre de Σ est le résultat de deux observations très-concordantes. Vitesse = 0"22. Groupe de perspective.

Lyre. Bu. 134.

18h 22m 0s. 43° 11'.

8 — 10,3.

Date.	Angle.	Distance.	Obs.
1851,80	141,0	1,11	Σ₂.
70,90	136,8	1,37	id.
75,00	134,0	1,07	De.

Très-grande probabilité de système orbital en mouvement rétrograde. C'est un des couples inédits de O. Σ.

Dragon. (351).

18h 22m 9s. 41° 19'.

7,1 — 7,4 : jaunes

Date.	Angle.	Distance.	Obs.
	°	"	
1842	all.	—	Σ₂.
43,65	44,5	0,33	Md.
46,68	42,1	0,35	id.
67,69	30,6	all.	De.
73,29	27,9	0,57	id.
78,40	29,7	0,63	Bu.

Système orbital très-serré, en mouvement rétrograde.

39 *b* Dragon. H. 1, 7. 2323.

18h 22m 9s. 31° 16'.

Triple.

A = 5 jaunâtre; B = 7,5 bleuâtre var.; C = 7 rougeâtre.

AB.

Date.	Angle.	Distance.	Obs.
1780,78	12,9	2,50	H.
1802,83	6,3	n. m.	id.
23,63	4,0	3,60	So.
25,55	5,3	3,59	id.
29,99	359,8	n. m.	H₂.
30,26	0,2	n. m.	id.
31,87	6,0	3,12	Σ.
33,20	5,9	3,14	id.
35,43	6,0	3,26	id.
36,39	5,5	3,3	Sm.
43,38	4,1	3,13	Md.
45,71	0,2	3,22	Wr.
46,70	0,5	3,22	id.
47,42	4,4	3,3	Md.
51,85	3,2	2,21	id.
51,90	355,9	3,33	Σ₂.
52,34	4,9	3,45	Md.
53,39	4,2	3,36	id.
56,58	359,6	3,45	Wr.
57,60	2,5	3,35	Se.
58,80	4,6	3,03	Md.
61,45	0,6	3,33	id.
63,17	1,1	3,61	Σ₂
65,44	3,9	3,76	Ma.
65,48	0,9	3,43	De.
73,56	1,0	3,97	Ws.
75,74	3,4	n. m.	id.

AC.

Date.	Angle.	Distance.	Obs.
1780,77	26,6	n.m.	H.
1819,52	22,2	n. m.	Σ.
23,46	21,9	89,61	So.
25,55	21,4	88,94	id.
34,27	21,7	88,96	Σ.
36,39	21,7	89,2	Sm.
51,90	21,4	89,14	Σ₂.
66,48	21,3	89,69	Mt.

Date.	Angle.	Distance.	Obs.
	°	″	
1868,26	21,4	89,12	Do.
71,66	21,2	n.m.	Ws.

Mesures très-discordantes, pour un groupe si distinct; B semble variable. AB paraissent former un système en mouvement rétrograde très-lent; l'angle diminue aussi pour C. Mouvement propre de A :

Æ — 0″,06 ; D. P. — 0″,05.

φ Dragon. (353).

18h 22m 30s. 18° 44′.

4,9 — 7,3.

Date.	Angle.	Distance.	Obs.
1843,38	69,3	0,55	Md.
47,35	66,3	0,45	id.
53,88	67,7	0,6	Da.
56,13	63,6	0,56	Σ_2.
67,70	62,9	0,50	De.
76,80	53,8	0,43	Ha.

Système orbital très-serré, en lent mouvement rétrograde.

Taureau Poniat. 47. 2322.

18h 24m 8s. 86° 1′.

6,5 jaune — 11.

Date.	Angle.	Distance.	Obs.
1828,65	170,5	19,57	Σ.
30,50	172,0	30?	H_2.
43,63	172,4	n.m.	Md.
48,45	169,1	19,91	id.
66,77	168,9	20,32	Do.

La distance augmente lentement. (La mesure de H_2 n'a évidemment aucune précision.) Groupe de perspective.

Σ note A = 5,7, certainement trop forte. Je l'estime de 6,5. Elle n'est pas dans Piazzi. C'est 34208 Lalande, de 7e grandeur dans ce Catalogue.

Taureau de Poniat. 2330.

18h 25m 41s. 76° 54′.

7 — 9 : blanches.

Date.	Angle.	Distance.	Obs.
1828,65	177,2?	20,94	H_2.
28,71	177,0	20,19	Σ.
29,58	176,9	20,38	id.
47,57	174,4	20,09	Md.
52,62	175,0	20,18	id.
1864,90	174,5	19,26	De.
74,68	173,4	19,0	Ws.
74,79	173,6	19,41	Gl.

Lente diminution de distance. L'angle décroit aussi, très-lentement. L'angle de 1828,65 est imprimé 7°,2 sur le Catalogue de H_2 : c'est sans doute une faute de transcription ou d'impression ; car avec cette simple correction il s'accorde avec la mesure de Σ. Probabilité d'un groupe de perspective.

Lyre. 2340.

18h 28m 30s. 58° 30′.

8.3 — ,2.

Date.	Angle.	Distance.	Obs.
1830,43	104,6	21,51	Σ.
43,62	103,5	n.m.	Md.
66,29	103,3	22,33	Do.

Lente augmentation de distance. Probabilité d'un groupe de perspective.

Taureau Poniat. 55. 2342.

18h 29m 41s. 85° 9′.

6,5 — 8,5

Date.	Angle.	Distance.	Obs.
1830,71	12,0	26,91	Σ.
30,80	11,2	25±	H_2.
43,62	11,1	27,89	Md.
51,71	10,3	28,33	id.
52,62	10,6	28,36	id.
58,70	10,1	27,97	id.
59,81	6,1	29,05	id.
62,71	9,7	28,99	id.
65,58	9,3	28,07	De.
74,65	9,7	28,29	Ws.
74,79	9,3	28,62	Gl.

L'angle diminue et la distance augmente. Mouvement rectiligne. Groupe de perspective.

Cette étoile = Lal. 34438, notée 6,5 dans ce Catalogue. Elle n'est pas dans Piazzi. Σ la note 5,7 ; grandeur trop forte, car elle n'est pas visible à l'œil nu.

Taureau de Poniat. (357).

18h 30m 21s. 78° 23′.

7,5 — 7,6

Date.	Angle.	Distance.	Obs.
1843,54	272,4	0,45	Md.
45,15	275,5	0,48	Σ_2.
47,70	247,1?	n.m.	Md.
1855,67	264,4	0,53	Σ_2.
57,19	269,0	0,32	Se.
65,61	266,7	all.	id.
72,58	256,9	0,53	Σ_2.
76,79	90 ±	0,5	Bu.

Système orbital très-serré, en mouvement rétrograde. Si l'observation de Bu est certaine (la distance est bien faible et les deux étoiles sont à peu prèségales), le mouvement est très-rapide. A réobserver.

Hercule. 2345.

18h 30m 23s. 69° 1′.

8,5 — 9,7 : blanches.

Date.	Angle.	Distance.	Obs.
1829,75	182,6	7,43	Σ.
30,50	182,6	10?	H_2.
31,84	186,0	7,33	Σ.
35,59	186,0	7,44	id.
43,77	188,0	7,51	Md.
47,48	188,1	7,45	id.
65,21	194,1	7,70	De.

Mouvement direct. Probabilité de système orbital.

Hercule. (358).

18h 30m 32s. 73° 6′.

6,5 — 7 : blanches.

Date.	Angle.	Distance.	Obs.
1843,54	223,8	0,82	Md.
45,41	227,0	1,23	Σ_2.
48,56	218,6	1,18	Da.
57,71	214,2	1,35	Se.
63,16	207,9	1,73	Σ_2.
65,63	207,2	2,15 >	Se.
66,68	207,6	1,72	De
69,58	205,4	1,67	Du.
71,02	203,3	1,65	id.
71,90	204,7	1,72	De.
72,54	203,0	1,57	Fr.
72,58	203,9	1,83	Σ_2.
75,62	202,5	1,67	Sp.
75,69	203,2	1,81	Du.
76,59	202,1	1,73	Sp.

Système orbital serré, en mouvement rétrograde assez rapide.

Hercule, P. XVIII, 132. (359).

18h 30m 33s. 66° 29′.

6,6 — 6,9 : jaunes d'or

Date.	Angle.	Distance.	Obs.
1843,40	359,7	0,85	Md.

Date.	Angle.	Distance.	Obs.
	°	″	
1848,56	356,9	0,73	Da.
49,54	354,2	0,66	Σ_2.
51,72	358,0	0,69	Md.
54,16	358,6	0,60	Da.
57,19	357,6	0,58	Se.
67,91	353,3	0,50	De.
70,80	352,6	0,57	Du.
73,64	351,9	0,55	De.

Système orbital très-serré, en mouvement rétrograde excessivement lent.

Taureau de Poniat. 2346.

18ʰ31ᵐ27ˢ. 82°34′.

7,2 blanche — 9,1.

1829,64	282,9	15,41	Σ.
43,69	286,6	16,41	Md.
52,62	286,1	17,04	*id.*
59,84	287,2	17,14	*id.*
64,83	288,2	18,06	De.
74,65	289,4	19,0	Ws
74,79	289,7	19,34	Gl.
77,62	289,2	18,77	Ws.
77,70	289,5	19,26	Fl.

Mouvement rectiligne. Direction = 313°; vitesse = 0″,091, dont

Æ — 0″,067; D. P. — 0″,063.

Tel est, sans doute, en sens contraire, le mouvement propre de A. Groupe de perspective.

α Lyre. Véga.

18ʰ32ᵐ52ˢ. 51°19′.

1 — 8,8.

1782,36	116,8	38	H.
92,31	116,2	43	*id.*
1822,87	132,1	41,52	H_2.
25,56	133,5	41,13	So.
30,42	135,0	42,52	Da.
30,84	135,2	43,1	Sm.
30,00	137,9	40	H_2.
36,84	138,8	43,18	Σ.
37,51	137,9	42,7	Sm.
43,34	140,3	43,4	*id.*
51,85	144,5	44,14	Σ_2.
57,47	147,7	45,26	Se
65,63	150,2	46,17	De.
65,80	151,9	46,20	Kn.
69,00	150,7	46,26	Br.
73,59	152,9	47,57	Ws.

Date.	Angle.	Distance.	Obs.
	°	″	
1874,48	154,1	47,75	Ho.
74,81	153,8	48,54	Gl.
77,80	155,1	48,14	Fl.

Il faut chercher la petite étoile très-près des rayons de Véga : car il y a d'autres petites étoiles à de plus grandes distances dans le champ. La grandeur est 8,8 au lieu de 10, notée par Σ. Elle est difficile à voir dans les instruments faibles à cause de sa petitesse, et dans les forts à cause de l'éclat de Véga.

L'une des deux positions observées par H est certainement erronée. Au premier abord, il semblerait que, si c'est la mesure de 1782 qui est la bonne et celle de 1792 qui est fausse, le mouvement pourrait être orbital. Il n'y a aucune indication dans le calcul de H qui puisse nous guider dans notre choix. D'autre part, si l'on omet cette mesure pour conserver celle de 1792, et si l'on mène une ligne par la moyenne des positions observées, on trouve une ligne droite, de part et d'autre de laquelle les positions oscillent dans des écarts parfaitement compatibles avec les erreurs d'observations de ce couple si difficile. Cette dernière hypothèse devient une certitude, si l'on compare à cette ligne droite la direction du mouvement propre de Véga, déterminé directement (*voy.* mon Catalogue) : ce mouvement est parallèle, et contraire à celui de B.

Le Compagnon marche en ligne droite vers 216° avec une vitesse de 0″339, qui se décompose en

Æ — 0″,206 et D. P. + 0″,269.

Donc la petite étoile est fixe au fond du ciel, et Véga passe devant.

Ce compagnon a servi légitimement de point de repère pour déterminer la parallaxe de Véga, dont les valeurs suivantes ont été obtenues :

		″
Airy.........	1836	0,224
W. Struve...	1837-40	0,262
Peters......	1842	0,103
O. Struve...	1851-53	0,147
Johnson.....	1854-55	0,154
Brunnow.....	1868-69	0,212
Brunnow.....	1870	0,188

Celle de Peters provient non du compagnon, mais de distances zénithales absolues.

(Le compagnon de α Hercule ne paraît pas indépendant comme celui-ci ; il en résulte que la parallaxe de cette étoile, déterminée par Jacob à l'aide de ce compagnon, ne doit pas être considérée comme certaine.)

Comme l'a remarqué Brunnow, le mouvement propre de Véga paraît se ralentir ; car, si l'on compare les positions de Bradley, d'Argelander, de Struve et de Brunnow, on a

	Mouvement en Æ.	Mouvement en D. P.
	″	″
1750-1830	— 0,2839	+ 0,2908
1837-1852	— 0,2661	+ 0,2675
1852-1869	— 0,2414	+ 0,2643

Cette diminution est-elle réelle ou due à des erreurs constantes ? C'est ce que l'avenir seul pourra décider. La précision n'est pas aussi grande qu'elle le paraît par ces quatre décimales.

La comparaison des positions du Compagnon semble la confirmer ; mais, d'une part, la position de 1792 n'est pas assez sûre, et d'autre part les dernières mesures elles-mêmes ne sont pas d'une précision absolue, à cause de la grandeur du disque de Véga. 1792-1836 donne 0″38, et 1836-1877 : 0″34.

On a remarqué plusieurs fois d'autres compagnons à Véga. En 1863, M. Buckingham, en Angleterre, aperçut entre B et A (c'est-à-dire vers 149°) une petite étoile de 9ᵉ grandeur. En 1865, il l'observa de nouveau, un peu plus brillante, et un peu plus au sud-ouest, vers 155° : sa distance était environ ⅛ de celle de A à B. En 1867, il en remarqua deux autres, de 11ᵉ grandeur ; la première vers 245°, et un peu plus éloignée de A que la précédente, à ⅐ environ de la distance AB : la seconde, de 12ᵉ grandeur, vers 295° et 34″. Il en a donné le diagramme (*Monthly Notices*, nov. 1867), et annonça que d'autres observateurs ont constaté l'existence de ces trois nouveaux compagnons. Je ne connais pas d'observations faites depuis, et je n'ai pu les distinguer moi-même au grand équatorial de l'Observatoire de Paris.

Ba m'écrit qu'il les a aussi cherchés, sans en trouver la moindre trace, et que la seule faible étoile voisine (à part le compagnon classique) est la petite étoile mesurée par Winnecke en 1864 à 298°8 et 46″87, aujourd'hui à :

78,38	292°,0	51″,85	3

Lyre. 2356.

$18^h 33^m 40^s$. 61° 25′.

8,2 — 8,8 : jaunâtres.

Date.	Angle.	Distance.	Obs.
	°	″	
1831,42	47,1	1,03	Σ.
43,94	52,6	0,86	Md.
51,88	53,2	0,85	*id.*
56,74	55,2	0,85	Se.
57,26	57,9	0,88	Md.
59,40	58,7	0,80	*id.*
62,73	66,3?	0,55	*id.*
63,53	simple.		De.
65,31	*id.*		*id.*
65,54	*id.*		En.
65,63	54,3	0,96	Se.
70,65	58,2	0,99	Du.
74,69	54,9	1,13	Ws.
74,80	55,4	1,18	Gl.
75,62	56,8	0,98	Ws.
77,06	54,7	1,00	Do.

Système serré, assez singulier. La distance paraissait avoir diminué, puis augmenté, et en 1863 et 1865 Dembowski et Engelmann avaient vainement cherché le compagnon. Dembowski pense qu'il a observé une autre étoile, par suite d'une erreur de 3′ dans la réduction de la déclinaison ; mais il est encore plus singulier qu'un autre observateur ait commis la même erreur. La diminution de distance notée en 1862 est-elle aussi une erreur ? Dans ce cas, il faut supprimer de la série précédente les quatre observations embarrassantes.

Lyre. 2367.

$18^h 36^m 39^s$. 59° 49′.

Triple.

A = 7 ; B = 7,5 jaunes ;
C = 8,4 : bleuâtre.

AB.

Date.	Angle.	Distance.	Obs.
1829,75	simple.		Σ.
32,31	*id.*		*id.*
32,80	all. vers	58°,7	*id.*
32,86	*id.*	72,2	*id.*
34,91	*id*	64,5	*id.*
43,77	*id.*	70,4	Md.
	°	″	
1864,45	77,8	0,53	$Σ_2$.
64,67	73,5	0,6	De.
74,72	67,8	0,37	Nw.
75,65	242,3	0,32	Sp.

AC.

Fixes à 194°±1 et 14″,1±0″,2.

Tandis que le couple AC reste fixe, il y a un mouvement dans le couple AB. Le compagnon s'écarte lentement de A, dans la lumière de laquelle il était complètement éclipsé en 1832 encore. De 1832 à 1864, la distance parait avoir augmenté de 0″,3 à 0″,6.

J'ai corrigé, d'après Bu, la position des *Positiones mediæ*, qui était de 47^s en retard en Æ et de 3′ trop forte en D.P.

Dragon. 2384.

$18^h 38^m 33^s$. 23° 0′.

8 — 8,5.

Date.	Angle.	Distance.	Obs.
1832,34	307,2	0,82	Σ.
36,87	318,3	0,65	*id*
41,02	312,8	0,7	Da.
44,91	321,4	0,60	Md.
46,32	318,0	0,61	$Σ_4$.
47,32	319,8	0,35	Md
52,62	330,8	0,40	*id.*
54,83	332,9	0,35	Da.
65,41	simple	—	De.

Système orbital très-serré, en mouvement direct rapide. La distance a diminué. Cette étoile = Lalande 34968.

75 Taureau Poniat. 2375.

$18^h 39^m 34^s$. 84° 37′.

7 — 8 : très-blanches.

Date.	Angle.	Distance.	Obs.
1825,60	107,8	2,22	Σ.
28,65	103,1 <	1,88 <	H_2.
28,66	107,8	2,34	Σ.
29,80	109,4	2,48	H_2.
31,60	108,8	2,14	*id.*
32,56	109,8	2,27	Da.
32,88	108,6	2,20	Σ.
34,50	109,5	2,27	Da.
41,62	111,4	2,05	Md.
42,54	111,6	2,27	*id.*
43,42	111,4	2,33	*id.*
48,56	111,5	2,07	Da.
50,86	112,9	2,37	Md.
51,72	111,9	2,27	*id.*
	°	″	
1852,01	111,5	2,24	*id.*
54,59	110,1	2,28	De.
56,92	111,6	2,23	Se.
57,26	112,1	2,28	Md.
58,68	113,0	2,33	Wr.
59,81	113,4	2,30	Md.
65,67	112,0	2,50	Ma.
66,56	113,5	2,02	Se.
67,05	112,9	2,16	De.
71,47	114,6	1,85	Du.
72,53	110,6	2,34	Fr.

Système orbital serré, en mouvement direct très-lent.

4 ε′ Lyre. H. II, 5. 2382.

$18^h 40^m 22^s$. 50° 27′.

6 — 7 : jaunes.

Date.	Angle.	Distance.	Obs.
1779,83	33,9	3,44	H.
1803,83	30,8	n. m.	*id.*
19,69	29,3	3,83	Σ.
21,02	25,7	3,71	*id.*
21,86	27,5	3,95	*id.*
22,12	25,9	4,01	H_2
28,71	24,3	n. m.	*id.*
29,48	23,2	3,56	*id.*
30,53	23,7	3,57	Da.
30,72	25,2	3,31	Bs.
30,73	25,3	3,5	Sm.
31,44	26,1	3,03	Σ
32,57	26,5	3,69	H_2.
32,57	25,2	n. m.	Da.
34,52	24,4	3,32	*id.*
36,45	23,9	3,2	Sm.
37,59	24,0	3,42	Ek.
38,72	22,3	3,50	Ga.
39,78	21,9	3,3	Sm.
39,99	23,8	3,34	Kr.
41,14	22,7	3,48	$Σ_3$.
41,38	21,9	3,25	Da.
41,49	22,9	2,89 <	Md.
41,67	21,1	3,06	Kr.
42,47	22,1	3,19	Md.
42,59	20,6	3,2	Sm.
42,71	20,5	3,12	Σ.
43,03	24,9	3,19	Kr.
43,68	23,2	3,12	Md.
43,94	24,7	3,11	Kr.
44,67	24,0	3,23	Md.
45,64	20,7	3,09	Wr.
46,45	21,9	3,95	Ja.
46,95	21,7	3,17	Da.
47,53	21,7	3,20	Md.
47,60	20,4	2,46 <	Mt.
48,59	21,4	3,15	Da.
50,54	21,9	3,22	Md.

Date.	Angle.	Distance.	Obs.
	°	"	
1851,65	19,7	3,15	Ft
51,65	19,9	3,14	Kr.
51,82	21,4	3,18	Mi.
51,84	21,9	3,26	Md.
51,88	23,1	3,28	Σ_2.
52,58	21,3	3,10	Md.
53,71	19,7	3,0	Sm
53,71	20,5	3,20	Da.
53,75	20,6	3,20	Md.
54,22	n. m.	3,35	De.
54,70	20,9	3,02	Md.
54,71	19,6	3,12	Da.
54,81	20,5	n. m.	De.
54,84	19,6	3,03	Da.
55,44	20,1	3,26	De.
56,24	22,4	3,1	Se.
56,43	20,5	3,13	Md
56,49	20,0	3,19	De.
56,51	19,0	3,24	Σ_2.
58,43	18,7	3,20	Wr.
58,47	20,2	3,16	Md.
59,40	19,5	2,90 <	*id.*
59,60	18,8	3,16	Wr.
59,73	19,3	3,06	Da.
61,35	19,4	3,06	*id.*
61,45	20,4	3,06	Ma.
62,46	17,9	3,14	Σ_2.
63,09	19,3	3,04	De.
64,45	19,8	3,29	En.
65,80	18,5	2,95	Kr.
65,85	20,6	2,95	Kn.
66,51	23,0 >	3,41 >	Ta.
66,72	19,0	3,28	Se
66,84	19,1	2,98	Kn
67,54	23,5	3,60 >	Ta.
68,59	19,8	3,33	Ba.
68,79	14,0 <	3,00	Ma.
69,76	13,6 <	3,22	Ws.
70,44	18,1	2,99	Du.
70,50	15,7	3,28	Ma.
72,46	18,2	3,21	*id.*
73,42	19,1	3,29	Ma.
73,55	16,6	3,02	Ws.
73,60	18,3	3,1	Gl.
74,59	14,2	3,20	Ma.
75,63	16,9	3,08	Sp.
75,69	14,3	3,10	Ma.
75,93	17,4	n. m.	Dk.
76,59	17,4	3,22	Ws.
77,43	16,1	3,08	Ea.
77,44	15,3	3,24	Fk.

5 ε² Lyre. H. II, 6. 2383.

18h 40m 24s. 50° 31'.

5,7 — 6 : blanches.

Date.	Angle.	Distance.	Obs.
	°	"	
1779,83	173,5	el. H.	H.
1804,08	167,3	*id.*	*id.*
19,73	160,3	3,43	Σ.
21,92	160,0	3,48	*id.*
22,42	159,9	3,80	So.
25,53	159,2	3,34	*id.*
28,72	156,4	n. m.	H_2.
29,70	158,3	3,48	*id.*
30,57	157,3	2,93	Da.
30,72	156,1	2,82	Bs.
30,73	157,1	2,8	Sm.
31,44	155,2	2,57	Σ.
32,57	157,0	3,26 >	H_2.
32,57	156,2	2,63	Da.
34,52	154,3	2,5	Sm.
36,45	154,6	2,5	*id.*
37,59	153,7	2,95	Ek.
38,72	155,4	3,35 >	Ga.
39,78	152,8	2,5	*id.*
39,99	151,0	2,71	Kr.
40,72	152,8	2,58	Da.
41,30	151,1	2,67	Σ_2
41,49	153,6	2,50	Md.
41,66	151,8	2,66	Da.
41,67	152,7	2,49	Kr.
42,47	153,2	2,85	Md.
42,59	150,9	2,6	Sm.
43,03	152,0	2,61	Kr.
43,68	151,9	2,72	Md.
43,94	151,3	2,69	Kr.
44,67	151,5	2,79	Md.
45,63	150,8	2,76	Wr.
46,14	150,7	3,10 >	Ja.
46,63	150,8	2,76	Fo.
46,95	150,0	2,44	Da.
47,53	150,2	2,74	Md.
47,60	149,2	2,55	Mt.
48,54	148,9	2,59	Da.
50,54	149,6	2,83	Md.
51,57	147,0	2,42	Ft.
51,65	149,0	2,52	Kr.
51,82	146,7	2,49	Mi.
51,84	148,5	2,81	Md
52,30	147,7	2,64	Σ_2.
52,58	149,2	2,48	Md.
53,71	147,5	2,46	Da.
53,71	148,1	2,5	Sm
53,75	147,4	2,93	Md.
54,53	147,0	2,6	De.
54,70	146,8	2,66	Md.
54,72	146,2	2,43	Da.
54,84	145,9	2,48	*id.*
56,06	148,4	2,57	Se.
56,43	146,6	2,70	Md.
56,46	147,5	2,68	De.
58,20	144,5	2,50	Σ_2.
58,42	146,7	2,48	Wr.
58,47	146,3	2,65	Md.
59,40	144,5	2,21	*id.*
1859,73	145,8	2,55	Da.
61,35	145,2	2,62	Md.
61,45	152,6?	2,43	Ma.
62,46	145,9	2,51	Σ_2.
63,09	144,0	2,48	De.
64,45	142,7	2,45	En.
65,54	n. m.	2,49	Se.
65,75	143,4	2,35	Kn.
65,75	144,9	2,56	Da.
65,80	143,0	2,34	Kr.
65,85	142,6	2,35	Kn
66,51	141,0	2,54	Ta.
66,84	142,6	2,37	Kr.
67,54	142,3	2,53	Ta.
68,64	141,8	2,64	Er.
68,79	139,4	2,57	Ma.
69,76	137,5 <	2,37	*id.*
70,56	139,7	2,46	Ma.
70,68	141,5	2,30	Du.
72,45	137,2	2,50	Ma.
72,53	143,4 >	2,7	Ws
73,42	138,3	2,38	Ma.
73,64	141,6	2,5	Gl.
74,62	138,2	2,35	Ma.
75,63	139,3	2,40	Sp.
75,69	138,8	2,44	Ma.
75,93	139,3	n. m.	Dk.
76,59	139,4	2,62	Ws.
77,44	137,4	2,35	Fk.
77,43	137,6	2,45	Ea.

ε¹ — ε².

Date.	Angle.	Distance.	Obs.
1830,73	172,5	207,3	Sm
35,23	172,9	207,1	Σ
36,45	172,9	206,8	Sm.
63,15	172,9	207,7	De.
64,45	172,8	206,3	En.
66,47	172,4	209,7	Ma.
72,05	173,0	206,6	Ws.
72,52	172,8	207,5	De.
77,52	172,8	207,1	Fl.

Admirable système. Double-double, ou quadruple régulière, formée de deux couples symétriques. A l'œil nu on distingue, près de Vega (à 1° ½ nord-est), une étoile de 4e ½ grandeur, qui paraît allongée et qui se sépare en deux dans le plus faible instrument. W. Herschel, Bessel, à l'âge de 13 ans, Heis et d'autres l'ont séparée à l'œil nu. (Cependant le dédoublement n'a été fait, pour la première fois, qu'en 1755 par Maskelyne dans son cercle mural.) Chacune des deux est de 5e grandeur, et la distance est de 207", ou 3' 27". Si l'on dirige un instrument plus puissant vers ce couple, chacune des deux composantes se dédouble de nouveau : celle qui passe au méridien la première, ou ε^1, se compose de deux étoiles jaunes de 6e et 7e grandeur; la seconde, ou ε^2, se compose de deux étoiles blanches et plus brillantes, de 5,7 et 6.

Depuis les premières mesures micrométriques de 1779, le premier couple montre un mouvement orbital de 34°—15°, ou 19° pour 98 ans = 0°,20 par an. A cette vitesse moyenne, la révolution totale demanderait 1800 ans. Le second couple a parcouru 173°—137° ou 36° = 0,37 : sa révolution est environ deux fois plus rapide. Les deux mouvements sont rétrogrades.

Le rapprochement de ces deux couples dans le ciel et leur similitude d'aspect et de mouvement établissent une probabilité presque égale à la certitude que ces deux systèmes sont associés et forment un *système stellaire*. Quoique Argelander ait cru trouver une différence de mouvement propre en Æ, leur position relative ne paraît pas varier ; tel est le cas prévu par la loi des distances : leur révolution autour de leur centre commun de gravité doit atteindre une période peu inférieure à un million d'années!

Le système de ε^2 doit avoir une masse supérieure à celle de l'autre couple : sa vitesse est plus rapide, à égalité de distance, et les deux soleils qui le composent sont supérieurs en éclat aux deux premiers, ce qui, sans être une confirmation de la masse, s'accorde avec notre hypothèse. Le centre de gravité de l'ensemble du système doit donc être plus près de ε^2 que de ε^1.

Le mouvement propre, en l'admettant commun aux deux couples, paraît être (*voy.* mon Cat.).

Æ — 0s,002 ; D.P. — 0″,09.

Entre les deux couples, aux deux tiers environ de ε^1 (nord) à ε^2 (sud), il y a trois petites étoiles formant une courbe concave vers le sud. Il serait intéressant de les suivre pour savoir si elles restent fixes relativement aux deux systèmes.

En décembre 1873, M. Prince a annoncé (R.A.S.) qu'un changement s'était opéré dans la position comme dans l'éclat de ces trois étoiles depuis le diagramme dessiné en 1842 par Sm. Mais ce diagramme n'est pas assez précis pour constater le fait. Il faudrait des mesures micrométriques. Les seules que je connaisse sont celles de Wilson en 1872 :

	°	
AB(ε^1)	17,1	
CD ε^2	142,0	
AC	173,0	
AE	134,7	E = 9,5
AF	180,5	F = 12
AG	167,5	G = 12
CE	36,6	
CF	338,4	
CG	1,2	
EF	248,9	
EG	268,5	
FG	39,2	

Elles demanderaient à être reprises de nouveau; car, en construisant le diagramme, on ne peut arriver à trouver la place exacte de G.

De CF, on a eu déjà :

1823	220°	53″	So.
1831	221°	48″	H$_1$.

J'ai entrepris cette mesure cette année 1877 ; mais elle n'est pas terminée.

Lyre. H. III, 81. 2393.

18h41m6s. 5.°49′.

7,3 rouge — 10.

Date.	Angle.	Distance.	Obs
	°	″	
1783,20	23,7	9,45	H.
1829,48	22,5	10,42	Σ.
43,76	22,3	11,07	Md.
65,61	23,1	11,78	De

La distance augmente lentement. Très-haute probabilité d'un groupe de perspective.

Dragon. 2398.

18h41m34s. 30°35′.

8,2 jaune — 9,2 bleue.

1832,17	134,4	12,42	Σ.
44,91	137,4	12,97	Md.
47,32	138,6	13,27	*id.*
65,04	142,8	15,56	De.
77,88	144,7	16,52	Fl.

Mouvement rectiligne, dirigé presque juste vers le sud. Direction = 172°. Vitesse = 0″,11, qui se décompose en

Æ + 0″,015 et D.P. + 0″,109.

Tel est, sans doute, en sens contraire, le mouv. propre de A. — Groupe de perspective.

Cette étoile = OEltz — Arg. 18609.

Taureau de Poniat. 2396.

18h42m48s. 79°22′.

7,5 jaune — 11.

Date.	Angle.	Distance.	Obs.
	°	″	
1829,60	232,8	11,74	Σ
43,71	267,4	10,31	Md.
46,73	275,7	10,32	*id.*
47,77	276,5	11,75	*id.*
49,09	278,1	11,72	Σ$_2$.
50,75	284,7	n.m.	Md.
51,73	286,3	12,57	*id.*
51,91	285,4	12,06	Σ$_2$.
52,78	287,6	12,40	Md
57,14	292,3	13,96	Σ$_2$.
65,44	304,4	16,39	De.
65,76	304,4	16,64	Σ$_2$.
74,65	313,5	19,9	Ws.
75,63	311,9	19,92	*id.*
77,75	314,6	21,02	Fl.

Mouvement rectiligne rapide, dirigé presque vers le nord. Direction = 346°; vitesse = 0″,47, dont

Æ — 0″,012 ; D.P. — 0″,455.

Ce mouvement appartient presque certainement à A, et la petite étoile doit rester fixe au fond du ciel. — Groupe de perspective.

Hercule. 2400.

18h43m31s. 73°53′.

8 jaune — 10,6.

1829,18	305,2	2,96	Σ.
32,66	303,2	2,74	*id.*
43,70	300,1	1,99	Md.
46,47	301,0	2,20	*id*
48,45	299,9	1,80	*id.*
51,60	275,3	1,77	Σ$_2$.
65,40	comp. invis.		De.
72,60	236,3	1,02	Σ$_2$.
74,65	« failed to see B. »		Ws.

La petite étoile paraît se mouvoir en ligne droite vers 146° avec une vitesse de 0″,063 ; dont

Æ + 0″,035 et D. P. + 0″,053

(par les positions de 1829 et 1872). De 1851 à 1872 Σ$_2$ n'a pu la distinguer, et il en a été de même de De en 1865. Cependant, si la mesure de 1872 est exacte, ce n'est pas la proximité de A qui aurait éclipsé B de 1851 à 1872, car l'étoile a continué de se rapprocher, et elle était en 1872 plus proche qu'à aucune autre époque.

Si l'on préfère la mesure de 1851 à celle de 1872, on a : vitesse = 0″,073, dont

Æ + 0″,028 et D. P. + 0″,067 ;

mais dans ce cas le rapprochement dans l'intervalle de 1851 à 1872 n'a pas atteint 0″,3, car la distance n'a pas été inférieure à 1″,5, et en 1872 elle aurait dû être 1″,57. L'invisibilité du compagnon me paraît plutôt devoir être attribuée à des différences dans les conditions d'observation et surtout à la transparence atmosphérique. On ne peut encore décider si le couple est optique ou physique.

Taureau de Poniat. 2402.

18h44m5s. 79° 28′.

8 — 8,4 : blanches.

Date.	Angle.	Distance.	Obs.
	°	″	
1830,20	197,7	0,74	Σ.
38,83	204,3	0,70	Md.
40,51	218,5	0,91	.
41,61	217,0	0,81	*id.*
43,65	208,4	0,68	Md.
52,63	212,0	0,68	*id.*
56,64	213,4	0,90	Se.
61,66	229,4	n. m.	Md.
62,77	198,6	0,7	De.
65,63	203,8	0,84	Se.
68,09	203,1	0,9	De.
72,54	205,0	1,0	Ws.
72,61	208,8	1,04	Σ_2.
74,65	202,2	1,0	Ws.
74,73	203,2	0,97	Gl.
74,68	205,1	1,11	Nw.
75,63	207,1	0,8	Ws.
75,67	206,6	0,85	Sp.
76,81	205,1	0,79	De.

Système orbital serré, en mouvement direct très-lent ; observation très-difficile.

Il y a des différences étranges entre les observateurs. Les premiers angles de Σ_2 paraissent beaucoup trop élevés. Ils sont corrigés d'observations faites sur des étoiles doubles artificielles. Ce qu'il y a de plus singulier, c'est que les mesures non corrigées s'accorderaient beaucoup mieux que les observations corrigées.

Dragon. 2416.

18h49m15s. 38° 50′.

8 blanche — 10.

Date.	Angle.	Distance.	Obs.
	°	″	
1830,78	156,9	15,61	Σ.
44,36	158,4	15,73	Md.
66,99	157,6	16,35	De.

La distance augmente lentement. Groupe de perspective.

---

47 o Dragon. H. IV, 20. 2420.

18h49m25s. 30° 45′.

4,7 or — 8,4 azur.

Date.	Angle.	Distance.	Obs.
1780,76	360,0	26,65	H.
1800,00	355,0	31,0	Pi.
14,13	350,8	n. m.	Σ.
22,14	349,2	29,95	So.
30,78	347,6	30,4	Sm.
35,62	345,6	30,43	Σ.
36,78	345,6	30,36	*id.*
37,89	345,5	30,3	Sm.
40,34	345,1	30,58	Σ_2.
41,48	344,8	32,10 >	Md.
41,74	345,0	30,27	Kr.
43,32	344,2	30,59	Md.
43,94	344,7	30,23	Kr.
47,81	344,0	30,48	Md.
51,67	342,7	30,82	Σ_1.
58,21	341,6	30,93	De.
63,14	340,7	31,01	*id.*
65,43	341,0	32,10	Ma.
67,79	340,1	31,03	De.
72,80	338,9	31,59	Σ_2.
77,76	339,4	31,87	Fl.

Mouvement rétrograde et augmentation de distance. Rectiligne, mais non uniforme. La distance de H paraît trop petite de 2″,5 ; celle de Pi trop grande d 1″,6 (mais elle n'est pas micrométrique). Si l'on attribue les divergences à des erreurs d'observation, on a, pour le mouvement rectiligne : Direction = 270° ou plein ouest ; vitesse moyenne = 0″,07 ; mouvement en

Æ = — 0″,07 ; en D.P. = 0,00.

Le mouvement propre reconnu à A est

Æ + 0s,005 ; D.P. — 0″,01.

Ce groupe est certainement optique.

A = P. XVIII, 248.

Lyre. 2421.

18h51m37s. 56°22′.

8 — 8,7 : blanches.

Date.	Angle.	Distance.	Obs.
	°	″	
1829,25	68,8	21,15	Σ.
1866,06	66,5	21,92	De.

La distance augmente lentement. Groupe de perspective

Hercule. 2422.

18h52m15s. 64° 3′.

7,7 — 8 : blanches.

Date.	Angle.	Distance.	Obs.
1832,10	105,7	0,85	Σ.
40,69	106,5	0,98	Σ_1.
43,08	105,1	0,77	Md
55,14	100,7	0,80	Σ_2.
56,88	106,9	0,83	Se.
69,16	100,5	0,72	Pu.
69,18	99,7	0,82	De.
72,61	96,8	0,85	Σ_2.
74,66	97,4	0,97	Nw.
75,68	98,5	0,76	Sp.

Système orbital très-serré, en lent mouvement rétrograde.

Lyre. 3130. (365).

18h52m20s. 45° 56′.

Triple.

A = 7,4 ; B = 11 ; C = 11.

AB.

Date.	Angle.	Distance.	Obs.
1841,65	168,1	0,50	Σ_2.
43,41	74,5	0,3	Md.
44,85	all. vers	232°	Σ_2.
45,65	all. vers	235 :	*id.*
46,69	all. vers	212 :	*id.*
47,59	all. vers	226 :	*id.*
48,74	all. vers	242 :	*id.*
49,82	all. vers	250 :	*id.*
51,68	275°	0″,20	*id.*
52,63	simple	—	*id.*
54,64	simple	—	*id.*
54,69	simple	—	*id.*
57,67	166,1	0,50	*id.*
65 à 66	simple	—	De.
78,40	simple	—	Bu

AC.

C fixe à 263° ± 1° et 3″,0 ± 0″,2.

AB paraissent former un système orbital très-serré en mouvement rétrograde rapide, et sans doute très-incliné. C reste fixe jusqu'à présent. Peut-être système ternaire. Mais on ne peut rien affirmer.

---

11 Aigle. H. III, 32. 2424.

18h 53m 34s. 76° 32′.

6 jaune d'or — 9 azur.

Date.	Angle.	Distance.	Obs.
	°	″	
1802,76	238,6	7?	H.
20,64	236,4	20,06	Σ.
25,11	240,5	19,66	So.
31,31	241,6	18,66	Σ.
32,61	240,9	19,1	Sm.
44,22	244,9	17,07	Md.
51,90	248,6	17,78	Σ₂.
52,05	247,5	17,45	Md.
56,82	247,5	16,50	id.
62,72	248,1	16,13	id.
63,48	252,1	17,43	De.
68,75	254,2	16,87	Σ₂.
69,77	254,0	17,23	Du.
74,65	255,8	17,3	Ws.
74,73	257,4	17,5	Gl.
75,63	255,9	17,29	id.
77,52	256,8	n. m.	Dk.
77,76	258,2	17,41	Fl.

Mouvement rectiligne (et même plutôt convexe vers A!), dirigé presque juste vers le nord. Vitesse = 0″,12; direction = 357°, dont

Æ — 0″,009; D.P. — 0″,119.

Les observations de Md sont très-discordantes, surtout celle de 1862, où la distance est de 1″,6 trop petite. Celle de H, en 1802, est inexplicable : elle devrait être 233° et 20″,4. Le mouvement ci-dessus appartient sans doute à A, dont le mouvement propre est encore inconnu.

A = P. XVIII, 258, estimée de 7e grandeur. Sm a consacré cette estimation, tout en remarquant que l'étoile est assez brillante pour être notée de 6e. Σ l'a notée 5,5. Du 5,0. Je l'ai trouvée de 6e. Serait-elle variable?

Lyre. 2427.

18h 53m 57s. 51° 56′.

Triple.

A = 8,5 ; B = 9 ; C = 9,2.

AB.

Date.	Angle.	Distance.	Obs.
	°	″	
1828,74	63,6	44,24	Σ.
56,64	63,0	46,41	Se.
68,26	62,6	46,63	De.

BC.

C fixe à 80°,5 ± 0°,3 et 7″0 ± 0″,2

La distance entre A et B augmente. Groupe de perspective. On ne peut rien décider pour le couple BC.

Dragon. H. I, 43. 2438.

18h 55m 29s. 31° 56′.

7 blanche — 7.5 rougeâtre.

Date.	Angle.	Distance.	Obs.
1782,68	355±	1″±	H.
83,26	358,4	—	id.
1830,00	337,8	0,7	H₂.
32,53	340,6	0,72	Σ.
34,53	341,0	0,7	Sm.
41,48	338,0	0,6	Md.
41,80	335,1	0,65	Da.
42,61	346,4	0,64	Σ₂.
43,32	346,6	n. m.	Md.
57,54	333,2	0,4	Se.
63,62	330,0	all.	De.
70,87	306,0	0,53	Σ₂.
73,58	ronde.	—	Ws.
74,73	330,0	0,5	Gl.

Système orbital très-serré, en lent mouvement rétrograde. La distance a certainement diminué depuis le temps de H, car autrement il n'aurait pas dédoublé cette étoile.

Cette étoile = P. XVIII, 287.

Taureau de Poniat. 2436.

18h 56m 24s. 81° 25′.

7,4 jaunâtre — 8,1 bleuâtre.

Date.	Angle.	Distance.	Obs.
1830,35	309,0	34,58	Σ.
43,73	310,2	34,14	Md.
50,71	310,7	33,99	id.
52,63	310,2	33,84	id.
64,80	310,2	33,52	Do.
74,73	309,6	34,17	Gl.
75,15	310,1	33,47	Ws.
77,66	310,2	33,34	Fl.

Diminution certaine de la distance. Groupe de perspective.

Aigle. H. IV, 127. 2434.

18h 56m 34s. 90° 53′.

Triple.

A = 7,5 ; B = 8 ; C = 12.

AB.

Date.	Angle.	Distance.	Obs.
	°	″	
1783,60	159,9	17,7	H.
1800,00	147,8	26,4	Pl.
22,67	149,1	26,09	Σ.
23,48	148,8	26,02	So.
31,48	148,6	25,8	Sm.
31,57	147,0	25,56	Σ.
35,53	145,8	25,45	Md.
38,59	146,8	25,6	Sm.
44,45	142,9	25,66	Md.
48,65	141,3	25,77	Mt.
51,75	139,8	24,24	id.
56,93	138,9	24,48	Se.
61,47	137,1	25,28	Ma.
64,66	136,8	24,29	De.
66,65	136,8	24,23	Se.
74,73	133,2	23,8	Gl.
74,67	132,9	24,0	Ws.
75,66	133,4	24,18	id.
77,68	132,6	24,31	St.
77,76	132,8	23,89	Fl.

BC.

Date.	Angle.	Distance.	Obs.
1831,57	80,5	1,93	Σ.
38,59	85,0	2,0	Sm
44,45	80,6	2,20	Md.
48,12	72,4	1,54	Mt.
57,12	68,7	1,73	Se.
64,66	69,6	1,79	De.
66,57	72,0	1,0	Se
72,56	70,4	1,5	Ws.
73,55	67,5	1,09	id.
77,68	63,2	1,51	St.

Triple, mais non ternaire. Mouvement relatif de B vers N-N-E=36°; vitesse=0″,14, dont

Æ + 0″,081 et D.P. — 0″,115.

La position de H, en 1783, jointe à la probabilité conclue de l'éclat de A et B pourrait faire supposer un mouvement orbital. Mais toutes les positions s'accordent (H excepté) en faveur d'un mouvement absolument rectiligne. Dans ce mouvement, l'angle de H est exact; mais sa distance doit être augmentée à 28″,90.

B est double elle-même, et C

lui est associée physiquement. Système orbital serré, en mouvement rétrograde. C'est très-faible.

AB = P. XVIII, 274-275.

Aigle. 2437.

18h56m36s. 71°0'.

7,8 — 8 blanches.

Date.	Angle.	Distance.	Obs.
	°	″	
1830,79	80,8	1,09	Σ.
31,00	82,9	1,0	H_2
39,60	76,7	0,99	Md.
41,42	73,6	1,25	$Σ_2$.
44,26	74,0	0,93	Md.
48,00	73,5	1,01	$Σ_2$.
52,22	70,5	0,98	Md.
55,26	65,8<	1,01	*id.*
57,10	71,6	0,95	Se.
58,81	53,8?	0,45	Md.
59,74	62,3<	0,6	*id.*
62,70	63,0<	0,75	*id.*
63,06	71,5	0,8	De.
64,49	65,5<	1,06	En.
66,73	68,5	0,5	Se.
70,09	72,7	0,80	Du.
72,61	66,4	1,02	$Σ_2$.
73,56	67,7	0,92	Ws.
74,67	68,3	0,8	*id.*
74,73	67,9	1,02	Gl.
75,61	70,7	1,02	Sp.
76,52	68,0	0,8	Ws.

Système orbital serré, en mouvement rétrograde. Les mesures de Md sont singulièrement discordantes.

Lyre. 2441.

18h56m6s. 58°47'.

Jaunâtre — 9 bleuâtre.

1830,34	291,9	5,22	Σ.
37,33	290,1	5,19	Md.
43,77	288,4	5,11	*id.*
45,41	288,5	5,20	*id.*
51,88	287,4	4,69	*id.*
52,68	283,8	5,03	*id.*
57,13	283,3	5,64	Se.
57,99	285,5	5,18	Md.
65,63	284,0	5,77	Se.
70,40	283,7	5,21	De.
71,66	281,0	5,27	$Σ_2$.
73,53	283,7	5,64	Fr.

Mouvement rétrograde. Très-probablement orbital.

γ Couronne australe. H² 7714.

18h58m19s. 127°14'.

5,5 = 5,5.

Date.	Angle.	Distance.	Obs.
	°	″	
1834,47	37,1	1,23	H_2.
35,55	36,8	n.m.	*id.*
36,43	34,5	3,67	*id.*
37,33	32,7	2,66	*id.*
47,32	14,1	2,30	Ja.
50,46	5,9	2,29	*id.*
51,54	4,5	2,26	*id.*
52,49	2,2	1,90	*id.*
53,25	359,6	1,83	*id.*
53,74	358,6	1,82	Po.
54,26	356,2	1,71	Ja.
54,78	355,6	n.m.	Po.
55,77	352,9	n.m.	*id.*
56,44	349,4	1,67	Ja.
57,43	347,3	1,61	*id.*
58,20	343,4	1,53	*id.*
59,72	338,1	n.m.	Po.
61,69	328,8	n.m.	*id.*
62,27	325,3	1,50	*id.*
63,84	318,1	1,25	*id.*
75,65	257,4	1,45	Sp.
76,64	253,1	1,67	St.

Système orbital serré, en mouvement rétrograde très-rapide : 144° parcourus en 42 ans. 360° conduiraient à 105 ans. Le mouvement va en s'accélérant. On a plusieurs fois essayé le calcul de l'orbite. La seule orbite à peu près sûre est celle de Schiaparelli (1875) :

$$\begin{aligned} \Omega &= 229^\circ 9',0 \ (1880) \\ \pi - \Omega &= 75.24,2 \\ i &= 111.21,7 \ (\text{rétr.}) \\ e &= 0,6989 \\ a &= 2'',400 \\ P &= 55^{\text{ans}},582 \\ T &= 1882,774 \end{aligned}$$

Les valeurs obtenues pour le mouvement propre de cette étoile sont loin d'être d'accord (*voy.* mon Catalogue).

Aigle. 2442.

18h58m21s. 73°12'.

8 jaune — 9,5.

1828,77	207,6	23,05	Σ.
43,70	207,3	22,56	Md.
65,68	207,8	20,80	De.

La distance diminue. Mouvement rectiligne. Groupe de perspective.

Lyre. 2454.

19h1m30s. 59°45'.

8 blanche — 9 bleuâtre.

Date.	Angle.	Distance.	Obs.
	°		
1831,50	204,0	0,75	Σ.
43,76	208,1	0,6	Md
43,76	219,3?	0,90	$Σ_2$.
57,57	217,0	0,45	Se
65,32	225,9	1,26	De.
69,64	235,1	0,88	$Σ_2$.
72,45	235,2	0,81	Du.
73,55	232,5	1,0:	Ws
74,69	231,6	0,88	Nw.
75,89	235,0	0,87	Sp.
76,63	232,4	0,79	Ws

Système orbital serré en mouvement direct assez rapide. L'accroissement de vitesse a été si fort, comme l'a fait remarquer Du. que la distance n'aurait pas dû surpasser 0″,44 en 1865 et 0″,41 en 1875, et pourtant les mesures contredisent toute diminution.

Lyre. 2456.

19h1m39s. 51°40'.

8,2 = 8,2.

1829,43	13,6	29,07	Σ.
44,90	12,0	n.m.	Md.
47,85	11,0	27,50	*id.*
50,81	11,4	28,00	Md.
52,02	11,2	27,34	*id.*
59,86	10,7	n.m.	*id.*
64,46	9,0	26,76	En.
64,82	9,3	26,48	De.
76,63	7,1	n.m.	Dk.
77,86	7,5	25,59	Fl.

Le mouvement est rectiligne, et, quoique les deux composantes offrent un égal éclat, nous sommes conduits à conclure en faveur d'un groupe de perspective. Direction = 235°; vitesse = 0″10, dont

Æ — 0″,080 et D.P. + 0″,057.

On ne peut décider à laquelle des deux étoiles appartient le mouvement. Il est même probable qu'il représente la différence des deux mouvements propres.

Petit Renard. 2455.

$19^h 1^m 46^s$. 68° 1'.

7,3 — 8,6 : jaune clair

Date.	Angle.	Distance.	Obs.
	°	"	
1827,64	140?	4±	H₂
28,77	144,5	4,93	Σ.
39,29	136,6	4,42	Md.
44,57	132,6	4,16	*id.*
50,74	125,2	3,74	*id.*
52,64	124,9	4,07	*id.*
53,99	124,2	3,66	*id.*
55,66	124,3	3,98	Wr.
57,29	123,0	3,70	Se.
58,73	122,2	3,65	Md.
61,74	120,5	4,04	*id.*
62,84	116,1	3,73	*id.*
64,96	115,5	3,53	De.
65,58	114,2	3,51	En.
65,64	113,4	3,77	Se.
67,20	114,4	3,39	De.
69,95	110,9	3,32	Du.
73,00	108,3	3,33	De.
73,55	109,2	3,42	Ws.
74,67	109,7	3,37	*id.*
74,73	109,5	3,30	Gl.
75,17	105,9	3,22	De.
75,61	104,8	3,49	Sp.

Ce couple est probablement orbital; mais la loi des aires n'est pas satisfaite par l'examen des secteurs. Comme dans le cas de Σ 2120, une ligne droite représente aussi bien l'ensemble des observations qu'une ligne courbe qui serait allongée presque parallèlement à la ligne nord-sud. Dans le cas du mouvement rectiligne, on a : direction = 3° (presque juste vers nord); vitesse = 0",067, dont

Æ + 0",004; D.P. — 0",066.

B passera vers 1885 à son minimum de distance de A. La proximité des composantes fait pencher en faveur de la binarité. Les grandeurs ne sont pas non plus très-différentes.

Cette étoile est Lalande 35821; mais il ne l'a pas notée double.

---

17 Lyre. 2461.

$19^h 2^m 53^s$. 57° 42'.

5,7 jaunâtre — 9,8 bleuâtre.

Date.	Angle.	Distance.	Obs.
1830,72	330,6	3,72	Σ.
34,79	331,2	2,9	Sm.
38,82	329,9	3,6	*id.*

Date.	Angle.	Distance.	Obs
	°	"	
1843,76	327,9	3,55	Md.
48,44	328,3	n. m.	*id.*
51,78	329,6	3,53	Σ₂.
56,82	328,4	3,45	Se.
62,50	332,1?	3,64	Md.
68,86	323,7	3,69	De
73,55	« failed to see B »		Ws.
76,62	321,9	3,86	*id.*

Mouvement rétrograde très-lent. Probabilité de système orbital. Si Ws ne s'est pas trompé d'étoile en 1873, le comp. serait variable, car il ne s'est pas rapproché.

Lyre. P. XIX, 13. 2472-2473.

$19^h 4^m 24^s$. 52° 17'.

Quadruple.

A = 7,5 jaune ; B = 9,2 ; C = 9 ; D = 9,2.

AB. 2472.

Date.	Angle.	Distance.	Obs.
1831,86	336,5	17,14	Σ
57,88	336,4	17,68	Se.
67,77	337,4	17,94	De.
68,52	337,6	18,48	Kn

Quoique la dernière distance soit un peu trop forte, les séries s'accordent pour montrer dans ce couple une lente augmentation de la distance. Très-grande probabilité d'un couple de perspective. Les deux autres étoiles restent stationnaires :

AC.

C fixe à 349° et 75".

CD. 2473.

D fixe à 294° et 6",3.

Cygne 4. 2479.

$19^h 5^m 52^s$. 34° 53'.

Triple.

A = 7 ; B = 8 : blanches ; C = 9,4 bleue.

AB. (De 19).

Date.	Angle.	Distance.	Obs.
1863,87	40,9	all.	De.
70,83	36,8	all.	*id.*
74,09	20,2	0,6	*id.*

AC.

Date.	Angle.	Distance.	Obs.
1832,61	38,0	6,65	Σ.
44,37	37,0	6,40	Md.
59,80	34,0	7,23	Se.
66,78	35,5	6,78	De.
71,13	35,6	6,73	Du.

AB forment un système orbital très-serré, en rapide mouvement rétrograde. C paraît aussi en mouvement rétrograde. Sans doute système ternaire.

Lyre. II. 11, 68. 2481.

$19^h 7^m 5^s$. 51° 24'.

Triple.

A = 8 ; B = 8 ; C = 9.

Date.	Angle.	Distance.	Obs.
AB.			
	°	"	
1783,33	261,6	cl. II.	H.
1830,45	234,3	3,83	Σ.
43,74	235,3	4,10	Md.
48,53	231,5	3,73	Po.
51,83	230,6	3,90	Σ₂.
55,56	229,4	4,03	*id.*
56,59	230,3	3,96	Wr.
57,80	230,8	3,99	Se.
58,44	230,1	4,73	De.
65,44	223,7	4,31	Ma.
67,65	227,6	3,92	De.
69,77	226,0	4,32	Ma.
75,65	225,5	4,02	Sp.
75,68	225,6	3,95	Du.
76,75	224,5	n. m.	Lt.
76,75	225,6	3,89	Du.
BC (Se. 3).			
56,83	93,4	0,4	Se.
59,61	98,2	0,4	*id.*
66,74	88,7	0,59	Σ₂.
75,64	86,5	0,52	Sp.
77,31	69,8	0,37	De

AB forment un système orbital en mouvement rétrograde assez rapide. Mouvement propre commun :

Æ — 0",29; D.P. + 0",097 : Σ.

BC tournent aussi en mouvement rétrograde. (J'ai renversé de 180° la mesure de De). Je trouve aussi dans H une observation d'une troisième étoile, en 1783, à 244°, sans indication de distance, que je ne m'explique pas. — Système ternaire.

Aigle. 2484.

$19^h 8^m 58^s$. 71° 8'.

7,5 — 9 : blanches.

Date.	Angle.	Distance.	Obs.
1831,76	218,4	2,50	Σ.

Date.	Angle.	Distance.	Obs.
	°	″	
1836,46	220,3	2,47	Md.
43,72	224,3	2,43	*id.*
51,80	221,9	2,43	*id.*
52,63	223,3	2,64	*id.*
57,26	224,0	2,49	Se.
61,70	229,9	n. m.	Md.
67,64	227,1	2,56	De.
71,34	224,9	2,62	Σ_2.
74,73	232,3	2,5	Ws.
74,84	232,5	2,51	Gl.
76,31	224,6?	2,78	Ws.

Très-haute probabilité de système orbital en lent mouvement direct.

Cygne 6. 2486.

$19^h 9^m 0^s$. $40° 23'$.

6 — 6,5 : jaunes.

1832,46	224,8	10,46	Σ.
36,74	224,7	10,55	*id.*
43,84	223,6	10,23	Md.
45,85	222,8	10,38	*id*
47,58	222,8	10,20	Wr.
47,85	222,1	10,53	Md.
51,85	221,8	10,28	Σ_2
51,90	222,5	10,17	Md.
54,76	222,8	10,21	De.
56,74	222,4	10,08	Wr.
57,52	223,1	10,16	Se.
59,65	222,5	10,08	Wr.
60,65	222,3	10,55	Md.
63,31	221,8	9,99	Ma.
67,64	221,9	9,97	De.
69,73	221,8	10,07	Du.
72,54	221,0	9,77	Fr.
72,82	221,6	10,04	Σ_2.
74,75	221,6	9,80	Ws.
74,84	221,4	10,2	Gl
75,66	221,3	10,26	Ws.
77,45	220,4	9,81	Dk.

La forme du mouvement n'est pas affirmée ; mais le système est certainement physique ; car il est animé d'un fort mouvement propre commun :

Æ — 0″,22 ; D. P. — 0″,647 (Σ).

Très-probablement orbital.

Aigle. 2488.

$19^h 10^m 15^s$. $70° 11'$.

8,5 blanche — 10 pourpre.

1829,04	318,5	1,29	Σ.
38,73	322,7	1,53	Md.
42,62	325,0?	1,71	*id.*
1852,09	329,1?	n. m.	*id.*
53,71	321,7	1,61	Da.
57,12	323,0	1,38	Se.
65,64	325,4	1,57	*id.*
67,39	325,0	1,46	Le.
75,67	329,9	0,9	Ws.
76,61	329,5	1,28	*id.*

Très-haute probabilité de système orbital serré, en mouvement direct très-lent.

Aigle. (368).

$19^h 10^m 37^s$. $74° 3'$.

7,6 — 8,7 : blanches.

1843,39	219,0	0,60	Md.
50,40	217,6	0,81	Σ_2.
51,73	219,3	0,67	Md.
56,67	simple.	—	Se.
57,71	217,1	0,80	*id.*
67,13	214,5	0,94	De.
72,24	212,8	1,02	*id.*
74,72	235,6	1,84	Nw.

La distance augmente certainement. Très-grande probabilité de système orbital. La mesure de Nw présente une différence bien forte.

Lyre. (371).

$19^h 11^m 8^s$. $62° 46'$.

7,2 — 7,5 : blanches.

1843,39	149,3	0,72	Md.
45,69	152,7	0,78	*id.*
46,50	154,1	0,82	Σ_2.
51,80	156,5	0,84	Md.
53,71	154,1	0,77	D
57,27	153,5	0,73	Se.
67,42	153,7	0,96	De.
68,68	153,9	0,89	*id.*
69,61	155,7	0,77	Du.
72,57	154,9	0,79	Fr.
74,71	154,0	0,96	Nw

L'angle et la distance paraissent augmenter lentement. Système orbital très-serré.

Lyre. 2491.

$19^h 11^m 24^s$. $61° 56'$.

8 blanche — 9,5 bleue.

1828,77	206,6	1,09	Σ.
1841,23	211,6?	1,23	Da.
42,56	204,4	0,96	Md.
48,45	204,4	1,20	*id.*
56,68	211,5	1,06	Se.
68,60	213,0	1,10	De.
72,61	222,1	1,19	Σ_2.
75,67	208,8?	1,03	Ws.
76,71	215,9	n. m.	Dk.

Lent mouvement direct. Très-grande probabilité de système orbital.

Dragon. P. XIX, 108. 2509.

$19^h 15^m 35^s$. $27° 1'$.

7 — 8 : jaunâtres.

1832,30	353,0	0,52	Σ.
33,78	349,0	0,5	Sm.
36,93	345,8	0,57	Σ.
41,47	343,8	n. m.	Md.
43,40	339,3	0,55	*id*
48,20	346,5	0,67	*id.*
57,43	340,3	0,69	Se.
58,13	341,7	1,0	De.
62,98	343,8	0,80	*id.*
73,58	341,4	0,81	Ws.
74,73	342,3	0,66	*id.*
74,84	341,9	1,0	Gl.

Système orbital très-serré, en lent mouvement rétrograde.

Dragon. 2514.

$19^h 16^m 48^s$. $22° 32'$.

9,3 — 10,5.

1832,67	277,0	7,39	Σ.
66,58	306,8	8,12	De.
78,40	316,7	8,49	Bu.

Mouvement direct, dont la nature ne peut encore être conclue.

Sagittaire. II_2. 5113.

$19^h 17^m 30^s$. $179° 32'$.

6 — 9,5.

1837,48	121,9	25	H_2.
77,66	169,8	16,72	St.

Changement singulier ; mais on sait que les distances de H_1 sont loin d'être précises. Cette étoile = Lac. 8098.

Télescope. H_2. 5114.

$19^h 18^m 9^s$. 144°34'.

Triple.

A = 6; B = 11; C = 7.

Date.	Angle.	Distance.	Obs.
AB.			
	°	"	
1837,66	131,0	1,75	H_2.
56,55	248,0	1,3	Ja.
57,85	260,0	1,5	*id.*
AC.			
1837,66	270,7	69,43	H_2.
57,20	266,0	66,37	Ja.

Ces observations ne sont pas assez sûres pour décider, ni pour B, ni pour C. H_2 a estimé C de 7e grandeur, tandis que Ja la fait de 9,5 et 10. A = Lac. 8091 = Brisb. 6656.

Petit Renard. 2515.

$19^h 19^m 23^s$. 68°43'.

8 — 9.

Date.	Angle.	Distance.	Obs.
1829,20	18,3	18,74	Σ.
47,69	19,8	17,07	Md.
50,74	20,4	16,49	*id.*
51,85	20,1	16,42	*id.*
52,64	21,1	16,78	*id.*
65,04	22,5	14,60	De.

Mouvement rectiligne, dirigé presque juste vers le sud. Direction = 183°; vitesse = 0",12, dont

Æ — 0",006 et D. P. + 0",119.

Groupe de perspective.

Cygne. (372).

$19^h 19^m 47^s$. 43°2'.

Triple.

A = 7; B = 9,7; C = 11.

AB.

B fixe à 57" et 79".

BC.

Date.	Angle.	Distance.	Obs.
45,68	286,9	3,20	Md.
47,46	293,6	3,38	$Σ_2$.
67,93	296,1	3,75	De.

BC forment sans doute un système orbital en mouvement direct. Quant à sa relation avec A on ne peut rien décider

A = Rad. 4305.

Petit Renard. H. N., 85. 2521.

$19^h 21^m 14^s$. 70°21'.

5,5 jaune — 11 bleue.

Date.	Angle.	Distance.	Obs.
	°	"	
1827,64	45	15	H_2.
29,40	43,6	22,65	Σ.
30,00	46,4	20	H_2.
33,58	44,8	25,0	Sm.
48,06	43,5	22,26	Md.
51,90	40,9	23,60	$Σ_2$.
62,71	41,0	22,53	Ps.
64,63	40,9	23,69	De.
67,64	39,9	23,92	$Σ_2$.

Les mesures sont irrégulières et incertaines. Ni ligne droite ni ligne courbe. A = P XIX, 128, = Lalande 36750; son mouv. propre est faible et incertain. (Æ — 0",027; D. P. + 0",068 : Σ). L'exiguïté de B rend, du reste, son observation très-difficile. Mais la différence d'éclat et la distance prouvent suffisamment la nature optique du couple. En 1862, Piazzi Smyth a mesuré un deuxième compagnon aussi faible, dont je ne connais pas d'autres mesures :

1862,71 319°,9 68",14.

Cygne. H. N, 100. 2524.

$19^h 21^m 38^s$. 64°45'.

8,3 — 8,5 : blanches.

Date.	Angle.	Distance.	Obs.
1793,65	*n.p.* ou *s.f.*	cl.II.	H.
1829,76	104,6	7,16	Σ
43,63	103,5	6,31	Md.
56,59	105,6?	6,67	Se.
57,64	101,1	6,93	Wr.
57,65	101,7	7,18	Se.
68,15	101,5	6,84	De.
68,51	101,3	6,57	Du.

Mouvement rétrograde très-lent, sur la nature duquel on ne peut encore rien conclure. L'égalité d'éclat des composantes fait toutefois pencher en faveur d'un système physique.

Cygne 22. 2525.

$19^h 21^m 40^s$. 62°55'

7,2 — 7,3 : jaunes.

Date.	Angle.	Distance.	Obs.
	°	"	
1830,43	255,9	1,33	Σ.
36,14	255,5	1,30	*id.*
40,62	255,5	1,25	Da.
40,70	252,4	1,28	$Σ_1$.
42,41	251,0	0,82	Md.
43,69	254,0	0,95	*id.*
54,63	246,8	1,05	$Σ_2$.
56,61	247,1	0,85	Se.
65,22	240,8	0,60	De.
65,64	239,9	0,40	Se.
65,76	241,5	0,74	$Σ_2$.
72,61	234,0	0,66	*id.*
73,54	241,1	n. m.	Fr.
73,57	225,8<	0,5	Ws.
74,65	234,3	all.	De.
74,75	237,8	0,5	Ws.
74,84	234,3	0,48	Gl.
75,66	233,6	n. m.	Ws.
76,00	232,2	0,43	Sp.

Très-haute probabilité de système orbital serré, et très-incliné, en mouvement rétrograde. La distance diminue.

Cette étoile = Lalande 36785, où elle est estimée de 6e grandeur.

Petite Ourse. 2614.

$19^h 24^m 48^s$. 1°52'.

9 — 9,5.

Date.	Angle.	Distance.	Obs.
1831,30	250,9	1±	H_2.
33,25	253,0	1,26	Σ.
66,98	244,4	1,12	De.

Système orbital serré, en mouvement rétrograde. Les deux observations de Σ et de De sont sûres; celle de H_2 ne l'est pas.

Aigle. 2535.

$19^h 25^m 1^s$. 92°22'.

7 blanche — 10.

Date.	Angle.	Distance.	Obs.
1831,54	297,7	27,78	Σ.
51,81	299,4	n. m.	Md.
53,79	299,3	n. m.	*id.*
62,70	302,4	n. m.	*id.*
68,52	297,9	26,30	De

La distance diminue. Groupe de perspective. De a mesuré en 1869 une 3e étoile à 69°,5 et 1"20.

Flèche. 2536.

$19^h 26^m 17^s$. 72°28′.

8 — 11.

Date.	Angle.	Distance.	Obs.
	°	″	
1831,17	35,5	1,95	Σ.
42,71	37,3	1,86	Md.
65,62	57,7	1,79	De.

Grande probabilité de système orbital serré, en mouvement direct.

Flèche. (375).

$19^h 29^m 16^s$. 72°9′.

7,5 — 9.

1843,53	119,5	0,55	Md
47,28	138,3?	0,59	Σ.
51,72	126,8	0,36	Md
57,27	134,3	0,58	Se.
67,12	141,3	0,7	De.
72,66	140,2	0,51	*id.*
74,72	144,4	0,67	Nw

Système orbital très-serré, en mouvement direct.

Dragon. 2549.

$19^h 29^m 48^s$. 26°57′.

Triple.

A = 7,7 jaunâtre ; B = 7,7 *id.* ; C = 8,9.

AB.

1832,24	278,8	47,48	Σ.
1864,61	277,3	48,98	De.

AC.

1832,24	291,3	21,12	Σ.
1864,61	289,6	22,32	De

BC.

1832,24	89,0	26,88	Σ
1864,61	87,1	27,45	De

La distance augmente certainement entre les trois étoiles. Résultats de séries concordantes. Groupe de perspective.

Aigle. P. XIX, 185. 2541.

$19^h 30^m 13^s$. 100°42′.

8,2 — 9,8 : jaunes.

Date.	Angle.	Distance.	Obs.
	°	″	
1828,76	343,3	2,45	Σ
31,01	340,0	2,84	*id.*
32,14	338,3	3,04	*id.*
1835,58	338,4	3,2	Sm
43,63	336,9	2,86	Md
48,19	336,2	3,02	Mt.
51,86	338,4	3,61	Σ.
57,17	337,6	3,47	Se.
59,80	340±	2,5±	Da.
61,74	323,0	3,25	Ma.
67,90	331,5	3,42	De.
76,61	330,2	2,75	Ws.
77,60	319,8?	3,69?	St.

Aigle. P. XIX, 186. H. I, 13. 2545.

$19^h 32^m 8$. 100°26′.

6,5 — 8,1.

1782,82	309,7	cl. I.	H.
1802,75	314,7	*id.*	*id.*
25,59	316,0	4,49	So.
29,11	315,2	3,53	Σ.
30,69	316,0	5,40	H_2.
35,58	315,7	3,8	Sm.
43,64	316,8	3,86	Md.
46,04	317,1	3,4	Ja.
47,33	319,0	3,16	Mt.
56,90	317,5	3,57	Se.
59,80	315±	3±	Da
62,68	319,3	3,64	*id*
62,77	317,6	3,71	Kn.
64,74	314,1	3,68	Ma
66,85	318,2	3,53	De.
73,57	317,9	4,1	Ws.
74,54	319,2	2,98	Fr.
74,84	316,7	3,64	Gl.
75,68	317,1	4,29	Ws.
76,61	319,4	3,75	Dk
77,60	319,0	3,70	St.

Il y a équivoque dans les positions comme dans les mesures de ces deux étoiles, et j'ai eu beaucoup de peine à les identifier. On les prend sans cesse l'une pour l'autre, et l'on applique souvent les mesures en sens contraire (*voy.* Smyth, *Cel. Cycl.*, p. 451 ; Dawes, *Double stars*, p. 494 et *M. Notices*, nov. 1872 ; Hunt, *id.*, janvier 1872, etc.). De plus, il y a deux autres étoiles dans le champ qui embrouillent encore la recherche. Il me semble que voici l'identification exacte des trois groupes Σ 2541, 2545 et 2547 (pour 1880) :

Σ 2541 = P. XIX, 185
= Weisse-Bessel 719.,

Æ = $19^h 30^m 13^s$; D. P. = 100°42′, 8,2 — 9,8 ; dist. = 3″.

Σ 2545 = Lalande 37207 = H. I, 13 = P. XIX, 186.

Æ = $19^h 32^m 8^s$; D. P. = 100°26′, 6,2 — 8,1 ; dist. = 3″,5.

Σ 2547 = Jacob, 208.

Æ = $19^h 32^m 20^s$; D. P. = 100°37′, 7,7 — 9,0 ; dist. = 20″.

Ces étoiles suivent 37 *k* Aigle, qui est une belle étoile simple, de 5e ½ grandeur, et qui précède Σ 2541 de $1^m 43^s$, et se trouve un peu plus au sud. Le couple 2545 est le plus brillant.

Le plus curieux du sujet, c'est que Σ 2545 et Σ 2547 sont triples, et qu'on les a également prises l'une pour l'autre. Cherchant la même identification, Dawes a pris les mesures suivantes en octobre 1859 :

2545

A = 6,5 ; B = 8 ; C = 11.

AB 315° ± 3″ ±
AC 170° ± 25″ ±

2547

A = 7,5 ; B = 9 ; C = 10,5.

AB 330° ± 20″ ±
AC 140° ± 45″ ±

(Toutes trois presque sur une même ligne).

Or, en faisant la découverte de H. I, 13, le 25 juillet 1781, H l'avait notée triple : « the two nearest very unequal ; the third star excessively small. » Il ajoutait que la distance des deux voisines était environ le demi-diamètre de la plus grande, et que la 3e étoile était à 7″ ou 8″. Cette étoile (H. I, 13) est, dit-il, « the last star of telescopic trifolium, similar to that in the hand of Aquarius », ce qui correspond exactement aussi à sa position.

En 1835, Sm observe et inscrit :

P. XIX, 185 = H I, 13
= $19^h 28^m 1^s$ et 100°47′.

A = 9 ; B = 10 ; C = 12.

AB 338°,4 3″,2
AC 153°,5 8″,0

et trouve surprenant que So, en 1825, et Σ en 1831, n'aient pas vu la troisième étoile. Évidemment, ce n'est pas la même étoile qu'ils ont observée, et je ne m'explique pas du tout l'inscription de Sm; car, si l'observation de AB correspond à Σ 2541, qu'est-ce que AC, puisque Σ 2541 n'est pas triple? D'autre part, son Æ n'est que de 4ˢ antérieure à P.XIX.186, ainsi décrite pour 1835 :

$19^h 28^m 5^s$. 100° 30'.

A = 7,5 ; B = 9, 315°,7 et 3",8.

ce qui correspond à Σ 2545. Mais encore, comment, pour cette dernière étoile, Σ ni Sm n'ont-ils pas vu C, découvert en 1781?

Dans le Catalogue de Cincinnati, Mitchel écrit en 1846, sur 2545 : « discovered triple. » Et ses deux angles de position donnent

349°,2 et 27",10.

A cette distance, et avec la différence de grandeur des deux étoiles, on ne s'explique guère une transposition d'angle de 180°; cependant il faut l'admettre pour que la mesure corresponde à AC 2545.

Il a mesuré 2547 sans la voir triple.

La dernière mesure, par St, paraît encore une équivoque, car elle est la même pour 2541 et 2545.

Conclusion :

Les couples 2541 et 2545 sont en mouvement; 2547 reste fixe.

2541 forme un système physique en mouv. propre commun

Æ — 0",273 ; D. P. + 0",263 : Σ.

Mouvement orbital rétrograde.

2545 est en mouvement direct pour le couple AB. AC restent fixes à 170° ± 1° et 26" ± 1".

Aigle. 2544.

$19^h 31^m 19^s$. 81° 58'.

Triple.

A = 8 ; B = 10 ; C = 9.

AB.

Date.	Angle.	Distance.	Obs.
	°	"	
1828,99	218,4	1,14	Σ.
30,00	221,2	1,5	H_2
42,71	217,8	1,20	Md.
64,21	208,9	1,2	De.
74,17	207,7	0,5	Ws.
74,84	205,2	0,42	Gl.

AC.

C fixe à 239° ± 1° et 16",1 ± 0",5.

AB forment presque certainement un système orbital très-serré, en mouvement rétrograde. Cependant la diminution de distance permet aussi l'hypothèse d'un mouv. rectiligne et d'un groupe parallactique.

La 3ᵉ étoile ne laisse soupçonner jusqu'à présent aucun mouvement.

Céphée. 2553.

$19^h 31^m 49^s$. 28° 13'.

8 blanche — 9,2.

Date.	Angle	Distance	Obs.
	°	"	
1830,00	78,0	0,7	H_2.
32,66	80,2	1,06	Σ.
44,90	82,7	1,10	Md.
65,63	89,6	1,04	De.
74,13	91,6	0,98	Du.

Système orbital très-serré, en mouvement direct.

Cygne. (377).

$19^h 31^m 53^s$. 54° 37'.

Triple.

A = 8,4 ; B = 8,5 ; C = 9,2.

AB.

1842,68	51,2	0,88	$Σ_2$.
43,65	53,3	0,78	Md.
53,20	45,1	0,86	$Σ_2$.
68,62	38,4	0,85	De.
71,07	45,0	0,85	Du.

$\frac{AB}{2}$ et C (H_2 1491)

C fixe à 154° et 25".

AB doivent former un couple orbital en mouvement rétrograde. Quant à C, on ne peut rien préjuger.

Petit Renard. 2556.

$19^h 34^m 17^s$. 68° 2'.

7,1 — 7,9.

Date.	Angle.	Distance.	Obs.
	°	"	
1829,83	188,4	0,56	Σ.
40,84	183,4	0,73	$Σ_2$
41,56	191,1	0,50	Md.
42,67	191,7	0,45	*id.*
43,04	188,1	0,98	*id.*
44,44	189,9	0,55	*id.*
53,68	171,0	0,58	$Σ_2$.
56,88	179,2	0,49	Se.
64,91	167,7	all.	De.
68,96	175,0	0,52	Du.
72,64	163,4	0,55	$Σ_2$.
73,57	ronde.		Ws.
74,68	167,7	0,63	Nw.
75,40	164,2	0,54	De.
75,61	166,2	0,45	Sp.

Système orbital très-serré, en mouvement rétrograde. Les trois mesures de $Σ_2$ donnent des angles trop faibles.

47 χ Aigle. (380).

$19^h 36^m 54^s$. 78° 27'.

6 — 6,5 : jaunes.

AB.

1842,00	n. m.	0,8	$Σ_2$.
43,53	80,8	0,73	Md.
45,53	74,6	0,59	$Σ_2$
48,65	73,0	0,49	Da.
50,72	74,8	0,62	$Σ_2$.
51,73	67,8	0,33	Md.
52,72	72,4	0,2	*id.*
53,71	74,9	0,47	Da.
56,83	74,0	0,54	Se.
57,71	77,0	all.	*id.*
59,61	79,7	*id.*	*id.*
67,82	69,6	contact.	De.
74,69	77,4	0,51	Nw.
75,33	72,5	0,43	De.
77.72	76,6	0,64	Bu.

AC.

42,72	160,3	1,21	$Σ_2$.
43,54	342,7	1,30	Md.
44,83	comp. invisible.		$Σ_2$.
49,82	*id.*	*id.*	*id.*
51,71	*id.*	*id.*	*id.*
51,73	comp. invisible.		Md.
52,72	349,3	n. m.	*id.*
56,57	69,0	1,33	$Σ_2$.
65,50	355,9	1,7	De.
72,64	comp. invisible.		$Σ_2$.
76 et 77	comp. invisible.		Bu.

Groupe assez singulier. Il paraît y avoir eu un rapprochement de A et B en 1851-52, en 1858-59 et en 1867. Peut-être est-ce un couple très-rapide oscillant dans le plan du rayon visuel. Quelques années d'observations assidues décideraient la question. L'étoile C est encore plus étrange, et peut-être même n'existe-t-elle pas du tout. On l'a encore cherchée en vain l'année dernière avec la puissante lunette de Washington, qui montrait distinctement les deux satellites de Mars.

Dragon. 2564.

19h 35m 49s. 26° 27'.

8,8 — 9,8.

Date.	Angle.	Distance.	Obs.
	°	"	
1832,28	184,0	10,78	Σ.
43,90	184,0	10,85	Md.
66,30	178,5	10,10	De.
78,40	175,1	10,04	Bu.

Mouvement rétrograde, sur la nature duquel on ne peut encore rien affirmer; mais probablement orbital.

Cygne. (383).

19h 38m 51s. 49° 34'.

7,5 blanche — 8,5 lilas.

1843,39	25,4	0,62	Md.
45,07	27,4	0,91	Σ₂
53,75	23,7	0,85	Da.
58,22	21,7	0,76	Se.
67,64	25,1	0,81	De
74,70	24,2	0,85	Nw.

Système orbital très-serré, en mouvement rétrograde excessivement lent.

Dragon. 2574.

19h 39m 5s. 27° 37'.

8,2 — 8,3 : blanches.

1832,23	129,4	0,96	Σ
36,90	134,3	0,81	*id.*
41,47	136,9	1,05	Md.
43,39	131,7	0,75	*id.*
44,33	137,0	0,83	Σ₂.
44,90	132,5	0,65	Md.
66,30	141,4	0,6	De.

Système orbital très-serré, en mouvement direct très-lent.

Cygne. II. N, 109. 2576.

19h 41m 0s. 56° 40'.

7,8 = 7,8 : jaunâtres.

Date.	Angle.	Distance.	Obs.
1795,79	n. m.	c'. I.	H
1823,65	326,2	n. m.	So
	°	"	
1829,65	322,8	4,33	H₂.
31,80	318,8	3,60	Σ.
37,89	316,9	3,53	Md.
43,99	315,1	3,46	*id.*
51,80	313,0	3,35	*id.*
51,82	311,4	3,40	Σ₂.
56,60	312,2	3,47	Wr.
57,15	312,0	3,50	Se.
57,18	311,1	3,37	Md.
58,02	310,8	3,49	De.
59,86	311,4	3,21	Md.
63,35	308,8	3,27	De.
65,64	308,4	3,19	En.
65,65	308,6	3,31	Se.
66,46	296,8 <	3,46	Ma.
68,26	307,4	3,16	De
68,84	304,8	3,33	Σ₂.
71,61	307,3	2,97	Bu.
74,16	305,9	3,37	Ws.
74,85	305,5	3,37	Gl.
75,65	304,9	3,14	Sp.
76,64	305,8	3,33	Ws.
77,64	304,5	3,26	Fl.
77,65	304,0	3,02	Dk.

Système orbital en mouvement rétrograde. J'ai découvert (*Acad. des Sciences*, 3 sept. 1877) que ce beau couple forme un vaste système stellaire avec le couple brillant de 17 χ Cygne. Celui-ci est formé d'une étoile jaune d'or de 5e gr. et d'une bleuâtre de 8e. Ses deux composantes restent fixes à 73° et 26" depuis la première mesure de distance prise par W. Herschel en 1781 et la première mesure d'angle prise par J. Herschel et South en 1822, jusqu'aux dernières mesures micrométriques, faites par moi cette année même. La position de l'étoile principale, calculée pour l'équinoxe de 1880, est

Æ 19h 41m 52s,3; D. P. 56° 33' 2",6.

La position précise de Σ 2576 pour 1880 est (milieu entre A et B)

Æ 19h 41m 0s,0; D. P. 56° 40' 26",8.

Ces deux couples sont donc éloignés l'un de l'autre de 52 secondes de temps en Æ et de 7' 24" en D. P.

Toutes les déterminations faites jusqu'ici sur le mouvement propre de l'étoile χ du Cygne s'accordent pour prouver son déplacement vers le sud. Voici d'ailleurs les principales :

Variation en Æ.

Nulle ou insignifiante.

Variation en D. P.

	"
Piazzi..........	+ 0,40
B. A. C..........	+ 0,41
Argelander.....	+ 0,43
W. Struve.....	+ 0,42
J. Stone.......	+ 0,44
Moyenne..	+ 0,42

Le mouvement s'élève à 0",42 en distance polaire. La comparaison des plus récentes observations (Greenwich et Radcliffe) confirme absolument cette valeur, établie ainsi sur une série de plus d'un siècle, les premières observations précises datant de Bradley.

D'autre part, William Struve a indiqué pour le mouvement séculaire de 2576 la valeur Æ + 8",0 et D. P. + 43",7. Cette étoile est la même que Lalande 37647 et 37648, observée à Paris en 1793 et 1797. J'ai trouvé quatre séries d'observations dignes de la plus grande confiance, la première de Lalande rapportée à 1800, la deuxième de W. Struve (Dorpat, 1830), la troisième de Sabler (Pulkova, 1851), et la quatrième de Main (Radcliffe, 1874). En calculant toutes ces positions pour l'équinoxe de 1880, on obtient les diverses valeurs suivantes pour la différence entre le calcul et l'observation :

Variation en Æ.

Nulle ou insignifiante.

Variation en D. P.

	"
Struve—Lalande..	+ 0,54
Sabler—Struve....	+ 0,43
Radcliffe—Lalande	+ 0,47
Radcliffe—Struve.	+ 0,41
Radcliffe—Sabler.	+ 0,50
Moyenne...	+ 0,47

Ainsi ces deux couples sont animés d'un mouvement propre commun les emportant vers le sud avec une vitesse de 42 à 47 secondes d'arc par siècle. Nous avons donc là un système stellaire quadruple digne de fixer tout spécialement l'attention des astronomes.

Ce mouvement est presque perpendiculaire à la direction de celui du Soleil dans l'espace, et la perspective de notre propre déplacement n'entre presque pour rien dans sa composition.

L'intérêt de ce groupe s'accroît encore si l'on remarque que dans son voisinage se trouve la variable χ de Bayer, qu'il ne faut pas confondre avec la précédente (4ᵐ à l'est et 50′ au sud), découverte par Kirch en 1688, étoile *rouge*, qui varie de la 5ᵉ à la 13ᵉ grandeur en une période moyenne de 405 jours, variable elle-même.

(Bu vient de découvrir deux nouveaux compagnons, très-délicats, à 20″ de distance, l'un à 200°, l'autre à 290°).

δ Cygne. H. I, 94. 2579.

$19^h 41^m 13^s$. 45° 10′.

A = 3ᵉ blanche; B = 8ᵉ bleue : var. d'éclat et de couleur.

Date.	Angle.	Distance.	Obs.
	°	″	
1783,72	71,6	2,50	H.
1802	simple.	—	*id.*
1804	*id.*	—	*id.*
1822	*id.*	—	So.
1825	*id.*	—	*id.*
26,11	40,0	1,86	Σ.
26,55	40,6	1,91	*id.*
28,80	36,9	1,91	*id.*
30,21	37,8	1,78	*id.*
31,73	36,7	1,57	*id.*
32,72	32,5	1,5	H_2.
33,82	36,2	1,70	Σ.
34,43	35,7	1,70	*id.*
35,66	34,7	1,68	*id.*
36,52	31,9	1,80	*id.*
37,27	31,3	1,61	Md.
37,78	30,9	1,5	Sm.
39,66	27,4	1,5	Da.
40,67	25,2	n.m.	*id.*
41,50	26,6	*id.*	Md.
41,89	23,7	1,66	Da.
41,94	25,7	1,72	Kr.
42,56	25,6	1,8	Sm.
42,77	21,6	1,46	Md.
43,12	25,8	1,71	Kr.
43,45	22,7	1,28	Md.
44,36	23,9	1,47	*id.*
45,65	21,9	1,32	*id.*
46,35	20,2	1,33	*id.*
47,18	19,0	n.m.	*id.*
47,39	16,7	*id.*	Da.
48,75	14,9	1,77	*id.*
51,51	11,9	1,65	*id.*
51,68	10,3	1,75	Ft.
51,70	12,8	1,49	$Σ_2$.
52,44	13,8	1,19	Md.
52,69	14,7	1,5	Sm.
52,74	10,8	1,68	Da.
53,73	7,3	1,77	*id.*
54,56	4,3	1,69	*id.*
1854,79	1,0	1,11	Wr.
55	simple.		Se.
55,74	0,4	1,27	Wr.
56,84	3,2	1,41	Se.
59,58	357,7	1,67	Da.
62,23	354,6	1,64	$Σ_2$.
63,27	355,4	1,58	De.
64,74	354,4	2,30	En.
65,02	350,8	1,58	De.
65,38	349,6	1,67	Da.
65,43	349,0	1,70	Kn
65,73	340,7<	n.m.	Ta.
66,08	350,4	1,23	Se.
66,59	344,7<	1,50	Ta.
66,68	348,3	1,70	Kn
67,06	348,9	1,51	De.
68,69	349,0	1,52	Br
69,28	346,9	1,57	De.
70,85	343,8	1,53	Du.
70,96	342,9	1,54	De.
71,74	337,9	1,70	Kn
72,81	341,7	1,48	$Σ_2$.
73,05	337,9	1,53	De.
74,73	337,2	1,70	Ws.
75,02	335,3	1,60	De
75,69	336,5	1,52	Bu.
75 à 77	comp. never seen		Dk.
76,70	334,6	1,51	Ha.
77,14	330,1	1,63	De.

Ce système reste encore mystérieux pour nous. Il a été découvert en 1783 par H, qui ne put revoir le compagnon ni en 1802 ni en 1804. Il en fut de même pour H_2 en 1822 et pour So en 1825, malgré les meilleures recherches et les meilleures circonstances atmosphériques. En 1826, Σ put de nouveau l'apercevoir, et depuis cette époque on l'a suivi régulièrement, mais en notant sa grandeur et sa couleur de valeurs bien différentes, depuis 7 jusqu'à 9 et depuis le bleu jusqu'au vert, au jaune et au rouge. Nous en concluons donc d'abord que ce compagnon est variable.

La construction graphique montre qu'il est impossible que, de 1802 à 1825, B ait été éclipsé par A; car sa distance était alors plus grande qu'elle ne l'a été depuis. Le minimum de distance est arrivé vers 1855, époque où la petite étoile a pu disparaître dans les rayons de la grande.

L'orbite apparente est allongée de l'est à l'ouest, et la distance va continuer d'augmenter. Si l'on prenait comme moyenne celle du mouvement parcouru depuis 1783, on aurait 101° pour 94 ans ou un peu plus de 1° par an, et la révolution entière demanderait 336 ans; mais le mouvement s'accélère, et elle doit être beaucoup moindre. L'éphéméride donnée par Berhmann de Göttingue ne s'accorde pas du tout avec les observations récentes. Les périodes calculées sont :

Hind.......	1864	178 ans
Behrmann..	1865	280 »
»	1866	415 »

Doberck donne pour formules :

$$\theta = 12°,48 - 1°,402\,(\tau - 1850) + 0'',0006\,(\tau - 1850)^2,$$
$$\rho = 1'',64 - 0'',0067\,(\tau - 1850);$$

mais je le regarde comme certainement orbital.

Petit Renard. Da 10.

$19^h 42^m 51^s$. 66° 3′.

8 blanche — 9 lilas.

Date.	Angle.	Distance.	Obs.
	°	″	
1859,64	314,4	0,53	Da.
75,62	311,9	0,42	De
75,78	308,2	0,60	Sp.

Mouvement seulement probable; mais l'exiguïté de la distance angulaire plaide en faveur d'un système physique.

ζ Flèche, H. II, 30. 2585.

$19^h 43^m 39^s$. 71° 9′.

5 blanche — 9 bleue, var. de couleur.

1781,88	304,2	8,83	H.
1802,45	310,7	n.m.	*id.*
19,74	309,5	*id.*	Σ.
22,65	309,3	*id.*	*id.*
23,69	314,5	8,82	So.
27,64	310,0	6,5<	H_2
29,63	318,4>	9,81	*id.*
30,56	312,8	9,31	Da.
31,10	312,8	8,49	Σ.
31,59	313,4	8,9	Sm.
38,67	312,3	8,6	*id.*
41,20	312,5	9,03	Md.
42,43	312,2	8,90	Da.
43,54	312,3	8,56	Md.
46,58	312,9	8,06	Ja.
46,95	311,2	8,71	$Σ_2$.
47,89	311,9	8,61	Md.
48,58	312,5	n.m.	Da.

Date.	Angle	Distance.	Obs.
	°	"	
1849,28	309,6	8,62	Σ_2.
52,71	312,0	8,4	Sm
54,65	311,8	8,77	Wr.
55,58	311,0	8,74	Se.
61,49	313,0	8,64	Ma.
62,73	313,3	8,58	PS.
65,61	315,5	8,24	Ta.
67,28	312,8	8,62	Do.
69,48	312,2	n. m.	Ta.
73,56	311,2	8,8	Ws.
74,85	310,2	9,0	Gl.
75,94	310,5	n. m.	Dk
76,61	310,5	8,54	*id.*
77,69	312,4	8,64	*id.*

Système physique en mouvement direct excessivement lent, et en mouvement propre commun assez rapide

Æ + 0",555 ; D. P. — 0",055 : Σ.

Mesures divergentes, à cause de l'obliquité des deux étoiles.

Les composantes paraissent tantôt blanche et bleue, tantôt jaune et bleue, tantôt jaune et violette, tantôt jaune et rouge, tantôt bleue et violette. Curieuses variations.

Piazzi Smyth a mesuré, en 1862, une troisième étoile de 14ᵉ grandeur à 250°,7 et 70",73.

Cygne (387).

19ʰ 44ᵐ 16ˢ. 5?°0′.

7,5 — 8.

Date	Angle	Distance	Obs.
1844,17	129,4	0,50	Σ_2.
45,95	124,4	0,55	*id.*
47,73	119,4	0,60	Md.
51,97	103,8	0,47	Σ_2.
53,75	89,7	0,53	Da.
53,78	94,7	0,52	Md.
55,63	90,7	0,57	Σ_2.
56,83	91,9	0,3	Se.
59,22	89,5	0,38	Σ_2.
59,61	198,2?	0,25	Se.
61,22	78,4	0,60	Σ_2.
68,25	52,6	ovale.	De.
71,56	33,2	all.	*id.*
73,73	23,0	all.	*id.*
74,57	20,7	all.	*id.*
75,41	22,0	all.	*id*
75,57	23,2	0,38	Sp
77,67	17,7	0,46	De

Système orbital très-serré, en mouvement rétrograde très-rapide. 112° en 33 ans. 360° conduiraient à 108 ans seulement. L'angle de Se, en 1859, est difficile à expliquer; sa distance doit être trop faible, et celle de Σ_2, en 1861, est trop forte.

α Aigle, Altaïr. H. vi, 46. Σ App. ii, 10.

19ʰ 44ᵐ 54ˢ. 81° 27′.

1,5 — 10.

Date.	Angle.	Distance.	Obs.
	°	"	
1781,55	334,7	143	H.
1821,86	326,2	153,5	Σ.
23,11	325,8	153,4	So.
25,53	324,7	152,9	Σ.
34,81	323,1	152,6	Sm.
36,29	322,1	152,3	Σ.
51,81	318,5	153,3	Σ_2.
65,07	314,9	154,5	De.
73,91	313,2	156,4	Ws.
74,70	313,0	157,0	Gl.
77,82	311,9	156,1	Fl.

Malgré l'éloignement du compagnon, son mouvement est des plus intéressants à suivre, à cause du grand mouvement propre d'Altaïr. La ligne tirée sur l'ensemble des observations est exactement parallèle à ce mouvement propre et se traduit ainsi :

Æ — 0",55; D. P. + 0",38.
Résultante = 0",67.

Tel est, en sens contraire, le mouvement propre d'Altaïr.

La position, en 1781, a dû être 335° et 156". Il y a donc une différence de 13" dans la distance de H : elle est due, sans doute, à la grandeur apparente d'Altaïr.

Alvan Clarck a vu 8 petites étoiles plus proches d'Altaïr que le compagnon précédent.

Sagitt. H_2 2904. B. A. C. 6814.

19ʰ 47ᵐ 8ˢ. 114° 14′.

6 — 10.

Date	Angle	Distance	Obs.
1831,00	173,5	20 ±	H_2.
34,60	170,6	20 ±	*id.*
75,10	144,7	20 ±	Bu.
77,70	141,4	18,32	St.

Mouvement rétrograde. Rectiligne. Groupe de perspective. Cette étoile = Lac. 8262.

Aigle 192. 2596.

19ʰ 48ᵐ 31ˢ. 75° 2′.

7,3 jaune — 9 cendrée.

Date.	Angle.	Distance.	Obs.
	°	"	
1831,26	353,1	2,12	Σ.
42,71	351,8	2,05	Md
64,52	343,4	2,02	De.

Très-grande probabilité de système orbital en mouvement rétrograde.

ε Dragon. H. i, 8. 2603.

19ʰ 48ᵐ 34ˢ. 20° 2′.

5ᵉ *jaune* — 8ᵉ *bleue.*

Date	Angle	Distance	Obs.
1781,81	333,2	2,5	H.
1804,39	354,5	n. m.	*id.*
23,58	355,3	2,59	H_1.
28,64	348,5	3,27	*id.*
30,67	353,2	3,27	*id.*
30,67	354,8	3,09	Pa.
32,44	354,5	2,79	Σ.
33,68	354,6	3,1	Sm.
41,54	355,7	2,69	Md.
43,78	353,2	2,84	Da
43,88	358,8	2,81	Md.
46,77	356,3	3,0	Sm
48,87	356,5	2,83	Da
56,53	357,8	2,92	De.
56,75	358,0	2,74	Se
59,75	360,4	3,06	Wr.
61,82	353,1	2,65	Ma.
63,66	359,3	3,04	Σ_2
65,65	349,0 <	3,02	Ta.
69,41	360,5	2,92	De
69,49	n. m.	3,01	Ta
70,79	360,5	2,99	Du.
74,72	360,1	3,20	Ws.
74,84	360,9	3,15	Gl.
76,61	359,8	2,89	Dk.
76,75	361,1	3,06	Ha.
77,51	361,4	2,90	*id.*

Très-haute probabilité de système orbital en mouvement direct. La petite étoile paraît varier d'éclat de 7 à 10 (H_1 et So 1823 : 10; Sm 1833 : 9,5; Σ 1832 : 7,6 ; Du 1871 : 7,0, etc.).

L'angle de H en 1781 doit être trop petit ; la distance paraît augmenter lentement.

Le mouvement propre de ε

paraît être (*voyez* mon Catalogue) de

Æ + 0ˢ,015 ; D. P. + 0″,01.

β Aigle (532).

19ʰ 49ᵐ 25ˢ. 83° 53′.

3,4 — 11,3.

Date.	Angle.	Distance.	Obs.
	°	″	
1838,80	23,8	11,81	Mu.
58,10	17,0	12,60	Σ₂.
63,70	15,5	12,63	*id.*
68,10	17,8	11,98	*id.*
74,70	15,6	12,67	*id.*

Couple physique remarquable par la différence d'éclat des deux composantes, qui, théoriquement, semblait l'indiquer d'abord comme optique. Mais B partage le mouvement propre de A, qui est de (Voy. mon cat.)

Æ + 0ˢ,002 ; D. P. + 0″,48.

Il paraît graviter autour de A suivant un mouvement rétrograde. Il a été découvert à l'Observatoire de Munich en 1838.

Petit Renard. A. C. 16.

19ʰ 52ᵐ 57ˢ. 63° 4′.

7,5 — 8.

Date.	Angle.	Distance.	Obs.
1859,61	234,3	0,35	Da.
74,38	242,1	0,34	De.
74,72	241,4	0,45	Nw.

Système orbital très-serré, en mouvement direct.

Cygne 116. 2607. (392).

19ʰ 53ᵐ 53ˢ. 48° 4′

Triple.

A = 7,2 ; B = 9 ; C = 9,2

AB.

Date.	Angle.	Distance.	Obs.
1843,83	324,3	0,2	Md.
1844,66	322,0	0,44	Σ₂.
55,64	317,1	0,43	*id.*
69,53	304,3	all.	De.

AC.

Date.	Angle.	Distance.	Obs.
1831,52	293,4	3,23	Σ.
43,80	291,6	3,28	Md.
1848,45	290,2	3,10	*id.*
50,93	290,4	2,26	Σ₂.
56,91	283,9?	3,21	Se.
59,71	290,0	3,02	Wr.
70,12	291,8	3,08	De.

Le couple AB forme un système très-serré en mouvement rétrograde. C paraît aussi un mouvement rétrograde, mais excessivement lent. Grande probabilité de système ternaire.

Aigle. 2612.

19ʰ 55ᵐ 31ˢ. 83° 24′.

7,8 — 8,8 : blanches.

Date.	Angle.	Distance.	Obs.
1827,67	52,8	36,59	Σ.
65,41	53,1	37,80	De.
78,46	53,3	38,03	Bu.

Ces observations suffisent pour affirmer l'accroissement de la distance. — Groupe de perspective.

16 Petit Renard (395).

19ʰ 56ᵐ 55ˢ. 65° 24′.

5,8 — 6,3 : très-blanches.

Date.	Angle.	Distance.	Obs.
1842,00	n. m.	0,7	Σ₂.
43,53	89,2?	0,50	Md.
44,16	79,3	0,64	Σ₂.
45,34	75,8	0,64	*id.*
45,79	67,4	0,45	Md.
47,73	74,2	0,45	*id.*
47,86	71,5	0,52	*id.*
48,67	76,8	0,6	Da.
50,22	80,0	0,57	Σ₂
51,72	78,3	0,40	Md.
52,85	91,0?	0,6	*id.*
54,56	82,6	0,55	Da.
59,61	93,1	all.	Se.
65,60	82,9	0,64	En
67,41	89,2	0,68	De
72,03	88,4	0,58	*id*
74,72	91,4	0,67	Nw.
74,76	96,3	0,68	Σ₂.
75,63	92,7	0,69	Sp.
75,69	91,7	0,63	Du.

Système orbital très-serré, en mouvement direct très-lent.

Cygne. H. I, 96. 2624.

19ʰ 59ᵐ 1ˢ 54° 19ᵉ

Triple.

A = 7,2 ; B = 7,8 ; C = 9,5 : blanches.

AB.

Date.	Angle.	Distance.	Obs.
	°	″	
1783,73	179,3	cl. I.	H.
1823,62	176,9<	2,47	So.
30,83	178,8	2,04	Σ.
43,72	176,8	1,98	Md.
56,98	174,4<	1,99	Se.
56,76	175,2	2,17	Σ₂.
58,02	177,7	1,9	De.
65,65	175,9	2,08	Se.
68,28	175,6	1,99	Du.
68,70	175,5	1,91	De.
74,75	175,8	1,91	Ws.
74,91	175,8	1,89	Gl.
75,70	176,8	2,06	Ws.

AC.

Date.	Angle.	Distance.	Obs.
1783,73	320,0	n. m.	H.
1821,70	ΔÆ — 1ˢ,798		Σ.
31,85	327,4	42,35	*id.*
65,65	327,6	42,57	Se.
66,75	327,6	42,26	De.
70,87	327,5	42,36	Σ₂.
75,70	328,8	n. m.	Ws.

AB paraissent former un système orbital en mouvement rétrograde très-lent. Quant à C, on ne peut encore rien décider.

Cygne. 2626.

19ʰ 59ᵐ 28ˢ. 59° 48′.

8 — 8,2 : blanches.

Date.	Angle.	Distance.	Obs.
1831,12	121,7	1,17	Σ.
44,09	125,3	1,13	Md.
50,04	126,3	1,28	Σ₂.
51,80	126,2	1,14	Md
53,89	122,2	1,16	Da.
56,80	125,3	1,06	Se.
57,60	121,3	1,0	De.
68,73	123,3	1,02	*id.*
68,99	125,3	1,09	Du.
74,76	73,4?	0,8	Ws.
75,70	130,1	0,98	*id.*

Très-grande probabilité de système orbital serré, en mouvement direct.

Dragon. 2640.

$20^h 3^m 13^s$. 26° 28′.

7 — 11 : blanches.

Date.	Angle.	Distance.	Obs.
1831,87	30°,5	4″,73	Σ
32,02	28,8	4,95	*id.*
33,38	24,9	5,01	*id.*
41,80	23,3	4,99	Du.
65,74	25,3>	5,07	Ta.
68,11	23,3	5,08	De.
68,73	22,8	5,13	Br.
69,49	26,9>	5,51	Ta.
69,69	23,8	5,02	Br.
73,73	21,0	4,77	Ws.
73,79	20,3	4,7	Gl.
75,70	23,6	5,36	Ws.
77,75	22,8	5,23	Dk

Mouvement rétrograde, sur la nature duquel on ne peut encore rien conclure. La différence de grandeur des étoiles fait pencher en faveur d'un groupe de perspective; mais elles sont bien rapprochées.

Cette étoile est Groombridge 3060.

θ Flèche. H. III, 24. 2637.

$20^h 4^m 39^s$. 69° 26′.

Triple.

A = 6, B = 8, C = 7 : jaunes.

AB.

B fixe depuis 1781 à 327° ± 1° et 11″,4 ± 0″,2.

AC.

1781,64	n. m.	58	H.
1800,00	225,7	64,5	Pi.
21,16	227,8	69,06	Σ.
24,98	226,8	69,66	So.
28,73	226,8	70,22	Σ.
34,77	226,6	70,1	Sm.
35,28	226,6	70,98	Σ.
51,80	226,1	72,85	$Σ_2$.
53,70	225,7	72,91	Wr.
61,79	225,0	73,09	Ma.
62,88	225,6	74,17	De.
64,97	225,5	74,44	*id.*
66,46	224,8	73,93	Ma.
72,72	225,0	75,78	De.
74,76	225,8	75,74	$Σ_2$.
75,65	224,7	74,73	Ma.
76,74	225,2	75,57	No.
77,78	224,9	76,18	Fl.

AB forment un système physique stationnaire, en mouvement propre commun,

Æ + 0s,008; D.P. — 0″,09;

Vitesse = 0″144; direct. = 54°;

auquel C ne participe pas. La distance de celle-ci augmente rapidement, et elle est animée elle-même d'un mouvement propre différent de celui de AB. Elle forme donc avec le système AB un groupe de perspective.

Piazzi a observé les trois étoiles, estimant A de 7e, C de 8e, mais B « vix pene visibilis ». Elle est pourtant assez facile.

A = P. XX, 14; C = P. XX, 13 = Lal. 38631.

Cygne (400).

$20^h 6^m 10^s$. 46° 24′.

8,1 — 8,4 : rougeâtres.

Date.	Angle.	Distance.	Obs.
1842,00	n. m.	0″,6	$Σ_2$.
43,39	326,7?	0,50	Md.
45,73	334,9	0,64	$Σ_2$.
51,81	328,8	0,56	*id.*
53,25	324,6	0,59	*id.*
53,89	320,6	0,65	Da.
56,64	320,5	0,62	$Σ_2$.
60,10	318,3	0,62	*id.*
61,62	318,0	0,62	*id.*
66,67	307,8	all.	De.
71,57	305,8	all.	*id.*
74,21	298,5	all.	*id.*
75,67	267,9	0,33	Sp.
76,77	all.	—	Ws.
77,59	simple.	—	De.

Système orbital très-serré, en mouvement rétrograde rapide. 1845-1875 = 67° en 30 ans; plus rapide encore depuis 1875, car les composantes sont à leur plus grand rapprochement. Le chiffre de Md en 1843 était renversé de 180°. La distance a certainement diminué.

Dragon. 2652.

$20^h 7^m 3^s$. 28° 17′.

7,3 — 7,6.

Date.	Angle.	Distance.	Obs.
1836,50	283,2	0,28	Σ
44,40	276,7	0,37	Md.
45,64	288,0	0,40	$Σ_2$
1857,40	278°,9	0″,3	Sa.
63,90	simple	—	De
76,50	270 ±	0,3 ±	Bu.

Si l'étoile a été réellement simple en 1863, elle doit être en mouvement rapide dans le plan du rayon visuel, comme 42 Chevelure; mais s'il n'y a pas eu occultation à cette époque, le mouvement reste douteux. Intéressante à suivre dans les puissants instruments.

Cygne. 2649.

$20^h 7^m 34^s$. 58° 17.

7,7 — 8,8.

1832,20	152,3	26,08	Σ.
65,03	151,7	24,90	De.

La distance diminue certainement. Groupe de perspective.

Aigle 241. So 739. 2646.

$20^h 8^m 0^s$. 96° 25′.

7 — 8,8.

1825,69	50,6	25,12	So.
29,40	51,6	24,70	Σ.
43,80	51,2	24,30	Md.
48,66	50,8	23,66	Mt.
66,43	49,3	23,33	De.
77,70	49,3	23,20	St.

La distance diminue certainement. Mouvement rectiligne. Groupe de perspective.

Cygne. H. N, 72. 2658.

$20^h 10^m 29^s$. 37° 15′.

Triple.

A = 7; B = 9; C = 10.

AB.

1829,70	126,6	5,36	H_2
31,62	126,9	5,49	Σ.
43,62	124,3	5,34	Md.
47,85	122,4	4,80	*id.*
51,87	127,9>	4,58	Md
53,38	122,2	5,29	*id.*
63,51	123,0	5,45	De.
71,04	121,2	5,42	*id.*
76,77	125,1>	4,89	Nw.

Date.	Angle.	Distance.	Obs.
	AC.		
	°	"	
1830,76	220,2	33,48	H_2.
32,14	216,8	32,07	Σ.
63,51	213,2	37,80	De.
71,58	212,8	38,75	*id.*

Mouvement rétrograde pour les deux couples; mais les observations sont trop peu nombreuses pour décider si ces mouvements sont orbitaux ou parallactiques. AB est probablement un couple orbital, et AC un couple optique. L'observation de Md en 1851 provient d'une seule soirée. Celle de Nw en 1876 donne également un angle trop fort.

α^2 — α^1 Capricorne.

20ʰ 11ᵐ 24ˢ. 103° 55′.

α^2 = 3; α^1 = 4.

	ΔR	ΔD	
	"	"	
1690	340,13	138,31	Fd.
1750	344,29	139,22	Bd.
1800	346,98	139,12	Pi.
1836	348,26	138,04	Σ.
1844	348,83	138,13	St.
1863	349,71	137,84	Ad.
1876	350,76	136,97	Sr.

Les deux dernières mesures ont été faites par Adolph et Schur. Ce dernier a publié dans les *Astr. Nach.* (nº 2180) un travail d'où il résulte que la ΔR augmente, comme on le voit, entre les deux étoiles, tandis que la ΔD diminue. Les valeurs précédentes sont rapportées à l'équinoxe de 1800. On a aussi comme mesures directes de l'angle de position et de la distance :

	°	"	
1823	291.26	373,00	So.
1836	291.27	374,51	Σ
1838	291.24	373,4	Sm.
1865	291.13	376,55	Do.
1876	290.59	376,29	Sr.

L'angle varie peu; mais les deux étoiles s'écartent lentement l'une de l'autre.

Le mouvement propre de l'une et de l'autre est très-faible (voy. mon Catalogue) et peu déterminé; on ne peut affirmer s'il est commun ou non aux 2 étoiles, et si ce couple écarté est optique ou physique. Probablement optique.

Ces deux étoiles, de 3ᵉ et 4ᵉ grandeur, peuvent être séparées à l'œil nu par les vues excellentes. Heis les séparait facilement « sine ullo labore ». (Il dédoublait même ω du Scorpion, δ et ε de la Lyre et comptait 10 étoiles dans les Pléiades). Les vues excellentes distinguant α′ sous notre ciel, j'espérais en trouver la notification chez les astronomes de l'Orient et de la Grèce, et j'ai été fort surpris de ne la rencontrer ni dans Ptolémée, ni dans Abd-al-Rahman-al-Sufi, ni dans Ulugh Beigh, pas même comme étoile allongée. Aucune remarque! La première mention de cette étoile double, visible à l'œil nu, n'est pas non plus dans Tycho Brahe; elle apparaît pour la première fois dans le Catalogue d'Hévélius (1660). On sait qu'Hévélius a pris toutes les positions de ses étoiles à l'œil nu, à l'aide d'instruments, de règles et de pinnules, analogues à ceux de Tycho, et plus perfectionnés encore, et qu'il estimait ces positions aussi précises que celles qu'on prenait dès cette époque avec des lunettes. Il est donc probable que c'est à l'œil nu qu'il a dédoublé et placé α^2 et α^1 du Capricorne; mais ce n'est pas certain, car il se servit lui-même de lunettes pour certaines observations.

Si les deux étoiles s'éloignent l'une de l'autre de 7″ environ par siècle, elles étaient du temps d'Hipparque de 2′20″ plus rapprochées qu'aujourd'hui, c'est-à-dire que leur distance angulaire ne devait guère surpasser quatre minutes. Si le mouvement de ces étoiles les rapprochait au lieu de les éloigner, elles eussent été alors séparées par 8′,5 et eussent certainement été dédoublées. Le seul couple remarqué par Hipparque ou Ptolémée est ν^1 ν^2 Sagittaire; mais elles sont séparées par 14′ et ne sont que de 5ᵉ grandeur.

Voisines mesurées.

	°	"	
	α^2 *a.*		
1838,72	145,0	5,0	Sm
46,72	144,2	6,62	Ml.
	α^2 *b.*		
1838,72	145,7	198,0	Sm
	α^1 *c.*		
1838,72	221,8	43,0	Sm.

a = 12 ; *b* = 9 ; *c* = 9,5

a est elle-même une double serrée.

Dauphin. 2662.

20ʰ 12ᵐ 50ˢ. 79° 23′.

8 — 11.

Date.	Angle.	Distance.	Obs.
	°	"	
1831,02	38,9	1,72	Σ.
42,71	39,8	2,00	Md.
56,62	41,3	0,45?	Se.
67,42	41,8	1,65	De.
75,74	41,7	n. m.	Ws.

Probabilité de système orbital en mouvement direct.

Cygne 172. 2666.

20ʰ 13ᵐ 52ˢ. 49° 39′.

6,5 très-blanche — 8,7 bleuâtre

1828,80	239,9	2,59	Σ.
31,83	242,6	2,84	*id.*
32,86	243,4	2,77	*id.*
34,57	245,3	2,90	Da.
37,78	244,1	2,78	*id.*
43,84	248,2	3,01	Md.
44,37	245,8	2,74	*id.*
45,00	247,3	2,71	*id.*
51,90	245,9	2,94	*id.*
56,76	244,8	2,79	Se.
59,63	243,7	2,86	Md.
65,75	244,3	2,58	De.
69,46	247,3	2,60	Du.
73,91	247,3	2,91	Gl.
74,78	246,2	2,82	Ws.
75,72	246,2	2,53	*id.*

Mouvement direct. Haute probabilité de système orbital.

Cygne. (405).

20ʰ 14ᵐ 1ˢ. 57° 8′.

7,7 — 8.7.

1846,43	152,6	0,61	Σ_2.
69,82	145,8	0,65	De.

Mouvement rétrograde. La mesure de Σ_2 est le résultat de trois jours et celle de De. celui de 6. Je n'ai pu trouver aucune autre observation de ce couple.

Cygne (406)

20h 15m 54s. 45° 1′.

7,2 blanche — 8,3.

Date.	Angle.	Distance.	Obs.
1842,00	n.m.	0,6	Σ₂.
45,81	136,3	0,54	*id.*
45,82	133,2	0,25	Md.
55,15	122,5	0,53	Σ₂.
67,05	121,2	0,63	De.
72,60	115,9	0,5	*id.*
76,16	114,2	0,47	*id.*
76,80	112,9	0,45	Sp.

Système orbital serré, en mouvement rétrograde.

Cygne 176. 2668.

20h 15m 54s. 50° 59′.

7 jaunâtre — 9 cendrée.

Date.	Angle.	Distance.	Obs.
1831,14	293,6	3,30	Σ.
39,01	290,9	3,18	Md.
44,34	289,9	3,00	*id.*
56,76	289,4	3,29	Se.
58,80	292,3	n.m.	Md.
68,44	289,7	3,13	De.
73,91	292,0	3,05	Gl.
74,78	291,0	3,09	Ws.
75,72	288,3	3,05	*id.*

Mouvement rétrograde. Probabilité de système orbital.

Dauphin. 2673.

20h 17m 6s. 77° 3′.

8 — 9,5.

Date.	Angle.	Distance.	Obs.
1830,71	335,1	2,53	Σ.
40,00	333,5	2,71	Md.
42,74	333,4	2,82	*id.*
43,80	333,9	2,80	*id.*
44,91	332,1	2,62	*id.*
51,75	331,9	3,01	*id.*
57,14	332,9	2,52	Se.
61,69	331,9	n.m.	Md.
67,02	332,2	2,52	De.
73,91	330,3	2,0	Gl.
74,76	329,4	1,92:	Ws.

Système probablement orbital, en lent mouvement rétrograde (la distance paraît aussi diminuer). Ce couple forme un système quadruple avec le suivant.

Dauphin. 2674.

20h 17m 11s. 77° 3′.

9 — 10.

Date.	Angle.	Distance.	Obs.
1829,62	1,3	15,51	Σ.
44,91	2,6	15,41	Md.
57,67	2,0	15,50	Se.
67,02	1,8	15,44	De.
74,76	358,8	14,8	Ws.
75,73	3,2	n.m.	*id.*

Le mouvement est à peine accusé dans celui-ci; d'ailleurs la distance angulaire est sept fois plus grande que dans le précédent. Il y a diverses estimations de grandeurs :

Σ.	1829	8 — 10,7
Se.	1857	9 — 9
Ws	1874	8 — 11

Si l'observation de Se est sûre, B serait variable.

Voici, de plus, les mesures prises entre ces deux couples :

AA.

Date.	Angle.	Distance.	Obs.
1829,62	105,6	75,58	Σ.
57,67	105,2	n. m.	Se.
67,02	104,5	76,01	De.
75,24	104,0	75,0	Ws.

L'angle paraît rétrograder lentement.

π Capricorne. Bu, 60.

20h 20m 27s. 108° 36′.

5,1 — 8,7.

Date.	Angle.	Distance.	Obs.
1846,70	145,1	2,85	Mt.
71,80	144,9	3,15	Kn.
75,00	145,2	3,27	De.
76,70	146,2	3,47	St.

Il n'y a évidemment aucun changement dans l'angle; mais la distance augmente. On ne peut rien affirmer sur la nature du mouvement.

Dauphin. 2686.

20h 23m 58s. 80° 6′.

8,3 jaune — 9,8.

Date.	Angle.	Distance.	Obs.
1825,83	279,3	27,71	Σ.
66,29	278,8	26,98	De.

La distance diminue lentement. Groupe de perspective.

---

15 Dauphin. H. III, 16. 2690.

20h 25m 29s. 79° 9′.

Quadruple.

A = 7,5; B = 8; *b* = 9; C = 13.

AB.

B fixe à 256° ± 1° et 14″,5 ± 0″5.

Bb.

$Bb = \text{D}a\,1 = \text{O}.\Sigma.\,407.$

Fixe très-serrée à 210° et 0″,5 depuis 1841.

Je ne connais que deux observations de la petite étoile C.

AC.

Date.	Angle.	Distance.	Obs.
1835,91	125,0	20,00	Sm.
1877,80	108,5	23,56	Bu.

A et B = P. XX, 177 et 178

Dauphin. 2696.

20h 27m 34s. 84° 59′.

8 — 8,5 : blanches.

Date.	Angle.	Distance.	Obs.
1831,06	298,9	1,06	Σ.
31,10	290,1	1,0	H₂.
38,27	302,8	0,99	Md.
42,72	308,5?	0,90	*id.*
43,69	302,6	0,90	*id.*
56,62	310,3	0,72	Se.
61,76	309,7	0,9	Md.
68,54	303,7	0,96	De.
72,60	301,5	0,87	Σ₂.
72,64	303,4	0,66	Ws.
73,69	305,2	0,85	*id.*
73,91	304,2	0,83	Gl.
74,54	all.	—	Fr.
75,75	306,0	n. m.	Ws.

Système orbital très-serré, en mouvement direct excessivement lent. La distance a certainement diminué.

Dauphin. H. IV, 92. 2703.

20h 31m 13s. 75° 41′.

Triple.

8 = 8 = 8.

AB.

Date.	Angle.	Distance.	Obs.
1783,65	288,4	26 ±	H.
1822,14	290,5	ΔAR — 1s,68	Σ.
24,81	290,0	25,68	So.
29,52	291,1	25,28	Σ.
42,13	291,4	24,89	Md.
47,69	290,6	25,06	*id.*
57,26	290,9	25,06	Se.
58,17	291,0	25,11	De.
64,60	290,9	25,15	*id.*
68,53	290,5	25,23	De.

Date.	Angle.	Distance.	Obs.
	°	"	
1876,70	291,0	25,72	No.
77,80	290,8	25,57	Fl.

AC.

Date.	Angle.	Distance.	Obs.
1821,85	238,6	n.m.	Σ.
29,40	239,4	66,72	*id.*
56,69	238,5	n.m.	Se.
58,17	238,2	67,27	De.
64,60	238,2	68,66	*id.*
68,53	238,0	68,75	Du.
76,70	238,1	68,86	No.
77,80	237,9	68,92	Fl.

BC.

Date.	Angle.	Distance.	Obs.
1821,88	216,8	Δ Æ—41",85	Σ.
24,78	217,1	54,30	So.
29,42	217,9	54,38	Σ.
56,69	217,7	56,07	Se.
58,17	217,3	55,92	De.
64,60	217,2	57,02	*id.*
68,53	217,4	57,03	Du.
76,70	217,1	57,16	No.
77,80	217,2	57,29	Fl

La distance augmente assez rapidement entre B et C, et aussi entre A et C; mais AB paraissent à peu près fixes. Groupe formé de trois étoiles très-écartées et du même éclat. Sont-elles physiquement associées? Nous pensons, avec Nobile, qu'on ne peut encore rien conclure. Mais probablement optique.

β Dauphin. H. IV, 35. 2704.

$20^h 31^m 55^s$. 75° 49.

Quadruple.

A = 4; B = 6; C = 13; D = 10,5.

AB (Bu. 151).

Date.	Angle.	Distance.	Obs.
1873,61	354 ±	0,7	Ba.
74,66	15,6	0,65	Pe
74,70	13,6	0,49	Nw.
75,65	20,1	0,54	Ds.
75,80	15,1	0,4	Sp.
76,63	25,8	0,49	De.
77,71	29,7	0,51	*id.*
77,80	40,8	0,32	Bu.

AC.

Date.	Angle.	Distance.	Obs.
1830	107,7	18 ±	H_2.
1834	105,0	15 ±	Sm.
1877	115,7	27,86	Bu.

AD.

Date.	Angle.	Distance.	Obs.
1781,58	348,0	27,4	H.
1829,40	343,8	32,48	Σ.
34,79	341,8	30,0	Sm.

Date.	Angle.	Distance.	Obs.
	°	"	
1843,63	342,1	n.m.	Md.
51,80	340,6	n.m.	*id.*
51,85	339,4	33,73	Σ.
64,94	336,6	34,62	De.
75,74	338,9	n.m.	Ws.
75,76	335,8	35,25	De
77,70	335,1	35,06	Ba.

Le nouveau couple AB forme un système orbital très-serré en mouvement direct rapide ; les deux composantes se resserrent de plus en plus. Nous ne déciderons rien pour la petite étoile C, car les anciennes mesures sont très-incertaines. Quant au compagnon classique D, mesuré depuis le temps d'Herschel, son mouvement est rectiligne et dû au mouvement propre de β :

Æ + 0s,005 ; D. P. + 0",008.

β est nommée *Rotanev* sur le Catalogue de Piazzi; c'est le nom latinisé et retourné de l'astronome Cacciatore (chasseur, *venator*), compatriote de Piazzi. La voisine, α du Dauphin, a sur le même Catalogue le nom de *Sualocin*, qui est aussi l'anagramme du prénom de Cacciatore (Nicolaus). Ces deux néologismes ont bien intrigué l'ingénieux esprit de l'amiral Smyth, qui leur a longtemps cherché une étymologie arabe.

κ Dauphin (533).

$20^h 33^m 17^s$. 80° 20'.

4,3 — 11,4.

Date.	Angle.	Distance.	Obs.
1851,61	12,4	10,23	Σ_2.
51,81	11,5	10,30	*id.*
52,63	9,8	10,25	*id.*
53,83	9,8	10,63	*id.*
56,58	5,4	10,22	*id.*
59,62	359,0	10,32	*id.*
65,78	348,3	10,12	*id.*
68,10	345,7	9,41	Ds
72,64	338,2	10,34	Σ_2
74,79	335,1	10,88	*id*
77,71	327,8	11,10	Ds.
77,77	329,5	10,60	Bu.
78,47	329,3	10,43	*id.*

Mouvement rectiligne, dû au mouvement propre de A :

Æ + 0s,0227 D P. — 0",340 : Σ².

Une étoile de 9e grandeur suit à 4s,3 et à 0',7 au sud :

1855 100° 45' 214",72 Σ²

qui, d'après Σ_2 n'a pas varié depuis sa découverte en 1851. Système stellaire?

Cygne. II. N, 87. 2708.

$20^h 34^m 7^s$. 51° 46'.

7 jaune — 9 bleue.

Date.	Angle.	Distance.	Obs.
	°	"	
1792,70	n.m.	4" à 8"	H.
1823,68	360,5	9,56	So.
28,76	355,1	10,45	H_2.
28,80	355,0	10,48	Σ.
30,71	352,8	11,24	Da.
31,81	352,2	11,03	Σ.
32,34	352,3	11,32	H_2.
32,56	352,0	n.m.	Da.
32,63	351,7	11,25	Σ.
33,87	351,1	11,46	Da
34,55	350,5	11,70	*id.*
35,79	349,3	11,97	Σ.
36,58	348,4	12,16	*id.*
37,75	347,4	12,61	Da.
37,82	347,5	12,46	Σ.
39,79	346,9	12,91	Da.
39,87	346,8	12,84	Σ.
40,67	345,9	13,16	Da.
41,63	345,6	13,46	*id.*
41,83	345,9	13,04	Kr.
42,65	345,0	n.m.	Da.
43,79	344,0	13,79	Md.
43,86	342,2	13,69	Da.
46,78	344,1	14,42	Σ_2.
51,79	342,0	15,76	Ft.
51,87	340,2	15,52	Mi.
51,90	342,5	15,66	Σ_2.
53,82	340,5	16,01	Ba.
54,66	340,4	16,10	Wr
54,82	340,1	16,52	Σ_2.
55,13	339,1	15,91	De.
57,38	338,6	16,69	*id.*
57,91	338,3	17,26	De.
59,85	337,7	18,10	Po.
62,48	336,7	17,93	Ma.
63,02	337,1	18,31	De.
65,71	335,3	17,77	Ta.
65,85	337,5	18,86	Kr.
67,74	336,1	19,52	Σ_2.
69,40	336,2	19,83	Du.
73,71	335,2	20,95	Ws.
73,91	335,0	21,4	Gl.
74,76	334,7	21,2	Ws
76,26	334,9	21,68	*id.*
76,62	333,7	n.m.	Dk.
76,80	333,8	21,75	Ha.
77,16	333,7	21,81	Dk.
77,78	333,9	21,67	Fl.

Beau type des groupes de perspective. Mouvement rectiligne. Vitesse = 0",255.

Æ — 0",190; D. P. — 0",177

parallèle et contraire au mouvement propre de A. Ce fait est d'autant plus intéressant que ces deux étoiles offrent de belles couleurs complémentaires, mais réelles, ce qui prouve que les couleurs des étoiles doubles, considérées jusqu'ici comme le caractère optique spécial des systèmes binaires, ne leur sont pas exclusivement réservées, et qu'il y a des étoiles simples colorées en bleu.

Les deux étoiles vont toujours aller désormais en s'éloignant l'une de l'autre; leur plus grand rapprochement a eu lieu en 1795, à 6",45.

A = Lalande 39934.

Hall a récemment découvert une troisième étoile très-petite (14ᵉ grandeur).

1876,70	39,3	14,98	Ha.

Il sera particulièrement intéressant de suivre son mouvement.

Cygne (411).

20ʰ 38ᵐ 17ˢ. 41° 36′.

7,3 — 10,2.

Date.	Angle.	Distance.	Obs.
	°	"	
1845,36	273,7	15,26	Σ₂
46,04	273,7	14,28	Md.
52,11	278,7	14,80	Σ₂.
66,91	288,9	14,62	De.
70,92	291,4	15,02	Σ₂
72,86	292,4	14,90	De.

Observations insuffisantes pour décider de la nature du mouvement.

Dauphin 43. 2723.

20ʰ 39ᵐ 12ˢ. 78° 7′.

6,5 blanche — 8,2 cendrée.

Date.	Angle.	Distance.	Obs.
	°	"	
1831,71	85,6	1,49	Σ.
41,73	83,2	0,92	Md.
42,70	88,7	1,13	id.
43,71	84,8	1,41	id.
48,66	87,3	1,41	Σ₂.
1853,74	87,8	1,25	Da.
56,68	89,2	1,34	Se.
66,75	92,2	1,22	De.

Lent mouvement direct. Très-haute probabilité de système orbital. Cette étoile = Lal. 40081. Elle n'est pas dans Piazzi.

Dauphin. H. II, 66. 2725.

20ʰ 40ᵐ 37ˢ. 74° 32′.

7ᵉ blanche — 8ᵉ cendrée.

Date.	Angle.	Distance.	Obs.
1783,29	348,7	cl. H.	H.
1821,83	355,9	n. m.	Σ.
25,08	355,0	4,98	So.
29,80	358,0	4,24	Σ.
37,73	356,5	4,44	id.
39,86	354,0	4,58	Σ₂.
41,16	355,8	4,66	Da.
41,57	356,4	4,78	Md.
42,74	357,0	4,54	id.
43,30	357,0	4,78	Md.
44,62	355,8	4,61	Σ₂.
49,79	358,3	5,00	Md.
54,32	356,9	4,74	Da.
54,68	358,9	4,71	De.
54,75	357,9	4,60	Wr.
56,85	359,9	4,78	Se.
59,66	358,4	4,95	Σ₂.
65,77	357,5	5,09	Kn.
66,75	359,9	4,78	Kr.
67,39	359,4	4,71	De.
68,55	359,8	4,67	Du.
72,59	361,0	4,73	Fr.
72,64	359,8	4,94	Σ₂.
76,11	360,4	4,85	Sp.
77,24	358,6	5,07	Dk.
77,82	360,9	4,81	Fl.

Grande probabilité de système orbital en mouvement direct excessivement lent : 94 années d'observation.

Cette étoile = Lalande 40119-20, et les deux composantes ont été observées par Bessel, Hora XX, 1009 et 1010.

γ Dauphin. H. III, 10. 2727.

20ʰ 41ᵐ 46ˢ. 74° 18′.

4 orange — 6 vert, coul. var.

Date.	Angle.	Distance.	Obs.
	°	"	
1755,00	279,9	12,0	Bd
80,00	274,6	11,6	H.
1800,00	273,0	13,5	Pi
04,44	273,6	n. m.	H.
23,34	273,6	11,83	Σ.
23,68	273,7	12,32	So.
30,89	273,8	11,90	Σ
31,59	273,4	12,07	Da.
31,60	273,6	12,1	Sm
32,57	273,1	12,05	H₂.
34,52	273,4	12,3	Sm.
35,84	272,8	12,03	Md.
39,71	273,3	11,8	Sm.
42,52	273,5	11,46	Md.
45,70	272,3	11,70	Po.
45,72	273,2	11,44	Md.
49,64	273,3	11,39	id.
51,84	273,8	11,75	Σ₂.
54,81	272,5	11,36	id.
56,51	272,4	11,28	Wr.
57,03	272,5	11,69	Se.
58,23	271,4	11,42	De.
59,05	272,1	11,52	Da.
63,71	270,8	11,40	Ma.
65,74	270,9	11,54	Ta.
65,78	272,7	11,73	Kn.
66,21	272,0	11,39	De.
66,74	271,7	11,18	Kr.
68,28	272,4	11,42	Du.
73,69	271,7	11,1	Ws.
77,82	270,8	11,25	Fl.

Système physique en mouvement propre commun

Æ — 0ˢ,004; D. P. + 0",19

et en mouvement relatif excessivement lent : 9° seulement depuis 122 ans. Période d'une extrême longueur. B varie de couleur, de l'orangé au jaune, au vert et au bleu : le plus souvent elle est verte-émeraude. Couple élégant.

λ Cygne. H. VI, 32. (413).

20ʰ 42ᵐ 44ˢ. 53° 57′.

Triple.

A = 5,5; B = 6,5; C = 10.

AB.

Date.	Angle.	Distance.	Obs.
1842,66	122,3	0,65	Σ₂.
43,53	114,3?	0,55	Md.
43,74	130,0	0,7	Sm.
43,74	120,5	0,63	Σ₂.
45,18	118,1	0,61	id.
47,82	36,8?	0,3?	Md.
48,80	109,5	0,56	Σ₂.
50,47	108,0	0,56	id.
51,99	108,9	0,7	Da.
52,02	106,8	0,52	Σ₂.

Date.	Angle.	Distance.	Obs.
	°	"	
1853,88	99,1<	0,7	Ja.
54,07	103,4	0,65	Da.
56,18	97,6<	0,63	Σ_2.
56,83	101,5	0,7	Se.
56,98	95,6<	0,67	Σ_2.
58,64	94,4<	0,69	*id.*
59,73	99,6	0,61	Se.
60,81	96,5	0,72	Da.
60,97	93,4	0,66	Σ_2.
61,63	93,1	0,67	Se.
66,39	92,7	0,47	Do
66,99	92,5	0,69	Da.
69,68	92,6	0,60	Du.
71,20	90,6	0,68	*id.*
71,41	88,7	0,60	De.
71,75	86,3	0,70	Σ_2.
72,65	88,5	0,45	Ws.
73,69	all.	—	*id.*
75,60	82,5	0,72	Sp.
75,70	87,4	0,66	Lu.
75,76	94,8>	0,65	Ws.
76,71	83,9	0,45	Do.
76,80	84,3	0,74	Ha

AC.

C fixe à 104° ± 1° et 85" ± 1".

AB forment un système orbital très-serré, en mouvement rétrograde assez rapide. Grandes divergences dans les observations à cause de l'éclat et de la proximité.

AC restent fixes depuis la première observation faite par H en 1780. On note ordinairement AB jaunes pâles; Sm les a vues bleues toutes trois.

Pet. Renard. P. xx, 324. 2728.

20ʰ 43ᵐ 5ˢ. 64° 3'.

7,7 jaune d'or — 10,3.

1831,82	24,7	4,22	Σ.
43,74	24,3	4,48	Md.
67,41	24,5	5,17	De.

La distance augmente. Probabilité de système orbital.

---

4 Verseau. H. I, 44. 2729.

20ʰ 45ᵐ 4ˢ. 93° 5'.

6 — 7 : jaunes.

Date.	Angle.	Distance.	Obs.
1783,36	351,5	0,5 all.	H.
1802,66	28,9	n. m.	*id.*
25,59	25,0	0,81	Σ.
1829,76	24,5	0,74	*id.*
32,73	46,6	0,67	H_2.
34,69	45,0	0,5	Sm.
36,05	46,3	0,41	Σ.
39,68	62,2	n. m.	Da.
40,72	65,5	0,6	*id.*
41,49	24,6?	0,6	Md.
41,80	72,7	n. m.	Da.
42,82	27,2?	0,45	Md.
43,70	31,8?	0,52	*id.*
43,76	81,7	n. m.	Kr.
51,91	simple.	—	Σ_2.
53,70	95,9	0,5	Da.
54,75	101,7	0,3	*id.*
56,81	107,9	0,3	Se.
65,71	125:	all.	*id.*
65,74	144,0	all.	Ta.
66,12	140:	all.	Do.
73,87	147,8	0,46	*id.*
75,62	157,0	0,42	Sp.
76,86	all.	—	Ws.
77,70	163,0	n.m.	St.

Système orbital très-serré, en mouvement direct très-rapide. La distance paraît avoir augmenté depuis 1783, où H la nommait « wedge-shaped », jusqu'en 1825, où Σ séparait presque les deux composantes, et avoir diminué jusqu'à l'époque actuelle, où les deux étoiles sont en occultation optique. Les trois observations de Md sont singulières. Mouvement propre commun :

Æ + 0",061 ; D. P. — 0",043 : Σ.

Le mouvement angulaire de 184° en 94 ans conduirait à 184 ans pour la révolution entière.

Cygne (416).

20ʰ 47ᵐ 43ˢ. 46° 42'.

7,5 — 8 : blanches.

1843,56	145,9	7,31	Md.
46,13	146,7	6,97	Σ_2.
47,82	143,8	6,80	Md.
53,89	143,6	7,05	Da.
57,74	143,3	7,06	Σ_2.
63,26	142,4	7,17	[illegible]
66,10	141,7	7,01	De.
69,80	141,3	6,99	Du.
70,52	139,9	7,10	De.
76,78	139,8	7,35	Ws.

Mouvement rétrograde. Haute probabilité d'un système orbital.

Petit Renard. (417.)

20ʰ 48ᵐ 0ˢ. 61° 19'.

Triple.

A = 7,5 ; B = 8,1 ; C = 9,4.

Date.	Angle.	Distance.	Obs.
	AB.		
	°	"	
1847,98	39,5	0,57	Σ_2.
70,15	34,0	0,5	Do
74,37	27,3	0,62	*id.*

AC

C fixe à 109° et 30".

AB paraissent former un système orbital très-serré en lent mouvement rétrograde. C reste fixe jusqu'à présent.

Dauphin. 2734.

20ʰ 48ᵐ 21ˢ. 77° 21'.

8,2 — 9,2 : blanches.

1829,79	181,7	28,50	Σ.
63,54	187,9	26,72	De.
76,77	191,7	27:	Ws.

Très-grande probabilité de mouvement rectiligne et d'un groupe de perspective.

Cygne (418.)

20ʰ 49ᵐ 53ˢ. 57° 45'.

7,3 — 7,6.

1842,66	301,8	0,56	Σ_2.
48,81	292,8	0,67	*id*
53,20	288,0	0,74	*id.*
58,57	292,6	0,75	Se.
60,64	291,2	0,88	Σ_2.
66,90	292,4	1,01	Do.
68,77	293,0	0,96	Σ_2.
74,01	290,8	0,94	Do.
74,72	290,4	1,04	Nw.
77,70	294,8	1,2	Bu.

La distance a augmenté et le mouvement paraît rétrograde. Il y a des interversions d'angle de 180°, et il est probable que l'une des deux étoiles varie légèrement. Très-grande probabilité de système orbital très-incliné.

ε Petit Cheval. H. III, 21. 2737.

20h 53m 5s. 86° 10′.

Triple.

5,5 jaune — 7 verte — 7,5 *id.*

AB.

Date.	Angle.	Distance.	Obs.
	°	″	
1780	simple.		H.
1825	*id.*		So
1829	*id.*		Σ.
1831	*id.*		*id.*
1832	*id.*		*id*
35,67	294,0	0,35	*id.*
36,71	291,7	0,41	*id.*
38,83	290,0	0,5	Sm.
40,97	287,7	n. m.	Da.
41,53	297,5	0,65	Md.
41,85	290,9	0,60	Da.
42,57	293,4	0,60	Md.
43,64	287,5	0,68	Σ_2.
43,68	290,1	0,6	Md.
43,80	286,8	0,67	Da.
44,88	296,0	0,6	Md.
47,63	288,1	0,57	Mt
47,63	287,0	0,74	Da.
48,67	287,2	0,87	*id.*
50,75	290,4	1,93	Md.
51,20	288,9	0,94	*id*
52,26	281,7	0,80	Σ_2.
53,83	285,3	0,97	Da.
54,77	290,8	0,93	Se.
55,48	291,0	0,89	Md.
55,87	287,4	0,82	Se.
56,36	282,9	1,0	Da.
56,79	292,4	0,91	Md.
58,81	292,6	0,97	*id.*
59,63	285,4	1,02	Σ_2.
59,67	285,6	1,04	Da.
61,43	290,8	1,02	Md.
61,71	282,1	1,08	Dt.
62,64	283,9	0,6	De.
63,85	285,2	0,86	Da.
65,68	288,1	1,08	Kn.
65,85	283,0	1,05	Kr.
65,68	286,5	0,83	Ta.
66,72	287,5	1,02	Se.
70,32	283,8	1,15	Σ_2.
71,32	288,8	0,98	Du.
72,75	286,2	0,98	Ws.
73,70	286,9	1,15	*id*
73,91	287,0	1,10	Gl.
74,81	296,6>	1,16	Nw.
75,79	289,2	1,12	Ws.
76,44	286,4	0,97	Sp.
77,70	289,1	0,83	Lk.

Date.	Angle.	Distance.	Obs.
	$\frac{AB}{2}$ et C.		
	°	″	
1781,81	84,3	9,37	H.
1800,00	*comes* 0s,7 *sequitur, fere eod. parallelo.*		Pi.
1821,25	80,4	n. m.	Σ.
23,34	n. m.	10,69	*id.*
23,58	79,3	12,37	So.
25,62	77,5	10,56	Σ.
27,79	70?	11	H_2.
33,39	78,1	10,86	Σ
33,77	77,6	10,7	Sm.
36,72	78,1	10,86	Σ
38,83	78,1	11,2	Sm
40,30	78,1	10,98	Σ.
41,16	77,0	10,75	Da.
41,39	78,8	11,20	Σ_2.
41,54	77,3	10,52	Md.
42,76	78,0	10,50	*id.*
43,68	77,4	10,30	*id.*
43,79	76,7	11,25	Da.
44,88	78,1	10,48	Md.
45,65	77,2	10,70	Σ_2.
47,60	76,4	11,08	Mt.
49,26	76,9	10,86	Md.
51,73	76,4	10,24	*id.*
51,90	75,7	10,86	Σ_2.
51,96	76,6	10,76	De.
53,80	76,5	10,44	Md.
54,77	75,6	9,98	Ja.
54,89	76,4	10,60	Le.
55,79	77,3	n. m.	Md.
55,87	73,9	10,55	So.
55,89	76,8	10,58	Po
56,15	76,2	10,57	De.
56,68	76,6	11,11	Σ_2.
58,83	76,5	10,43	Md.
61,39	76,4	10,47	*id.*
61,71	77,0	11,72	Dt.
62,64	76,2	10,83	De.
63,66 (AC)	75,6	10,39	Kn.
64,74	77,6	11,10	Du.
65,65	76,9	10,26	Ta.
65,67 (AC)	75,8	10,59	Kn.
65,80	76,0	10,37	Kr.
66,72	73,9	10,35	Se.
68,62	75,1	10,72	Ma
69,61	73,5	10,60	*id.*
70,32	76,8	11,19	Σ_2.
70,78	75,3	10,89	Ws.
71,85	76,3	10,98	Du.
72,75	76,0	9,3	Ws.
72,79	75,6	10,62	Ma.
73,70	73,7	10,10	Ws
73,75	75,0	10,80	Ma.
74,73	74,3	11,33	*id.*
75,66	75,0	11,38	*id*
1875,79	77,5	9,65	Ws
75,90	75,3	10,69	Sp.
77,76	73,4	10,82	Fl.

L'étoile B est sortie des rayons de l'étoile A, dans lesquels elle était éclipsée, lorsqu'en 1780, 1825, 1829, 1831, 1832, on observa cette étoile comme simple. En 1835, Σ découvrit le compagnon à la faible distance de 0″, 35. Depuis cette époque il a continué de s'éloigner lentement, et il est maintenant à 1 seconde environ. Système orbital très-incliné sur notre rayon visuel, en mouvement propre commun :

Æ — 0s,011; D. P. + 0″,13.

L'étoile C forme un système physique avec le couple précédent. Mouvement rétrograde non dû au mouvement propre. Système ternaire.

Il y a beaucoup d'étoiles voisines dans le champ.

Dauphin. (424).

20h 53m 39s. 74° 54′.

7,8 — 8,9.

Date.	Angle.	Distance.	Obs.
1845,69	332,0	0,46	Σ_2.
46,69	325,0	0,46	*id.*
48,70	325,6	0,25	Md.
52,64	318,9	0,36	Σ_2
65,74	330?	all.	De.
76 et 77	ronde		Bu.

La distance a diminué, et les deux étoiles sont actuellement en occultation. Système orbital en mouvement rapide dans le plan du rayon visuel. L'angle de Md était renversé de 180°.

Cygne. H. I, 97. 2741.

20h 54m 39s. 40° 1′.

6,3 blanche — 7 bleuâtre.

Date.	Angle.	Distance.	Obs.
1783,73	43,6	1,15	H.
1828,55	36,2	1,41	H_2.
29,61	34,2	2,89	*id.*
30,57	32,8	2,42	Da.
30,63	33,7	1,81	H_2.
31,49	35,8	1,93	Σ.
31,62	33,2	1,76	H_2.
33,69	34,6	2,1	Sm.
34,27	35,3	2,06	Md.
34,50	32,1	n. m.	Da.
41,22	33,0	2,07	Σ_2

Date.	Angle.	Distance.	Obs.
	°	″	
1841,48	33,6	2,19	Md
41,80	32,3	2,04	Da
42,68	33,8	2,11	Md.
46,98	32,2	n.m.	Da.
47,91	32,3	n.m.	*id.*
51,85	34,9	1,71	Md
55,75	31,4	1,88	Wr.
56,01	32,4	2,0	De.
57,16	30,2	1,94	Se.
62,49	29,6	1,85	Ma.
65,49	30,9	2,25	En.
65,70	34,0	2,15	Ta.
68,78	32,1	1,77	De.
72,95	31,4	1,99	Du.
74,55	31,3	1,39	Fr.
74,85	31,4	2,05	Ws.
74,91	33,7	1,89	Gl.
75,79	32,2	1,97	Ws.
76,79	28,7	1,91	Dk.

Système orbital serré, en mouvement rétrograde excessivement lent. Cette étoile = P. xx, 429.

Cygne. 2746.

20h 56m 55s. 51° 13′.

7,5 — 9.

1830,82	276,2	0,87	Σ.
36,72	291,6?	0,41	*id.*
40,72	270,9	0,98	Σ₂.
58,22	279,2	1,03	*id.*
63,33	283,7	0,8	De.
75,67	282,9	0,96	Sp.
76,78	290,3	1,09	Ws.

Système orbital très-serré, en mouvement direct.

Verseau. 2744.

20h 56m 58s. 88° 56′.

6,3 très-blanche — 7,3 brune.

1825,65	192,3	1,53	Σ.
33,17	189,4	1,52	*id.*
31,00	188,3	2,0	H₂.
41,63	188,5	1,75	Md
42,73	187,8	1,60	*id.*
43,24	184,5	1,93	Σ₂.
43,75	189,2	1,71	Md.
48,68	185,8	1,43	Da.
56,46	184,3	1,57	Se.
57,32	180,0	1,2	De.
63,24	177,5	1,50	*id.*
69,15	175,7	1,48	De.

Date.	Angle.	Distance.	Obs.
	°	″	
1872,65	175,2	1,27	Ws.
73,72	175,7	1,60	*id.*
73,91	176,2	1,5	Gl.
74,84	170,6	1,77	Σ₂.
75,79	174,5	1,31	Ws.
76,63	172,9	1,52	Sp.

Système orbital serré, en mouvement rétrograde. La seconde étoile est sombre.

Petit Cheval. H. I, 62. Bu 269.

20h 58m 39s. 82° 41′.

8 — 11.

1783,40	234,8	1±	H.
1802,80	237,1	*id.*	*id.*
74,67	270±	1,0	Bu.
75,10	251,0	1,11	De.
76,18	252,6	1,08	Bu

Cette étoile n'avait pas été observée depuis H quand Burnham la retrouva en 1874 en vérifiant les couples de la classe I de H non observés par Σ. Il y a une différence de position de 1° en D. P., car la position de H est de 83° 42′; mais il est certain que c'est néanmoins le même couple et que le mouvement est direct. L'angle observé en 1874 n'était qu'une simple estime.

Petit Cheval. 2749.

20h 58m 43s. 86° 57′

Triple.

A = 7,7; B = 9; C = 9.

A et $\frac{BC}{2}$.

1825,60	149,5	3,61	So.
30,10	148,7	3,51	Σ.
31,00	150,0	3,5	H₂.
43,70	149,4	3,74	Md.
56,70	151,0	3,47	Se.
64,79	151,0	3,54	De.
76,31	153,0	3,65	*id.*

BC.

1856,64	127,0	0,6	Se.
65,06	142,2	0,80	De.
74,82	150,0	1,2	Bu.
76,31	147,6	0,94	De.
77,84	148,9	1,12	Bu.

B et C forment sans doute un système orbital très-incliné, en mouvement direct assez rapide. La distance a continé d'augmenter depuis la découverte de ce petit couple par Se. Le mouvement de B relativement à A est aussi direct, mais plus lent. Système ternaire très-probable.

Céphée 83. 2751.

20h 58m 50s. 33° 48′

6 — 7 : très-blanches.

Date.	Angle.	Distance.	Obs.
	°	″	
1828,64	345,9	2,42	H₁.
30,07	346,4	2,03	Σ.
31,91	342,7	1,85	*id.*
32,50	341,8	1,85	*id.*
32,58	346,7	2,46	H₂.
34,60	345,6	1,63	Da.
37,68	347,7	1,53	*id.*
41,22	349,4	1,70	Σ₂.
46,98	347,4	n.m.	Da.
53,88	347,2	1,81	*id.*
57,23	346,4	1,77	Se.
59,76	348,8	1,73	Wr.
64,59	352,4	2,03	En.
67,80	351,8	1,29	Hr.
69,67	349,3	1,62	De.

Système orbital en mouvement direct très-lent.

Dauphin. 2754.

21h 0m 29s. 77° 18′.

8 — 8,7 : blanches.

1829,32	303,2	34,58	Σ.
43,71	303,4	34,15	Md.
65,62	302,3	33,38	De.

La distance diminue. Groupe de perspective. L'étoile Lal. 40899 se rapproche beaucoup de cette position, sans s'identifier complétement.

Verseau 45. Bu. 368.

21h 1m 1s. 98° 43′.

7,4 — 7,7.

1875,87	99,4	0,5	De.
76,56	99,1	0,45	*id.*
77,76	91,1	n.m.	St.
77,79	93,8	0,64	De.

Mouvement rétrograde très-probable pour ce couple récemment découvert. Système très-serré.

61ᵉ du Cygne H. IV, 18. 2758.

21ʰ1ᵐ21ˢ. 51°52′.

5,5 jaune — 6ᵉ plus jaune.

Date.	Angle.	Distance.	Obs.
	°	″	
1753	35,4	19,63	Bd
1778	50,9	15,24	C.M.
1781	53,8	16,33	H.
1793	52,8	14,87	L.l.
1800	69,3	18,2	Pi.
1805	78,5	14,50	*id.*
1812,30	79,1	16,74	Bs
13,50	80,0	16,56	L.c.
21,62	84,4	15,02	Σ.
22,90	84,7	15,42	H_2.
25,70	86,9	15,44	So
28,52	89,3	15,43	H_2
28,72	89,4	15,31	Σ.
29,47	89,9	15,43	H_2.
30,56	90,8	15,61	*id.*
30,66	90,3	15,70	Da.
30,81	90,5	15,6	Sm.
30,84	90,4	15,63	Σ.
31,70	91,1	15,63	*id.*
31,74	90,7	15,45	H_2.
32,31	n.m.	16,82	Cp.
32,65	92,3	15,4	Sm.
32,77	92,0	15,79	Σ
33,80	92,5	15,88	Da.
34,62	93,3	16,12	*id.*
34,76	93,2	16,2	Sm.
35,54	94,1	15,59	Md.
35,59	93,6	15,8	Sm.
35,65	93,8	15,97	Σ.
36,57	94,4	16,08	*id.*
37,56	94,9	16,20	Da
37,63	95,2	16,27	Ek.
37,65	95,1	15,9	Sm.
37,71	95,4	15,91	Ga.
38,38	95,3	16,20	Bs.
38,73	96,1	16,70	Ga.
39,69	96,3	16,3	Sm.
39,75	96,1	16,53	Da
40,05	97,1	16,0	Kr
40,73	97,2	16,40	Da.
41,49	98,5	16,49	Md
41,81	97,6	16,10	Ke.
41,87	97,9	16,55	Ea.
42,62	99,0	16,86	Md.
43,53	99,0	16,67	Σ_2
43,76	98,9	16,78	Md.
43,98	99,7	n.m.	Ea.
44,48	100,1	16,35	Md
45,87	99,3	16,02	Ja.
1846,70	99,7	17,12	*id.*
46,87	100,9	17,07	Da.
47,46	100,9	17,02	Σ_2.
47,54	101,1	17,85	Mt
47,96	100,8	16,81	Ja.
48,07	99,8	16,4	Sm.
48,30	101,9	17,0	Da.
50,30	102,4	17,18	Σ_2.
50,88	103,9	17,04	Da.
50,95	103,1	16,80	Md.
50,90	102,9	16,96	Ft.
51,65	102,8	16,87	Mi.
51,81	103,7	17,34	Σ_2.
52,44	104,1	16,83	Md.
52,67	104,5	17,46	Σ_2.
52,72	103,9	17,20	Ft.
52,76	104,3	17,28	Wr.
52,93	103,9	17,17	Mt.
53,13	104,4	16,90	Md.
53,26	104,4	17,25	Da.
53,80	103,7	17,0	Sm.
53,89	104,7	17,68	Ja.
54,25	105,2	17,57	Σ_2.
54,28	104,7	17,24	Pe.
54,55	105,0	17,63	Md.
54,83	105,4	17,45	Wr
54,98	105,7	17,29	De.
55,55	105,7	17,56	Se.
55,86	106,6	17,88	Po.
56,12	108,2	17,06	Lu.
56,63	105,2	17,89	Se
56,67	107,5	17,7	Ft.
56,81	106,4	17,9	Ja.
57,20	106,5	18,02	Σ_2.
57,56	106,9	17,48	Mt.
57,59	107,8	17,62	De.
57,82	107,2	18,0	Ja
58,27	107,3	17,9	*id.*
59,54	107,6	17,56	Md.
59,89	108,6	18,2	Po.
59,91	108,3	17,88	Wr.
60,80	108,8	18,23	Σ_2.
61,03	108,7	17,93	Md.
61,83	108,8	17,89	Ma.
62,57	108,4	17,66	*id.*
62,93	109,5	18,23	Ba
62,97	109,5	18,37	De.
65,15	110,6	18,55	*id.*
65,76	111,4	18,75	Ta.
65,89	111,2	18,47	Kr.
66,72	111,7	18,76	Ka
66,74	112,8	18,84	Ta.
66,84	111,8	18,81	Se.
67,16	111,8	18,73	De.
67,89	112,1	18,44	Du.
68,54	112,5	18,81	Σ_2.
68,60	112,3	18,70	Ma
68,82	112,3	18,57	Du.
1869,28	113,3	18,91	De
69,58	112,3	18,65	Ma.
69,89	113,0	18,78	Du.
70,49	112,4	19,27	Ma.
70,53	113,9	19,15	Gl.
70,90	113,6	18,86	Du.
71,07	114,1	19,19	De.
71,50	114,1	19,27	Gl.
71,60	113,4	19,20	Kn
72,72	114,6	19,16	Ws.
72,72	113,6	18,93	Ta.
72,78	114,1	19,77	Ma.
73,00	114,5	19,59	Kn.
73,05	114,6	19,38	De.
73,72	114,7	20,28	Ws.
73,75	115,0	19,36	Gl.
73,87	115,1	19,33	Du.
74,74	116,1	19,42	Σ_2.
74,92	115,4	19,41	Gl
75,09	115,6	19,55	De
75,51	115,0	19,53	Ma.
75,60	116,4	19,46	Gl
75,95	115,7	19,32	Du.
76,60	116,1	19,72	Ws.
76,61	115,5	n.m.	Dk
77,17	116,4	19,76	De.
77,65	116,7	19,46	Dk.
77,79	116,2	19,76	Fl.

Le couple de la 61ᵉ du Cygne est sans contredit l'un des plus intéressants du ciel tout entier. Cette étoile est, en effet, la première dont on ait pu déterminer la distance; elle est aussi la première qui ait offert un mouvement propre considérablement supérieur à la moyenne, et c'est sur l'examen de ce système que Bessel avait, en 1812, annoncé l'extension des lois de la gravitation au delà de notre système solaire, aux étoiles.

Le mouvement propre de chacune des composantes est, calculé en arc de grand cercle (*voy.* mon Catalogue) :

	Æ	D.P.	Résult.
61¹	+ 4″,01;	— 3″,22;	5″,14
61²	+ 4″,11;	— 2″,98;	5″,07

Il est impossible de douter, devant une pareille vitesse, que ces deux étoiles soient physiquement associées; car ce mouvement est le plus rapide du ciel entier (à l'exception seulement de 1830 Groombridge), et l'on ne peut pas supposer que les deux étoiles qui en sont animées, si voisines d'ailleurs dans le ciel, en soient animées séparément et isolément l'une de l'autre. C'est évidemment là un système stellaire, composé de deux soleils conjugués, lancés dans l'espace avec une vitesse inouïe.

D'autre part, ces deux étoiles offrent la même parallaxe; car Bessel l'a calculé en observant la variation semi-annuelle de distance de deux étoiles situées de part et d'autre du couple avec le *centre* des deux composantes. Ce n'est donc pas la plus brillante seulement des deux qui est proche de la Terre, c'est aussi la seconde. Les déterminations de parallaxe ont donné :

		″
Bessel..	1838....	0,314
Bessel..	1840. . .	0,348
Peters..	1842..•.	0,349
Johnson.	1852....	0,392
Auwers..	1853....	0,420
Struve..	1853...	0,506
Auwers.	1863....	0,564

L'accroissement constant de la valeur est assez singulier; il ne peut être évidemment dû qu'aux méthodes, et non à un rapprochement aussi rapide de l'étoile. (J'ai prié M. Huggins d'appliquer son ingénieuse méthode spectrale du déplacement des lignes à la recherche du mouvement sur le rayon visuel, pour vérifier la relation des deux étoiles entre elles; un résultat certain n'est pas encore obtenu.) Le premier chiffre de la parallaxe indiquerait pour la distance

657 700 dist. ⊙.

et le dernier :

366 400 dist. ⊙.

La première tentative avait été faite, dès 1812, à l'Observatoire de Paris, par Arago et Mathieu; mais, comme Arago l'a reconnu lui-même, ce premier résultat n'était pas digne de confiance (il provenait même d'une erreur de signe!).

Cette étoile est la plus proche de la Terre, après α du Centaure (*voy.* p. 80). Les deux composantes offrent presque le même éclat et la même nuance de lumière. Tout s'accorde pour affirmer que ces deux astres sont physiquement associés et forment un même système.

Or, d'après les lois de la gravitation, ces deux corps devraient tourner autour de leur centre commun de gravité, et c'est ainsi que Bessel, le premier, avait interprété les observations faites de 1753 à 1812. Il avait estimé le temps de la révolution à 400 ans, durée qui a ensuite été portée à 450, 520 et 600 ans. Cependant les observations modernes ont successivement montré que la courbure était de moins en moins sensible et qu'aucune orbite ne pouvait s'accorder avec elles.

En 1874, réunissant toutes les observations faites depuis 1753, et les présentant suivant la méthode graphique que j'emploie comme première base dans mes recherches d'orbites, je constatai que ces 120 années d'observation se placent toutes le long d'une ligne absolument droite. (Voir *Comptes rendus de l'Académie des Sciences*, 18 janvier 1875.)

La conclusion est la même aujourd'hui (janvier 1878).

Le mouvement relatif de ces deux étoiles s'effectue *en ligne droite*. Le mouvement absolu de chacune d'elles peut aussi se traduire, par conséquent, par une ligne droite. A marche un peu plus vite que B. Celle-ci, qui était en 1753 à 71° vers le nord, s'est trouvée, en 1780, juste sur la direction du mouvement propre; puis elle s'est écartée de cette direction vers le sud, et elle en est maintenant éloignée de 64°. Si les deux étoiles continuent de marcher ainsi en ligne droite, elles s'écarteront l'une de l'autre de siècle en siècle; le mouvement de A se dirige vers 50°,5 du nord, et celui de B vers 53°,5.

Dans son dernier ouvrage (*Le Stelle*, Milan, 1877, p. 211), le P. Secchi adopte ces conclusions sur ce système : « I semplici spostamenti angolari o in distanza possono essere effetto dei moti proprii e non di forze centrali, onde qualora i luoghi successivi della stella non presentino una curva sensibile si rimane in dubio, e tale sembra essere il caso di 61 Cigno, dietro gli ultimi lavori di Flammarion. »

Cygne. 2760.

21h 1m 52s. 56° 21′.

7 blanche. — 8 bleuâtre.

Date.	Angle.	Distance.	Obs.
	°	″	
1825,61	222,8	14,32	So.
28,83	223,4	13,84	Σ.
29,84	223,9	13,49	H₂.
1831,91	223,0	13,42	Σ.
35,63	223,6	12,96	*id.*
37,77	224,0	12,77	*id.*
39,86	224,9	13,02	Σ_2.
41,50	222,7	12,42	Md.
41,67	223,9	12,15	Da.
41,81	223,9	11,92	Kr.
43,82	223,4	11,98	Da.
45,68	223,3	11,75	Md.
47,76	223,8	11,70	*id.*
47,90	223,5	11,68	Σ_2.
50,94	223,7	11,40	Md.
51,93	223,9	10,90	*id.*
54,72	224,3	10,91	Wr.
55,81	223,8	11,02	Σ_2.
55,86	224,5	10,57	Wr.
57,08	225,0	10,52	Ie.
59,86	221,4	10,78	Md.
63,02	224,7	10,12	De.
63,73	251,2>	15,11>	Ma.
65,22	224,9	9,84	De.
65,91	225,4	9,64	Kr.
67,12	225,0	9,68	De.
68,55	224,5	9,58	Du.
68,76	224,3	9,70	Σ_2.
69,19	225,5	9,35	De.
69,83	224,7	9,54	Du
70,96	225,3	9,24	De.
72,70	222,6	7,37	Ta
73,72	224,2	9,23	Σ_2.
73,05	225,2	8,99	De
73,72	224,4	9,5	Ws.
74,70	225,3	9,42	Gl.
74,81	225,2	8,29	Du.
75,03	225,2	8,79	De.
76,65	224,6	8,53	Dk.
77,24	225,1	8,57	De.
77,83	225,4	8,22	Fl.

La distance a diminué de 14″ à 8″ depuis 1825, suivant une ligne absolument droite. Vitesse uniforme = 0″,116; direction = 39°, qui se décompose en

Æ + 0″,072 et D.P. — 0″,092.

Ce n'est pas un système orbital dont le plan passe par notre rayon visuel, car la vitesse est uniforme. Le plus grand rapprochement arrivera vers 1950, à 1″14. Groupe de perspective. Le mouvement appartient sans doute à la plus brillante.

Cette étoile = Lalande 40973.

Petit Cheval. (527.)

21h 2m 22s. 85° 20′.

7 bleuâtre — 8.

Date.	Angle.	Distance.	Obs.
	°	″	
1846,85	306,2	0,40	Σ_2.
52,64	295,1	0,33	*id.*
59,65	290,6	0,46	*id.*
70,04	143,0	all.	De
73,06	126,7	all.	*id.*
77,70	99,4	0,64	Bu.

Système orbital très-serré, en très-rapide mouvem. rétrograde. 207° en 31 ans; 360° conduiraient à 54 ans seulement. Mais on ne peut regarder ces mesures comme précises, à cause de la difficulté de l'étoile. J'ai renversé de 180° la dernière mesure pour la faire concorder avec la série antérieure; mais il faut supposer pour cela que B varie, car en cette dernière mesure, elle était supérieure à A.

Verseau. H. I, 47.

21h 5m 42s. 105° 31′.

8 = 8.

Date.	Angle.	Distance.	Obs.
1783,56	354,8	cl. I.	H.
1802,66	336,8	*id.*	*id.*
36,10	328,0	n.m.	H_2.
55,60	323,6	2,87	Σ a
76,64	322,2	3,33	St.
77,68	321,8	3,00	*id.*

Très-grande probabilité de système orbital, en mouvement rétrograde.

δ Petit Cheval. H. IV, 37. 2777.

21h 8m 38s. 80° 28′.

Triple.

AC.

4,5 — 10.

Date.	Angle.	Distance.	Obs.
	°	″	
1781,80	78,4	19,53	H.
1825,26	41,9	25,81	So.
27,63	40	20?	H_2.
28,80	41,4	26,64	Σ.
30,35	39,5	27,83	H_2.
30,67	38,8	27,1	Sm
32,10	39,7	27,48	Σ.
34,90	37,8	27,56	*id.*
35,64	37,8	27,63	*id.*
1836,65	37,4	28,07	*id.*
36,78	37,6	27,9	Sm.
37,77	36,7	28,26	Σ.
38,59	36,8	28,2	Sm
41,49	34,5	n. m.	Md.
41,65	34,8	28,82	Σ_2
42,64	34,0	28,5	Kr.
43,63	34,9	29,88	Md.
44,17	33,9	29,2	Kr.
47,82	32,2	30,48	Σ_2.
51,84	30,9	31,07	*id.*
52,64	30,9	31,38	*id.*
53,91	29,2	31,57	*id.*
54,69	29,9	31,65	*id.*
56,58	29,4	32,36	*id.*
57,67	28,7	32,59	*id.*
58,59	28,4	32,84	*id.*
59,65	28,2	32,87	*id.*
63,14	27,0	33,76	De.
65,72	27,5	34,46	Kn
65,91	26,1	34,70	Σ_2.
69,67	25,5	35,80	Du
74,80	25,0	33,70	De
76,81	24,2	37,66	Ws.
77,82	24,0	37,57	Fl.

AB. (535)

4,5 — 8.

Date.	Angle.	Distance.	Obs.
1852,64	22,5	0,45	Σ_2.
52,67	18,8	0,43	*id.*
53,91	191,7	0,27	*id.*
54,69	simple.	—	*id.*
56,58	*id.*	—	*id.*
57,67	209,6	0,22	*id.*
58,59	16,8	0,40	*id.*
59,65	13,5	0,39	*id.*
61,60	236 :	all.	*id.*
65,90	203,3	all.	*id.*
70,73	8,0	0,25	Du.
74,67	24,0	all.	Σ_2
74,73	1,8	all.	*id.*
74,75	221,2	0,33	*id.*
77,76	158,2	0,2	Bu

Depuis la première mesure du couple large AB, en 1781, le compagnon s'est déplacé de 54° et de 18″. Le mouvement est rectiligne et dû au mouvement propre de δ, du moins en grande partie; car on peut voir sur la figure que les deux lignes sont presque parallèles, sans l'être tout à fait. La différence est de 4°. Il semble donc qu'en même temps que δ marche vers 165° du nord, son compagnon C s'éloigne lentement vers l'est. La vitesse du mouvement propre annuel conclu est de 0″,288.

δ du Petit Cheval est elle-même un système binaire très-rapide et très-serré, dont le plan passe par le Soleil et gît dans la direction 10-190°. La période doit être excessivement courte, et d'après O Σ, elle ne serait que de 7 ans. Les observations de ce couple si serré ne suffisent pas pour décider; mais que la période soit de 7 ou de 14 ans, c'est la plus rapide que nous connaissions.

Cygne. 2779.

21h 9m 16s. 61° 25′.

8,2 — 8,6 : jaunâtres.

Date.	Angle.	Distance.	Obs.
	°	″	
1828,81	189,5	19,22	Σ.
29,80	185,4 <	23,8 >	H_2.
39,83	187,2	18,77	Σ_2.
43,71	188,0	18,30	Md.
48,02	186,6	18,40	*id.*
50,93	187,7	18,70	*id.*
64,59	185,3	18,13	De.
68,76	184,9	17,94	Σ_2.
69,81	184,2	18,07	Du.
74,84	185,1	17,71	Σ_2.
77,82	182,8	17,86	Fl

Couple d'une mesure facile. Lent mouvement rétrograde, et lente diminution de distance. L'observation de H_2 est évidemment erronée, tant pour l'angle que pour la distance. (On comprend difficilement que les mesures micrométriques de ce laborieux et célèbre astronome soient si souvent imparfaites. J'ai souvent remarqué que les télescopes sont inférieurs aux lunettes pour la précision des mesures). Peut être orbital, malgré la distance angulaire. On ne peut rien affirmer.

Verseau. 2778.

21h 9m 28s. 91° 44′.

8,4 jaune — 10,6.

Date.	Angle.	Distance.	Obs.
1828,24	267,0	21,19	Σ.
43,69	268,4	20,10	Md.
65,34	269,9	20,21	De.

Mouvement direct excessivement lent, et lente diminution de distance. Groupe de perspective.

τ Cygne.

21h 10m 0s. 52° 28′.

4,8 jaune clair — 7,6 bleu clair.

Date	Angle.	Distance.	Obs.
	°	″	
1874,83	162,6?	1,10	Nw.
74,90	174,8	1,06	De
75,69	171,2	1,35	id.
76,79	161,5	1,25	Nw.
76,83	167,0>	1,62>	Hv.
76,89	160,2	1,04	De.
76,90	160,2	1,04	Ha.
77,26	155,3	1,70	De.
78,41	150,0	1,06	Bu.

Système orbital, en mouvement rétrograde très-rapide.

Étoile dedoublée pour la première fois en 1874 par A. Clarck.

Il y a une 3e petite étoile découverte par Holden à Washington :

1876,90	260,3	15″,68

θ Indien. H_2 8974.

21h 11m 19s. 143° 57′.

5 — 9.

1834,50	306,7	3,68	H
45,00	300,0	2,5	Ja.
57,00	297,0	3,6	id.
71,00	292,0	n. m.	Ke.

Haute probabilité de système orbital en mouvement rétrograde.

Céphée. H. I, 48. A.C. 19.

21h 11m 25s. 26° 5′.

7,3 = 7,3.

1783,18	259,8	cl. I.	H.
1842,00	simple.	—	Σ2.
59,73	246,2	0,88	Da.
60,70	246,4	0,93	id.
66,83	244,5	0,98	id.
73,11	247,6	0,95	De.

Système orbital très-serré, en mouvement rétrograde excessivement lent. Découverte en 1859, par Alvan Clarck, à l'Observatoire de Dawes; mais est certainement la même que H. I, 48.

Petit Cheval 27. 2786.

21h 13m 47s. 80° 59′.

7,5 — 8,5.

Date.	Angle.	Distance.	Obs.
	°	″	
1825,71	182,3	2,42	Σ.
25,74	185,1?	2,64	So.
30,92	183,3	2,59	Σ.
32,89	184,1	2,35	id.
33,77	184,3	2,60	id.
40,57	184,1	2,40	Bi.
41,73	186,2	2,95	Md
42,78	184,8	2,56	id.
46,54	181,8	n. m.	Bi.
48,56	184,1	2,30	Da.
56,91	185,8	2,39	Se.
59,57	184,3	2,29	Wr
65,93	184,4	2,45	De.
74,71	184,9	2,50	Fr.
76,78	188,2	2,70	Ws.

Lent mouvement direct. Probabilité de système orbital.

Cette étoile = Lalande 41428 et Bessel XXI, 271.

Cygne (437).

21h 15m 46s. 58° 4′.

6,4 — 6,9 : jaunâtres.

1845,43	67,7	1,37	Σ2.
47,68	62,3	1,30	id.
48,68	63,6	1,29	Da.
51,76	61,8	1,29	Md
51,98	61,3	1,29	Da.
53,50	60,2	1,29	id.
58,74	58,1	1,52	Σ2.
66,57	54,7	1,40	De.
71,15	53,2	1,35	Du.
73,16	52,1	1,36	De.
73,73	51,4	1,32	Ws.
76,30	51,8	1,55	id.

Système orbital serré, en lent mouvement retrograde.

Pégase. 2797.

21h 20m 56s. 76° 50′.

6,7 très-blanche — 8,2 cendrée.

Date.	Angle.	Distance.	Obs.
	°	″	
1827,13	213,3	3,35	So.
31,26	213,3	3,17	Σ.
42,71	215,5	3,20	Md.
45,52	216,4	3,18	id.
51,75	215,9	3,23	id.
52,72	216,5	3,23	id.
55,81	218,1	3,31	id.
1856,82	214,5	3,53	Wr.
57,64	216,0	3,0	De.
66,95	217,2	3,32	id.
68,94	216,3	3,18	Du.

Lent mouvement direct. Probabilité de système orbital.

Pégase 20. 2799.

21h 23m 2s. 79° 27′.

6,5 — 7 : jaunâtres.

1825,68	338,1	1,20	So.
29,60	337,3	1,35	Σ.
30,64	334,6	1,0	H2.
31,82	332,9	1,35	Σ.
32,63	333,1	1,35	id.
32,92	335,2	1,10	Da.
35,81	332,9	1,39	Md.
40,72	327,4	1,26	Da.
41,63	330,1	1,58	Md.
42,76	328,9	1,34	id.
43,75	329,8	1,48	Σ2.
43,76	327,7	1,24	Da.
50,75	324,4	1,70	Md.
51,74	324,7	1,48	id.
51,96	322,6	1,26	Da
53,20	320,8	1,44	Σ2.
53,80	322,7	1,33	Md.
53,89	321,7	1,40	Da.
54,74	320,3	1,13	id.
54,79	323,7	1,36	Md.
56,10	319,8	1,2	De.
56,28	320,7	1,23	Se.
58,80	323,0	1,36	Md.
59,81	320,8	1,38	Wr.
59,88	318,5	1,37	Md.
61,81	321,6	1,47	id.
62,76	317,8	1,38	id.
63,09	317,6	1,44	De.
65,67	315,2	1,29	Ta.
66,74	317,1	n. m.	id.
66,89	317,8	1,24	Se.
68,70	313,6	1,68	Br.
71,70	315,4	1,47	Ta.
73,19	313,7	1,32	Ws.
73,80	313,7	1,41	Gl.
75,81	312,4	1,26	Ws.
76,45	308,8	1,22	Sp.
77,33	312,3	1,53	Dk

Système orbital serré, en mouvement rétrograde assez lent. L'angle de Sp en 1876 était renversé de 180°.

Pégase 29. 2804.

21h27m6s. 69°50′.

7 — 8 : très-blanches.

Date.	Angle.	Distance.	Obs.
	°	″	
1825,70	311,7	2,58	So.
28,64	313,3	2,71	H_1.
28,75	314,4	2,93	Σ.
30,66	318,0	3,38>	H_1
31,62	316,9	2,90	Σ.
31,73	316,1	3,22>	H_1.
32,87	314,2	3,12>	Da.
32,90	318,3	2,86	Σ.
33,52	318,6	2,88	*id.*
34,82	319,1	2,93	*id.*
35,44	317,0	3,18>	Da.
36,71	316,9	2,73	Σ.
38,24	318,1	2,86	Md.
41,44	317,8	2,94	Da.
42,76	320,8	2,80	Md.
43,72	319,7	2,92	Da.
43,85	319,9	2,90	Md.
45,45	322,4	2,62	Hi.
46,54	323,0	n.m.	*id.*
48,65	319,0	2,74	Da.
51,01	320,8	2,89	Md
51,87	321,7	2,77	*id.*
53,76	321,1	2,91	Da.
54,45	322,8	2,90	Md.
54,74	322,2	2,81	Da.
54,77	322,9	3,02	Wr.
56,47	321,6	2,87	Se.
56,79	323,3	2,95	Md.
58,86	323,4	2,68	*id.*
62,26	324,8	3,13	*id.*
64,67	327,0>	2,85	Ma
64,87	324,5	2,76	De.
65,67	n.m.	2,65<	Ta.
66,78	323,7	2,60<	*id.*
66,81	328,0	3,02	So
68,70	325,8	2,98	Br.
70,68	327,6	2,76	Du.
71,67	329,4	2,93	Σ_2.
71,78	325,1	3,05	Kn.
72,66	327,3	2,91	Ws.
73,73	327,5	2,8	*id.*
74,80	326,9	3,02	Gl.
75,81	326,7	n.m.	Ws.
75,96	326,9	2,91	Sp.
76,69	326,9	3,02	Dk.

Système orbital en lent mouvement direct : 15° seulement parcourus en un demi-siècle.

Pégase. (445).

21h33m45s. 69°50′.

8 — 8,5.

Date.	Angle.	Distance.	Obs.
	°	″	
1847,54	113,1	0,78	Σ_2.
67,10	110,8	0,99	De_2
72,19	107,7	0,80	*id.*

Système très-serré, en lent mouvement rétrograde.

μ Cygne. H. III, 15. 2822.

21h38m46s. 61°48′.

4,5 jaune clair — 6 bleue.

Date.	Angle.	Distance.	Obs.
1779,88	110,1	6,41	H.
1781,80	108,5	6,87	*id.*
1823,69	113,1>	5,74	So.
23,87	109,1	5,55	Σ.
30,77	112,7	5,67	H_2.
31,63	114,5	5,56	Σ.
32,79	113,8	5,6	Sm.
39,62	114,3	5,4	*id.*
41,23	114,0	5,54	Da.
41,60	115,0	5,10	Md.
42,77	114,9	4,63	*id.*
43,79	115,0	5,30	Da.
42,77	114,9	4,63	Md.
43,96	117,1>	5,32	*id.*
44,88	115,8	5,51	*id.*
46,43	114,6	n.m.	Bi.
47,68	114,1	4,94	Mi.
47,92	115,1	5,41	Md.
50,83	116,1	4,76	*id.*
51,87	115,3	4,37	Md.
53,26	115,0	4,72	Σ_2.
53,94	115,3	4,25	Md.
54,29	116,6	4,74	De.
54,84	116,6	4,88	Wr.
55,62	116,4	4,66	De.
55,84	115,2	4,50	Wr.
56,94	116,8	4,63	Se
57,83	115,8	4,22	Md.
58,06	115,4	4,52	*id.*
59,74	115,7	4,72	Da.
59,75	116,7	4,41	Wr.
62,16	116,9	4,18	Md.
62,53	114,8	4,46	Ma.
62,98	116,4	4,41	De
64,18	116,2	4,39	Σ_2.
65,37	115,8	4,12	En.
65,68	115,7	n.m.	Ta.
66,18	117,0	4,14	De.
66,78	116,3	4,64	Ta.
66,84	115,5	4,00	Kr.
66,90	117,0	4,39	So.
68,17	116,9	3,89	Du.
68,75	113,4<	4,82	Ta.
68,75	117,3	4,18	Br.
72,62	116,8	4,08	Fr.
72,85	117,8	3,95	Do.
73,75	118,0	3,87	Ws.
73,90	117,8	3,89	Gl.
74,91	117,6	3,89	*id.*
75,46	118,3	3,51	Du
75,68	117,5	3,66	Sp.
75,95	117,5	n.m.	Dk.
75,96	118,2	3,78	De.
76,47	119,0	3,85	Ws.
77,57	118,4	3,76	Fl.
77,70	117,8	3,76	Dk.

Couple brillant. Cette étoile a été dédoublée pour la première fois, le 7 septembre 1777, par C. Mayer, mais mal mesurée. L'angle augmente et la distance diminue. Système orbital dont le plan passe presque par notre rayon visuel ; le mouvement va en s'accélérant ; mais il n'y a pas encore que 8° de parcourus depuis un siècle.

Ce système est emporté dans l'espace par un mouvement propre rapide, dont la meilleure évaluation est (*voy.* mon Catalogue)

Æ + 0s,016 ; D. P. + 0″,26.

Il y a une autre étoile brillante (7,5) non loin de ce couple, ainsi mesurée :

AC

	°	″	
1800,00	62,3	216,5	Pi.
23,69	61,3	217,4	So.
32,79	61,5	216,0	Sm.
39,62	61,2	216,8	*id.*
55,80	58,9	214,1	De.
63,99	57,8	212,2	*id.*
69,72	57,6	210,9	*id.*
72,58	57,2	210,4	*id.*
73,80	57,2	210,4	*id.*
76,82	56,8	210,1	*id.*
77,57	57,1	209,9	Fl.

Le mouvement propre emporte A de 36″ par siècle vers 135°, sur une ligne presque perpendiculaire à la direction de C.

A et C sont P. XXI, 266 et 267.

D'après les anciennes observations (1800 à 1839), C paraissait fixe et partager, par conséquent, le mouvement propre de A. Pour le vérifier, j'en ai fait de nouvelles mesures en 1877. Le résultat est que C se meut en sens contraire du mouvement de A, et par conséquent ne le partage pas. Toutefois son mouvement relatif n'est pas absolument parallèle, car la distance diminue. (Ma distance est le résultat de 14 mesures). Les observations de Dc, 1863 à 1876, qui m'ont été envoyées depuis, confirment ce résultat.

Le 30 juillet 1877, j'ai remarqué plusieurs petites étoiles situées entre A et C. La plus rapprochée est à peine perceptible (14° grandeur) et se trouve à 263° et 35″.

ϰ Pégase. II. N. 43. 2824.

21h39m12s. 64° 54′.

4 — 13 : jaunâtres.

Date.	Angle.	Distance.	Obs.
	°	″	
1786,79	*about north, a little preceding*		
	340±	cl. III.	H
1831,56	308,5	11,01	Σ.
35,66	310,0	12,0	Sm.
44,89	307,3	11,49	Md.
48,01	306,5	11,20	*id.*
51,00	306,3	11,60	*id.*
60,82	302,8	9,82	*id.*
62,45	304,9	11,93	Kn.
64,84	303,9	11,6	De
71,51	301,7	11,6	Ws.
73,73	301,8	11,8	*id.*
74,80	302,5	12,1	Gl.
75,89	303,3	n. m.	Ws.

La faiblesse du compagnon ne lui permet pas de supporter l'illumination du champ de la lunette, et les positions ne sont pas très-précises. Cependant le mouvement rétrograde est évident. Groupe de perspective. Le mouvement propre de ϰ paraît être :

Æ + 0s003 ; D. P. — 0″03.

Grue. H2 9217. B.A.C. 7578.

21h40m28s. 137° 51′.

6 — 9,7.

Date.	Angle.	Distance.	Obs.
1836,62	13,3	30,11	H2.
45,88	9,9	31,14	Ja
46,50	10,2	31,11	*id*
56,80	7,2	33,91	*id.*

Lent mouvement rétrograde et accroissement de distance. Groupe de perspective. Il est regrettable que les observations australes soient si rares.

Verseau. 2825.

21h40m46s. 89° 43′.

8 — 8,7.

Date.	Angle.	Distance.	Obs.
	°	″	
1827,72	100,2	1,09	Σ.
31,50	100,1	1,0	H2.
42,69	110,3	0,95	Md.
44,33	110,0	0,95	*id.*
47,16	107,5	1,06	Σ2.
51,78	118,8	0,97	Md.
55,78	107,7	0,95	Se.
56,81	113,1	0,88	Md.
66,06	107,9	1,08	De.
76,86	110,7	1,06	Ws.

Si la mesure de Σ est sûre, nous avons ici, selon toute probabilité, un système orbital serré en mouvement direct.

Céphée. 2827.

21h42m46s. 7° 37′.

8 — 8,5 : blanches.

Date.	Angle.	Distance.	Obs.
1832,30	321,3	2,16	Σ.
44,44	311,0	2,49	Md.
66,24	306,3	2,31	De.
69,48	305,2	2,33	*id.*
76,94	302,2	2,57	Ws.

Système orbital en mouvement rétrograde.

Pégase. 2828.

21h43m27s. 87° 9′.

Triple.

A = 8 ; B = 9 ; C = 9,2 : blanches.

AB.

Date.	Angle.	Distance.	Obs.
1829,09	142,5	23,79	Σ.
56,64	141,9	25,17	Se.
64,68	142,4	25,61	De.
68,80	143,4	25,86	Du.
74,84	142,3	26,26	Σ2.
75,68	142,6	26,26	Du.
75,89	143,4	26,15	Ws.
77,86	142,7	26,52	Fl.

BC.

Date.	Angle.	Distance.	Obs.
	°	″	
1829,09	37,0	3,64	Σ.
42,73	37,3	3,93	Md
1864,68	40,0	3,98	De.
74,84	40,3	3,77	Σ2.
75,68	40,9	3,93	Du.
75,89	38,5	3,93	Ws.
77,86	41,0	3,89	Fl.

Le mouvement de B s'effectue en ligne droite, quoique les positions de 1856 et 1868 divergent de part et d'autre de la ligne. Mouvement lent, vitesse annuelle = 0″,053, dont

Æ + 0″,032 et D.P. + 0″,042 ;

direction vers 142°. Ce mouvement appartient sans doute à A. C se meut beaucoup plus lentement encore relativement à B, dans un mouvement direct et très-probablement orbital.

Pégase. 2833.

21h46m1s. 81° 29′.

7 jaune — 10.

Date.	Angle.	Distance.	Obs.
1825,76	341,7	8,73	Σ.
28,76	341,8	8,40	*id.*
30,93	341,0	9,08	*id.*
32,79	341,4	9,10	*id.*
45,82	339,2	9,81	Md.
51,99	340,2	9,55	*id.*
65,07	338,1	8,97	Hv.
66,60	337,2	9,29	De.

La distance augmente lentement, et l'angle paraît diminuer. On ne peut rien conclure.

Céphée. 2842.

21h47m55s. 26° 32′.

8,4 — 11.

Date.	Angle.	Distance.	Obs.
1831,99	99,4	3,08	Σ
32,35	105,0	3,26	*id.*
35,65	101,8?	3,45	*id.*
44,43	107,3	n. m.	Md.
46,45	110,8	3,05	*id.*
47,84	108,8	3,08	*id.*
52,65	108,2	3,10	*id.*
67,27	110,7	3,41	De.

Mouvement direct. Probabilité de système orbital.

Céphée 147. H. IV, 79. 2840.

21h47m57s. 34° 46′.

6 jaune clair — 6,7 verdâtre.

Date.	Angle.	Distance.	Obs.
1783,30	192,2	21,22	H.

Date.	Angle.	Distance.	Obs.
	°	″	
1823,74	193,8	20,31	So.
30,76	195,3	20,31	H_2.
32,96	194,1	20,01	Σ.
45,36	195,4	19,85	Md.
52,20	194,8	19,20	*id.*
57,70	194,4	19,60	De.
64,43	194,5	19,68	En.
67,64	195,0	19,47	De.
68,49	194,5	19,28	Du.
74,85	195,4	19,9	Ws.
74,91	194,9	20,16	Gl.
77,88	195,1	19,34	Fl.

La distance diminue lentement. Probabilité d'un groupe de perspective. Cependant l'éclat des composantes donne aussi l'idée d'un système physique. La distance angulaire n'est pas extrême. (*Voy.* α du Centaure et 61 du Cygne.) Cette étoile double = Radcliffe 5438 et B. A. C. 7631.

Verseau. 100. 2838.

21^h^48^m^21^s^. 9°52′.

6 jaune — 8,8.

Date.	Angle.	Distance.	Obs.
1829,47	185,2	21,65	Σ
42,90	183,7	n.m.	Md.
43,62	184,3	21,87	*id.*
66,61	184,6	20,81	De.

La distance diminue lentement. Très-grande probabilité d'un groupe de perspective.

Céphée. 2845.

21^h^48^m^59^s^. 27° 28′.

8,5 — 9.

Date.	Angle.	Distance.	Obs.
1832,49	169,0	2,16	Σ.
44,43	172,2	2,48	Md.
52,65	174,4	3,17	*id.*
58,75	174,1	1,98	Wr
68,14	171,8	2,08	De.

Haute probabilité de système orbital en lent mouvement direct.

Cygne. 2846.

21^h^50^m^7^s^. 41°47′.

8,5 jaune — 10,3.

Date.	Angle.	Distance.	Obs.
1831,84	264,6	3,19	Σ.
32,50	266,3	3,32	*id.*
32,88	263,4	3,02	*id*
34,91	269,5	3,39	*id*
35,64	270,9	3,18	*id*

Date.	Angle.	Distance.	Obs.
	°	″	
1836,64	271,2	3,41	*id*
45,00	272,6	3,52	Md.
52,65	271,0	3,17	*id.*
54,01	276,4	3,47	*id.*
66,36	268,5	3,28	De.
74,91	280,0	3,7	Gl
75,89	269,0?	n. m.	Ws.

Mouvement direct. Probabilité de système orbital.

Céphée. (456).

21^h^51^m^10^s^. 38° 1′.

7,8 — 8.

Date.	Angle.	Distance.	Obs.
1847,73	25,7	1,35	$Σ_2$.
66,64	30,7	1,51	De.

Malgré la rareté des observations, nous pouvons considérer ce couple comme en mouvement. L'angle de $Σ_2$ est le résultat de trois mesures et celui de De le résultat de 4.

Verseau. 2847.

21^h^51^m^53^s^. 94° 4′.

7,6 — 8.

Date.	Angle.	Distance.	Obs.
1830,72	293,8	1,35	Σ.
32,27	295,5	1,16	*id.*
33,77	296,2	1,06	*id.*
36,36	298,8	1,19	Md
42,72	305,3	1,20	*id.*
47,16	300,5	1,09	$Σ_2$.
48,68	303,6	0,83	Mi.
48,70	308,1 >	1,13	Md
52,80	310,8 >	1,13	*id*
54,30	308,2 >	1,18	*id.*
55,82	301,3	1,08	Sa.
65,46	303,0	1,05	De.
67,72	303,5	1,07	Hv.
69,70	302,7	1,02	*id.*
76,88	305,1	1,38	Ws.

Très-grande probabilité de système orbital serré, en mouvement direct.

Pégase. 2849.

21^h^52^m^4^s^. 70° 30′.

8,2 — 11.

Date.	Angle.	Distance.	Obs.
1829,17	274,7	1,14	Σ.
32,90	267,9	1,00	*id*
42,72	264,7	1,30	*id*
63,91	264,0	1,40	De.

Très-grande probabilité de système orbital serré, en mouvement rétrograde. La faiblesse de B fait toutefois penser à la possibilité d'un groupe optique.

Céphée. (458).

21^h^52^m^40^s^. 30° 47′.

7 blanche — 8 cendrée.

Date.	Angle.	Distance	Obs.
	°	″	
1842	all.	—	$Σ_2$.
45,74	44,6?	all.	Md.
51,75	348,8	0,71	$Σ_2$.
66,94	353,7	0,80	De.
74,57	353,1	0,75	*id.*

Très-grande probabilité de mouvement direct et d'augmentation de distance.

Cette étoile = Rad. 5843.

En 1873, Bu a trouvé un deuxième compagnon à 40° et 25″.

Verseau. 2855.

21^h^59^m^9^s^. 92° 1′.

7,9 — 9,5.

Date.	Angle.	Distance.	Obs.
1825,86	294,5	26,97	Σ.
29,83	296,1	27,70	*id.*
43,25	296,7	n. m.	Md.
45,69	296,7	26,99	*id.*
47,67	298,1	27,06	*id.*
52,80	297,8	27,30	*id.*
67,01	297,9	26,92	De.

Mouvement direct lent, dont la nature ne peut être affirmée. Sans doute groupe de perspective.

Céphée. 2860.

21^h^59^m^25^s^. 29° 44′.

7,8 *blanche* — 9 *jaune intense.*

Date.	Angle.	Distance.	Obs.
1832,30	250,8	3,32	Σ.
44,43	252,4	4,45	Md.
47,95	254,0	4,50	*id.*
64,94	254,6	5,15	De.

Accroissement d'angle et augmentation de distance. On ne peut rien décider sur la nature du mouvement.

Pégase. 2856.

21^h^59^m^48^s^. 85° 43′.

8 — 8,8 : blanches.

Date.	Angle.	Distance.	Obs.
1830,47	200,9	1,07	Σ.

Date.	Angle.	Distance.	Obs.
	°	″	
1842,72	204,4	1,32	Md.
47,98	207,1	1,28	id.
56,62	207,4	1,07	Se.
66,03	200,6?	1,27	De.
75,89	202,8?	0,93	Ws.

Système très-serré, en mouvement direct probable.

15 Céphée. (461).

21ʰ 59ᵐ 59ˢ. 30° 46′.

6,5 — 11.

1848,72	298,2	11,13	Σ_2.
63,80	299,5	11,28	Wi.
66,90	296,9	10,93	De.
76,60	298,2	10,67	id.

La distance diminue lentement. Très-grande probabilité d'un groupe de perspective.

ξ Cephée. H. II, 16. 2863.

22ʰ 0ᵐ 18ˢ. 25° 57′.

5 jaune — 6,8 olivâtre.

1781,96	290,3?	5	H.
1803,22	293,8	n. m.	id.
23,62	293,2	5,82	So.
30,67	290,7	6,37	H_2.
30,91	289,5	5,6	Sm.
31,77	288,9	5,60	Σ.
39,65	288,8	5,8	Sm
45,57	287,2	5,70	Md.
45,90	287,5	5,88	Po.
47,69	287,4	6,17	Mt.
50,72	288,5	5,87	Md.
52,66	287,6	5,71	id.
54,83	287,5	6,00	De.
58,66	286,4	5,85	Wr.
61,80	287,3	6,22	Md.
64,84	286,0	6,29	De.
70,95	285,5	6,48	Du
71,86	284,4	6,4	Wr.
74,91	284,8	6,6	Gl.

Système physique en mouvement propre commun

$Æ$ + 0ˢ,037 ; D.P. — 0″08

et en mouvement relatif rétrograde.

Céphée. 2865.

22ʰ 1ᵐ 8ˢ. 20° 23′.

7,3 — 8,3.

1825,27	173,7	16,61	So.
31,40	172,3	16	H_2.

Date.	Angle.	Distance.	Obs.
	°	″	
1833,38	175,1	16,36	Σ.
47,90	177,6	17,50	Md.
63,56	181,3	18,08	De.

Mouvement rectiligne. Très-probablement groupe de perspective.

Pégase. (463).

22ʰ 4ᵐ 30ˢ. 76° 51′.

7,5 — 11,4.

1843,62	348,8	4,2	Md.
48,08	346,8	4,53	Σ_2.
66,55	352,7	4,51	De.

L'angle augmente lentement. Observations difficiles à cause de la faiblesse du compagnon.

Pégase 129. 2869.

22ʰ 4ᵐ 32ˢ. 75° 58′.

6,5 très-jaune — 11,8.

1829,50	253,7	22,74	Σ.
67,13	252,8	21,15	De
77,78	253,1	21,17	Bu.

La distance diminue lentement. Groupe de perspective.

Cette étoile = Lal. 43251, estimée de 7ᵉ dans ce Catalogue, mais visible à l'œil nu (= Heis, Pégase 52), estimée 5,8 par Σ, n'est ni dans Flamsteed, ni dans Bradley, ni dans Piazzi. Peut-être variable. Très-jaune.

Céphée. H. IV, 126. 2872.

22ʰ 4ᵐ 33ˢ. 31° 19′.

Triple.

A = 6,5 ; B = 7 ; C = 8 : jaunes.

AB.

B fixe à 316° ± 1° et 21″,0 ± 0″6.

BC.

1833,63	334,5	0,54	Σ.
36,17	335,6	0,45	id.
39,77	330,0	0,5	Sm.
41,54	332,1	0,52	Md.
49,10	333,2	0,62	Σ_1.
56,95	328,3	0,40	Se.
67,65	325,9	0,5	De
77,60	321,7	n.m.	Bu.

Tandis que A et B restent fixes, depuis la première observation faite par H en 1783, B et C manifestent un mouvement rétrograde et forment un système orbital très-serré. Ce couple égale P. XXII, 11 et 12.

Lézard. (464).

22ʰ 6ᵐ 9ˢ. 50° 25′.

7,6 — 7,9 : blanches.

Date.	Angle.	Distance.	Obs.
	°	″	
1842	n. m.	0,6	Σ_2.
43,65	44,1	0,75	Md.
47,70	54,2?	0,83	Σ_2.
52,27	42,1	0,60	Md.
65,98	51,5	0,70	De.
72,91	54,7	0,60	id.
76,83	B invisible.		Ws.

Ce couple paraît en lent mouvement direct, malgré l'observation de Σ_2.

Ws a mesuré en 1876 une troisième étoile à 353° et 33″.

Pégase 148. 2878.

22ʰ 8ᵐ 31ˢ. 82° 37′.

7 *jaune*, — 8 *bleue*.

1830,31	130,8	1,36	Σ.
39,70	132,6	1,34	Md.
42,72	135,2	1,34	id.
46,32	137,8	1,26	Σ_2.
50,99	134,8	1,33	Md.
51,67	136,6	1,15	Σ_2.
51,82	134,7	1,38	Md.
56,82	130,1	1,44	Se.
59,84	132,2	1,26	Wr.
59,88	132,7	1,27	Md.
65,83	128,6	1,31	De.
73,71	125,6	0,98	Fr.
73,80	128,9	1,26	Gl.
75,92	132,2>	1,45	Ws.
76,90	125,6	1,20	Sp.

Malgré la divergence des mesures, l'angle paraît décroître lentement. Belles couleurs.

Pégase. P. XXII, 33. 2877.

22ʰ 8ᵐ 33ˢ. 73° 25′.

6,4 *jaune* — 9,5 *vert-bleu*.

1827,65	310	5	H_2.
28,95	316,4	7,63	Σ.
33,63	315,4	6,5<	Sm.
36,57	322,4	7,83	Md.
43,64	328,8	8,36	id.
47,65	331,5	8,03	Mt.
50,99	335,5	8,49	Md.

Date.	Angle.	Distance.	Obs.
1851,85	336°,4	8″,71	*id.*
51,90	333,7	8,62	Σ_2.
56,99	339,4	8,57	Md.
57,35	337,4	8,56	Se.
61,63	341,0	9,21	Md.
63,67	342,2	8,99	De.
65,27	343,7	9,05	*id.*
66,90	345,2	9,53	Se.
68,53	345,6	9,48	Du.
68,70	345,8	9,31	Ma.
69,77	348,6	9,55	De.
72,79	347,3	9,24	Ma.
73,73	348,2	9,8	Ws.
73,77	349,1	10,0	Gl.
73,78	347,9	9,26	Ma.
74,71	349,8	9,62	De.
74,73	350,1	10,26	Σ_2.
74,84	349,1	9,7	Ws.
77,90	351,0	9,78	Fl

Mouvement rectiligne et uniforme, dirigé vers 40°. Vitesse = 0″,114, qui se partage en

Æ + 0″,074; D. P. — 0″,086.

Beau groupe de perspective. La seconde étoile est bien colorée, ce qui prouve, comme dans le cas de Σ 2708, que la nuance verte ou bleue n'est pas exclusivement réservée aux systèmes binaires.

Le mouvement propre de A est, selon Σ, de

Æ — 0″,20 et D. P. + 0″,117.

Si ce mouvement est confirmé, nous en conclurons que l'étoile B est également animée d'un mouvement propre sensible.

Pégase. 2881.

$22^h 9^m 6^s$. 61° 3′.

7,2 — 7,8 : jaunâtres

Date.	Angle.	Distance.	Obs.
1825,70	111,3	1,79	So.
30,06	112,6	1,53	H_2.
30,46	111,4	1,76	Σ.
30,71	110,9	1,62	H_2.
42,16	110,5	1,69	Md.
43,45	100,8 <	1,86	Σ_2.
55,87	106,2	1,63	Wr.
57,74	105,2	1,51	Se.
58,08	105,1	1,3	De.
69,39	104,4	1,54	*id.*
74,85	105,7	1,82	Ws.
74,91	105,7	1,70	Gl.
75,69	103,9	1,44	Du
75,92	103,2	1,52	Ws.

Système orbital serré, en mouvement rétrograde très-lent.

30 Pégase. H_2 9509.

$22^h 14^m 25^s$. 84° 49′.

Triple.

A = 5,5; B = 12; C = 12.

Date.	Angle.	Distance.	Obs.
1825	30°	4″±	H_2.
1867	19,8	6,18	De.
1874	20	5±	Bu.
1875	19,0	6,30	Ha.
	AC.		
1825	210	5 à 6	H_2
1830	212	n. m.	*id.*
1874	220	10	Bu.
1875	221	9,8	Ha.

Les trois étoiles étaient en ligne droite « precisely in a right line » en 1825. La différence est aujourd'hui très-prononcée. Certainement groupe de perspective. Il est singulier que cette étoile observée par Flamsteed, Bradley, Piazzi et Lalande, n'ait pas été suffisamment suivie pour voir son mouvement propre sûrement déterminé.

Pégase. 2895.

$22^h 15^m 8$. 65° 40′.

8,2 — 10,2.

Date.	Angle.	Distance.	Obs.
1830,09	6,1	4,85	Σ.
44,39	15,0	5,61	Md.
52,36	20,3	5,33	*id.*
56,79	18,2	5,15	*id.*
61,76	25,8	5,73	*id.*
63,73	23,1	5,86	De.
65,44	24,8	5,91	*id.*
69,93	27,5	6,00	Du.
73,70	26,0	6,23	De
74,85	28,5	6,5	Ws
74,91	28,8	6,62	Gl.
77,72	27,1	6,64	Dk.

Mouvement direct et accroissement de distance. La nature du mouvement ne peut encore être conclue.

Pégase. (469).

$22^h 15^m 11^s$. 55° 29′.

6,8 — 8,7.

Date.	Angle.	Distance.	Obs.
1843,70	280,4	32,21	Md.
1846,79	280°,5	31″,80	Σ_2.
66,70	281,4	31,01	De.
75,73	282,3	30,97	Σ_2.

La distance diminue certainement. Groupe de perspective.

Céphée. (470).

$22^h 17^m 21^s$. 23° 38′.

7 — 9,4.

Date.	Angle.	Distance.	Obs.
1850,77	353,5	3,69	Σ_2.
1867,52	357,5	3,76	De.

Les mesures de cette étoile sont assez faciles pour que nous acceptions ce mouvement de 4° seulement, malgré la rareté des observations. Probabilité d'un système orbital.

33 Pégase. H. V, 99. 2900.

$22^h 17^m 52^s$. 69° 45′.

Triple.

A = 6 bl.; B = 9 azur; C = 8 grise

AB.

Date.	Angle.	Distance.	Obs.
1830,75	181,3	3,12	Da.
31,74	181,6	2,7	Sm.
32,38	180,7	2,47	Σ.
32,86	181,7	3,04	Da.
37,30	180,2	2,42	Md.
37,82	181,1	2,27	Σ.
38,88	180,2	2,5	Sm.
39,69	178,9	2,7	*id.*
40,15	179,1	2,83	Da.
42,78	179,2	2,57	Md.
45,51	180,2	2,07	*id.*
47,61	178,9	1,74 <	Mt.
47,97	179,5	2,24	Md.
51,01	182,5 >	n. m.	*id.*
51,58	179,2	n. m.	Da.
51,71	177,4	2,32	Σ_2.
52,26	181,3	2,50	Md.
54,78	180,8	2,40	Da.
56,76	177,7	n. m.	Se.
57,21	178,7	2,57	Σ_2.
60,82	180,9 >	3,80 >	Md.
63,25	177,6	2,25	De.
72,83	176,2	n. m.	Ws.
74,85	176,2	1,8	*id.*
74,91	175,6	1,85	Gl.
76,83	B invisible.		Ws.
76,85	178,9	1,78	Dk.

Date.	Angle.	Distance.	Obs.
	AC.		
	°	″	
1782,75	n. m.	45 =	H.
83,62	360,8	45,0	*id.*
1800,00	360,0	50,0	Pi.
23,71	345,7	56,0	So.
29,93	344,0	56,1	Σ.
30,66	343,4	56,6	Ia.
31,74	344,0	56,9	Sm.
32,83	343,1	56,6	Σ.
34,96	342,0	56,9	*id.*
35,66	342,0	56,9	*id.*
37,82	341,2	57,3	*id.*
38,38	341,0	56,6	Sm.
39,69	340,8	57,9	*id.*
39,88	340,8	57,7	Σ.
40,15	340,7	57,9	Da.
48,44	337,8	58,6	Σ.
54,85	336,7	59,2	Wr.
56,85	335,6	60,0	Se.
63,25	334,1	60,5	De.
65,68	n. m.	60,4	Ta.
70,61	332,2	61,8	*id.*
71,76	331,4	61,9	Σ.
71,77	330,8	62,5	Ws.
73,80	331,2	63,3	Gl.
74,85	331,4	62,0	Ws.
76,83	330,2	68,5	*id.*
76,85	330,3	62,0	Dk.
77,84	330,2	63,5	Fl.

A et C forment un groupe de perspective dont le mouvement est dû au mouvement propre de A; car nous trouvons : direction vers 274°, c'est-à-dire presque exactement vers l'ouest, vitesse = 0″,34, coordonnées :

Æ — 0″,34 et D. P. — 0″,02,

ce qui correspond au mouvement propre reconnu à A. Quant à B, son mouvement est jusqu'à présent rectiligne, mais dirigé vers 15°, presqu'à angle droit sur le mouvement propre précédent. D'ailleurs cette dernière vitesse n'a aucun rapport avec la première, et elle est à peine sensible. Nous en concluons que AB forment un système physique en mouvement propre commun et en mouvement relatif rétrograde, dont le plan est très-incliné sur notre rayon visuel. La distance continuera de diminuer pendant longtemps encore, et la période (s'il y a orbite fermée) ne peut qu'être fort longue.

---

53 Verseau. H, N. 41. P. XXII. 93-94.

$22^h 20^m 3^s$. 107° 22′.

6,5 = 6,5 : jaunes.

Date.	Angle.	Distance.	Obs.
1755	précède	de 14″	Bd.
1793	dist. =	13″ ±	H.
1800,00	290,5	12,70	Pi.
23,00	273,7?	10,03	So.
26,00	300,0	10,0	H_2.
30,67	300,9	9,59	*id.*
31,76	301,5	9,9	Sm.
56,69	303,2	8,53	Se.
66,37	304,7	8,20	De.
76,76	305,9	8,42	St.

La distance diminue et l'angle augmente très-lentement. L'angle de H était une simple estime, sur laquelle on ne peut rien baser. (Je remarque que les distances de St sont toutes trop fortes).

Système physique. Mouvement propre commun aux deux étoiles; il paraît être (*voy.* mon catalogue):

Æ + 0ˢ011; D.P. — 0″,03.

La forme du mouvement ne peut encore être conclue.

Pégase. 2910.

$22^h 22^m 31^s$. 67° 5′.

8,3 — 8,8 : blanches.

Date.	Angle.	Distance.	Obs.
1832,14	347,2	5,30	Σ.
45,65	345,1	5,49	Md.
51,01	345,5	5,58	*id.*
52,10	344,7	5,28	*id.*
56,75	344,2	5,45	Wr.
65,68	343,1	5,32	Fe.
68,44	343,8	5,27	Eu.
74,85	343,7	5,30	Ws.
74,91	343,8	5,38	Gl.

Mouvement rétrograde. Très-haute probabilité de système orbital.

ζ Verseau. H. II, 7. 2909.

$22^h 22^m 39^s$. 90° 38′.

4 blanche — 4,5 verte.

Date.	Angle.	Distance.	Obs.
1777,68	18 ±	3 ±	C. M.
1779,73	18,9	4,22	H
1779,94	n. m.	5,31	*id.*
1780,48	n. m.	5,62	*id.*
1780,60	n. m.	4,38	*id.*
1781,73	18,4	n. m.	*id.*
	°	″	
1782,38	17,9	n. m.	*id.*
1800,00	*in eodem verticali et 3″ distans.*		Pi.
02,00	12,0	n. m.	H.
19,64	2,0	n. m.	Σ.
20,92	1,7	4,40	*id.*
21,99	1,8	3,76	Σ.
22,27	360,5	4,99	H_2.
25,73	361,1	4,01	So.
25,73	359,8	3,60	Σ.
28,56	356,2	5,22	H_2.
29,60	356,4	4,73	*id.*
30,55	356,2	3,95	Da.
30,98	355,7	3,52	Bs.
31,64	356,2	3,84	H_2.
31,83	356,0	3,16	Sm.
32,71	355,3	4,1	*id.*
32,81	355,3	3,46	Σ.
32,87	355,3	3,87	Da.
34,12	353,9	3,78	*id.*
34,77	354,3	3,69	Bs.
34,90	353,8	3,8	Sm
35,55	352,4	3,55	H_2.
36,05	352,7	3,39	Σ.
36,43	352,0	3,91	H_2.
36,52	352,0	4,05	Ek.
36,60	351,8	3,8	Sm.
37,38	350,7	3,57	Da.
37,61	350,6	3,78	Ek.
38,04	352,4	3,5	Sm.
38,67	350,4	3,85	Ga.
39,77	350,1	3,73	Da.
39,85	350,4	3,85	Σ.
40,01	353,7	3,49	Kr.
41,48	352,2	4,12	Md.
41,82	350,0	3,29	Kr.
41,86	348,4	3,47	Da.
41,96	350,8	3,61	Sl.
42,59	348,9	2,7?	Sm.
42,67	348,0	3,54	Da.
42,76	350,3	3,47	Md.
42,89	349,1	3,43	Da.
43,72	348,1	3,53	*id.*
43,79	348,2	3,53	Hl.
43,86	350,9	3,33	Kr.
44,00	348,2	n. m.	Da.
45,63	348,6	3,57	Hi.
45,87	348,1	3,2	Ja.
46,48	347,8	3,82	*id.*
46,53	348,1	n. m.	Ei.
46,80	347,6	3,94	Ja.
46,95	347,5	3,48	Da.
47,70	346,7	3,95	Mt.
47,86	348,7	3,27	Md.
47,93	346,8	3,38	Da.
48,02	347,7	3,3	Sm.
48,05	346,4	3,27	Da.
50,88	348,1	3,35	Ft.

Date.	Angle.	Distance.	Obs.
	°	"	
1851,72	346,7	3,34	Mi.
51,98	349,6	3,78	Σ.
52,73	346,8	3,77	Ja.
52,80	345,8	3,58	Md
52,81	346,9	3,2	Sm
52,91	347,0	3,21	Ft.
52,94	345,7	3,53	Mi.
53,48	345,2	3,43	Ta.
53,77	345,8	n. m.	Po
53,85	346,5	3,60	Md.
53,94	345,6	3,61	Wr.
53,95	345,2	3,32	Da.
54,94	343,2	3,31	*id.*
54,86	345,0	3,77	Md.
54,88	344,9	3,74	Do.
54,99	344,0	3,33	Da.
55,77	345,1	3,47	Se
55,78	343,3	3,47	Md.
55,79	342,3	3,66	Po.
55,83	345,9	3,57	Wr
56,19	349,4>	4,01	Ta.
56,32	343,3	3,6	Do.
56,76	343,0	3,32	Se.
56,79	344,4	3,89	Md.
57,87	342,3	3,28	Ja.
58,01	343,8	3,65	Md.
58,15	341,5	3,57	De.
58,80	342,2	3,51	Md.
59,69	340,3	3,44	Da
61,45	341,6	3,58	Au.
61,78	340,7	3,28	Ma.
61,81	340,4	3,63	Md.
62,85	342,1	3,32	Lu
62,91	339,2	3,18	Bi.
63,14	339,0	3,52	Da.
63,18	339,4	3,20	Ta.
65,72	338,8	3,27	Ta.
65,80	338,1	3,22	Kr.
65,91	339,2	3,36	$Σ_2$
66,71	337,0	3,64	Kn.
66,74	339,9	4,24	Ta.
66,77	337,8	3,50	Se.
66,89	338,1	3,17	Kr
66,99	336,3	3,33	Da.
67,18	337,0	3,35	Do
67,65	333,2<	3,56	Ma.
68,72	334,6<	3,46	*id.*
68,76	336,6	3,42	Fr
68,76	339,2	4,42	Ta.
69,71	335,3	3,61	Ma
69,84	337,0	3,18	Du.
69,88	336,5	3,35	De.
70,63	333,4	n. m.	Ta.
70,82	333,6	3,62	Ma.
71,61	333,6	3,34	Ka.
72,71	336,2	3,8	Ws.
72,75	334,5	3,53	Ma.
73,80	335,5	3,0	No.
1873,77	333,5	3,38	Ma.
73,79	335,1	3,58	Ws
73,80	335,9	3,50	Gl.
74,39	334,5	3,40	De.
74,79	332,9	3,34	Ma.
74,91	334,9	3,60	Gl.
75,65	334,5	3,40	Sp.
75,75	322,5<	3,41	Ma.
75,95	332,6	3,79	Ea.
75,97	337,5>	n. m.	Dk.
76,39	335,6	3,48	Ws.
76,77	335,3	3,73	St.
76,79	334,0	4,20	Dk.
76,88	334,9	3,39	Sp.
77,65	334,4	3,60	Dk.

Cette étoile fut dédoublée, pour la première fois, par C. Mayer et Mezger, le 8 septembre 1777. Elle était à 2" ½ au nord, et presque dans le même vertical; la mesure n'est pas très-précise, mais concorde avec 18° ± et 3" ±.

C'est un système orbital remarquable, en mouvement rétrograde fort lent pour un couple aussi brillant et aussi rapproché. 44° seulement parcourus en 100 ans, d'un mouvement sensiblement uniforme et sous la même distance angulaire de 3",5. La période entière demanderait 800 ans. Malgré l'insuffisance de l'arc parcouru, Doberck a néanmoins essayé le calcul d'une orbite, et a trouvé (1875) les éléments suivants (qui peuvent fort différer de la réalité) :

$$
\begin{aligned}
T &= 1924,15 \\
\Omega &= 140^{\circ},51' \\
\lambda &= 134,40 \\
\gamma &= 44,42 \\
a &= 7'',64 \\
e &= 0,6518 \\
P &= 1578^{ans},33
\end{aligned}
$$

Duner a trouvé pour formules

$$1854,46, \quad \Delta = 3''49$$
$$P = 346°4 - 0°1945\ (t - 1850,0)$$

Ce qui suppose la vitesse angulaire constante, et, de fait, elle ne parait pas varier.

Ce système est emporté dans l'espace par un mouvement propre que les estimations les plus sûres (*voy.* mon Catalogue) portent à

Æ + 0s,010 et D.P. — 0",04.

Il y a quelquefois un renversement de 180°. Exemple : Sp., 1876, ce qui indiquerait une certaine variabilité d'éclat.

37 Pégase. 2912.

22h 23m 54s. 86° 11'.

6 — 7,5 : blanches.

Date.	Angle.	Distance.	Obs.
	°	"	
1825,69	114,5?	1,16	Σ.
31,12	112,6	1,16	*id.*
35,67	115,6	1,15	*id.*
35,81	116,8	1,3	Sm.
39,70	117,8	0,91	Md.
39,66	118,9	1,1	Sm.
41,07	118,2	1,22	Da
41,64	106,2?	0,65	Md.
41,64	117,3	1,07	Σ.
42,80	121,1?	0,85	Md
43,63	120,2	0,83	*id.*
43,87	116,2	1,10	Da.
47,16	119,9	0,98	$Σ_2$.
46,74	119,8	0,82	Md.
47,57	121,8	0,98	Mt.
51,85	126,3?	0,67	Md.
51,89	114,5	1,31	Σ.
53,88	118,7	1,11	Do.
54,36	118,5	0,81	Md
54,54	118,5	0,91	Da.
57,09	117,6	0,74	Se.
57,15	125,6?	0,6	Md.
57,87	116,3	0,7	Ja.
60,70	119,8	n. m.	Da.
60,95	141,8?	0,5	Md.
66,71	simple	—	Se.
66,84	119,4	0,3	*id.*
73,37	119,6	0,5	Gl.
73,78	119,3	0,5	Ws.
76,70	simple.	—	Dk.
77,70	*id.*	—	*id.*

Système orbital très-serré, en mouvement direct excessivement lent. Très-incliné sur le rayon visuel. Grandes discordances dans les observations. Mouvement propre commun :

Æ — 0",063 ; D. P. + 0",123 : Σ

Pégase. 2915.

22h 26m 33s. 83° 12'.

8,5 — 8,7.

Date.	Angle.	Distance.	Obs.
1825,74	169,7	12,90	So.
27,76	169,0	12,27	Σ.
34,00	171,9	15?	H_2.
43,71	166,5	13,03	Md.
63,75	158,9	12,20	De.
77,82	155,4	12,29	Bu.

Les observations sont insuffisantes pour décider de la nature du mouvement.

Pégase. 2919.

22ʰ 27ᵐ 23ˢ. — 69° 27′.

9,2 — 10.

Date.	Angle.	Distance.	Obs.
	°	″	
1829,75	273,8	14,30	Σ.
43,79	270,8	n. m.	Md.
65,24	267,8	15,54	De.

Mouvement rétrograde et augmentation de distance; mais on ne peut rien décider quant à la nature du mouvement.

Céphée. 2924.

22ʰ 29ᵐ 33ˢ. — 20° 43′.

7 — 7,5 : blanches.

1831,76	257,3	0,84	Σ.
31,80	258,3	1,0	H_2
36,69	259,1	0,72	Σ.
41,12	254,8 <	0,97	$Σ_2$.
51,66	263,7	0,84	Md.
59,54	263,5	0,84	Se.
68,06	262,5	0,82	De.
73,83	265,3	1,24	Ws.
74,84	266,5	1,23	id.
74,91	266,5	1,14	Gl.
76,80	265,1	0,82	Ha.

Système orbital serré, en mouvement direct très-lent.

Verseau. So 812. 2928.

22ʰ 33ᵐ 9ˢ. — 103° 14′.

8 = 8 : blanches.

1825,29	326,8	6,01	So.
30,82	327,7	4,70	Σ.
43,71	325,9	5,34	Md.
46,61	324,3	n. m.	Bi.
48,74	324,2	4,09	Mt.
57,40	322,0	4,39	Se.
64,15	319,3	4,37	De.
67,91	321,4	4,55	Fr.
72,73	317,4	4,14	Ws.
73,82	317,5	4,07	Gl.
75,97	319,5	n. m.	Ws.
76,95	316,7	n. m.	Dk.

L'égalité d'éclat des composantes, la faible distance angulaire, le mouvement de 10°, conduisent à conclure en faveur d'un système orbital.

Cette étoile = Lalande 44276 et Weisse xxii, 671.

Pégase. 2934.

22ʰ 36ᵐ 3ˢ. — 69° 12′.

8 — 9 : jaunâtres.

Date.	Angle.	Distance.	Obs.
	°	″	
1830,08	187,8	1,22	Σ.
38,19	182,2	1,20	Md.
42,77	177,9	1,20	id.
43,77	176,0	1,10	id.
45,64	181,1	1,25	id.
53,99	169,0	n. m.	id.
56,80	172,7	n. m.	id.
56,87	168,2	1,10	Se.
63,82	164,7	1,21	De.
67,91	168,5	1,00	Fr.
73,78	163,8	1,22	Ws.
73,87	163,6	1,16	Gl.
74,84	162,0	1,15	Ws.
75,97	158,0	n. m.	id.

Système orbital serré, en mouvement rétrograde assez rapide.

Lézard (476).

22ʰ 37ᵐ 52ˢ. — 43° 30′.

7,1 — 7,5.

1842,00	n. m.	0,8	$Σ_2$
43,47	335,6	0,65	Md.
45,33	336,1	0,52	id.
47,46	335,0	0,50	$Σ_2$.
51,73	332,9	0,47	id.
53,90	331,7	0,62	Da.
66,13	322,7	all.	De.
73,02	328,9	all.	id.
74,80	all.	0,3	Bu.

Système orbital très-serré, en mouvement rétrograde très-lent. La distance a certainement diminué.

Lézard. (477).

22ʰ 38ᵐ 19ˢ. — 44° 39′.

7,2 — 11.

1846,06	122,7	9,60	$Σ_2$.
67,06	138,5	6,49	De.
71,68	139,9	5,92	id.
75,74	148,2	5,54	$Σ_2$.

Mouvement rectiligne. Groupe de perspective. Ce couple suit immédiatement le précédent, à 1° au sud.

Pégase. 2941.

22ʰ 40ᵐ 6ˢ. — 71° 24′.

7,5 jaunâtre — 10.

Date.	Angle.	Distance.	Obs.
	°	″	
1830,07	270,5	8,73	Σ
43,70	269,5	9,27	M
47,83	267,1	9,67	id.
51,81	265,1	n. m.	id.
53,03	267,6	9,40	id.
64,58	267,0	9,71	De.

L'angle décroît lentement, tandis que la distance augmente; mais les observations sont insuffisantes pour décider de la nature du mouvement. Probabilité d'un groupe de perspective.

69 τ′ Verseau. H. v, 80. 2943.

22ʰ 41ᵐ 20ˢ. — 104° 41′.

6 très-blanche — 9,2.

1783,60	109,9	35,64	H.
1825,21	112,8	30,54	So.
30,57	114,3	29,46	Da.
30,79	112,8	30,4	Sm.
31,81	112,2	30,70	Σ.
46,14	112,7	30,90	Ja.
64,48	114,6	28,49	De.

La distance diminue certainement, et l'angle augmente lentement. La petite étoile est d'une mesure difficile. — Groupe de perspective. Le mouvement propre de τ est à peine sensible (*voy.* mon Catalogue), quoique l'étoile soit observée depuis Flamsteed et Bradley.

Verseau. H. ii, 57. 2944.

22ʰ 41ᵐ 39ˢ. — 94° 51′.

Triple.

A = 7; B = 7,5; C = 8,5.

AB.

1782,68	244,1	4,3	H.
1800,00	*comes sequitur* 0ˢ,2 *temporis* 3″ *ad boream.*		Pi.
1802,75	242,1	n. m.	H.
21,92	244,2	n. m.	Σ.
22,90	245,6	4,35	So.
32,98	246,9	4,12	Σ.
35,88	247,4	4,2	Sm.
36,33	247,9	4,19	Σ.
41,64	245,4	4,09	id.

Date.	Angle.	Distance.	Obs.
	°	"	
1844,99	247,8	4,00	Md.
46,06	248,6	3,98	Da.
46,78	247,2	4,20	Σ_2.
56,34	249,5	3,91	Se.
57,90	250,6	3,92	De.
57,91	248,9	3,69	Wr
58,16	251,5	4,28	Σ_2.
58,86	251,1	3,99	Md.
61,78	248,3	3,93	Ma.
62,68	250,5	3,68	De.
66,75	252,4	3,92	Ta.
66,96	251,7	3,83	Se.
68,75	253,0	n. m.	Ta.
68,82	253,8	3,46	Du
70,60	254,4	3,70	Ta.
73,78	254,1	3,4	Ws.
73,82	254,0	3,38	Gl.
75,83	254,4	3,73	St
75,97	253,7	3,51	Ws.
76,85	253,2	4,00	Dk.
77,87	252,8	3,88	Bu.
	AC.		
1782,68	140±?	n. m.	H.
1821,92	161,9	56,86	Σ.
22,90	162,5	57,38	So
28,86	158,4	56,46	Σ.
33,01	157,3	55,64	*id.*
35,88	158,0	55,1	Sm
36,66	156,1	54,78	Σ.
45,63	154,8	n. m.	Da.
51,89	150,8	52,12	Σ_2.
56,34	150,2	51,65	Se.
57,90	148,4	51,48	De.
57,91	148,7	51,28	Wr
58,16	148,8	51,09	Σ_2.
62,68	146,7	50,67	De.
65,70	325,6*	54,95	Ta.
66,96	145,1	49,84	Se
68,82	144,5	49,96	Du.
70,63	318,9*	n. m.	Ta.
72,78	142,5	48,2	Ws.
73,82	141,5	49,08	Gl.
75,97	142,5	n. m.	Ws.
76,78	141,1	48,09	Dk.
77,87	140,8	48,48	Bu.

A=P. XXII, 219, et C=P. XXII, 220.

A et C forment un couple de perspective, quoique sur le diagramme le mouvement de C soit sensiblement concave vers A. En effet, le mouvement relatif de C, par rapport à A, est parallèle et contraire au mouvement propre reconnu à A :

Æ — 0",21 ; D. P. + 0",28 ;

résultante = 0",34 vers 318°.

Le mouvement de B est rectiligne, parallèle et contraire au mouvement propre de A ; mais sa valeur annuelle n'est que de 0",02, et par conséquent B participe au mouvement propre de A, en rétrogradant seulement un peu par rapport à ce mouvement. C'est donc là un système physique, et sans doute orbital très-incliné sur notre rayon visuel.

* Les deux obs. de Talmage se rapportent à BC.

Céphée. H. I, 51. 2947.

22h 44m 54s. 22° 4'.

6,8 — 7,1 : très-blanches.

Date.	Angle.	Distance.	Obs.
	°	"	
1782,74	86,4	cl. I.	H.
1828,64	78,6	3,53	H_2.
30,63	74,4	3,56	*id.*
31,73	73,9	3,37	*id*
32,45	76,0	2,98	Σ.
44,42	74,6	3,72	Md.
52,91	72,9	n. m.	Mi.
58,72	70,5	3,24	Wr.
64,69	72,8	3,25	Ma.
65,27	69,9	3,31	De.

Système orbital en mouvement rétrograde très-lent.

Céphée 241. 2950.

22h 46m 41s. 28° 56'.

5,7 jaune — 7 cendrée.

1832,25	319,1	2,04	Σ.
44,43	318,9	2,15	Md
57,23	317,1	2,14	Se.
58,65	315,7	2,08	Wr.
59,66	315,8	2,07	*id.*
69,92	315,7	2,10	De.
74,83	312,1	2,48	Fr.

Mouvement rétrograde. Très-grande probabilité de système orbital. Étoile visible à l'œil nu, et pourtant non observée par Flamsteed, ni Piazzi, ni Lalande. (= Bradley 3028).

Pégase. 2954.

22h 48m 51s. 75° 27'.

9 = 9.

1830,90	28,6	36,73	Σ.
64,90	27,0	37,94	De.
77,80	27,4	37,84	Bu.

La distance augmente. Groupe de perspective.

Verseau. H. N, 15. 2959.

22h 50m 55s. 93° 53'.

6,5 blanche — 10,7.

Date.	Angle.	Distance.	Obs.
	°	"	
1832,10	96,7	15,66	Σ.
43,64	97,8	14,88	Md.
48,00	98,4	14,05	*id.*
64,78	101,7	14,21	De
77,95	102,2	13,72	Bu.

Les observations sont insuffisantes pour décider de la nature du mouvement ; sans doute groupe de perspective.

En faisant la dernière mesure, Bu a trouvé un nouveau compagnon :

77,95 95°,1 8",31

Cette étoile = Lal. 44872. Des dernières visibles à l'œil nu.

Céphée (484).

22h 52m 27s. 17° 48'.

Triple.

A = 7 ; B = 8 ; C = 11.

AB

1851,00	108,5	0,41	Σ_2.
65,79	95 :	all.	De
69,54	84 :	all.	*id.*

AC.

Σ 2966 *rejecta.*

1855,56	255,4	30,72	Σ_2.

AB paraissent former un système orbital très-serré, en mouvement rétrograde, quoique les observations de De soient douteuses. Quant à C, on ne peut rien décider.

Pégase (536).

22h 52m 30s. 81° 17'.

7,5 — 7,8.

1852,66	345,0	0,25	Σ_2.
52,67	332,8	0,30	*id.*
53,91	143,7	0,46	*id.*
59,65	simple.	—	*id.*
61,66	261 :	all.	Σ_2

Date.	Angle.	Distance.	Obs.
	°	″	
1874,80	simple.	—	Eu
75,56	148,1	0,34	De.
77,76	161,5	0,47	Bu.

Système orbital très-serré, en mouvement très-rapide; le plan parait passer par le rayon visuel sur la ligne 160°—340°. Mouvement propre commun très-rapide :

Æ + 0″,43 ; D. P. + 0″,24 : Σ_2.

Cette étoile = B.A.C. 8001. Elle demanderait à être assidûment suivie dans un puissant instrument.

---

52 Pégase. (483).

$22^h 53^m 12^s$. 78°55′.

6 blanche — 8 cendrée.

Date.	Angle.	Distance.	Obs.
1845,28	180,8	0,94	Σ_2.
45,70	186,3	0,73	Md.
47,86	n. m.	0,91	Da.
51,58	191,9	0,97	Σ_2.
52,78	187,9	0,94	*id.*
53,88	190,9	1,23	Da.
57,85	203,4>	0,96	Se.
59,66	191,8	1,24	Σ_2.
65,24	198,5	1,14	De.
72,74	200,7	1,05	*id.*
73,83	203,2	1,30	Ws.
74,84	203,9	1,43	*id.*
76,31	208,6	1,24	De.

Système orbital serré, en mouvement direct. Mouvement propre faible,

Æ + 0ˢ,004; D. P. + 0″ 01.

Céphée. 2977.

$23^h 1^m 28^s$. 29°13′.

6,8 jaune — 10,7.

Date.	Angle.	Distance.	Obs.
1833,23	335,1	2,19	Σ.
42,43	340,4	2,2	Md
47,70	342,3	2,33	*id.*
52,65	348,4	2,05	*id.*
66,97	344,1	2,38	De.

Très-grande probabilité de système orbital en mouvement direct.

Poissons. 2976.

$23^h 1^m 37^s$. 84°3′.

Triple.

A = 8,5 ; B = 10 ; C = 9,7 : blanches.

AB.

B fixe depuis 1828 à 264° ± 2 et ± 0,5.

AC.

Date.	Angle.	Distance.	Obs.
	°	″	
1828,43	177,7	15,89	Σ.
31,00	177,8	15,0	H_2.
37,72	179,7	16,0	Sm
43,74	180,6	15,86	Md.
52,93	182,4	16,81	*id.*
57,42	183,2	16,32	Σ_2.
67,60	186,0	16,41	De.
70,94	186,2	16,56	Σ_2.
73,79	187,0	16,6	Ws.
73,82	186,0	16,4	Gl.
75,97	186,7	16,81	Ws
77,71	186,4	16,60	Bk.
77,80	188,7	16,68	Bu.
77,90	187,9	16,71	Fl.

Tandis que B reste fixe, l'angle augmente entre A et C. Sans doute groupe de perspective. Système non ternaire, car autrement B marcherait plus vite que C.

Pégase. H. N, 11. 2978.

$23^h 1^m 43^s$. 57°49′.

6,8 blanche — 8 bleuâtre.

Date.	Angle.	Distance.	Obs.
1784,69	vue, mais non mesurée.		H.
1821,85	ΔÆ + 0ˢ,326.		Σ.
23,75	148,3	8,72	So.
27,80	150	9	H_2.
28,82	146,2	8,58	Σ.
30,05	145,8	8,34	*id.*
30,91	147,3	8,3	Sm.
32,90	146,5	8,27	Σ.
33,88	146,4	8,5	Sm.
43,81	146,4	8,43	Md.
45,70	n. m.	8,59	Hi.
46,60	144,9	8,37	Md.
47,69	145,0	9,04	Mt.
47,88	145,5	8,49	Wr.
48,00	144,1	8,34	Md.
50,98	146,2	7,87	*id.*
52,21	146,7	8,51	*id.*
54,89	147,0	8,44	Wr.
55,85	146,2	8,37	*id.*
1857,49	146,1	8,25	De.
61,79	147,4	7,81	Ma.
65,75	144,9	8,64	Ta.
68,55	145,2	8,48	Du.
70,11	146,3	8,48	De.
73,78	145,7	8,6	Ws.
73,82	144,0	8,7	Gl.

Beau couple. L'angle paraît rétrograder lentement; mais on ne peut encore rien décider sur la nature du mouvement.

Cette étoile = P. XXII, 306 Piazzi a seulement inscrit : Duplex : præcedens observata.

π Céphée (489).

$23^h 4^m 5^s$. 15°16′.

5ᵉ *très-jaune* — 10ᵉ pourpre.

Date.	Angle.	Distance.	Obs.
1843,77	330,0	1,8	Sm.
46,48	351,4	1,15	Σ_2.
51,42	358,5	1,21	*id*
65,70	6,0	1,15	Kn.
67,12	14,8	1,27	De.
73,81	21,4	1,38	Ws.
74,84	19,3	1,26	*id.*
74,91	19,9	1,24	Gl.
76,25	23,9	1,32	De.

Système orbital serré, en mouvement direct assez rapide. Sm a mesuré en 1838 une troisième étoile, de 12ᵉ gr., à 11ˢ,8 ΔÆ et à 241°,5. Le mouvement propre de π paraît être (*voy.* mon Catalogue) de

Æ + 0ˢ,002 ; D. P. + 0″,04.

Le compagnon a été noté 10ᵉ grandeur par Sm (= 9,3 de Σ et de Arg.) et de 7,5 par Σ_2. Il est pourpre, et doit être variable.

Cassiopée (490).

$23^h 4^m 54^s$. 33°13′.

7,3 — 9,3.

Date.	Angle.	Distance.	Obs.
1843,47	313,7	1,16	Md.
46,80	308,5	1,36	Σ.
51,76	306,0	1,26	Md.
68,21	303,1	1,56	De.

Système orbital serré en lent mouvement rétrograde. Les angles de Md étaient renversés de 180°.

Pégase. 2989.

$23^h 7^m 13^s$. 70° 40′.

8,5 — 9,9.

Date.	Angle.	Distance.	Obs.
	°	″	
1828,71	144,1	1,47	Σ.
32,86	140,2	1,47	*id.*
34,96	141,6	1,48	*id.*
35,68	141,5	1,59	*id.*
42,75	139,5	1,45	Md.
48,01	138,1	1,76	*id.*
53,05	136,6	n. m.	*id.*
67,99	138,9	1,62	Le.

Système orbital serré en lent mouvement rétrograde.

---

94 Verseau. H. III, 34. 2998.

$23^h 12^m 47^s$. 104° 7′.

5,2 jaune — 7,2 bleue.

Date.	Angle.	Distance.	Obs.
1781,63	n. m.	13,75	H.
1802,67	342,7	n. m.	*id.*
22,87	346,7	14,99	So.
30,90	345,2	13,37	Σ.
31,87	344,9	13,5	Sm.
36,65	344,7	13,82	Σ.
38,91	345,4	14,0	Sm.
44,69	347,0	13,83	Md.
51,89	346,5	13,87	Σ.
58,12	344,8	13,71	De
68,34	346,1	14,02	Du
69,96	346,3	13,59	De.
75,91	348,6	13,30	St.
75,97	346,6	13,83	Ws.
77,92	348,8	13,74	Fl.

Système physique en mouvement propre commun

Æ + 0″26; D. P. + 0″06

et en mouvement relatif direct excessivement lent.

Cette étoile = P. XXIII, 41 et 42. Δ Æ = 12″,0; Δ (D) = 6″,7. Piazzi n'a estimé B que de 9e grandeur.

ο Céphée. 3001.

$23^h 13^m 41^s$. 22° 33′.

6 jaune — 8 bleue.

Date.	Angle.	Distance.	Obs.
1831,00	173,8	2,5	Sm
32,84	175,0	2,35	Σ.
34,02	175,1	2,30	Ba.
34,95	173,8	2,5	Sm.
39,55	178,2	2,39	Md
1842,80	179,8	2,54	*id.*
44,43	180,1	2,28	*id.*
47,69	183,0	2,81	Mt.
51,87	187,0	2,65	Σ₂.
52,65	184,9	2,20	Md.
55,92	182,6	n. m.	Po.
56,92	186,8	2,53	Ja.
58,43	187,1	2,47	Se.
58,62	186,9	2,60	Wr.
61,01	184,3	n. m.	Po.
62,57	182,1	2,28	Kn.
64,68	187,0	2,47	De
66,97	185,7	2,56	Le.
69,67	180,6<	2,56	Ma.
70,18	196,9	2,88	Σ₂.
73,81	190,4	n. m.	Gl.
73,82	181,0<	2,69	Ws.
74,85	190,3	2,68	*id.*
74,91	190,3	2,65	Gl.
75,18	192,1	2,45	De.
77,72	191,6	2,46	Dk.

Système orbital en mouvement direct. Mouvement propre commun

Æ — 0s,019; D. P. — 0″,02.

Beau système et belles couleurs.

Pégase. 3006.

$23^h 15^m 24^s$. 55° 13′.

8,5 — 9 : jaunes.

Date.	Angle.	Distance.	Obs.
1825,70	183,8	5,12	So.
27,88	188	5,5	H₂.
29,67	182,9	n. m.	H₂.
30,76	176,2	5,05	*id.*
30,81	178,3	5,48	Ba.
31,55	182,8	4,65	Σ.
41,30	176,9	4,93	Ba.
43,78	177,0	5,22	*id.*
43,80	177,1	4,32	Md.
44,90	183,5	5,22	*id.*
45,51	176,4	n. m.	Ja.
48,72	n. m.	4,90	*id.*
56,88	174,7	4,98	Wr.
64,92	173,5	4,94	De.
65,71	172,9	4,95	Ta.
70,20	171,6	4,98	Du
73,80	170,4	4,92	Ws.
73,87	169,9	5,0	Gl.
74,85	173,0	4,94	Ws.
74,91	172,9	4,9	Gl.
76,95	169,6	5,08	Dk.

Système orbital en lent mouvement rétrograde.

Verseau. P. XXIII, 69. 3008.

$23^h 17^m 32^s$. 99° 7′.

7 jaune — 8 bleuâtre.

Date.	Angle.	Distance.	Obs.
1800,00	*Comes præcedit in eod. fere parallelo.*		Pi.
1820,46	275,2		
	Δ Æ — 0s,53		Σ.
24,80	274,4	7″,98	So.
29,89	273,8	7,63	Σ.
30,76	272,8	7,84	H₂
31,20	272,4	7,65	H₂.
32,88	272,4	7,37	Σ.
34,79	272,1	7,5	Sm.
37,54	271,2	7,12	Md.
37,80	270,2	6,88	H₂.
43,76	269,5	6,96	Md.
45,04	268,5	6,59	*id.*
46,62	268,9	n. m.	Da.
55,87	266,1	6,23	Po.
56,87	265,6	6,12	Se.
58,02	264,7	5,86	De.
58,86	264,7	6,08	Md.
59,81	264,9	6,1	Po.
59,88	268,7>	6,40	Md.
59,92	263,9	5,58	Wr
61,79	264,2	5,94	Ma.
63,08	262,9	5,59	De.
65,71	260,7	5,80	Ta.
66,42	262,0	5,33	De.
66,97	259,6	5,22	Le.
68,82	257,4	5,75	Ma.
69,77	258,6	5,74	*id.*
70,77	258,4	5,33	Ma.
72,77	248,5<	5,0	Ws.
72,78	257,5	5,41	Ma.
72,90	258,4	4,96	De.
73,41	260,1	5,24	Fr.
73,82	249,6<	5,16	Gl.
75,11	256,7	4,84	De
75,91	258,0	n. m.	St.
76,88	257,5	4,95	Dk.
77,92	256,1	4,73	Fl.

Mouvement remarquable, rectiligne, dirigé vers 117°, avec une vitesse de 0″,075 qui se décompose en

Æ + 0″,068 et D. P. + 0″,034.

Le mouvement propre de A paraît être (*voy.* mon Catalogue)

Æ — 0″,11 et D. P. + 0″,09.

Il y a là deux mouvements propres bien différents, et ce sont sans doute là deux belles étoiles qui se rencontrent par perspective. Mais il peut se faire que le mouvement observé provienne de la combinaison d'un mouvement orbital ou même d'un mouvement rectiligne (type de la 61ᵉ du Cygne) avec un mouvement propre commun.

La couleur de B est diversement estimée. Σ : A jaune, B cendrée ; Sm : A jaune, B rougeâtre ; Ma : A jaune, B bleue ; De jaune et bleue, etc. Je la vois bleuâtre, peu intense. P. XXIII, 69 = B. A. C. 8154.

Andromède (500).

23ʰ31ᵐ40ˢ. 46° 14′.

6 — 7,2 : blanches.

Date.	Angle.	Distance.	Obs.
	°	″	
1843,90	307,9?	0,3	Md.
45,24	299,4	0,45	Σ₂
51,75	293,3?	0,35	Md.
52,82	308,5	0,45	Σ₂
67,21	313,6	0,5	De.
73,50	319,5	0,45	*id.*
74,86	320,8	0,66	Ws
74,91	321,2	0,7	Gl.

Système orbital très-serré, en mouvement direct assez rapide. Les angles de 1843, 1851 et 1874 étaient renversés de 180°.

Cette étoile = B.A.C. 8223.

Pégase. 3028.

23ʰ32ᵐ36ˢ. 55°37′.

7 blanche — 9,5

1829,91	205,4	19,50	Σ
65,55	204,0	18,69	De.
74,24	203,0	18,14	*id.*

L'angle et la distance diminuent. Très-grande probabilité d'un groupe de perspective.

107 i^2 Verseau. H. II, 24. So 356.

23ʰ39ᵐ47ˢ. 109°21′.

6 blanche — 7,5 pourpre.

1780	vue, mais non mesurée		H.
1800	153,5	3,34	H.
21,91	143,4	5,12	Σ.
23,79	143,5	5,96	So.
30,67	141,3	6,12	H₂.
31,70	145,6	8,0?	*id.*

Date.	Angle.	Distance.	Obs.
	°	″	
1832,80	141,8	5,5	Sm.
45,89	140,5	5,78	Ja.
51,88	141,5	5,28	Σ₂.
55,93	140,7	5,68	Se.
66,40	139,9	5,63	De.
75,90	140,7	n.m.	St.
76,75	139,4	6,34	*id.*

Couple facile. H l'a remarqué dès le 30 août 1780, mais n'a pas mesuré l'angle; il a évalué la distance à 2½ diamètres. Piazzi le décrit ainsi : Duplex ; *Comes 7½ magn. sequitur* 0ˢ,1, et 3″ *circiter ad austrum.* C'est South qui en a fait la première mesure micrométrique. Non inséré dans le Catalogue de Σ. L'angle diminue certainement. La distance de Pi. n'est pas précise. Les mouvements propres attribués à A diffèrent considérablement (*voy.* mon Catalogue).

On ne peut encore rien décider sur la nature du mouvement.

Cassiopée. 3038.

23ʰ40ᵐ23ˢ. 28° 1′.

9 — 9,5 : blanches.

1833,83	275,0	4,36	Σ.
45,75	277,8	4,30	Md.
47,95	278,2	n.m.	*id.*
48,13	278,6	4,14	*id.*
52,65	279,4	4,47	*id.*
67,01	274,8?	4,33	De.

L'angle paraît augmenter lentement.

Cette étoile est inscrite dans les observations de Md 1852 sous le nº 3008; mais c'est évidemment celle-ci.

Pégase. H. IV, 107. 3039.

23ʰ40ᵐ49ˢ. 62° 15′.

7,3 — 9,7.

1783,62	39,6	26,20	H.
1824,81	36,5	32,25	So.
30,93	36,4	30,33	Σ.
42,77	36,2	31,57	Md.
45,33	35,5	31,60	*id.*
50,85	35,8	31,90	*id.*
53,83	35,0	n.m.	*id.*
65,33	34,6	31,46	De
76,06	36,2	n.m.	Ws.

La distance augmente lentement, d'après les mesures sûres de Σ et De. Groupe de perspective.

Pégase. 3041.

23ʰ41ᵐ45ˢ. 73°35′.

Triple.

A = 7,3; — B = 8,1; C = 8,2 : blanches.

Date.	Angle.	Distance.	Obs.
	A et $\frac{BC}{2}$.		
	°	″	
1832,19	347,6	71,09	Σ.
1866,18	349,4	69,01	De.
	BC.		
1832,19	183,4	3,27	Σ.
43,24	182,0	3,40	Md.
66,34	180,5	3,21	De.

Le couple BC forme très-probablement un système orbital en lent mouvement rétrograde; la distance diminue entre A et B, et la première étoile n'est voisine de ce couple que par la perspective.

Cassiopée (507).

23ʰ42ᵐ50ˢ. 25°47′.

A = 6,8; B = 7,5; C = 7,8.

Triple.

	AB.		
1843,31	217,5	0,4	Md.
47,01	224,4	0,56	Σ₂.
67,96	241,0	contact	De.

AC.

C fixe à 353° et 49″.

AB forment un système très-serré en mouvement direct assez rapide. L'étoile C est probablement optique.

Cette étoile = B.A.C. 8277.

Andromède (510).

23ʰ45ᵐ30ˢ. 48°35′.

Triple.

A = 7,5; B = 7,8; C = 9.

	AB.		
1848,43	167,8	0,40	Σ₂

Date.	Angle.	Distance.	Obs.
	°	″	
1867,63	163,7	all.	De.
74,79	154,0	0,48	*id.*

AC.

C fixe à 345° et 21″.

Mouvement rétrograde pour AB. On ne peut encore rien décider pour la 3ᵉ étoile.

Baleine. 3046.

23ʰ50ᵐ15ˢ. 100°11′.

8 — 8,7.

1830,15	232,2	2,52	Σ.
43,80	234,8	2,46	Md.
51,88	239,5	2,81	Σ₂.
57,42	241,2	2,79	Se.
63,92	241,0	2,90	De.
65,36	242,8	2,86	*id.*
67,91	238,0?	3,02	Se.
72,89	240,5	n. m.	Ws.
73,87	240,5	3,2	Gl.
75,28	244,8	2,82	De.
77,94	244,8	3,05	Bu.

Système physique en mouvement direct très-lent. Mouvement propre commun

Æ — 0″,380 ; D. P. + 0″,097 (Σ).

Cassiopée. 3047.

23ʰ51ᵐ49ˢ. 33°17′.

Triple.

A = 8,7 ; B = 8,7 : jaunâtres ; C = 12.

AB.

1831,71	64,7	1,12	Σ.
33,46	67,0	1,29	*id.*
43,85	72,0	n. m.	Md.
47,70	72,0	1,03	*id.*
51,75	73,6	n. m.	Md.
52,65	71,7	1,07	*id.*
52,93	72,3	1,31	Se.
69,68	67,5	1,01	De.
70,18	69,0	1,19	Σ₂.
70,18	69,0	1,19	Σ₂.
73,82	72,0	1,02	Ws.
74,86	72,0	1,07	*id.*
74,91	72,7	1,02	Gl.

Très-grande probabilité d'un système orbital serré, en lent mouvement direct pour AB. La troisième étoile C vient seulement d'être découverte (1877) par Burnham, à 186° et 3″.

Andromède 37. H. N, 58. 3050.

23ʰ53ᵐ22ˢ. 56°56′.

6,0 jaune clair — 6,5 jaune cendré.

Date.	Angle.	Distance.	Obs.
	°	″	
1790,91	180±	cl. II.	H.
94,71	180±	*id.*	*id.*
1821,92	188,4	5,26	H₂ et S.
27,88	195>	5,5	*id.*
30,04	189,7	4,37	*id.*
30,73	189,0	4,07	Da.
32,65	191,0	3,78	Σ.
36,49	190,8	3,60	Md.
37,03	191,7	4,14	Da.
43,81	193,0	3,65	*id.*
45,65	193,6	3,43	Md.
50,85	196,0	3,87	*id.*
51,88	196,2	3,76	*id.*
54,68	196,5	3,66	De.
54,81	196,0	3,47	Da.
55,47	196,4	3,60	*id.*
55,98	196,6	3,50	Wr.
57,51	196,4	3,44	Se.
62,20	198,2	3,34	Md.
64,84	199,5	3,18	De.
65,73	199,4	3,40	Ta.
66,97	200,2	3,63	Se.
68,56	200,7	3,09	Du.
70,87	201,2	3,00	De.
73,02	201,9	3,13	Ws.
73,81	201,0	n. m.	Gl.
75,70	203,0	2,96	Du
76,06	203,1	3,09	Ws
76,85	202,2	3,04	Dk.

L'angle augmente et la distance diminue.

Cette étoile = Lalande 47034.

Elle est visible à l'œil nu, et pourtant a été si rarement observée que son mouvement propre ne peut être déterminé. — Très-grande probabilité de système orbital.

---

85 Pégase. B. A. C. 8350.

23ʰ55ᵐ51ˢ. 63°33′.

6 — 9.

1855,00	105,0	30,0	Ar.
70,00	77,0	16,0	Br.
77,94	39,8 :	14,0	Fl.
78,44	33,9	14,16	Bu.

J'ai conclu l'angle et la distance de 1855 de la différence d'Æ et de D. P. notée par Argelander entre les deux étoiles

Æ + 29″ et D. P. + 8″.

En 1870, Brunnow signale les mêmes différences comme étant respectivement Æ + 17″ et D. P. — 4″ et l'angle 77° et 16″,0. J'ai mesuré le même couple en 1877 et j'ai trouvé les valeurs inscrites ci-dessus. Je n'ai pu trouver aucune autre observation, malgré l'intérêt qui s'y rattache, à cause du grand mouvement propre de A et de sa parallaxe ; mais Burnham a bien voulu la mesurer tout récemment pendant la correction de ces épreuves. Ces mesures suffisent pour prouver que le compagnon est indépendant de A et peut servir de point de repère pour calculer la parallaxe. C'est ce qu'a fait Br en 1869 et 1870, et il a trouvé pour résultat :

$\pi = 0'',054$.

Le mouvement propre de cette étoile peut être conclu à (*voy.* mon Catalogue)

Æ + 0ˢ,064 et D. P. + 0″,97.

Sans doute B a aussi un mouvement propre, mais beaucoup plus faible.

On ne trouve dans le catalogue de Lalande qu'une étoile vers la position de 85 Pégase : c'est 47118

Æ 1800 = 23ʰ51ᵐ44ˢ,36

et

D. P. *id.* 63°58′26″,0.

Position pour 1880 :

23ʰ55ᵐ49ˢ,0... 63°31′42″,2

On trouve dans le catalogue d'Armagh la position suivante pour 1840 :

23ʰ53ᵐ48ˢ,97, 63°45′57″,8.

C'est évidemment la même étoile ; mais la grandeur de Lalande est beaucoup plus élevée = 4ᵉ,5. Serait-elle variable ?

Lalande rapportée à 1840 donnerait

23ʰ53ᵐ46ˢ,48 et 63°45′4″,1 ;

la différence en Æ de + 2ˢ,49 et en D. P. de + 53″,7 indiquerait pour le mouvement propre

Æ — 0ˢ,062 ; D. P. + 1″,34.

On a, d'autre part :

Æ + 0s,063	D.P. + 0",97	Robinson
+ 0,064	+ 0,98	Jacob
+ 0,065	+ 0,96	Quetelet
+ 0",981	+ 0,98	Argelander

Il est donc probable que la D.P. de Lalande est trop faible de 15" et que le mouvement en D.P. se rapproche fort de 0",97.

Andromède. 3056.

$23^h 58^m 30^s$. 56° 25'.

Triple.

A = 6,9 ; B = 7,6 ; C = 8,5.

Date.	Angle.	Distance.	Obs.
	AB.		
	°	"	
1831,32	158,2	0,55	Σ.
41,11	155,0	0,57	Σ_2.
41,56	156,9	0,44	Md.
42,76	159,0	0,40	*id.*
53,70	146,8	0,57	Σ_2.
64,84	152,4	0,60	De.
	AC.		
1827,88	352	15	H_2
31,64	355,4	20,48	Σ.
53,70	356,1	21,04	Σ_2.
64,84	356,5	21,46	De.

A et B paraissent former un système orbital très-serré, en lent mouvement rétrograde. Quant à C, on ne peut encore rien décider. Il ne faut pas considérer la position de H_2 comme précise. Probablement optique.

Cette étoile = Lalande 47206.

Pégase. 3060.

$23^h 59^m 33^s$. 72° 35'.

8,5 — 8,7 : jaunes.

1828,72	109,7	3,79	Σ.
29,93	110,4	3,89	*id.*
32,91	111,4	4,11	*id.*
42,82	113,4>	3,28	Md.
45,03	111,7	3,77	*id.*
48,01	113,7	3,72	*id.*
56,70	113,7	3,78	Wr.
57,24	114,3	3,56	Se.
59,88	115,6	4,08	Md.
66,01	115,8	3,54	De.
76,47	114,6	3,49	*id.*

L'angle paraît augmenter lentement. Très-haute probabilité de système orbital.

Cassiopée. H. I, 39. 3062.

$23^h 59^m 57^s$. 32° 14'.

6,9 jaune — 7,5 olive.

Date.	Angle.	Distance.	Obs.
	°	"	
1782,65	319,4	cl. I.	H.
1783,05	319,1	*id.*	*id.*
1823,81	36,7	1,25	Σ.
31,71	87,5	0,82	*id.*
33,71	108,6	0,58	*id*
35,66	132,5	0,41	*id*
36,61	146,4	0,47	*id.*
36,87	147,9	0,40	*id.*
37,78	157,9	0,49	*id.*
40,32	186,5	0,65	Σ_2.
40,78	187,0	0,8	Da.
41,58	193,6	0,89	Md.
41,86	193,4	0,95	Da.
42,80	207,3	0,87	Md.
43,80	210,0	0,94	Da.
44,50	213,8	0,85	Md.
45,54	216,8	0,96	*id*
46,42	220,3	0,97	Σ_2.
46,53	220,7	1,05	Md.
47,53	225,1	1,12	*id.*
48,22	229,7	1,14	Σ_2.
48,87	228,8	1,16	Da.
49,19	232,5	1,09	Σ_2.
50,04	233,9	1,17	*id.*
50,71	232,3	1,28	Md
50,93	235,2	n. m.	Da.
51,16	235,7	1,35	Σ_2.
51,18	237,0	1,16	Md.
51,76	234,6	1,27	Da.
52,21	241,3	1,02	Md.
52,49	238,4	1,23	Σ_2.
52,72	238,0	1,25	Md.
54,11	243,5	1,48	Σ_2.
54,32	244,3	1,28	Da
55,05	242,7	1,38	Σ_2.
55,91	247,9	1,33	Wr.
56,28	250,3	1,20	De.
56,66	247,8	1,40	Σ_2.
56,81	248,8	1,43	Md.
57,37	250,4	1,50	Σ_2.
57,60	253,4	1,25	Se.
57,99	252,3	1,2	Be.
59,16	255,3	1,46	Σ_2
62,18	261,7	1,54	*id.*
63,25	264,7	1,44	De.
63,52	265,7	1,41	Kn.
63,86	265,6	1,40	Da
65,18	269,8	1,38	De.
65,71	272,0>	1,08	Ta.
65,71	269,9	1,43	Kn.
66,20	270,4	1,47	Σ_2.
66,69	270,2	1,50	Ta.
66,97	270,0	1,34	Se.
67,25	274,2	1,41	De.
Date.	Angle	Distance	Obs.
	°	"	
1868,77	269,0<	1,60	Ta.
68,98	276,5	1,59	Σ_2.
69,12	278,9	1,45	De.
70,18	279,2	1,48	Σ_2
70,64	280,6	1,63	Ta.
71,00	283,0	1,42	De.
72,63	285,7	1,47	*id.*
72,66	282,7<	1,38	Kn.
72,80	286,3	1,45	Ws.
73,63	287,6	1,45	De.
73,82	287,8	1,45	Ws.
73,84	288,0	1,55	Gl.
74,64	289,8	1,40	De.
74,86	291,2	1,37	Ws.
74,91	291,1	1,35	Gl.
75,67	292,2	1,47	De.
75,69	292,9	1,43	Du.
76,47	294,1	1,49	De.
76,87	294,6	1,58	Dk.
76,93	298,8>	1,44	Ws.
77,50	295,7	1,47	De.
77,71	297,7	1,43	Dk.

Système orbital remarquable, serré et en mouvement direct très-rapide. Depuis sa découverte, en 1782, il a parcouru 338°, et 22° seulement restent à parcourir pour accomplir la révolution totale. La distance angulaire a augmenté et la vitesse a diminué, de sorte que la période surpassera un siècle. Derniers éléments calculés :

Schur, 1867.	*Doberck*, 1877.
T = 1835,20	T = 1834,88
ω = 97° 31'	ω = 92° 7'
☊ = 32.10	☊ = 38.35
ι = 29.58	ι = 32.11
e = 0,5009	*e* = 0,4612
a = 1",310	*a* = 1",270
P = 112ans,644	P = 104ans,415

Cette étoile n'a été observée ni par Flamsteed, ni par Piazzi, ni par Lalande, mais je la trouve observée, comme étoile simple, par Bradley en 1750 (= Bd 3210) et, dans ce siècle-ci, également comme étoile simple, par Bessel à Kœnigsberg et par Robinson à Armagh. D'après les observations de Σ, ce couple est emporté dans l'espace par un mouvement propre rapide en Æ :

Æ + 0",346 ; D.P. — 0",020.

C'est un des beaux systèmes binaires du ciel, et il clôt dignement ce long et laborieux catalogue.

ADDITIONS

FAITES

A CE CATALOGUE PENDANT SON IMPRESSION.

3063.

$0^h 1^m 27^s$.

Date.	Angle.	Distance.	Obs.
1877,89	223°,3	1",82	Bu.

Mesure nouvelle, faite pendant l'impression : elle confirme la différence avec Σ, mais le mouvement paraît nul depuis 1864.

14.

$0^h 9^m 42^s$. 102°39'.

8,3 — 11.

Date.	Angle.	Distance.	Obs.
1830,89	235,6	15,19	Σ.
44,91	235,1	14,93	Md.
67,13	235,8	14,33	De.

La distance diminue certainement. Très-grande probabilité d'un groupe de perspective.

60.

$0^h 41^m 46^s$.

Date.	Angle.	Distance.	Obs.
1877,51	151,0	5,55	De.
1877,72	151,4	5,71	Dk.

73.

$0^h 48^m 0^s$.

Date.	Angle.	Distance.	Obs.
1877,27	356,2	1,34	De.
1877,71	355,2	1,15	Dk.

76 σ^2 Poissons. H. v, 16.

$0^h 59^m 35^s$. 58°28'.

Triple.

A = 6 jaune ; B = 9 bleue ; C = 10 rougeâtre.

AB.

Date.	Angle.	Distance.	Obs.
1780,66	n.m.	48",13	H.
1781,77	285,5	48	*id.*
1824,94	291,8	90?	So.
1832,81	293,5	56,0	Sm.

AC.

Date.	Angle.	Distance.	Obs.
1832,81	235,0	140,0	Sm.

Mouvement certain. Système optique. La distance de So est inexplicable, car il n'y a aucune autre étoile voisine que C. Je n'ai pu mesurer ce groupe, l'ayant remarqué trop tard (mars 1878). — A observer.

A = P.O. 278 et Bradley 103 ; son mouvement propre paraît être

Æ + 0s,007 et D.P. — 0",01.

91.

$1^h 1^m 2^s$.

Date.	Angle.	Distance.	Obs.
67,73	322,5	3,87	De.

H_2 2036.

$1^h 14^m 4^s$.

Date.	Angle.	Distance.	Obs.
1877,76	25°,1	1",40	St.

Mouvement rétrograde confirmé. Cette étoile = Lal. 2416.

132.

$1^h 25^m 35^s$.

Date.	Angle.	Distance.	Obs.
1878,01	354,6	33,86	Bu.

138.

$1^h 29^m 46^s$.

Date.	Angle.	Distance.	Obs.
1871,52	32,2	1,51	De.

H_2 3447.

$1^h 30^m 35^s$.

Date.	Angle.	Distance.	Obs.
1877,80	90,1	2,20	St.

Mouvement direct confirmé. Cette étoile = P. I, 127, = Lac. 462, = Brisb. 227.

143.

$1^h 33^m 31^s$. 56°16'.

7,7 jaune — 9.

Date.	Angle.	Distance.	Obs.
1831,76	319,8	30,31	Σ.
1865,55	320,2	33,12	De.

Ces deux séries d'observations suffisent pour affirmer le mouvement en distance. Groupe de perspective.

ε Sculpteur. H_2 3461.

1h 40m 1s. 115° 39'.

5 — 8.

Date.	Angle.	Distance.	Obs.
	°	"	
1836,62	69,6	5,53	H_2.
1877,85	59,0	4,84	St.

Mouvement rétrograde et diminution de distance. Probabilité de système orbital.

196.

1h 52m 56s.

1877,75	51,9	2,51	Bu.

208.

1h 56m 50s.

1871,14	41,8	1,33	De

Mira.

2h 13m 17s.

1877,82	82,8	115,6	Bu.

Nouveau compagnon :

1877,82	91,5	74,11	Bu.

H_2 3494.

2h 14m 46s. 125° 59'.

6 = 8.

1836,91	122,6	1,7	H_2.
1877,87	88,1	1,58	St.

Système orbital en mouvement rétrograde assez rapide.

295.

2h 35m 4s.

1877,95	324,3	4,73	Bu.

325.

2h 48m 12s.

Date.	Angle.	Distance.	Obs
	°	"	
1877,69	214,6	8,82	Bu.

355.

3h 0m 54s.

1877,94	147,8	2,64	Bu.

407.

3h 24m 19s. 101° 32'.

8,2 jaune — 10,7.

1833,00	39,0	2,33	Σ.
46,07	42,5	2,35	Md.
48,11	43,3	n. m.	*id.*
58,11	42,7	n. m.	*id.*
68,22	45,3	2,57	De.

Couple en mouvement direct. Grande probabilité de système orbital.

418.

3h 30m 52s. 15° 1'.

8,5 — 9,2 : blanches.

1831,45	61,8	16,10	Σ.
44,33	63,0	16,07	Md.
48,23	63,5	16,79	*id.*
67,56	62,8	17,51	De.

La distance augmente certainement. Sans doute groupe de perspective.

Taureau. 39. 430.

3h 34m 8s. 85° 16'.

Triple.

A = 6 très-jaune ; B = 9 ; C = 9,8.

AB.

1831,23	55,3	26,57	Σ.
43,53	54,9	25,49	Md.
64,21	55,7	26,16	De.

AC.

1831,23	301,9	39,40	Σ.
1864,21	301,2	37 74	De.

Diminution de distance pour C. Fixité apparente pour B. Groupe de perspective. Il y a une observation de H_2 (B = 52°,6 et 20" ; C = 304° et 40") qui ne peut pas être considérée comme sûre. A = Lal. 6765 (notée de 7e grandeur dans ce Catalogue).

476.

3h 53m 36s. 51° 40'.

7,5 jaune — 8,7 bleue.

Date.	Angle.	Distance.	Obs.
	°	"	
1831,85	283,8	17,58	Σ.
43,21	284,0	17,24	Md.
64,92	284,7	19,15	De.

La distance augmente certainement. Grande probabilité d'un groupe de perspective.

497.

4h 2m 2s. 81° 53'

8,5 jaune — 10,7.

1829,90	236,4	14,40	Σ
30,07	236,2	14,25	*id.*
44,13	234,6	14,40	Md.
53,09	232,1	13,83	*id.*
65,90	233,5	13,49	De.

La distance diminue certainement. Probabilité d'un groupe de perspective.

505.

4h 6m 38s. 27° 43'.

8,3 jaune — 11.

1830,59	115,6	9,68	Σ.
44,33	112,5	8,43	Md.
66,88	116,2	8,93	De.

Les séries de Σ et De montrent que la distance diminue. L'observation de Md n'est pas auss sûre. On ne peut rien affirmer sur la nature du couple.

40 o^2 Eridan.

4h 9m 49s.

BC.

1877,85	128,2	3,92	Bu.

537.

$4^h 19^m 48^s$. 88° 20′.

8,5 — 11,5 var.

Date.	Angle.	Distance.	Obs.
	°	″	
1831,40	344,3	4,25	Σ.
1877,95	9,8	2,46	Bu.

Couple curieux, à cause de l'invisibilité du compagnon toutes les fois qu'on l'a cherché, à l'exception de l'observation de Bu à l'équatorial de 18 pouces 1/2 de l'observatoire de Dearnborn. D'autre part, mouvement remarquable. Cette étoile = Weisse IV, 383. Très-grande probabilité d'un couple de perspective.

554.

$4^h 23^m 17^s$.

78,03	7,0	0,60	Bu.

Aldébaran.

$4^h 29^m 2^s$.

77,90	35,0	114,9	Fl.
77,91	35,2	114,3	Bu.

Nouv. comp. 14ᵉ gr.

77,91	109,0	30,45	Bu.
78,03	110,5	31,26	Ha.

Mon observation et celle de Bu confirment les conclusions de la page 25 sur le mouvement propre de la petite étoile.

(92).

$4^h 52^m 3^s$.

78,04	247,4	2,78	Bu.

627 = So. 462.

$4^h 54^m 15^s$. 86° 34′.

6,3 — 7 : blanches

1824,99	259,6	21,81	So.
1831,51	260,3	21,31	Σ.
1866,21	259,6	21,03	De.

Une diminution de la distance est probable.

634.

$5^h 2^m 47^s$.

Date.	Angle.	Distance.	Obs.
	°	″	
1876,36	1,1	21,00	No.

Je n'ai reçu cette mesure de M. Nobile qu'après l'impression de la feuille. L'auteur a discute aussi le mouvement de cette étoile, et il conclut aussi qu'il faut attendre pour décider.

(517).

$5^h 7^m$. 88° 10′.

6,5 — 6,7 : rougeâtres.

1854,87	279,8	0,63	$Σ_2$.
1871,83	296,8	all.	De.

Système très-serré, en mouvement direct.

β Lièvre. Bu. 320.

$5^h 23^m 6^s$.

77,76	294,4	3,01	De.
77,82	290,5	2,75	Bu.

Ces nouvelles mesures confirment le mouvement rapide de ce couple.

728.

$5^h 24^m 22^s$.

78,03	196,2	0,45	Bu.

θ Orion. 748.

$5^h 29^m 23^s$.

Un mémoire de M. Nobile (1877) sur les Étoiles du trapèze conclut que les trois étoiles secondaires tournent probablement autour de la plus brillante (C). Cette conclusion me paraît prématurée, malgré les soins scrupuleux de l'auteur dans ses observations comme dans sa discussion.

736.

$5^h 28^m 36^s$. 48° 14′.

7,2 blanche — 8,5 bleue.

Date.	Angle.	Distance.	Obs.
	°	″	
1830,89	342,4	2,02	Σ
44,26	344,2	2,40	Md
66,54	348,6	2,04	De

Mouvement direct. Grande probabilité de système orbital.

770.

$5^h 34^m 30^s$. 70° 51′.

8,5 jaune — 10,2.

1830,52	341,1	1,28	Σ.
70,14	333,4	1,10	De.

Ces deux résultats étant les moyennes d'observations concordantes suffisent pour affirmer le mouvement. Très-haute probabilité de système orbital.

771.

$5^h 34^m 41^s$. 70° 29′.

9 = 9.

1829,12	234,6	26,34	Σ.
66,73	234,7	24,84	De.

Diminution certaine de la distance. Très-grande probabilité de groupe de perspective. B était un peu moins brillante que A en 1829, un peu plus brillante en 1866.

So. 503.

$5^h 49^m 7^s$.

Nouv. comp. 13ᵉ gr.

78,00	157,3	28,09	Bu

826.

$5^h 52^m 49^s$.

67,43	122,2	2,22	De.

861.

6h 3m 46s. 59° 14'.

Triple.

A = 7,5 ; B = 8,0 ; C = 8,3.

Date.	Angle.	Distance.	Obs.
	BC.		
	°	"	
1830,95	318,2	1,59	Σ.
44,28	322,4	1,61	Md.
48,22	323,5	1,39	*id.*
51,62	322,4	2,03	*id.*
57,25	318,3	1,50	Se.
68,45	319,0	1,52	De.

A et $\frac{B+C}{2}$

1831,18	14,7	67,14	Σ.
67,79	16,1	66,22	De.

Fixité pour BC ; diminution de distance entre A et B, qui forment un groupe de perspective.

910.

6h 20m 39s.

78,20	162,5	0,93	Bu.

936.

6h 29m 20s. 31° 48'.

7 jaune — 8,7 bleue.

1831,64	254,9	1,61	Σ.
52,24	262,0	1,35	Md.
54,34	260,4	1,30	*id.*
55,25	262,3	1,40	*id.*
58,29	262,3	1,54	*id.*
69,37	260,8	1,53	De.

Lent mouvement direct, si, comme il est très-probable, la mesure de Σ est exacte. Très-grande probabilité d'un système orbital.

943.

6h 50m 16s.

78,17	147,4	19,65	Bu.

3118 = H. III, 46.

6h 34m 54s. 80° 5'.

9 — 9,5.

Date.	Angle.	Distance.	Obs.
	°	"	
1831,20	174,8	2,43	Σ.
73,28	169,7	2,71	De.

Ce couple a été vu par W. Herschel, mais non mesuré. Mouvement rétrograde. Grande probabilité de système orbital.

955.

6h 35m 23s.

78,06	272,2	1,00	Bu.

Sirius.

6h 39m 43s.

77,11	52,8	11,19	St.
77,97	52,4	10,83	Bu.
78,10	50,5	11,08	Ho.
78,22	53,2	11,4	Ea.
78,24	51,7	10,77	Ha.

Ces nouvelles mesures confirment mes conclusions. — Les chiffres de Eastman ne peuvent être *précis* : ils proviennent de différences d'Æ et de Ⓓ observées au cercle méridien de 8 pouces 1/2 de Washington, donnant :

	ΔÆ	ΔⒹ
	s	"
20 mars .	0,622	0,502
22 —	0,631	0,415
23 —	0,644	0,420

$r = 15''312$.

AC.

77,97	113,6	71,09	Bu.

AD.

77,93	158,7	103,6	Bu.

(159).

6h 46m 53s.

78,15	1,0	0,48	Bu.

Nouv. comp. 13e gr.

78,15	341,4	23,64	Bu.

(165).

7h 1m 29s.

Date	Angle.	Distance.	O
	°	"	
78,21	79,7	2,34	Bu.

1025.

7h 2m 57s. 34° 0'.

7,5 — 7,8 : blanches.

1830,62	141,2	22,67	Σ.
43,21	140,4	21,91	Md.
66,12	138,1	23,29	De.

Mouvement rétrograde et augmentation de distance. Très-grande probabilité d'un groupe de perspective.

(520).

7h 6m. 61° 19'.

7 blanche — 9.

1850,78	343,6	0,56	Σ₂.
1870,90	355,7	all.	De.

Système très-serré, en mouvement direct.

1051.

7h 12m 7s.

78,25	273,5	1,31	Bu.

1074.

7h 14m 21s.

78,03	146,0	0,71	Bu.

2 Nouv. comp.

11,8	15,9
94,5	12±

1081.

7h 17m 1s.

78,09	226,1	1,36	Bu.

Castor.

7h 26m 57s.

1877	234,9	5,59	Dk.

Nouveaux éléments : Doberck 1878.

$T = 1749,75$
$\pi = 297^\circ,22$
$☊ = 27,27$
$i = 44,55$
$e = 0,3292$
$a = 7,43$
$P = 1001^{ans},21.$

Procyon.

$7^h 33^m 2^s$.

Date.	Angle.	Distance.	Obs.
77,88	317°,3	44",62	Bu.

Dans une lettre de mars 1878, cet observateur ajoute : « Je n'ai pu distinguer la moindre trace d'une étoile plus proche que celle-ci, que vous appelez E, p. 44 ».

Pollux.

$7^h 37^m 59^s$.

Nouv. comp. (14° gr.)

77,95	274,9	43,05	Bu

B est double :

78,19	128,0	1,40	*id.*

1142.

$7^h 41^m 39^s$.

78,22	254,5	22,76	Bu

1171.

$7^h 53^m 51^s$.

78,06	333,8	2,93	Bu

1175.

$7^h 56^m 6$.

78,09	222,5	1,81	Bu.

1179.

$7^h 58^m 6^s$.

Date.	Angle.	Distance.	Obs.
1878,09	204°,5	19",75	Bu
Nouv. comp.	59,8	3,77	*id.*

1187

$8^h 1^m 55^s$.

1871,53	52,7	1,91	De.

1205.

$8^h 9^m 50^s$. 33° 11'.

8,5 — 8,8.

1831,96	185,5	0,78	Σ.
44,29	188,8	1,00	Md.
69,65	178,9	0,95	De.

L'angle paraît décroître lentement (la mesure de Md n'est pas sûre). Très-grande probabilité de système orbital.

1216.

$8^h 15^m 15^s$.

1869,75	151,8	all.	De.
1878,13	158,5	0,54	Bu.

1236.

$8^h 23^m 57^s$. 57° 41'.

8 — 8,5 : blanches.

1828,30	116,9	35,79	Σ.
43,18	116,3	36,05	Md
67,47	115,7	36,35	De.

La distance augmente lentement. — Groupe de perspective.

1240.

$8^h 25^m 37^s$. 56° 10'.

7,2 blanche — 10,2.

1830,63	70,4	22,15	Σ.
68,03	72,9	23,42	De.

La distance augmente. Groupe de perspective. A = Lal. 16737.

3119.

$8^h 26^m 7^s$. 81° 7'.

8 jaune — 11.

Date.	Angle.	Distance.	Obs.
1830,20	213°,6	24",82	Σ.
1867,39	204,1	25,99	De.

Mouvement certain, tant en angle qu'en distance. Groupe de perspective.

δ Cancer.

$8^h 37^m 52^s$. 71° 25'.

4 — 13.

1836,10	123,8	Δ (L) = 37,94	Mu
52,30	121,1	D = 45,82	Ls.
78,20	113,9	40,97	Bu.

Mouvement rectiligne, dirigé vers 344°, c'est-à-dire presque entièrement vers le nord, avec une vitesse de 0",27 ; évidemment dû au mouvement propre de δ (*voy.* mon Catalogue). Il y a deux observations inexplicables de H_1 et Sm en 1830 et 1838 à 160° et 25".

1273.

$8^h 40^m 26^s$.

Nouv. comp.

78,00	192,2	14,74	Bu.

1281.

$8^h 41^m 26^s$.

78,09	321,3	31,18	Bu.

1324.

$9^h 6^m 59^s$. 63° 20'.

8,4 jaune — 11.

1832,03	352,1	11,86	Σ.
43,72	349,5	11,68	Md.
48,24	350,8	n. m.	*id.*
65,51	349,6	11,15	De.

La distance diminue lentement. Groupe de perspective.

1327.

9h 8m 26s. 61°35′.

Triple.

A = 8; B = 9,2; C = 9.

Date.	Angle.	Distance.	Obs.
	AB.		
	°	″	
1831,30	81,4	16,13	Σ.
66,63	79,8	13,89	De.
	AC.		
1831,30	27,9	25,07	Σ.
66,63	25,8	25,59	De.

La distance diminue entre A et B, et l'angle entre A et C. Groupe de perspective. A = Lal. 18224.

1329.

9h 9m 37s.

78,13	68,4	22,84	Bu.

3121.

9h 10m 43s.

71,28	35,3	0,82	Σ2.
75,29	250,1	all.	*id.*
78,21	185,2	0,36	Bu

1356.

9h 22m 2s.

78,11	70,2	0,63	Bu

1364.

9h 24m 59s. 69°. 28′.

7,7 blanche — 9,2.

1829,21	156,2	15,12	Σ.
44,24	156,1	n.m.	Md.
64,73	155,0	16,36	De.

La distance augmente. Groupe de perspective.

1385.

9h 43m 23s.

78,20	353,7	1,14	Bu.

8 Sextant. A.C. 5.

9h 46m 34s.

Date.	Angle.	Distance.	Obs.
	°	″	
78,28	150,0	0,25	Bu.

Cette nouvelle mesure confirme le mouvement rapide du couple, de 260° en 24 ans.

1398.

9h 51m 52s. 20°42′.

7,5 blanche — 10,7.

1832,07	229,0	3,66	Σ.
44,39	223,4	3,90	Md.
52,67	221,7	3,52	*id.*
68,87	216,7	2,70	De.

Mouvement angulaire rétrograde et diminution de distance. Probabilité de système orbital.

1409.

10h 3m. 9°56′.

8,7 jaune — 11,2.

1833,25	184,2	7,79	Σ.
67,45	185,8	9,73	De.

La distance augmente. Très-grande probabilité d'un groupe de perspective.

(215).

10h 9m 44s.

78,07	225,4	0,65	Bu.

(523).

10h 10m 39s.

78,04	297,9	7,05	Bu.

1423.

10h 12m 37s.

78,21	69,7	1,28	Bu.

La distance de Se (p. 57) est certainement erronée.

γ Lion.

10h 13m 21s.

Date.	Angle.	Distance.	Obs.
	°	″	
76,32	109,0	3,98	Hv.
77,25	111,6	3,54	Dk.

1426.

10h 14m 15s.

78,32	273,5	0,59	De.

1429.

10h 18m 22s.

67,17	262,4	1,19	De.

1445.

10h 26m 35s.

78,28	160,0	2,71	Bu.

(230).

10h 48m 4s.

78,24	13,4	8,36	Bu

1487.

10h 49m 7s.

1876,40	105,0	5,96	No.

H. N. 26. So. 120.

11h 10m 54s. 96°29′.

Triple.

A = 6,5; B = 12,5; C = 8.

	AC.		
1823,31	97,6	67,06	So.
1878,18	97,3	61,31	Bu.
	AB.		
1878,18	226,4	1,25	Bu.

La petite étoile B vient d'être découverte par Burnham (lettre du 20 mars). Sa mesure de C montre que la distance a diminué depuis 1833, si, comme tout porte à le croire, la mesure de South est exacte. — Groupe de perspective entre A et C.

ξ Grande Ourse.

$11^h 11^m 48^s$.

Date.	Angle.	Distance.	Obs.
	°	″	
76,40	40,2	2,50	Hr.

---

(234).

$11^h 24^m 21^s$.

78,24	187,1	0,35	Bu

L'angle est probablement renversé de 180°; cette dernière mesure confirme le mouvement rapide de cette étoile.

---

(249).

$12^h 18^m 4^s$.

78,30	307,1	0,46	Bu.

1643.

$12^h 21^m 12^s$.

78,29	46,6	1,76	Bu.

1644.

$12^h 21^m 18^s$.

78,28	246,3	21,05	Bu

1711.

$12^h 56^m 32^s$.

78,28	349,7	1,06	Bu.

Lévriers. Sm. 488 = H_2 3341.

$13^h 32^m 18^s$. 61° 3′.

9,5 — 10,5 : blanches.

Les épreuves de ce Catalogue portaient cette étoile, que j'avais d'abord considérée comme en mouvement, et je l'ai supprimée à la suite d'une lettre de Burnham; mais cet observateur l'ayant aussitôt mesurée, sa mesure montre que nous devons la rétablir. Le mouvement est sûr en distance :

Date.	Angle.	Distance.	Obs.
	°	″	
1835,48	191,5	1,0	Sm.
42,47	193,0	0,6	Ch.
48,42	196,5	0,8	Da.
51,37	195,0	1,0	Sm.
78,27	196,2	2,56	Bu.

Elle précède la Nébuleuse M. 3 Lévriers.

Système orbital probable.

1771.

$13^h 33^m 32^s$.

1878,30	75,8	1,97	Bu.

3081.

$13^h 38^m 46^s$. 101° 12′.

8,8 — 9,2

1830,62	76,3	1,97	Σ.
1878,28	67,2	2,03	Bu.

Chacune de ces deux mesures étant le résultat de plusieurs observations concordantes, on peut conclure à un mouvement rétrograde. Très-grande probabilité de système orbital.

τ Bouvier.

$13^h 41^m 35^s$.

1878,35	352,9	8,31	Bu.

1820.

$14^h 9^m 5^s$.

1878,30	67,4	2,32	Bu.

Cette dernière mesure rend le mouvement orbital certain.

1847.

$14^h 22^m 14^s$.

Date.	Angle.	Distance.	Obs.
	°	″	
1878,35	257,6	22,50	Bu.

α du Centaure.

$14^h 31^m 4^s$.

78,38	139,1	2,4	MH.

Cette dernière mesure montre un mouvement actuel excessivement rapide dans l'angle de position.

1879.

$14^h 40^m 24^s$.

1878,44	217,1	0,42	Bu.

Interversion de 180°.

---

24 ι Balance. H. VI, 44. So. 376.

$15^h 5^m 23^s$. 109° 20′.

5 — 9

1781,39	112,5	59,07 :	H.
1822,84	111,6	50,63	So.
37,43	110,5	51,3	Sm.
78,36	110,5	57,46	Bu.

La distance de 1781 est très-incertaine, d'après H lui-même. Celles de 1822 et 1878 sont sûres. Donc variation. Groupe de perspective. Bu a trouvé la petite étoile double elle-même, à 24°,3 et 1″,86.

Mouvement propre de ι

Æ — 0ˢ,002 ; D. P. + 0″,032.

Il y a une autre étoile, de 10ᵉ grandeur, qui se trouvait juste sur la ligne de 111°,6 en 1822.

1926.

$15^h 10^m 23^s$.

1878,44	259,1	1,43	Bu.

---

(295).

$15^h 10^m 25^s$.

Date.	Angle.	Distance.	Obs.
	°	″	
78,41	128,7	0,75	Bu.

1925.

$15^h 10^m 28^s$.

1878,44	10,2	4,91	Bu.

η Couronne.

$15^h 18^m 14^s$.

78,41	90,8	0,62	Bu.

μ^2 Bouvier.

$15^h 20^m 0^s$.

78,41	136,2	0,68	Bu.

(298).

$15^h 31^m 42^s$.

78,41	312,8	0,31	Bu.

3095.

$15^h 36^m 15^s$.

1878,45	337,9	2,85	Bu.

ξ Scorpion.

$15^h 57^m 46^s$.

	AB.		
1876,70	8,2	dist. n. m	No.
	AC.		
1876,70	61,9	—	*id.*
	BC.		
1876,70	74,1	—	*id.*

2022.

$16^h 7^m 48^s$.

1878,44	136,4	2,89	Bu.

3107.

$16^h 52^m 52^s$.

Date.	Angle.	Distance.	Obs.
	°	″	
1878,46	100,1	1,38	Bu.

(321).

$16^h 54^m 0^s$.

1878,46	2,6	0,55	Bu.

μ Hercule.

$17^h 41^m 47^s$.

78,44	234,3	1,04	Bu.

70 Ophiuchus.

$17^h 59^m 23^s$.

Nouveaux éléments (Tisserand, 1876):

τ 1809,64;
n — 3°,7923;
φ = arc sin e 28° 13′ 15″;
☊ 127.22. 2 }
h 149.43.40 } 1850;
i 59.59 35 }
a 4″770;
P 94,93.

2318.

$18^h 20^m 37^s$.

1878,40	254,9	20,81	Bu

L'ensemble des dernières mesures ne confirme pas le mouvement en distance. N'y a-t-il pas eu une erreur de transcription dans les mesures micrométriques de Σ : 12″ pour 19″ ?

99 Hercule. A. C. 15.

$18^h 2^m 28^s$. 59° 27′.

5,5 — 10,5.

1859,63	347,2	1,71	Da.
1878,46	24,4	0,99	Bu.

Mouvement rapide. Direct. 37° en 19 ans. La proximité des composantes invite à voir ici un système orbital. Cependant on a pour le mouvement de B : vitesse = 0″,058 ; Æ + 0″,041 ; D. P. + 0″,041 ; direction à peu près parallèle et contraire au mouvement propre probable de A, qui paraît plus rapide, mais est mal déterminé (*voy.* mon Catalogue). Il en résulte que, si l'on considère la différence des grandeurs et l'analogie des mouvements, la probabilité tourne en faveur d'un groupe optique.

A = Flamsteed 2474;
= Bradley 2278;
= P. XVII, 385;
= Armagh 3686;
= Greenwich 1864, 2002.

Elle n'est pas dans Lalande, quoique visible à l'œil nu.

2323.

$18^h 22^m 9^s$.

Date.	Angle.	Distance.	Obs.
	AB.		
	°	″	
1876,80	0,5	3,85	No
	AC.		
1876,80	21,5	90,58	*id.*
	BC.		
1876,80	22,4	86,85	*id.*

Petites Étoiles entre ε^1 ε^2 Lyre.

$18^h 40^m 23^s$.

	FG.		
78,36	38,4	46,71	Bu.
	EH.		
78,36	357,0	25,00	Bu.
	FE.		
78,34	247,3	42,57	Bu.

SUPPLÉMENT.

NÉBULEUSES DOUBLES EN MOUVEMENT.

On sait qu'il y a un certain nombre de *nébuleuses doubles et multiples*. Peut-être est-ce là l'origine de nos systèmes. Parmi ces nébuleuses, plusieurs sont en mouvement certain. Que le déplacement observé représente un mouvement orbital des deux composantes autour de leur centre commun de gravité, ou seulement une différence de mouvements propres, c'est ce que nous ne pouvons pas encore décider. Nous devons penser que, comme dans le cas des étoiles, les deux espèces de mouvements existent. Il ne faut pas s'attendre à trouver ici la précision des mesures micrométriques précédentes : la nature même des nébuleuses s'y oppose. J'ai comparé les observations faites sur les cinq mille nébuleuses cataloguées, et sur toutes les nébuleuses doubles, je n'ai reconnu que les suivantes qui manifestent un certain mouvement; encore le degré de sûreté est-il loin d'être le même pour les différents couples.

H. III, 228-229. H_2 251-252. Æ 1880 : $2^h 34^m 43^s$. D. P. : $81^\circ 47'$.

	Δ Æ	Dist.	
1780	n. m.	60″ ±	Herschel I.
1865	8^s ±	112″ ±	D'Arrest.

Les deux composantes sont très-faibles, et les mesures très-difficiles, de sorte que l'accroissement de distance, quoique probable, reste douteux.

H. III, 574-575. H_2 294-295. $3^h 13^m 53^s$. $49^\circ 3'$.

1830. La précédente est la plus *australe*. Δ Æ = 1^s H_2.
1862. La précédente est la plus *boréale*. Δ Æ = 4^s Dt.

En trente ans, la situation des deux composantes a complétement changé. La plus petite, qui était au sud, est passée au nord, et la différence d'Æ, qui n'était que de 1 seconde, s'est élevée à 4 secondes. En 1862, la différence de (D) était de 124″.

H. II, 8-9. H_2. 316-317. $4^h 24^m 31^s$. $89^\circ 37'$.

1830	angle = 30° à 40°	dist. n. m.	H_2.
1862	angle = 80°;	dist. = 50″	Dt.

Rotation dans l'angle de 40° environ. Il est regrettable que Herschel, qui a observé cette nébuleuse comme la précédente, n'ait donné aucune indication sur leur situation en 1780.

H. IV, 25. H_2 428. $6^h 58^m 29^s$. $101^\circ 9'$.

1828	angle = 125°	distance = 12″	H_2.
1862	120	4	Dt

Curieuse étoile double, car ce n'est pas une nébuleuse proprement dite, c'est une étoile double enveloppée d'une nébuleuse. La plus brillante est de 11ᵉ gr.; la seconde de 14ᵉ(= H₂ 749). W. Herschel, qui découvrit cette nébuleuse en 1785 et remarqua l'étoile principale, n'aperçut pas la seconde: lord Rosse, au contraire, l'a vue triple en 1856. Herschel et d'Arrest l'ont observée comme double. L'angle ne paraît pas avoir sensiblement varié; mais, si la mesure de H_2 est digne de foi, la distance a considérablement diminué. Intéressante à suivre.

H. II, 316-317. H_2 444-445. $7^h 17^m 58^s$. 60° 17'.

1785	angle non mesuré.	Dist. = 60″	H.
1827	angle = 45°	45	H_2.
1862	56	29	Dt.
1865	58	32	Schultz.

C'est la nébuleuse double dont le mouvement, tant en angle qu'en distance, est le mieux démontré. En 80 ans, la distance est descendue de 60″ à 30″ ±. Il est inutile de rappeler que pour ces objets les mesures micrométriques ne peuvent pas être aussi précises que pour les étoiles. D'Arrest conclut que ces deux nébuleuses sont « manifesto physice conjunctæ ». Les discussions précédentes des étoiles doubles ont montré que le mouvement relatif n'est pas, comme on le croyait, le témoignage d'un système physique, et que dans un très-grand nombre de cas il provient d'une différence de mouvements propres. Cependant très-grande probabilité d'un couple physique. Il y a une petite étoile juste entre les deux composantes, de sorte que c'est là une espèce particulière de système triple.

H. I, 248. H_2 983. $11^h 42^m 25^s$. 29° 55'.

1790	ΔR = 12^s	ΔD = 0″	H.
1832	11,6	45	H_2.
1866	13,5	57	Dt.

En 1790, H a remarqué qu'il n'y avait entre les deux composantes aucune différence de déclinaison. Ce n'est pas absolu, sans doute, mais s'il y avait une différence, elle était certainement très-petite. En 1832, il y avait une différence de 45″, et en 1866 de 57″. Mouvement certain. La différence en R paraît augmenter aussi, car la mesure de H_1 n'est pas d'une précision absolue.

H. III, 394? H_2 1065. $11^h 57^m 52^s$. 69° 7'.

1830	angle = 70°		H_2.
1864	90	ΔR = 5^s,4	Dt.

L'angle a tourné de 20°, car deux fois en 1830 H_2 a trouvé 70°, et trois fois en 1864 Dt a mesuré les deux composantes exactement sur le même parallèle. Il est probable que cette nébuleuse double = H. III, 394.

H. II, 751-752. H_2 1905. $15^h 1^m 56^s$. 69° 59'.

1829. Les axes des deux composantes sont sur une même ligne, et les composantes se touchent (J. Herschel).
1848. Les deux composantes sont séparées (lord Rosse).
1850. Les deux composantes ne sont pas sur une même ligne (J. Stoney).
1855. La distance qui les sépare est considérable (Mitchell).
1861. Les axes ne sont pas parallèles, mais inclinés sur un angle de 16° (Hunter).

Quoiqu'il n'y ait pas eu de mesures micrométriques prises pour cette nébuleuse double, les indications et les dessins des Catalogues de J. Herschel et lord Rosse suffisent pour rendre très-probable, sinon certain, un mouvement relatif des composantes. Il paraît s'être produit un écartement et un déplacement de 16° ±. Cette variation peut être due à des mouvements propres.

M. 20. H. IV, 41. H_2 1991. $17^h 55^m 4^s$. $113^\circ 2'$.

Observateurs :		Observateurs :	
Messier	1780	Mason	1839
W. Herschel	1784	Lassell	1863
J. Herschel	1833	Winlock	1874
J. Herschel	1837	Holden	1875

Nébuleuse triplement divisée, avec une étoile triple. Cette étoile, qui était isolée de la nébuleuse en 1833 et située dans un espace sombre formé par la jonction des trois canaux sombres, est aujourd'hui prise par la nébuleuse. De 1784 à 1833 elle était située centralement dans l'espace sombre entre les trois divisions. Mais de 1839 à 1877 elle est sortie du centre pour pénétrer dans l'une des trois nébulosités. Ce changement doit être dû à un mouvement de la nébulosité, qui s'est approchée de l'étoile, car la position de l'étoile triple, tant absolue que relative aux trois composantes, n'a pas changé. L'étoile = H. N. 6 et 40; = Sh 379.

M. 17. H_2 2008. $18^h 13^m 43^s$. $106^\circ 13'$.

Auteurs des mesures :		Auteurs des mesures :	
J. Herschel	1833	Lassell	1862
J. Herschel	1837	Trouvelot	1875
Lamont	1837	Holden	1875
Mason	1839		

Il y a un très-grand nombre d'étoiles dans cette nébuleuse, qui est la fameuse nébuleuse *oméga*, sorte de nébuleuse double rattachée par un fer à cheval. Les positions des principales de ces étoiles ont été soigneusement mesurées par ces divers observateurs. D'après une comparaison générale faite par le dernier, « la partie occidentale de cette nébuleuse s'est mue relativement à ces étoiles, de 1833 à 1862, et aussi de 1862 à 1875, et toujours dans la même direction ». Ce changement peut s'expliquer par un mouvement de toute la nébuleuse dans un plan perpendiculaire au rayon visuel, sur un axe dirigé vers l'étoile n° 8. Mais peut-être est-ce un simple mouv. propre, soit de la nébuleuse, soit du groupe d'étoiles — plutôt de la nébuleuse.

H. II, 426-427. H_2 2087-2089. $20^h 41^m 9^s$. $90^\circ 7'$.

1828	$\Delta Æ = 5^s,7$	$\Delta\text{D} = 82''$	H_2.
1864	5, 3	61	Dt.

Nébuleuse multiple. Ces deux composantes paraissent s'être rapprochées; mais elles sont vagues, faibles, et d'une mesure difficile.

H. III, 210-211. H_2 2202-2203. $22^h 55^m 56^s$. $74^\circ 40'$.

1828	$\Delta Æ = 10^s,0$	$\Delta\text{D} = 37''$	H_2.
1864	10, 5	53	Dt.

La distance paraît augmenter, d'autant plus qu'en 1784 H a recensé les deux composantes à la même position, ce qui porte à croire qu'elles étaient encore plus rapprochées. En 1864, d'Arrest a trouvé une 3e nébuleuse entre les deux. C'est donc une nébuleuse triple.

H. III, 855-856. H_2 2294-2295. $23^h 55^m 20^s$. $59^\circ 14'$.

1790	Angle = 60°	Dist. = 60″	H.
1865	50	43	Dt.

La différence que l'on remarque entre les angles ainsi que les distances de 1790 comparativement à 1865 indique un mouvement *probable*. Ce mouvement n'est pas *certain*, car les deux composantes de cette nébuleuse double sont extrêmement faibles et d'une mesure fort difficile.

CLASSIFICATION NATURELLE

DES ÉTOILES DOUBLES ET MULTIPLES.

I. — Systèmes orbitaux certains.

A. — *Ayant accompli une ou plusieurs révolutions depuis leur découverte.*

Étoiles.	Grandeurs.	Couleurs.	Demi-gr. axe.	Période calculée.	Années d'obs.	Sens du mouv.
* δ Petit Cheval	4,5 — 5	blanches	0″,40	7 ou 14 ans	25	P
* 3130 Σ, (365) Σ, Lyre	7,4 — 11	blanches	0,25	16 : :	37	P
* 42 Chevelure	6 = 6	blanches	0,50	25″,49	50	P
ζ Hercule	3 — 6	jaune et rougeâtre	1,36	34,58	95	R
* 3121 Σ, Cancer	7,2 — 7,5	blanche et jaune	0,50	39,18	45	P
η Couronne boréale	5,5 — 6,0	jaunes d'or	0,98	40,17	96	D
* 2173 Σ, Ophiuchus	6 = 6	jaunes	1,01	45,43	48	P
γ Couronne australe	5,5 = 5,5	jaunes d'or	2,40	55,58	42	R
ζ Cancer AB	5,5 — 6,2	jaunes	0,91	60,45	95	R
ξ Grande Ourse	4 — 5	jaune et cendrée	2,50	60,63	96	R
α Centaure	1 — 2	blanche et jaune	21,80	85,04	169	D
70 Ophiuchus	4,5 — 6	jaune et rose	4,88	92,77	98	R
ξ Scorpion AB	5,0 — 5,2	jaunes	1,26	95,90	95	D

Total du premier groupe : 13.

B. — *Ayant parcouru plus des trois quarts d'une révolution :* 270° à 360°.

Étoiles.	Grandeurs.	Couleurs.	Arc parcouru.	Demi-gr. axe.	Période calculée.	Années d'obs.	Sens du mouv.
3062 Σ, Cassiopée	6,5 — 7,5	jaune et olive	338°	1″,27	104 ans	95	D
ω Lion	6 — 7	jaunes	326	0,89	111	95	D
* 25 Chiens de Chasse	6 — 7	blanche et bleue	281	0,65	124	50	P
γ Vierge	3 = 3	jaunes	352	3,38	175	159	R
τ Ophiuchus	5 — 6	blanches	279	1,10	218	94	D

Total des groupes A et B : 18.

C. — *Ayant parcouru plus d'une demi-révolution :* 180° à 270°.

Étoiles.	Grandeurs.	Couleurs.	Arc parcouru.	Distance moy.	Temps pour 360°.	Années d'obs.	Sens du mouv.
8 Sextant A.C. 5	5,6 — 6,5	blanches	260°	0″,4	33 ans	24	R
μ² Bouvier	6,5 — 8	blanches	226	1,47	280	96	R
σ Couronne boréale	6 — 7	jaune et verdâtre	214	2,5	846	96	D
(89) Σ₂, Girafe	6,2 — 7,6	blanches	209 :	0,4	52 :	30	D
(527) Σ₂, Petit Cheval	7 — 8	bleuât. et blanche	207	0,4	54	31	R
ο² Eridan BC	9,5 — 10,5	jaunes	196	4,0	200	94	R
(234) Σ₂, Gr. Ourse	7 — 7,8	blanches	187	0,3	68	35	D
4 Verseau	6 — 7	jaunes	184	0,4	184	94	D
* γ Couronne boréale	4 — 7	jaune et pourpre	plan	0,70	95	52	P
Céphée 316, Σ 2	6,3 — 6,5	jaune et verte	?	0,5	?	48	R

Total des groupes ABC : 28.

D. — *Ayant parcouru plus du quart d'une révolution* : 90° à 180°.

Étoiles.	Grandeurs.	Couleurs.	Arc parcouru.	Distance moy.	Temps pour 360°.	Années d'obs.	Sens du mouv.
* μ Hercule BC.	9,4 — 10	bleues	174°	1″,0	43ans	21	P
* 2120 Σ, Hercule	7 — 9	jaune et bleue	146	3±	232 :	94	R (1)
* (235) Σ_2, Gr. Ourse	6 — 7,8	blanches	132	0,7	90	34	D
* (298) Σ_2, Bouvier	7 — 7,4	blanches	130	1,0	97	35	D
(251) Σ_2, Chevelure	7,4 — 9,1	blanches	127 ou 307	0,3	—	32	D
Castor, AB	2,5 — 2,8	blanches	121	5,0	1000	158	R
(387) Σ_2, Cygne	7,5 — 8	blanches	112	0,4	108	33	R
φ Grande Ourse	5 — 5,5	blanches	111	0,3	100	33	D
λ Ophiuchus	4 — 6	blanche et cendrée	110 :	1,2	300 :	94	D
p Eridan	6 = 6	blanches	106	4,0	200	52	R
ξ Bouvier	4,5 — 6,5	jaune et rouge	101	4,9	127	95	R
* δ Cygne	3 — 8	blanche et bleue	101	1,7	336	94	R
* 44 *i* Bouvier	5,3 — 6	blanche et cendrée	plan	3,1	261	96	P
* (536) Σ_2, Pégase	7,5 — 7,8	blanches	plan	0,3	?	25	P
* (65) Σ_2, Taureau	6,2 — 6,8	blanche et rougeâtre	?	0,6	?	28	P

Total des groupes ABCD : 43.

E. — *Ayant parcouru de* 45° *à* 90°.

Étoiles.	Grandeurs.	Couleurs.	Arc parcouru.	Distance moy.	Temps pour 360°.	Années d'obs.	Sens du mouv.
η Cassiopée	4 — 7	jaune et pourpre	89°	9″,0	387ans	95	D
* 186 Σ, Poissons	7,3 = 7,3	blanches	86	1,0	200	52	P
(149) Σ_2, Gémeaux	6,5 — 8,5	blanches	83	0,6	130	30	R
(124) Σ_2, Orion	6 — 7,8	blanches	82	0,4	133	30	R
(285) Σ_2, Bouvier	7 — 7,6	blanches	82	0,4	145	33	R
* 1819 Σ, Vierge	7 — 8	blanches	70	1,1	251	49	R
(400) Σ_2, Cygne	8,1 — 8,4	rougeâtres	67	0,4	161	30	R
H_2 5014, Télescope	6,5 = 6,5	blanches	66	0,7	112	21	D
2107 Σ, Hercule	6,5 — 8,5	jaune et bleue	65	1,0	268	48	D
* μ Dragon	5 = 5	blanches	62	3,0	562	96	R
* P. XIII, 127. Σ 1757	8 — 9	blanche et jaune	55	1,9	340	52	D
π Céphée	5 — 10	jaune et pourpre	54	1,2	220	33	D
1216 Σ, Licorne	7 — 7,5	blanches	52	0,5	300	44	D
36 Andromède	6 — 7	orange et jaune	51	1,2	350	47	D
* 228 Σ, Andromède	6,5 — 7	blanches	51	1,0	300	46	D
14 *i* Orion	6 — 7	blanches	50	1,0	243	34	R
12 Lynx AB	6 — 6,5	blanche et rougeâtre	50	1,6	676	94	R
P. X, 128 (224) Σ_2, Lion	7,3 — 8,5	blanches	48	0,3	154	31	R
* 1785 Σ, Bouvier	7 — 7,4	blanche et verte	48	3,9	400	53	D
β Dauphin	4 — 6	blanches	47	0,4	30 :	4	D
ζ Verseau	4 — 4,5	blanche et verte	45	3,5	800	100	R

Total des groupes ABCDE : 64.

F — *Ayant parcouru de* 20° *à* 45°.

13 — (4) — (12) — (18) — (20) — (515) — H_2 2036 — 138 — 183 AB — (38) — γ Andromède BC — H_2 3494 — 262 AB — (43) — 314 — (50) — (52) — 367 — (53) — 380

(1) Les couples marqués d'un * se meuvent dans le plan du rayon visuel, ou vers ce plan ; la ligne est presque droite. A partir du groupe D, il peut se faire que, malgré la proximité des composantes et le grand mouvement angulaire, plusieurs d'entre eux soient optiques, ou que le système soit physique, mais le mouvement rectiligne.

— 412 AB — 460 — 511 — (79) — (80) — (82) — 535 — 577 — (95) — Bu 320 — 728 — 742 — 787 — (122) — H_2 2470 — *Sirius* — (156) — (159)* — 1037 — 1074 — 1093 — 1104 — 1126 — (177) — 1187 — ζ Cancer AC — 1273 — 1338 — 1374 — (215) — 1423 — γ Lion — 1426 AB — 1457 — (228) — (249) — 1643 — 1687 — (256) — (278) — 1820 — 1877 — 1879* — (287) — (288)* — 1932* — 1954 — (303) — 2021 — 2118 — 2315 — (358) — 2384 — $ε_2$ Lyre — 2438 — 2454 — 2481 AB et AC — 2525* — 2536 — (375) — 2556 — 2576 — 2607 AB — (406) — (413) AB — 2744 — 2749 BC — τ Cygne — 2799 — 2934 — (483) — (507) AB.

Total des groupes ABCDEF : 156.

G. — *Ayant parcouru moins de 20°.*

(2) AB — 67 — 113 — (34) — 147 — 158 — 185 — 208 — 234 — 257 — 262 AC — 295 — 296 AB — 299 — 300 — 400 — 536 — 554 — 566 — (517) — 676 — 677 — 716 — 748 — 749 — (112) — 774 — (119) — 840 BC — 881 — (139) — 910 — 932 — (152) — 950 AB — (157) — 963 — 982 — (520) — 1081 — (186) — (187) — 1202 — 1205 — — 1224 — H_2 3678 — 1313 — 1333 — 1334 — 1348 — 1389 — 1386 — (210) — (523) — 1429 — 1439 — 1450 — (229) — 1500 — 1504 — 1517* — 1543 — 1555 AB — 1606 — 1621 — 1639* — 1647 — 1661 — 1663 — γ Centaure — (260) — (261)* — 1734 — 1744 — (266) — (267) obs. insuff. — (269) *id.* — 1771 — 1777 — 1781 — 1788 — (273) — (276) AB — 3124 obs. insuff. — 1834* — 1837 — 1863 — 1865* — 1867 — 1871 — 1876 — 1883 — 1908 — (295) — 1944 — (296) — 1989* — ν Scorpion AB et CD — 2054 — 2052 — 3105 — (313) — 2091² — (315) — 2106 — 3107 — (321) — 2114 — 2161 — 2163 — 2171 — 2199 — 2203 — 2215 — (337) — (338) — A.C. 9 — 2267 — (524) — 2281 — 2289 — (349) — A.C. 11 — (351) — (353) — (357) : — (359) — 2356 — 2367* — 2375 — $ε_2$ Lyre — 2402 — 2422 — 2434 BC — 2437 — 2479 AB — 2484 — (371) — 2509 — 2614 — 2541 — 2553 — (377) AB — (380) AB* — (383) — 2574 — Da. 10 — 2585 — β Aigle — A.C. 16 — 2607 AC — (395) — 2624 AB — 2626 — 2652 : — (405) — 2696 — 2727 — (417) AB — (418)* — 2737 AB* et AC — (424)* — 2741 — 2746 — 2749 AB — — 2751 — Bu 368 — H. 1, 48 — (437) — 2804 — (445) — 2822 AB — 2825 — 2837 — (456) — 2847 — (458) — 2856 — 2863 — 2872 BC — (464) — 2878 — 2881 — 2900 AB — 2912 — 2924 — 2928 — (476) — 2944 AB — 2947 — (484) — (490) — 2989 — 2998 — 3001 — 3006 — (500) — (510) AB — 3046 — 3047 — 3056 AB.

Total des systèmes orbitaux certains : 358.

II. — Systèmes orbitaux probables.

A. — *Mouvement orbital presque certain.*

3063 — 52 — 59 — 149 — 202 — 227 — 269 — 278 — 360 — 377 AB — 389 — 422 — (67) — 520 — 531 — 567 — 572 — 615 — (93) — 712 — 736 — 770 — 3115 — 826 — (132) — 936 — 944 — 945 — 3118 — 955 — (170) — 1051 AB — 1107 — (182) — 1157 — 1175 — 1243 — 1287 — 1296 — (200) — 1377 — 1385 — (216) — (218) — 1465 — 1476 — 1514 — 1527 — (237) — α Croix — 1658 — 1711 — 1722 — 3081 — 1804 — — 1808 — 1813 — 1842 — 1864 — π Loup — 1910 — 1925 — 1934 — 1957 — 3095 — 1985 — 1988 — 1991 — 2006 AB — 2023 — 2097 — 2153 — 2218 — 2205 — 2275 — 2294* — 2303 — 2306 BC — Bu 134 — 2486 — 2488 — (368) — 2491 — H_2 5114 AB — 2544 — 2545 — 2596 — 2603 — 2662 — 2666 — 2673 — 2723 — H. 1, 47 — 2828 BC — 2845 — 2849 — 2910 — 2950 — 2977 — 3041 BC — 3050 — 3060.

B. — *Mouvement orbital très-probable.*

51 — 91 — (37) — H_2 3447 — 249 — 333 — 403 — 407 — 408 — 453 — 483 — 3114 — (78) — (85) — 589 — 620 — 622 — (92) — Da 5 — 715 — (140) — 918 — 991 —

1066 — 1171 — 1280 — 1300 — (201) — 1398 — 1426 AC — 1428 — 1445 — 1821 — 1830 — 1926 — 1984 — 2026* — 2135 — 2156 — 2271 — 2286 — 2323 AB — 2441 — 2479 — (372) BC — 2524 — 2668 — 2725 — (416) — H. I, 62 — H_2 8974 — 2786 — 2797 — 2842 — 2846.

C. — *Mouvement orbital probable.*

86 — 117 BC — 133 AB — 196 AB — 232 — ε Sculpteur — 305 — 355 — 371 — 425 — 491 — 619 — (100) — H_2 3752 — 719 — H_2 3823 — 1001 — 1009 — H_2 3003 — 1049 — 1487 — 1534 — 1536 — 1552 AB — 3123 — 1669 — Sm 488 — 1785 — 1846 — 1965* — 2022 — 2089 — 2160 — (342) — 2306 AB — 2345 — 2455 — 2461 — 2564 — 2658 AB — 2674 — 2728 — (470).

Total des systèmes orbitaux, certains ou probables : 558.

III. — Systèmes physiques dans lesquels le mouvement relatif observé est rectiligne.

A. — *Certainement.*

61e du Cygne — 12 Eridan — o^2 Eridan AB (système ternaire) — τ Bouvier — P. XIV, 212 — 19 Hév. Girafe (pas sûrement physique) — ι Grande Ourse — Σ 2900.

B. — *Probablement.*

Σ 80 — Σ_2 (196) — Σ 1306 — 36 A Ophiuchus — μ Hercule (système ternaire) AB — σ^2 Grande Ourse — Σ 1785 — 53 Verseau — Σ 3008.

IV. — Systèmes ternaires.

A. — *Les deux compagnons manifestent un mouvement orbital certain.*

ζ Cancer — Σ 2481 — ε Petit Cheval — Σ 2749 — ξ Scorpion (presque certain).

B. — *Les deux compagnons manifestent un mouvement orbital probable.*

183 — 719 — 1001 — 1426 — (276) — 2006 — 2479 — (380) — 2607 — (392).

C. — *Les trois composantes sont animées d'un mouvement propre commun, mais la plus éloignée ne tourne pas, depuis la première observation.*

Castor — μ Bouvier — γ Andromède AB — Σ 262 — o^2 Eridan — 12 Lynx — α Croix du Sud (C prob. fixe) — μ Hercule.

V. — Étoiles triples.

A. — *Non sûrement ternaires, dans lesquelles un compagnon marche, tandis que l'autre reste fixe.*

(2) — 830 — 840 — 950 — 955 — 1687 — 2306 — 2367 — 3130 — (372) — 2544 — (377) — (417) — 2872 — (510).

B. — *Sûrement non ternaires, formées d'un système binaire et d'un compagnon optique.*

117 — 196 (AB prob. binaire, AC sûrement optique) — 296 (AB physique, AC prob. optique) — 377 — 412 — ζ Orion — 861 — 1316, (AC prob. optique) — 1552 — 1555 — 1604 — (249) (AC prob. optique) — 1945 (AB prob. optique ; BC prob. physique) — σ Couronne — 2323 — 2427 (BC prob. physique) — 2434 — 2624 — 2637 — 2658 (C prob. optique) — λ Cygne — H, 5114 — δ Petit Cheval — μ Cygne — 2828, (AB prob. optique) — 2900 — 2944 — (484) — 3041 — (507) — 3047 (AC prob. optique) — 3056 (AC prob. optique).

C. — *Formées de trois étoiles optiquement réunies.*

430 — 613 (probable) — So. 503 — θ Cocher — 1659 — 2549 — 2703 (probable) — 30 Pégase — 2976 (AB peut-être physique).

VI. — Systèmes quaternaires.

ε^1 et ε^2 Lyre — ν Scorpion — 36 Ophiuchus (double), 30 Scorpion et l'étoile E. — Σ 2576 et 17 χ Cygne. — θ Orion, peut-être.

VII. — Étoiles quadruples, dans lesquelles un mouvement quelconque se manifeste :

102 — 133 — 196 — [83] — 518, quintuple — θ Orion, sextuple (mouvement certain dans deux petites étoiles) — 2472 et 2473 — 2690 — β Dauphin.

VIII. — Groupes de perspective.

A. — *Certains.*

α Andromède — 23 — [6] — 27 — 32 — 63 — σ^2 Poissons — 117 AB — 125 — 132 — 142 — 143 — 175 — 197 — o Baleine — [83] — 430 — 436 — 434 — 447 — o^2 Eridan AD et AE — Aldébaran — 634 — 651 — λ Cocher — [174] — 735 — So 503 — [213] — 853 — 861 — 878 — (154) — [244] — (165) — Procyon — Pollux — 1142 — 1230 — 1234 — 1236 — 1240 — 3119 — δ Cancer — 1263 — 1321 — 1324 — 1327 — 1329 — 1364 — ζ Lion — So 120 — 1472 — 1486 — So 621 — 1516 — τ Lion — 1552 AC — 1604 AC — 1607 — γ Croix — 1659 — 1664 — 1678 — 1682 — 1703 — 61 Vierge — 1746 — 1847 — 1901 — ι Balance — 3093 — (297) — 1961 — 1972 — 1993 — 2007 — 2017 — 2032 AC et AD — γ Hercule — (317) — 2185 AC — 2277 — μ Serpent — 2318 — 2322 — 2342 — 2346 — Véga — 2398 — 2396 — 2416 — 2420 — 2421 — 2427 AB — 2436 — 2434 AB — 2442 — 2456 — 2515 — 2521 — 2535 — 2549 — Altaïr — H, 2904 — 2612 — 2637 AC — 2649 — 2646 — 2686 — 2690 AC — 2704 AD — α Dauphin — 2708 — 2754 — 2760 — 2777 AC — 2778 — 2822 AC — 2869 — 2877 — 30 Pégase — (469) — 2900 AC — (477) — 2943 — 2944 AC — 2954 — 3039 — 3041 AB — 85 Pégase.

B. — *Probables.*

14 — 30 — 45 — 49 — 69 — 101 — 93 — 133 AC et AD — 171 — 196 AC et AD — 296 AC? — 328 — 343 — 377AC — 412 AC — 418 — 459 — 476 — 497 — 505 — 537 — 579 — 613 — 627 — (104) — 704 — 771 — 782 — 859 — 950 AC — (155) — 974 — 1025 — 1047 — 1046 — 1132 — 1136 — γ Navire — 1281 — 1285 — 1358 — 1402 — 1409 — 1549 — 1555 AC — 1594 — 1604 AB — 1641 — 1644 — 1707 — 54 Hydre — 1893 —

1983 — (311) — 2096 — (323) — δ Hercule — 2145 — 2253 — 2268 — 99 Hercule — 2291 — 2330 — 2340 — 2393 — 2424 — 2472 — H_2 5113 — 2658 AC — α Capricorne — 2703 — 2734 — 2824 — H_2 9217 — 2828 AB — 2840 — 2838 — 2855 — (461) — 2865 — 2941 — 2959 — 2976 AC — 3028 — 3056 AC.

Total des groupes de perspective, certains ou probables : 317.

IX. — Groupes dont la nature du mouvement reste tout à fait indéterminée.

35 — 44 — λ Toucan — 87 — 102 — 118 — 122 — (35) — 183 AC — 221 — 231 — 254 — 288 — 293 — 312 — 325 — 326 — H_2 1408 — 596 — 629 — 655 — (108) — 830 — 840 AB — 879 — 3116 — 943 — 1051 AC — 1071 — 1091 — 1134 — (179) — (185) — 1179 — 1213 — 1316 — 1343 — H_2 4321 — (230) — H. I, 77 — 1588 — 1602 — 1608 — 1772 — H_2 5845 — (276) AC — (283) — (284) — (289) — 1945 — 2006 AC — 2010 — 2041 — 2080 — 2165 — 2190 — 2192 — (340) — 2310 — 2311 — 2323 AC — 2400 — (365) — 2427 BC — 2514 — (372) AB — (377) AC — (380) AC — 2624 AC — 2640 — π Capricorne — (411) — 2779 — 2833 — 2860 — (463) — 2872 AB — 2895 — 53 Verseau — 2915 — 2919 — 2976 AB — 2978 — 3008 — 107 Verseau — 3038 — (507) AC — (510) AC.

X. — Distances angulaires maxima observées sur les systèmes orbitaux certains.

22″ sur α du Centaure.
11″ sur Sirius.
11″ sur η Cassiopée.
8″ sur ξ Bouvier.
7″ sur γ Vierge, ξ Scorpion AC (orbital presque certain).
6″ sur 38 Gémeaux, ν¹ Cancer, 70 Ophiuchus, μ Cygne.
5″ sur Castor, ζ Cancer AC, 44 *i* Bouvier, 118 Taureau.
4″ sur ζ Verseau, ο Vierge, 49 Serpent.

XI. — Distances angulaires maxima observées sur les systèmes physiques dont le mouvement n'est pas certainement orbital.

Sur ν Scorpion AC (presque certainement physique).................. 41″
— 19 Hév. Girafe, Σ 634 (non sûrement physique. Rectiligne)........ 37″
— μ Hercule (mouvement rectiligne)........................ 31″
— la 61ᵉ du Cygne (mouvement rectiligne)........................ 19″
— Σ 231 (arc de 5° ou ligne droite)........................ 16″
— P. XIV, 212 (mouvement rectiligne)........................ 15″
— 94 Verseau (arc de 6° ou ligne droite)........................ 14″
— ζ Gr. Ourse (arc de 5° ou ligne droite)........................ 14″
— κ Bouvier (arc de 6° ou ligne droite)........................ 12″
— β Aigle (arc de 8° ou ligne droite)........................ 12″
— γ Dauphin (arc de 4° ou ligne droite)........................ 12″
— ε Petit Cheval AC (arc de 11° ou ligne droite)........................ 11″
— ι Grande Ourse (rectiligne)........................ 11″
— τ Bouvier (270) (mouvement rectiligne)........................ 10″
— Cygne 6, Σ 2486 (arc de 4° ou ligne droite)........................ 10″
— σ² Grande Ourse (paraît rectiligne)........................ 8″
— ζ Flèche (arc de 8° ou ligne droite).......................... 8″
— 39 Lion (arc de 5° ou ligne droite)........................ 7″

XII. — Systèmes stellaires [> 1'] (emportés par un mouvement propre commun); le mouvement relatif observé est rectiligne ou nul.

17 χ Cygne et Σ 2576	15'	Régulus et 19749 Lalande	177"
50 Persée et P. III, 242	15'	μ¹ et μ² Bouvier	108"
Mizar et Alcor	12'	δ Bouvier	105"
ψ¹ Verseau et Σ 2993	10'	ο² Eridan, AB	85"
36 Ophiuchus et 30 Scorpion	12'	43 Hercule	81"
id. et l'Étoile E	8'	Castor, AC	73"
ζ¹ et ζ² Réticule	6'	ν¹ ν² Dragon	62"
ε¹ et ε² Lyre	207"		

XIII. — Distances angulaires minima observées sur les groupes optiques certains.

2",6	sur Σ 1516.	6"	sur 30 Pégase, Σ 23, Σ 2708.
2,9	— 45 Gémeaux.	7	— Σ 2877.
5,5	— Σ_2 (477).	8	— Σ 175, Σ 2760.
5,7	— So 503.	10	— κ Dauphin, Σ 651, Σ_2 (297).

XIV. — Plus grandes vitesses (annuelles) observées dans les mouvements relatifs des groupes de perspective.

4",10	sur les compagnons D et E de ο² Eridan.	0",36	sur le comp. de 19 Hév. Girafe.
1,35	sur le comp. de 85 Pégase.	0,36	— — α Cygne.
1,21	sur le comp. de Procyon.	0,35	— — H. v, 85.
1,±	(problématique) sur le comp. de γ Lion.	0,34	— — Véga.
0,93	(problématique) sur le comp. de θ Persée.	0,34	— — Mira Ceti.
0,82	sur le comp. de λ Cocher.	0,34	— — 33 Pégase AC.
0,71	— — Σ 1263.	0,34	— — Σ 2944 AC.
0,67	— — Altaïr.	0,32	— — Σ 1604 AC.
0,66	— — Pollux.	0,30	— — 35 Lion.
0,65	— — So 503.	0,27	— — δ Cancer.
0,47	— — Σ 2396.	0,26	— — Σ 651.
0,44	— — Σ 125.	0,26	— — 111 Taureau.
0,40	— — Σ 1516.	0,25	— — Σ 2708.

XV. — Directions.

Sens des mouvements dans les systèmes orbitaux (certains ou probables).

Directs (D). Sens : N-E-S-W	248
Rétrogrades (R). Sens : N-W-S-E	280
Systèmes dont le plan passe par le Soleil ou qui sont très-inclinés. (P.)	30

XVI. — Couples physiques [< 1'] dont les composantes sont animées d'un mouvement propre commun dans l'espace, mais sont restées fixes l'une relativement à l'autre. (Étoiles non insérées dans ce Catalogue).

Étoile.	N° Σ.	Grandeurs.	Angle.	Dist.	Première mesure.	
38 Poissons..	22	7,0— 8,0	fixe à 237°	et 4",5	1783	
Andromède..	42	7,9— 8,7	33	5,5	1832	
26 Baleine...	84	6,6— 9,0	253	16	1782	
ψ¹ ψ² Poissons	88	4,9— 5,0	160	30	1755	Bradley est erroné de — 5° et Herschel de +10°.

Étoile.	N° Σ.	Grandeurs.	Angle.	Dist.	Première mesure.	
77 Poissons..	90	5,9 — 6,8	fixe à 83°	et 33″	1782	
ζ Poissons...	100	4,2 — 5,3	63	24	1755	
37 Baleine...	[34]	5,1 — 7,0	332	50	1783	
γ Bélier.....	180	4,2 — 4,4	358	8,9	1756	Couple brillant, remarqué dès 1644. Bradley est erroné de — 10° et la conclusion de Herschel sur le mouvement *id.*
γ Andromède.	205	AB 2,5 — 5,5	63	10	1777	Couple charmant, même lorsqu'on ne dédouble pas B. Système ternaire.
λ Bélier.....	[50]	5,0 — 7,5	46	38	1781	
Triangle.....	229	8,6 — 10,0	358	2,5	1830	Divergences de ± 5° dans les mesures.
Cassiopée....	262	AC 4,0 — 8,0	108	7,6	1779	Système ternaire. L'angle de Herschel en 1779 est erroné de — 8°.
Baleine......	265	8,2 — 8,7	135	12	1829	
Baleine......	266	8,2 — 8,7	269	7,3	1829	
30 Bélier....	[75]	6,1 — 7,1	273	38	1781	La distance n'augmente pas, comme le supposait South.
78 ν Baleine..	281	5,0 — 9,6	83	7,7	1830	
33 Bélier....	289	5,8 — 8,7	359	29	1781	L'angle augmente peut-être lentement.
κ Persée.....	307	4,0 — 8,5	300	28	1779	Herschel est erroné de — 10°.
20 Persée....	318	5,5 — 10	237	14	1782	
Persée......	443	8,2 — 8,8	46	8,8	1830	Mouvement propre très-rapide.
32 Éridan...	470	5,0 — 7	347	6,7	1781	Mouvement propre très-faible.
39 Éridan...	516	6,0 — 9,0	151	6,3	1785	Herschel est erroné de + 29°.
ω Cocher....	616	4,0 — 7,9	352	6,3	1781	
Rigel.......	668	1,3 — 7,0	201	9,5	1781	Belles couleurs. Jaune clair et saphir.
Taureau.....	(115)	7,1 — 7,9	123	0,80	1844	
52 Orion....	795	6,2 = 6,2	201	1,7	1781	Divergences de ± 3° dans les mesures.
Cocher......	872	6,0 — 7,0	217	11	1825	
8 Licorne....	900	4,0 — 6,7	25	14	1781	
20 Gémeaux.	924	6,0 — 6,9	210	20	1755	Bradley en 1755 est erroné de + 8°, et T. Mayer en 1756 de + 13°.
12 Lynx.....	948	AC 5,4 — 7,5	305	8,3	1782	
19 Lynx.....	1062	5,3 — 6,6	313	14	1782	Il y a une observation de Herschel à 223° et une de South à 226° (?).
20 Lynx.....	1065	7,5 = 7,5	254	15	1800	Certainement variable. Hév. 1660 = 5; Fd, 1704 = 6; Lal. 1800 = 8,5; Σ 1831 = 6,5; Fl. 1877 = 7,5. Mouvement propre faible.
5 Navire....	1146	5,3 — 7,4	16	3,7	1825	
17 Hydre....	1295	7,2 — 7,5	357	4,3	1783	
66 σ² Cancer.	1298	6,1 — 8,2	137	4,7	1825	
23 *h* Gr. Ourse	1351	3,8 — 9,0	272	22	1781	
29 ν Gr. Ourse	(521)	3,8 — 12	295	11	1850	
Hydre.......	1355	8,0 = 8,0	330	2,6	1825	Divergences de ± 6° dans les mesures.
Lion........	1399	6,8 — 7,8	175	30	1825	
54 ν Gr. Ourse	1524	3,5 — 10	146	7,0	1787	Herschel est erroné de + 9° et Secchi de + 7°.
83 Lion.....	1540	6,3 — 7,3	150	30	1782	Mouvement propre rapide. Herschel est erroné de — 6°.
88 Lion.....	1547	6,4 — 8,4	322	15	1782	Herschel est erroné de — 5°.
Gr. Ourse 290	1561	5,9 — 8,0	265	10	1783	Herschel est erroné de + 5°.
17 Vierge....	1636	6,2 — 9,0	337	20	1782	Herschel est erroné de — 9°.
δ Corbeau...	[415]	3,0 — 9,0	214	24	1782	
35 Chevelure.	1687	AC 5,5 — 8,0	125	28	1783	Mouvement propre faible.
α Lévriers...	1692	3,2 — 5,7	227	20	1778	Couple splendide, or et lilas. Mouvement propre très-rapide.
Gr. Ourse 417	1695	6,3 — 8,2	287	3,8	1823	

Étoile.	N° Σ.	Grandeurs	Angle.	Dist.	Première mesure.	
θ Vierge.....	1724	4,5— 8,5	fixe à 343°	et 7,1″	1784	Mouvement propre faible. H erroné de —4°. Une 3e étoile a été mesurée à 28″ par Ws en 1874 ; mais une observation faite le 22 avril 1876 m'a montré qu'elle est bien à 10 fois B. Je n'en ai pas pris de mesure.
54 Vierge....	[433]	7,0— 8,0	30	5,6	1782	
Vierge......	1740	7,1— 7,2	76	27	1830	
ι Bouvier....	3124 AC	4,5— 8,0	33	38	1782	
Bouvier.....	1858	7,2— 8,0	35	2,3	1830	
39 Bouvier...	1890	5,0— 6,0	44	3,6	1783	Herschel erroné de + 7° en 1783 et de + 4° en 1802. Fixe depuis 1828.
18 Balance...	1894	6,0—10	40	19	1782	
Aigle.......	[487]	7,5— 8,0	134	52	1823	
Bouvier 103..	1919	6,1— 7,0	10	25	1796	Mouvement propre très-rapide. L'angle diminue peut-être lentement.
5 Serpent....	1930	5,0—10	40	10	1830	
β Serpent....	1970	3,0— 9,2	265	30	1781	Herschel est erroné de + 8°.
Antarès.....	—	1,7— 7	272	3,3	1819	Divergences de ± 4°, mais pas de mouvement certain. A orange, B verte.
η Dragon....	(312)	2,5— 8,2	141	4,8	1842	
α Hercule....	2140	3,5— 5,5	117	4,7	1781	Il avait trouvé 111° en 1781 et 123° en 1804 et concluait à un mouv. orbital direct. Mais cette belle étoile double est stationnaire. S'il y a mouv. il est plutôt lentement rétrograde. α varie de 3,1 à 3,9.
ψ Dragon....	2241	4,0— 5,2	15	31	1755	
95 Hercule...	2264	5,0= 5,0	261	6,1	1781	Variations singulières dans les couleurs.
40 et 41 Drag.	2308	5,4— 6,1	235	20	1782	
θ Serpent....	2417	4,0— 4,2	104	21	1755	
β Cygne.....	1,43	3,0— 5,3	55	34	1755	Couple magnifique, or et saphir. Couleurs non de contraste, vérifiées au spectroscope.
16 Cygne....	1,46	5,1— 5,3	136	37	1755	
17 χ Cygne ..	2580	5,0— 7,6	73	26	1781	Système stellaire avec Σ 2576.
Flèche......	2634	8,0— 9,5	14	6,4	1782	
θ Flèche.....	2637 AB	6,0— 8,3	327	11	1781	
P. xx, 30 Drag.	2642	8,7= 8,7	166	2,3	1830	Divergences de ± 4°.
ρ Capricorne.	[676]	4,5— 7,0	175	3,7	1783	D'après une observation que j'ai faite le 30 septembre 1878, la distance angulaire me paraît très-diminuée. Je n'en ai pas pris de mesure.
29 Verseau..	[738]	7,3= 7,3	244	4,0	1822	
κ Céphée....	2675	4,5— 8,5	123	7,3	1782	
52 Cygne....	2726	4,0— 9,2	58	6,6	1780	A paraît variable.
Céphée......	2801	7,3— 8,0	271	1,5	1832	Cette étoile paraissait avoir le même mouvement propre que sa voisine 7510 B. A. C ; mais le mouvement propre de celle-ci, donné par le B.A.C. est erroné.
1 Pégase....	[719]	4,5— 8,6	311	36	1780	
Céphée 180..	2873	6,2— 7,0	77	14	1825	
ψ¹ Verseau...	11,12	4,5— 8,5	312	49	1782	
Verseau.....	2993	7,0— 7,8	177	25	1824	
Pégase......	3007	6,5— 9,5	80	6,0	1829	
107 Verseau.	[786]	6,5— 7,9	142	5,0	1821	

INDEX.

Nom.	N° Σ, etc.	Page.
Aigle.		
Altaïr	II,10...	131
β	(532)..	132
χ	(380)..	128
11	2424...	122
	2434...	122
	2437...	123
	2442...	123
	2484...	124
	2488...	125
	2535...	126
	2541...	127
	2545...	127
	2544...	128
	2596...	131
	2612...	132
	2646...	133
	(368)..	125
Andromède.		
α	[797]..	1
γ	205...	12
φ	(515)..	7
36	73...	5
	23...	2
	44...	3
	52...	3
	102...	7
	133...	9
	228...	14
	3050...	157
	3056...	158
	[6]..	2
	(2)..	1
	(4)..	2
	(500)..	156
	(510)..	156
Atelier de typographie.		
	1104...	42
Balance.		
24 ι	H. VI, 44...	165
	P.XIV,212 — ...	85
	1837...	80
	1876...	83
	1925...	87
	1944...	89
	3093...	87
	3095...	91
Baleine.		
Mira	— ...	15
γ	299...	17
χ¹	147...	10
42	113...	7
66	231...	14
84	295...	16
	14...	159
	86...	6
	91...	6
	101...	7
	171...	10
	288...	16
	355...	19
	367...	20
	3046...	157
	3063...	1
	H_2 2036...	8
Bélier.		
ε	333...	19
10	208...	13
41	[83]..	18
	175...	11
	196...	11
	221...	13
	254...	15
	305...	18
	326...	18
	377...	20
	(43)..	16
Bouvier.		
ε	1877...	82
ζ	1865...	81
ι	3124...	79
κ	1821...	78
μ	1938...	88
ξ	1888...	83
π	1864...	81
τ	(270)..	77
1	1772...	76
44 *i*	1909...	85
	1785...	77
	1804...	78
	1808...	78
	1813...	78
	1825...	79
	1834...	79
	1863...	81
	1867...	82
	1871...	82
	1879...	83
	1883...	83
	1893...	85
	1901...	85
	1908...	86
	1910...	86
	1925...	87
	1926...	86
	(266)..	75
	(276)..	78
	(278)..	78
	(284)..	82
	(285)..	83
	(287)..	84
	(288)..	85
	(289)..	85
	(295)..	87
	(298)..	91
Cancer.		
δ	— ...	163
ζ	1196...	47
υ¹	1224...	50
5	1171...	46
P. VIII, 13	1202...	49
	1179...	47
	1230...	50
	1285...	52
	1287...	52
	1300...	52
	1324...	163
	1327...	164
	1385...	56
	3119...	163
	3121...	53
Capricorne.		
α²—α¹	— ...	134
π	— ...	135
Cassiopée.		
η	60...	4
λ	(12)..	3
ψ	117...	8
	30...	2
	45...	3
	59...	3
	234...	14
	257...	15
	262...	15
	278...	16
	3038...	156
	3047...	157
	3062...	158
	(35)..	10
	(50)..	19
	(490)..	154
	(507)..	156
Centaure.		
α	— ...	80
γ	— ...	70
	H_2 5845...	77
Céphée.		
ξ	2863...	148
ο	3001...	155
π	(489)..	154
15	(461)..	148
48 Hév.	460...	22
	H. I, 48...	144

Nom.	N° Σ, etc.	Page.
	2...	1
	13...	2
	69...	5
	2553...	128
	2751...	140
	2837...	146
	2840...	146
	2842...	146
	2845...	147
	2846...	147
	2860...	147
	2865...	148
	2872...	148
	2924...	152
	2947...	153
	2950...	153
	2977...	154
	(456)..	147
	(458)..	147
	(470)..	149
	(484)..	153

Petit Cheval.

Nom.	N° Σ, etc.	Page.
δ	2777...	143
ε	2737...	139
	H. I, 62...	140
	2749...	140
	2786...	144
	(527)..	143

Chevalet.

Nom.	N° Σ, etc.	Page.
	H_2 2470...	34

Chevelure de Bérénice.

Nom.	N° Σ, etc.	Page.
35	1687...	72
42	1728...	73
	1639...	68
	1643...	69
	1663...	70
	1678...	72
	1707...	73
	1722...	73
	(251)..	69
	(260)..	73

Grand Chien.

Nom.	N° Σ, etc.	Page.
Sirius	—...	37

Petit Chien.

Nom.	N° Σ, etc.	Page.
Procyon	—...	44

Nom.	N° Σ, etc.	Page.
	1126...	45
	1134...	45
	1175...	46
	1213...	50
	(182)..	46
	(185)..	46

Chiens de chasse ou Lévriers.

Nom.	N° Σ, etc.	Page.
25	1768...	76
	1606...	68
	1607...	68
	1641...	69
	(261)..	74
	(269)..	75
	Sm. 488...	165

Cocher.

Nom.	N° Σ, etc.	Page.
θ	[213]..	33
λ	II,3...	29
4	572...	25
5	(92)..	27
54	(152)..	36
56	[244]..	37
59	974...	39
	577...	26
	613...	26
	619...	27
	715...	30
	736...	161
	861...	162
	879...	34
	918...	35
	941...	36
	945...	36
	1071...	42
	(104)..	29
	(112)..	32
	(122)..	33
	(132)..	34
	(154)..	37
	(177)..	45

Colombe.

Nom.	N° Σ, etc.	Page.
	H_2 3823...	34

Corbeau.

Nom.	N° Σ, etc.	Page.
	1664...	70
	1669...	70

Coupe.

Nom.	N° Σ, etc.	Page.
	H. I. 77...	62
	H. N. 26...	164

Couronne australe.

Nom.	N° Σ, etc.	Page.
γ	H_2 7714...	123

Couronne boréale.

Nom.	N° Σ, etc.	Page.
γ	1967...	91
ζ	1965...	91
η	1937...	87
σ	2032...	96
ι	1932...	87
	1983...	92
	2022...	96
	(297)..	90

Croix du Sud.

Nom.	N° Σ, etc.	Page.
α	H_2 5298...	69
γ	H_2 5317...	69

Cygne.

Nom.	N° Σ, etc.	Page.
δ	2579...	130
λ	(413)..	137
μ	2822...	145
τ	—...	144
4	2479...	124
61	2758...	144
	2486...	125
	2524...	126
	2525...	126
	2576...	129
	2607...	132
	2624...	132
	2626...	132
	2649...	133
	2658...	133
	2666...	134
	2668...	135
	2708...	136
	2741...	139
	2746...	140
	2760...	142
	2779...	143
	2846...	147
	(372)..	126
	(377)..	128
	(383)..	129
	(387)..	131
	(400)..	133
	(405)..	134
	(406)..	135
	(411)..	137
	(416)..	138
	(418)..	138
	(437)..	144

Dauphin.

Nom.	N° Σ, etc.	Page.
β	2704...	136
γ	2727...	137
κ	(533)..	136
13	2690...	135
	2662...	134
	2673...	135
	2674...	135
	2686...	135
	2696...	135
	2703...	135
	2723...	137
	2725...	137
	2725...	137
	2734...	138
	2754...	140
	(424)..	139

Dragon.

Nom.	N° Σ, etc.	Page.
ε	2603...	131
μ	2130...	104
o	2420...	121
φ	(353)..	116
20	2118...	102
39	2323...	115
	1409...	164
	1516...	63
	1588...	67
	1602...	68
	1830...	79
	1984...	92
	2006...	95
	2054...	98
	2199...	108
	2218...	109
	2271...	111
	2384...	118
	2398...	120
	2416...	121
	2438...	122
	2509...	125
	2514...	125
	2549...	127
	2564...	129
	2574...	129
	2640...	133
	2652...	133
	3123...	68
	(351)..	115

Écu de Sobieski.

Nom.	N° Σ, etc.	Page.
15	2303...	114
	2306...	114

Nom. N° Σ, etc. Page.

Éridan.

40 o² 518... 23
p 407... 160
10 408... 20
12 $H_2$1177... 19
422... 21
466... 21
536... 24
537... 161
596... 26
$H_2$1408... 22

Flèche.

ζ 2585... 130
θ 2637... 133
2536... 127
(375).. 127

Fourneau.

$H_2$3494... 160

Gémeaux.

Castor 1110... 42
Pollux —... 45
δ 1066... 41
κ (179).. 45
38 982... 39
45 (165).. 41
P. VII, 52 (170).. 41
830... 34
932... 35
943... 36
991... 40
1037... 41
1046... 41
1047... 41
1081... 42
1142... 46
(139).. 35
(140).. 35
(149).. 36
(155).. 37
(156).. 39
(186).. 46
(187).. 47
(520).. 162

Girafe.

2 566... 25
9 Hév. (67).. 22
19 Hév. 634... 27
P. III, 1 (52).. 19
P. IV, 207 (89).. 26
389... 20
400... 20
418... 160
505... 160
511... 23
531... 24
615... 27
629... 28
676... 29
677... 29
704... 30
1051... 41
1091... 42
1107... 44
1136... 46
3115... 33

Grue.

$H_2$9217... 146

Hercule.

γ [516].. 98
δ 3127... 106
ζ 2084... 100
κ 2010... 95
μ 2220... 100
o 2161... 107
99 A.C. 15... 166
P. XVII, 163 2190... 108
P. XVIII, 132 (359).. 116
1961... 90
1991... 93
2026... 96
2052... 98
2080... 99
2089... 101
2091²... 101
2097... 101
2107... 101
2120... 103
2135... 104
2145... 106
2153... 106
2163... 107
2165... 107
2192... 108
2203... 109
2215... 109
2253... 110
2267... 111
2268... 111
2275... 111
2277... 113
2289... 114
2291... 114
2310... 115
2315... 115
2318... 115
2345... 116
2400... 120
2422... 121
(296).. 89
(311).. 98
(313).. 99
(317).. 102
(321).. 102
(323).. 104
(358).. 116
(524).. 113
A.C. 9... 110

Hydre.

ε 1273... 51
54 So 184... 82
1243... 50
1281... 51
1316... 53
1329... 53
1343... 54
1348... 55

Indien.

θ $H_2$8974... 144

Lézard.

(464)... 148
(476)... 152
(477)... 152

Licorne.

15 950... 36
P. VI, 105. 910... 35
955... 36
1049... 41
1074... 42
1132... 45
1157... 46
1216... 50
3116... 35
3118... 162
(157).. 39

Lièvre.

β —... 30
ι 655... 28
P. V, 70. $H_2$3752... 29

Lion.

γ 1424... 58
ζ 1,18... 57
ι 1536... 65
τ 1,19... 66
ω 1356... 55
39 (523).. 57
49 1450... 60
54 1487... 62
90 1552... 67
P. X, 23 (215).. 57
P. X, 128 (224).. 61
P. X, 229 1504... 62
P. XI, 9 1517... 62
1364... 164
1389... 56
1423... 57
1426... 59
1429... 60
1439... 60
1472... 61
1476... 61
1500... 62
1527... 65
1534... 65
1549... 67
(201).. 55
(216).. 59
(228).. 61
(230).. 61

Petit Lion.

1374... 56

Loup.

π $H_2$6210... 85

Lynx.

Nom	N° Σ, etc.	Page
12	948...	36
14	963...	39
15	(159)..	39
38	1334...	54
	878...	35
	881...	35
	936...	162
	1001...	40
	1009...	40
	1025...	162
	1093...	42
	1187...	47
	1236...	163
	1240...	163
	1263...	51
	1296...	52
	1333...	54
	1338...	54

Lyre.

Nom	N° Σ, etc.	Page
Véga	—...	117
ε^1	2382...	118
ε^2	2383...	119
17	2461...	124
P. IX, 3	2472...	124
	2340...	116
	2356...	118
	2367...	118
	2393...	120
	2421...	121
	2427...	122
	2441...	123
	2454...	123
	2456...	123
	2481...	124
	2491...	125
	3130...	121
	(371)..	125
	Bu 134...	115

Machine électrique.

Nom	N° Σ, etc.	Page
P.I.127	H_2 3447..	9

Machine pneumatique.

Nom	N° Σ, etc.	Page
δ	H_2 4321...	60

Navire.

Nom	N° Σ, etc.	Page
7	H_2 1421...	49
	H_2 3003...	40
	H_2 3678...	50

Ophiuchus.

Nom	N° Σ, etc.	Page
λ	2055...	99
τ	2262...	110
36 A	H_2 6946...	105
19	2096...	101
21	(315)..	101
70	2272...	111
72	(342)..	113
73	2281...	113
P. XVI, 270	2114...	103
P. XVII, 94	2160...	107
P. XVII, 260	(337)..	110
	2041...	98
	2106...	101
	3107...	102
	2156...	107
	2171...	107
	2173...	108
	2185...	108
	2205...	109
	2294...	114
	3105...	99
	(338)..	110

Orion.

Nom	N° Σ, etc.	Page
ζ	774...	32
η	Da. 5...	29
θ	748...	31
14 *i*	(98)..	27
32	728...	31
	620...	26
	622..	26
	627...	161
	651...	28
	712...	29
	735...	31
	782...	33
	826...	34
	840...	34
	853...	34
	859...	34
	(93)..	27
	(100)..	28
	(119)..	33
	(124)..	34
	(517)..	161
	So. 503...	33

Grande Ourse.

Nom	N° Σ, etc.	Page
ζ	1744...	74
ι	(196)..	52
ξ	1523...	63
σ^2	1306...	52
φ	(208)..	56
57	1543...	66
P. X, 58.	1428...	60
P. XI, III.	1555...	67
	1205...	163
	1234...	50
	1280...	52
	1313...	53
	1321...	53
	1358...	56
	1386...	56
	1398...	164
	1402...	57
	1465...	61
	1486...	61
	1514...	62
	1594...	67
	1608...	68
	1820...	78
	(200)..	54
	(210)..	57
	(229)..	61
	(234)..	66
	(235)..	66
	(237)..	67
	(249)..	68
	So. 621...	62

Petite Ourse.

Nom	N° Σ, etc.	Page
Polaire	93...	7
π^1	1972...	91
π^2	1989...	92
	1771...	76
	2614...	126
	(267)..	75
	(340)..	109

Pégase.

Nom	N° Σ, etc.	Page
κ	2824...	146
30	H_2 9509...	149
33	2900...	149
37	2912...	151
52	(483)..	154
85	B.A.C. 8350...	157
P. XXII, 33	2877...	148
	67...	5
	2797...	144
	2799...	144
	2804...	145
	2828...	146
	2833...	146
	2849...	147
	2856...	147
	2869...	148
	2878...	148
	2881...	149
	2895...	149
	2910...	150
	2915...	151
	2919...	152
	2934...	152
	2941...	152
	2954...	153
	2978...	154
	2989...	155
	3006...	155
	3028...	156
	3039...	156
	3041...	156
	3060...	158
	(445)..	145
	(463)..	148
	(469)..	149
	(536)..	153

Persée.

Nom	N° Σ, etc.	Page
θ	296...	16
P. IV, 46	(80)..	24
	249...	15
	293...	16
	312...	18
	314...	18
	325...	18
	328...	18
	360...	19
	371...	20
	425...	21
	434...	22
	447...	22
	476...	160
	483...	23
	1114...	23
	(85)..	25

Poissons.

Nom	N° Σ, etc.	Page
α	202...	12
42	27...	2
49	32...	2
66	(20)..	6
P. 0, 251	80...	6
P. I, 123	138...	9
P. I, 269	186...	11
	35...	3
	49...	3
	51...	3
	63...	5
	87...	6
	122...	8

Nom.	N° Σ, etc.	Page.
	125...	8
	132...	9
	142...	10
	2976...	154
	(18)..	3

Petit Renard.

Nom.	N° Σ, etc.	Page.
16	(395)..	132
P. XX, 324	2728...	138
	2455...	124
	2515...	126
	2521...	126
	2556...	128
	(417)..	138
	Da. 10...	130
	A.C. 16...	132

Renne.

Nom.	N° Σ, etc.	Page.
	118...	8
	185...	11
	343...	19
	(34)..	9
	(37)..	12

Sagittaire.

Nom.	N° Σ, etc.	Page.
	H_2 5113...	125
	H_2 2904...	131

Scorpion.

Nom.	N° Σ, etc.	Page.
ν	H.V, 6...	95
ξ	1998...	93

Serpent.

Nom.	N° Σ, etc.	Page.
δ	1954...	90
ϰ	II, 8...	114
49	2021...	96
	1945...	90
	1957...	90
	1985...	92

Nom.	N° Σ, etc.	Page.
	1988...	92
	1993...	93
	2007...	95
	2017...	96
	2023...	96
	(303)..	93
	A.C. 11...	115

Sextant.

Nom.	N° Σ, etc.	Page.
8	A.C. 5...	164
	1445...	60
	1457...	60
	(218)..	60

Taureau.

Nom.	N° Σ, etc.	Page.
Aldébaran...		25
Atlas	453...	22
7	412...	21
39	430...	160
55	(79)..	24
80	554...	24
111	[174]..	29
118	716...	30
P. III, 170	(65)..	22
P. IV, 288	(95)..	27
	380...	20
	403...	20
	459...	22
	494...	23
	497...	160
	520...	24
	535...	24
	567...	25
	579...	26
	589...	26
	719...	30
	742...	31
	749...	32
	770...	161
	771...	161
	787...	33
	(53)..	20

Nom.	N° Σ, etc.	Page.
	(78)..	23
	(82)..	24
	(97)..	27
	(108)..	30

Taureau de Poniat.

Nom.	N° Σ, etc.	Page.
	2286...	114
	2311...	115
	2322...	116
	2330...	116
	2342...	116
	2346...	117
	2375...	118
	2396...	120
	2402...	121
	2436...	122
	(357)..	116

Télescope austral.

Nom.	N° Σ, etc.	Page.
	H_2 5014...	111
	H_2 5114...	126

Toucan.

Nom.	N° Σ, etc.	Page.
λ	H_2 318...	5

Triangle.

Nom.	N° Σ, etc.	Page.
ι	227...	14
P. II, 89	269...	16
P. II, 160	300...	17
	143...	159
	149...	10
	158...	10
	183...	11
	197...	11
	232...	14

Verseau.

Nom.	N° Σ, etc.	Page.
ζ	2909...	150
69 τ^1	2943...	152
4	2729...	138
53	H.N.41...	150

Nom.	N° Σ, etc.	Page.
94	2998...	155
107	H.II 24...	[illegible]
P. XXII, 219	2944...	[illegible]
P. XXIII, 69	3008...	155
	H. I, 47...	[illegible]
	2744...	[illegible]
	2778...	[illegible]
	2825...	[illegible]
	2838...	[illegible]
	2847...	[illegible]
	2855...	[illegible]
	2928...	[illegible]
	2959...	[illegible]
	Bu. 368...	[illegible]

Vierge.

Nom.	N° Σ, etc.	Page.
γ	1670...	[illegible]
ο	1777...	[illegible]
φ	1846...	[illegible]
61	H.VI, 90...	74
P. XII, 196	1682...	[illegible]
P. XIII, 127	1757...	[illegible]
P. XIII, 238	1788...	77
	1604...	68
	1621...	68
	1644...	[illegible]
	1647...	[illegible]
	1658...	[illegible]
	1659...	[illegible]
	1661...	[illegible]
	1703...	[illegible]
	1711...	[illegible]
	1734...	[illegible]
	1746...	[illegible]
	1781...	77
	1819...	79
	1842...	80
	1847...	80
	3081...	165
	(256)..	73
	(273)..	77

Classification des étoiles doubles en mouvement 171
Couples physiques dont les composantes restent fixes 177
Nébuleuses doubles en mouvement .... [illegible]

Paris. — Imprimerie de GAUTHIER-VILLARS, quai des Grands Augustins, 55.

www.ingramcontent.com/pod-product-compliance
Lightning Source LLC
LaVergne TN
LVHW011957180726
843502LV00005B/1451